普通高等教育“十三五”规划教材

水工钢结构

主　编　刘丽霞　姚占全
副主编　孟美丽

中国水利水电出版社
www.waterpub.com.cn
·北京·

内 容 提 要

本教材以21世纪水利水电工程专业本科学生的培养要求为编写指导思想，从全面提高学生素质和创新能力出发，为教育教学改革服务，为培养“厚基础、强能力、高素质、广适应”复合型人才服务。本书主要内容为绪论、钢结构的材料及设计方法、钢结构的连接、钢柱及钢压杆、钢梁和平面钢闸门。

本教材可作为水工及相关专业教材，也可供水利工程技术人员参考。

图书在版编目（CIP）数据

水工钢结构 / 刘丽霞，姚占全主编. -- 北京 : 中国水利水电出版社，2020.7
普通高等教育“十三五”规划教材
ISBN 978-7-5170-8722-9

Ⅰ. ①水… Ⅱ. ①刘… ②姚… Ⅲ. ①水工结构一钢结构一高等学校一教材 Ⅳ. ①TV34

中国版本图书馆CIP数据核字(2020)第134656号

书 名	普通高等教育“十三五”规划教材 **水工钢结构** SHUIGONG GANGJIEGOU
作 者	主编 刘丽霞 姚占全 副主编 孟美丽
出版发行	中国水利水电出版社 （北京市海淀区玉渊潭南路1号D座 100038） 网址：www. waterpub. com. cn E - mail：sales@waterpub. com. cn 电话：（010）68367658（营销中心）
经 售	北京科水图书销售中心（零售） 电话：（010）88383994、63202643、68545874 全国各地新华书店和相关出版物销售网点
排 版	中国水利水电出版社微机排版中心
印 刷	清淞永业（天津）印刷有限公司
规 格	184mm×260mm 16开本 17.75印张 410千字
版 次	2020年7月第1版 2020年7月第1次印刷
印 数	0001—2000册
定 价	**48.00**元

前　言

为了更好地适应21世纪普通高等学校水利类专业对钢结构课程的教学要求，按照教育部水利类专业教学指导委员会关于水工钢结构课程的教学基本要求，在综合各普通高等学校水利类专业的教学特点，总结多年教学经验的基础上编写了本教材。本教材为高等学校“十三五”精品规划教材之一。

本教材共6章，包括：绪论；钢结构的材料及设计方法；钢结构的连接；钢柱及钢压杆；钢梁；平面钢闸门等基本内容。这些内容均满足水利类专业水工钢结构技术基础课的全部要求。鉴于目前各校及不同专业的教学学时数不统一，教学时可根据具体情况选择教材内容。

本教材紧紧围绕现行的《钢结构设计规范》(GB 50017—2017)，《水利水电工程钢闸门设计规范》(SL 74—2013)，《冷弯薄壁型钢结构技术规范》(GB 50018—2002) 编写。

参与本教材编写的人员有：甘肃农业大学刘丽霞、李晓飞［第4章、第6章和附录4～附录6（部分）］，内蒙古农业大学姚占全（第1章、第5章），华北水利水电大学孟美丽［第3章和附录6（部分）～附录11］、彭悦（第2章和附录1～附录3）。全书由刘丽霞、姚占全担任主编，由内蒙古农业大学赵占彪教授担任主审，由刘丽霞统稿。

本教材编写过程中得到了多位钢结构专家的指导和帮助，特别是上述编写者所在院校的大力支持和帮助，在此深表谢意。

限于作者水平，本教材难免有错误和不妥之处，敬请读者批评指正。

编者

2020年1月

目　录

前言

第 1 章　绪论 …… 1

1.1　钢结构课程的性质和任务 …… 1

1.2　钢结构的特点 …… 1

1.3　钢结构的分类和应用 …… 2

1.3.1　按应用领域分类 …… 3

1.3.2　按结构体系工作特点分类 …… 6

1.4　钢结构的发展 …… 6

思考题 …… 8

第 2 章　钢结构的材料及设计方法 …… 9

2.1　钢材的破坏形式 …… 9

2.2　钢材的主要力学性能 …… 9

2.2.1　强度性能 …… 10

2.2.2　塑性 …… 11

2.2.3　冲击韧性 …… 12

2.2.4　冷弯性能 …… 13

2.2.5　焊接性能与耐久性能 …… 14

2.3　影响钢材力学性能的主要因素 …… 14

2.3.1　化学成分的影响 …… 14

2.3.2　钢材生产过程的影响 …… 16

2.3.3　钢材缺陷的影响 …… 17

2.3.4　钢材硬化的影响 …… 18

2.3.5　温度的影响 …… 18

2.3.6　应力集中的影响 …… 19

2.4　复杂应力下钢材的工作性能 …… 20

2.5　钢材的疲劳 …… 21
2.5.1　疲劳破坏的定义及性质 …… 21
2.5.2　影响疲劳强度的主要因素 …… 22
2.5.3　疲劳曲线（$\Delta\sigma - n$ 曲线） …… 25
2.5.4　疲劳验算 …… 26
2.6　钢材的类别及选用 …… 27
2.6.1　钢材的类别 …… 27
2.6.2　钢材的规格 …… 29
2.6.3　钢材的选用原则和建议 …… 30
2.7　钢结构的设计计算 …… 32
2.7.1　钢结构的设计要求 …… 32
2.7.2　结构的极限状态 …… 32
2.7.3　近似概率极限状态设计法 …… 33
2.7.4　《钢结构设计规范》（GB 50017—2017）的计算方法 …… 35
2.7.5　水工钢结构按容许应力设计法 …… 36
思考题 …… 38
第3章　钢结构的连接 …… 40
3.1　钢结构的连接方法 …… 40
3.1.1　焊缝连接 …… 40
3.1.2　铆钉连接 …… 40
3.1.3　螺栓连接 …… 40
3.2　焊接方法和焊缝连接形式 …… 41
3.2.1　钢结构常用焊接方法 …… 41
3.2.2　焊缝连接形式及焊缝形式 …… 43
3.2.3　焊缝缺陷及焊缝质量检验 …… 44
3.2.4　焊缝代号，螺栓及其孔眼图例 …… 46
3.3　对接焊缝的构造与计算 …… 46
3.3.1　对接焊缝的构造 …… 46
3.3.2　对接焊缝的计算 …… 47
3.4　角焊缝的构造与计算 …… 51
3.4.1　角焊缝的形式和强度 …… 51
3.4.2　角焊缝的构造要求 …… 52
3.4.3　直角角焊缝强度计算的基本公式 …… 54
3.4.4　各种受力状态下直角角焊缝连接的计算 …… 56
3.5　焊接应力和焊接变形 …… 67
3.5.1　产生原因 …… 67
3.5.2　对结构构件的危害 …… 68
3.5.3　减小或消除焊接残余应力的措施 …… 69

3.5.4 减小或消除焊接变形的措施 …… 69
3.6 螺栓连接 …… 70
3.6.1 螺栓的排列 …… 70
3.6.2 螺栓连接的构造要求 …… 72
3.7 普通螺栓连接的工作性能和计算 …… 72
3.7.1 普通螺栓的抗剪连接 …… 72
3.7.2 普通螺栓的抗拉连接 …… 77
3.7.3 普通螺栓受剪力和拉力的联合作用 …… 82
3.8 高强度螺栓连接的工作性能和计算 …… 83
3.8.1 高强度螺栓连接的工作性能 …… 83
3.8.2 高强度螺栓群抗剪计算 …… 89
3.8.3 高强度螺栓群的抗拉计算 …… 90
思考题 …… 93
习题 …… 93
第4章 钢柱及钢压杆 …… 95
4.1 轴心受力构件的应用和截面形式 …… 95
4.2 轴心受力构件的强度和刚度 …… 97
4.2.1 轴心受力构件的强度计算 …… 97
4.2.2 轴心受力构件的刚度计算 …… 99
4.3 轴心受压构件的整体稳定 …… 99
4.3.1 轴心受压构件的弯曲屈曲 …… 99
4.3.2 实际轴心受压构件整体稳定的计算 …… 105
4.4 轴心受压构件的局部稳定 …… 108
4.4.1 翼缘自由外伸宽厚比的限值 …… 108
4.4.2 腹板高厚比的限值 …… 108
4.4.3 圆管径厚比的限值 …… 109
4.4.4 加强局部稳定的措施 …… 109
4.5 实腹式轴心受压构件的截面设计 …… 110
4.5.1 截面设计原则 …… 110
4.5.2 截面选择和验算 …… 111
4.5.3 构造要求 …… 111
4.6 格构式轴心受压构件 …… 117
4.6.1 格构式轴心受压构件的组成形式 …… 117
4.6.2 格构式轴心受压构件的整体稳定 …… 117
4.6.3 分肢的稳定性和强度计算 …… 119
4.6.4 格构式轴心受压构件的缀件（缀条、缀板）设计 …… 119
4.6.5 连接节点和构造规定 …… 121
4.6.6 格构式轴心受压构件的截面设计 …… 122

4.7 梁与柱的连接 …… 127
4.8 柱脚 …… 127
4.8.1 铰接柱脚 …… 127
4.8.2 刚接柱脚 …… 129
思考题 …… 132
习题 …… 133
第5章 钢梁 …… 134
5.1 概述 …… 134
5.2 钢梁的强度和刚度计算 …… 135
5.2.1 钢梁的强度计算 …… 135
5.2.2 刚度计算 …… 140
5.3 钢梁的整体稳定性 …… 141
5.3.1 概述 …… 141
5.3.2 梁整体稳定性的计算 …… 141
5.4 钢梁的局部稳定性 …… 143
5.4.1 梁翼缘的局部稳定性 …… 143
5.4.2 梁腹板的局部稳定性及加劲肋设置 …… 145
5.4.3 梁腹板加劲肋的设计 …… 152
5.5 轧成梁的设计 …… 157
5.6 焊接组合梁的截面设计 …… 160
5.6.1 初选截面 …… 160
5.6.2 截面验算 …… 162
5.6.3 组合钢梁截面沿跨度方向的改变 …… 166
思考题 …… 169
习题 …… 169
第6章 平面钢闸门 …… 172
6.1 概述 …… 172
6.2 平面钢闸门的组成和结构布置 …… 173
6.2.1 平面钢闸门的组成 …… 173
6.2.2 平面闸门的结构布置 …… 175
6.3 面板和次梁的设计 …… 179
6.3.1 面板的设计 …… 179
6.3.2 次梁的设计 …… 182
6.4 主梁设计 …… 185
6.4.1 主梁的形式 …… 185
6.4.2 主梁的荷载 …… 186
6.4.3 主梁设计特点 …… 187

6.5 横向连接系（横向支撑）和纵向连接系（纵向支撑） …… 188
6.5.1 横向连接系 …… 188
6.5.2 纵向连接系 …… 189
6.6 边梁设计 …… 189
6.7 行走支承 …… 190
6.7.1 胶木滑道 …… 190
6.7.2 滚轮支承 …… 192
6.7.3 平面钢闸门的导向装置——侧轮与反轮 …… 194
6.8 轨道及其他埋件 …… 195
6.8.1 轨道 …… 195
6.8.2 止水座 …… 197
6.9 止水、启闭力和吊耳 …… 198
6.9.1 止水 …… 198
6.9.2 启闭力 …… 199
6.9.3 吊耳 …… 200
6.10 设计例题——露顶式平面钢闸门设计 …… 201
6.10.1 设计资料 …… 201
6.10.2 闸门结构的形式及布置 …… 201
6.10.3 面板设计 …… 203
6.10.4 水平次梁、顶梁和底梁的设计 …… 204
6.10.5 主梁设计 …… 206
6.10.6 横隔板设计 …… 211
6.10.7 纵向连接系设计 …… 212
6.10.8 边梁设计 …… 213
6.10.9 行走支承设计 …… 214
6.10.10 胶木滑块轨道设计 …… 214
6.10.11 闸门启闭力和吊座计算 …… 215
思考题 …… 217
参考文献 …… 218
附录 …… 219
附录1 钢材和连接的强度设计值 …… 219
附录2 结构或构件的变形容许值 …… 221
2.1 受弯构件的挠度容许值 …… 221
2.2 框架结构的水平位移容许值 …… 222
附录3 梁的整体稳定系数 …… 223
3.1 等截面焊接工字形和轧制H型钢简支梁 …… 223
3.2 轧制普通工字钢简支梁 …… 225

3.3 轧制槽钢简支梁 …… 225
3.4 双轴对称工字形等截面（含 H 型钢）悬臂梁 …… 226
3.5 受弯构件整体稳定系数的近似计算 …… 226
附录 4 轴心受压构件的稳定系数 …… 227
附录 5 各种截面回转半径的近似值 …… 230
附录 6 柱的计算长度系数 …… 231
附录 7 螺栓和螺栓规格 …… 240
附录 8 常用型钢规格及截面特性 …… 241
附录 9 钢材和连接的强度设计值 …… 269
附录 10 钢闸门的自重估算公式 …… 271
附录 11 材料的摩擦系数 …… 272

第1章 绪论

1.1 钢结构课程的性质和任务

钢结构是把各种钢结构原材料（型钢或钢板）通过铆钉连接、焊接（welding）或螺栓（strength bolts）连接等方法组成基本构件，根据使用要求将基本构件通过二次或多次连接制造而成的工程结构。钢结构在工程建设中应用较为广泛，如工业及民用建筑中的高层建筑、大跨度空间结构、轻钢结构、工业厂房等，道路工程中的钢桥，水工建筑中的钢闸门、拦污栅等。钢结构课程是结构工程中按使用材料划分出来的一门专业课程。

本课程的性质是在建筑材料、理论力学、材料力学、结构力学及工程实践知识的基础上，按照工程结构使用的目的，研究与计算在预计各种荷载的作用下，在预定的使用期间内，不致使结构失效的一门学科。因此，在进行钢结构设计时，必须考虑具体的材料性能，综合运用上述的力学知识，研究结构在使用环境中各种荷载作用下的工作状况，才能设计出既安全适用，又经济合理的结构。

本课程的任务是讲述常用的结构钢材的工作性能、钢结构连接方式的设计、钢结构各类基本构件的设计原理和方法。通过对本课程的学习，具备钢结构的基本知识，掌握正确的设计原理和方法，能够对构件的连接、轴心受力构件、受弯构件、偏心受力构件等基本构件进行设计。并为设计其他类型的钢结构打下基础。

1.2 钢结构的特点

钢结构与钢筋混凝土结构、木结构和砌体结构等相比具有如下特点。

1. 钢材的强度高、钢结构自重轻

虽然钢的重度很大（$\gamma=76.93kN/m^3$），但由于强度高，构件所需的截面面积较小，故做成的结构比较轻。结构的轻质性可以用材料的质量密度 ρ 和强度 f 的比值 α 来衡量，α 值越小，结构相对越轻。建筑钢材的 α 值等于 $1.7\times10^{-4}\sim3.7\times10^{-4}/m$；木材为 5.4×10^{-4}；钢筋混凝土约为 $18\times10^{-4}/m$。同跨度同荷载，钢屋架的重量约为钢筋混凝土屋架的1/4～1/3，冷弯薄壁型钢屋架甚至接近1/10。

钢结构自重轻，可减轻基础负荷，降低基础造价，同时便于运输和吊装。特别适用于大跨度和高耸结构，也更适用于活动结构，以减少驱动力，如水利工程中的钢闸门。

2. 钢结构连接、装配速度快，工期短

大型钢结构建筑的构件一般由工厂加工制作，加工精度较高、单件质量轻、易起吊、施工组装速度快；少量钢结构和轻型钢结构可以在现场下料制作，用螺栓或焊接安装迅速，施工工期短。部件便于更换，并且易于加固、改建和拆除。

3. 钢材的强度高，塑性、韧性好

强度高、塑性和韧性好是钢材的特有性能，也是钢结构的主要特性，符合轻型结构和现代工业化建筑的发展趋势。强度高，适用于跨度大、高度高和承载重的建筑结构，如工业厂房、桥梁等大型重型建筑物。塑性好，结构在超载后发生的变形易于被发现，不会突然断裂。有一点微小的变形，受力重新分配，使应力变化趋于平缓。韧性好，抗震性和抗冲击性较高，再加上自重轻，引起的震动惯性也小，适用于在动荷载作用下工作，抗地震能力较强。

4. 钢结构材料均质，各向力学性能相同

钢材的内部结构组织均匀，物理力学性质接近各向同性，弹性模量较大（$E=206\times10^{3}\mathrm{N/mm^{2}}$），具有较大的抵抗变形的能力，是理想的弹性—塑性体。符合力学计算中的基本假设，钢结构的实际受力情况与计算结果比较符合工程实际，所以计算结果比较可靠，结构的安全程度比较明确。

5. 钢结构的密封性能较好

钢材通过焊接后，焊缝密实，水密性和气密性较好。可用钢板做成管道、油箱、水箱和气罐等。

6. 钢结构耐腐蚀性差

钢材很容易锈蚀，为了防止生锈，通常采用涂油漆或镀锌措施。特别是薄壁构件或长期处于潮湿条件下的钢结构更要特别注意，油漆质量和涂层厚度要符合要求。尤其是水工钢结构，一定要定期检查维护。处于较强腐蚀性介质内的建筑物不宜采用钢结构。

7. 钢结构的耐火性差

钢材在200℃以内屈服点和弹性模量下降较小，强度变化不大。当温度高于300℃时，不仅强度明显下降，而且出现徐变现象。当温度达到500℃以上时，钢材进入塑性状态，失去承载能力。因此，设计规定钢材表面温度超过150℃后要加以隔热保护措施，如在构件外面包石棉、混凝土等。对有防火要求的结构，更需按相应规范采取隔热保护措施。

8. 钢材在低温下显脆性

钢结构在极端低温下显现脆性，在没有预兆的情况下可能发生脆性断裂，这一点要特别注意。

1.3　钢结构的分类和应用

过去由于受钢材生产量的限制，钢结构应用范围不大，近年来我国钢产量有了很大的提高，截至2007年底我国钢产量达4.9亿t，连续多年居世界第一。加之钢结构形式的改进，钢结构的应用也有了很大的发展，如西气东输、西电东送、南水北调、青藏铁路、2008年北京奥运会场馆、2010年上海世博会园区等重大工程建设，其发展潜力和空间也很大，钢结构行业面临良好的发展机遇。

钢结构制造工艺严格，具备批量生产和高精度的特点，是目前工业化程度最高的一种结构。加之钢结构具有自重轻、强度高、塑性韧性好和施工速度快等优点，应用范围较广。

按不同的标准，钢结构有不同的分类方法，下面仅按其应用领域和机构体系进行分类说明。

1.3.1　按应用领域分类

1. 民用建筑钢结构

原建设部（现住房与城乡建设部）于 1997 年颁布的《1996—2010 年建筑技术政策》首次提出了“发展钢结构、加速推广轻钢结构，研究推广组合结构的应用以及研究开发膜结构、张拉结构与空间结构体系”等技术与措施，明确了我国建筑技术政策的导向，即由多年来的限制钢结构使用转变为发展、推广钢结构的应用。在这一政策的指导和支持下，从重大工程、标志性建筑使用开始，钢结构呈现出了从未有过的兴旺景象。我国钢结构行业迅速发展，产量、产值成倍增加的同时，工程质量不断提高，钢结构相关技术和管理水平也有了显著的进步，在诸如制作、安装、钢材供应等方面达到了国际先进水平，为国民经济发展做出了贡献。

民用建筑钢结构以房屋钢结构为主要对象。按传统的耗钢量大小来区分，大致可分为普通钢结构、重型钢结构和轻型钢结构。其中重型钢结构指采用大截面和厚板的结构，如高层钢结构、重型厂房和某些公共建筑等；轻型钢结构指采用轻型屋面和墙面的门式钢架房屋、某些多层建筑、薄壁压型钢板拱壳屋盖等，网架、网壳等空间结构也可属于轻型钢结构范畴。除上述钢结构主要类型外，另外还有索膜结构、玻璃墓墙支承结构、组合和复合结构等。

目前，我国建筑钢结构发展已取得巨大成就，“十三五”期间仍继续坚持鼓励发展钢结构的相关政策措施，保持其连续性、稳定性。推广和扩大钢结构的应用，要加强科技导向的规划和措施指导作用，促使钢结构整体的持续发展。高层和超高层建筑优先采用合理的钢结构或钢-混凝土组合体系，大跨度建筑积极采用空间网格结构、立体桁架结构、索膜结构以及施加预应力的结构体系，结合市场需求，积极开发钢结构的住宅建筑体系，并逐步实现产业化。在今后相当长的一段时间内，钢结构的需求将保持持续增长的趋势。目前要加快钢结构住宅建设的研究开发和工程应用，使钢结构的住宅建筑更加完善配套，提高住宅建筑的工业化、产业化水平。

建筑钢结构与混凝土、木结构等相比，具有轻质、高强、受力均匀、易于工业化、能耗小、绿色环保、可循环使用、符合可持续发展等优点。同时，其造价较高，对设计、制造、安装的要求较高，需要相关的辅助材料与之配套（尤其是住宅房屋），其发展受多种因素影响。

按照中国钢结构协会的分类标准，民用建筑钢结构分为高层钢结构（如上海期货大厦）、大跨度空间钢结构（如 2008 年北京奥运会主体育场——鸟巢、广州新体育馆）、钢-混凝土组合结构、索膜钢结构、钢结构住宅、幕墙钢结构等。

2. 一般工业钢结构

一般工业钢结构主要包括单层厂房、双层厂房、多层厂房等，用于重型车间的承重骨架，例如冶金工厂的平炉车间、出轧车间、混凝土炉车间，重型机械场的铸钢车间、水压机车间、锻压车间，造船厂的船体车间，电厂的锅炉框架，飞机制造场的装配车间，以及其他工业跨度较大的车间屋架、吊车梁等。我国鞍钢、武钢、包钢和上海宝钢等几个著名的冶金联合企业的许多车间都采用了各种规模的钢结构厂房，上海重型机械厂、上海江南造船厂也都有高大的钢结构厂房。

3. 桥梁钢结构

钢桥建造简便、迅速，易于修复，因此钢结构广泛用于中等跨度和大跨度桥梁，著名的杭州钱塘江大桥（1934—1937）是我国自行设计的钢桥。此后的武汉长江大桥（1957）、南京长江大桥（1968）均为钢结构桥梁。其规模和难度都举世闻名，标志着我国钢结构桥梁事业已步入世界先进行列。

20 世纪 90 年代以来，我国连续刷新桥梁跨度的纪录，现在建设的钢桥已不再是原来意义上的全钢结构，而是包含了钢、钢-混凝土组合结构，钢管混凝土结构及钢骨混凝土结构。现在我国钢桥建设正处于一个迅速发展的阶段，不管是铁路钢桥、公路钢桥还是市政钢桥，从材料的开发应用、科研成果的应用，到设计水平、制造水平、施工技术水平的提高，都取得了长足发展，并与钢桥建设的规模相适应。我国新建和再建的钢桥，其建筑跨度、建筑规模、建筑难度和建筑水平都达到了一个新的高度，如上海卢浦大桥、南京第二长江大桥、九江长江大桥、芜湖长江大桥等。国外著名的钢桥有美国的金门大桥、法国的米劳大桥、日本的明石海峡大桥和 2007 年 6 月 18 日合龙的苏通大桥（斜拉桥，跨度 1088m，为世界第一）等。

4. 密闭压力容器钢结构

密闭压力容器钢结构主要用于要求密闭的容器，如大型储液库、煤气库等炉壳，要求能承受很大内力，另外温度急剧变化的高炉结构、大直径高压输油管和输气管道等均采用钢结构。上海在 1958 年就建成了容积为 $54000m^3$ 的湿式储气柜。上海金山及吴泾等石油、化工基地有众多的容器结构。一些容器、管道、锅炉、油罐等的支架也都采用钢结构。

锅炉行业近几年来得到了迅猛的发展，特别是由于经济发展的需要，发电厂的锅炉都向着大型化的方向发展。发电厂主厂房和锅炉钢结构用钢量增加很快，其大量采用中厚板、热轧 H 型钢，主要是 Q235 和 Q345 钢。

5. 塔桅钢结构

塔桅钢结构是指高度较大的无线电桅杆、微波塔、广播和电视发射塔架、高压输电线路塔架、化工排气塔、石油钻井架、大气监测塔、旅游瞭望、火箭发射塔等。我国在 20 世纪 60—70 年代建成的大型塔桅结构有：高 200m 广州电视塔、高 210m 的上海电视塔、高 194m 的南京跨越长江输电线路塔、高 325m 的北京环境气象桅杆、1990 年落成的高 212m 的汕头电视塔、高 260m 的大庆电视塔等。

近年来广播电视事业迅速发展，广播电视塔桅结构工程技术也不断发展，如中央电视塔（高 405m）、上海东方明珠电视塔（高 468m）、广州新电视塔（高 610m）等一批有代表性的电视塔。

这些结构除了自重轻、便于组装外，还因构件截面小而大大减小了风荷载，因此取得了很好的经济效益。

6. 船舶海洋钢结构

人类在开发和利用海洋活动中，形成了海洋产业，发展了种类繁多的海洋工程结构物。人们一般将江、河、湖、海中的结构物统称为海洋钢结构，海洋钢结构主要用于资源勘测、采油作业、海上施工、海上运输、海上潜水作业、生活服务、海上抢险救助以及海洋调查等。

船舶海洋钢结构基本上可分为舰船和海洋工程装置两大类。近年来，我国研制了高技术、高附加值的大型与超大型新型船舶，以及具有先进技术的战斗舰船和具有高风险、高投入、高回报、高科技、高附加值的海洋工程结构等。

7. 水利钢结构

我国近年来大力加快基础建设，在建和拟建相当数量的水利枢纽，钢结构在水利工程中占有相当大的比重。

钢结构在水利工程中用于以下几个方面：①钢闸门，用来关闭、开启或局部开启水工建筑物中过水孔口的活动结构；②拦污栅，主要包括拦污栅栅叶和栅槽两部分，栅叶结构是由栅面和支承框架所组成的；③升船机，是不同于船闸的船舶通航设施；④压力管，是从水库、压力前池或调压室向水轮机输送水流的水管。

8. 煤炭电力钢结构

发电厂中的钢结构主要用于以下方面：干煤棚，运煤系统皮带机支架（输煤栈桥），火电厂主厂房、管道、烟风道及钢支架、烟气脱硫系统、粉煤灰料仓、输电塔，风力发电中的风力发电机、风叶支柱，垃圾发电厂中的焚烧炉，核电站中的压力容器、钢烟囱、水泵房、安全壳等。

9. 钎具和钎钢

钎具也可称为钻具，由钎头、钎杆、连接套、钎尾组成。它是钻凿、采掘、开挖用的工具，有近千个品种规格，用于矿山、隧道、涵洞、采石、城建等工程中。钎钢是制作钎具的原材料，也有近百个品种规格。钎具按照凿岩工作的方式又可分为冲击式钎具、旋转式钎具、刮削式钎具等。

随着经济建设的进一步发展，以及多处铁路、公路、水利水电、输气工程、市政基础工程的修建和开工，对钎钢、钎具产品提出了更高、更多、更新的要求。

10. 地下钢结构

地下钢结构主要用于桩基础、基坑支护等，如钢管桩、钢板桩等。

11. 货架和脚手架钢结构

超市中的货架和展览时用的临时设施多采用钢结构，一般而言，在建设施工中大量使用的脚手架都采用钢结构。

12. 雕塑和小品钢结构

钢结构因其轻盈简洁的外观而备受景观师的青睐，不仅很多雕塑是以钢结构作为骨架，而且很多城市小品和标志物的建造都是直接用钢结构完成的，如南海观音像及天津塘沽迎宾道标志性建筑等。

1.3.2　按结构体系工作特点分类

1. 梁状结构

梁状结构是由受弯曲工作的梁组成的结构。

2. 刚架结构

刚架结构是由受压、弯曲工作的直梁和直柱组成的框形结构。

3. 拱架结构

拱架结构是由单向弯曲形构件组成的平面结构。

4. 桁架结构

桁架结构主要是由受拉或受压的杆件组成的结构。

5. 网架结构

网架结构是由受拉或受压的杆件组成的空间平板型网格结构。

6. 网壳结构

网壳结构主要是由受拉或受压的杆件组成的空间曲面形网格结构。

7. 预应力钢结构

预应力钢结构是由张力索（或链杆）和受压杆件组成的结构。

8. 悬索结构

悬索结构是以张拉索为主组成的结构。

9. 复合结构

复合结构是由上述 8 种类型中的两种或两种以上结构构件组成的新型结构。

1.4　钢结构的发展

随着我国经济建设的迅速发展和钢产量的不断提高，钢结构的应用也更加广泛。为了更有效地利用钢材和节约钢材，加强资源管理，提高资源的利用率，钢结构的发展大致要考虑下列几个方面。

1. 提高材料强度，减少材料用量

钢结构的发展，从所用的材料来看，先是铸铁、锻铁，后是钢（碳素钢）、合金钢。合金钢是冶炼时在碳素钢里加入少量的合金元素（总含量一般为 1%～2%，最多不超过 5%），就可以得到强度高、综合机械性能比较好的普通低合金钢。此材料还具有抗蚀、耐磨和耐低温等性质。除工程上常用的 Q235 钢（3 号钢）外，屈服点为 345N/mm^2 的 Q345 钢（16 锰钢）、屈服点为 390N/mm^2 的 Q390 钢（15 锰钒钢）和 Q420 钢均已被《钢结构设计规范》（GB 50017—2017）推荐使用。Q390 钢（15 锰钒钢）是在冶炼 Q345 钢（16 锰钢）的基础上加入少量的钒铁合金而成的，已有 30 多年的使用经验，是我国低合金结构钢中综合性能比较好的材料，其经济效果比 Q235 钢（3 号钢，即 A_3 钢）节约材料 15%～20%。2008 年北京奥运会主体育场——鸟巢结构即采用了 Q460 钢。今后，钢结构在各建筑领域的应用将更加广泛，所以提高材料强度，减少材料用量，是钢产业上一个非常重要的课题。

2. 优化结构形式，科学利用材料

不断创新、优化合理的结构形式，是节约钢材和充分利用其他建筑材料的有效途径，如在混凝土柱中加入十字钢板，可以提高混凝土柱的抗剪强度。再如在钢管内浇注混凝土作为受压构件，不仅混凝土受到钢管的约束而提高抗压强度，同时由于管内混凝土的填充也提高了钢管抗压的稳定性，具有良好的塑性和韧性，它与纯钢柱相比，可节约钢材 30%～50%，同时也大大降低了工程造价。在屋架中也可以采用钢混结构形式，充分利用各种材料的特性，节约钢材。还有索膜钢结构、钢结构住宅、幕墙钢结构、悬索结构、网架结构和超高层结构的进一步研究与应用。从结构力学的角度出发，研究设计出多种索膜钢结构、钢结构住宅、幕墙钢结构等形式，在此方面也大有研究前景。

3. 推广科学的连接方式，提高结点强度

从钢结构连接方式的发展看，在生铁和熟铁时代是销钉连接；19 世纪初采用铆钉连接；20 世纪初出现了焊接连接；现在发展了高强度螺栓连接。

结点是钢结构中的一个薄弱环节，推广科学的连接方式，提高结点强度，也是钢结构发展中一项很重要的工作。一方面要继续研究改进焊接工艺，提高焊接质量如采用二氧化碳气体保护焊、电渣焊，研究与高强度结构相匹配的高质量焊接材料等。另一方面继续推广高强度螺栓的连接方式，这种连接能够在板与板之间产生很大的摩擦阻力，并且具有较好的塑性和韧性，也避免了焊接中产生的焊接应力和焊接变形的缺点，同时具有组装速度快、承受动荷载性能好的优点。

4. 探索新的设计理论，充分发挥材料的性能

钢结构在设计计算上一直采用容许应力法，此种方法计算简便，易掌握，计算结果也能够满足正常的安全使用要求。但此方法的最大缺点是容许应力不能保证各构件具有比较一致的可靠程度，不能同时达到最大承载力。原因是计算时通常将一个空间结构简化成若干平面结构（如梁、柱、桁架、刚架），此种计算方法没有考虑结构的整体性，其计算结果不能准确反映结构的实际工作状况。现在在钢结构的计算上采用一次二阶矩概率为基础的概率极限状态设计法，这一方法是我国《建筑结构可靠度设计统一标准》（GB 50068—2001）颁布实施的方法，也是现行《钢结构设计规范》（GB 50017—2017）所采用的方法。这个方法的特点是不用经验的安全系数，而是用根据各种不定性分析所得的失效概率（或可靠指标）去度量结构的可靠性。但此方法还有待于研究发展，因为它所计算的可靠度只是构件或某一截面的可靠度，而不是整体结构的可靠度。同时也不适用于疲劳计算的反复荷载和动荷载作用下的结构。

5. 提高结构水平，推广多型钢材

今后在钢结构制造工业的机械化水平方面还需要进一步加强，提高构件的制造精度，严格尺寸要求，减小组装应力，根据力学原理设计出多种结构形式；同时要提高钢材的质量，生产推广 H 型、正方形和矩形等多型钢材，以适应各种结构的需求。近年来轻形钢结构已广泛应用于仓库、办公室、工业厂房、展览馆和体育场馆中。

思　考　题

思考题答案

1.1　简述钢结构的概念。其具有哪些优缺点？

1.2　列举钢结构在水工结构中的应用？

1.3　钢结构设计的基本方法是什么，各有何特点？

1.4　试举例说明钢结构的主要发展趋势。

1.5　你对我国钢结构今后的发展有什么看法？

第2章 钢结构的材料及设计方法

钢结构在使用过程中由于所处环境的不同需承受各种形式的荷载，因此钢材作为钢结构的主要材料，首先应具有良好的机械性能，较高的强度、较好的塑性及韧性，可以使结构在静载和动载作用下有足够的应变能力吸收较多的能量，既可降低结构脆性破坏的风险，又能通过较大的塑性变形调整局部应力，同时又具有较好的耐疲劳性能，可抵抗重复荷载的作用。其次钢材还应具有良好的冷热加工和焊接性能，这样的特性有利于将其加工成各种不同形式的构件，且不至于因加工而改变结构的性能从而造成较大的不利影响。另外，在特殊情况下，还要求其具有适应低温、高温和耐腐蚀的性能。

根据钢材在各种工作条件下的结构和试验要求、荷载性质、构件的工作环境和受力特性，慎重地选择合适的钢材可降低造价。

本章重点介绍钢材的破坏形式、钢材的力学性能及影响材料力学性能的各种因素、钢材的疲劳特性及验算方法、钢材的规格种类及其选用原则和钢结构的设计方法。

2.1 钢材的破坏形式

钢材的破坏形式根据性质不同可以分成两种：塑性破坏和脆性破坏。

塑性破坏是钢材在外力作用下产生过大变形超过其应变能力而发生的断裂破坏。构件在破坏前产生较大的塑性变形，当构件中的应力达到抗拉强度后会发生破坏，破坏后的断口呈纤维状，色泽发暗，有时能看到滑移痕迹。由于破坏前会产生很大的塑性变形，且变形持续时间较长，有明显的预兆，容易及时发现从而采取必要的措施，避免产生严重后果。另外由于构件塑性变形会引起结构内力重分布，使构件中应力趋于均匀，因此可以提高结构对荷载的承受能力。

脆性破坏是钢材在外力作用下所发生的低应力突然断裂破坏。其特征是钢材在断裂破坏前变形甚微，没有明显塑性变形的征兆，其破坏断口平齐，呈有光泽的晶粒状。由于脆性破坏属突发性的破坏，无法及时发现，一旦发生，造成的后果严重，甚至引起整个结构的坍塌，破坏性较大。因此，在钢结构的设计、施工及安装使用过程中应采取适当措施避免脆性破坏的发生。

2.2 钢材的主要力学性能

钢材在使用过程中受到各种形式的外力作用下所表现出来的特性如强度、塑性、冲击韧性、冷弯性能等统称为钢材的力学性能，这些性能通过钢材力学性能指标来衡量，它们是钢结构设计的重要依据，需由试验测定。试验用的试件制作和试验方法需按照相关国家标准规定进行。

2.2.1　强度性能

钢材的强度性能对应的强度指标包括材料的比例极限 f_p、弹性极限 f_c、屈服点 f_y 与抗拉强度 f_u。强度指标值可通过常温和静力荷载作用下钢材标准试件（图 2.1）的单向拉伸试验得到的钢材应力-应变关系曲线来显示。如图 2.2（a）所示曲线为低碳钢和低合金结构在常温及静力荷载情况下的单向均匀拉伸试验应力-应变曲线，从中可反映钢材不同受力阶段的多项强度性能指标。由图 2.2（b）可以看出，钢材从加载到破坏经历了 4 个阶段。

图 2.1　静力单向拉伸标准试件

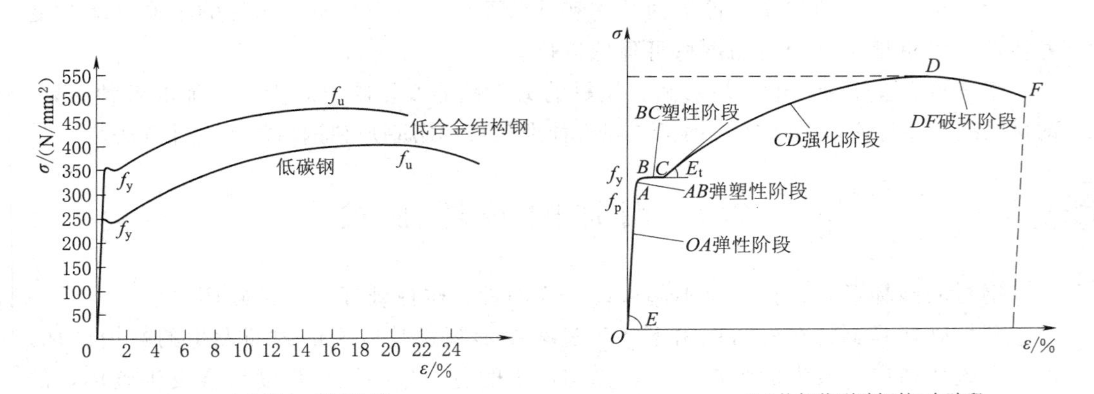

图 2.2　低碳钢单向均匀拉伸试验应力-应变关系曲线及 4 个变化阶段

2.2.1.1　弹性阶段（*OAB* 段）

应力由 0 到比例极限 f_p，这是应力-应变曲线中直线段的最大应力值。（弹性极限 f_c 略高于比例极限 f_p，但二者很接近，因此通常略去弹性极限，把 f_p 看作弹性极限）。此阶段弹性模量很大，且为常数，$E=206\times10^3\,\mathrm{N/mm^2}$，卸荷后变形完全恢复，符合胡克定律。

2.2.1.2　弹塑性阶段（*BC* 段）

σ 与 ε 不再呈线性关系，而是曲线关系。应变值 ε 比应力值 σ 增加快，弹性模量由 $E=206\times10^3\,\mathrm{N/mm^2}$ 逐渐减为 0。在此阶段内，任何一点的变形中都将包括弹性变形和塑性变形两部分，其中塑性变形卸荷后不再恢复。

2.2.1.3　塑性阶段

应力维持屈服点 f_y 不变，而应变不断增加，出现了呈纯塑性变形的塑性平台。

因此进行钢结构设计时常将 f_y 作为强度极限承载力的标志，并将应力 σ 达到 f_y 之前的材料称为完全弹性体（图 2.3）。达到 f_y 之后的材料称为完全塑性体，从而将钢材视为理想弹塑性体。

对低碳钢，屈服点对应的应变约为 0.15%，对于高碳钢（即没有明显屈服台阶的钢材）可取卸荷后残余应变为 0.2%所对应的应力为 f_y，称为名义屈服点或协定流限（图 2.4）。

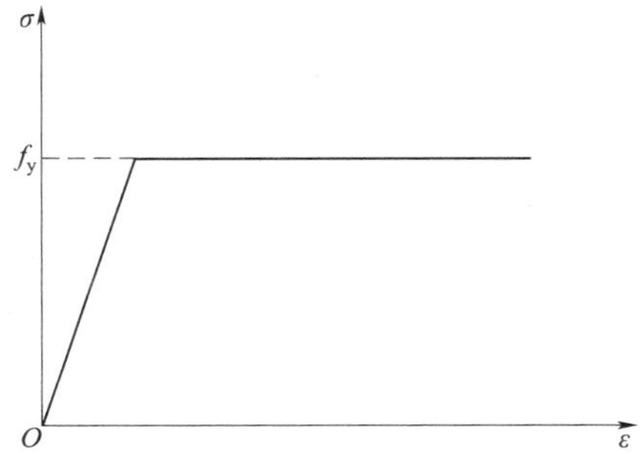

图 2.3 理想弹塑性材料应力-应变曲线

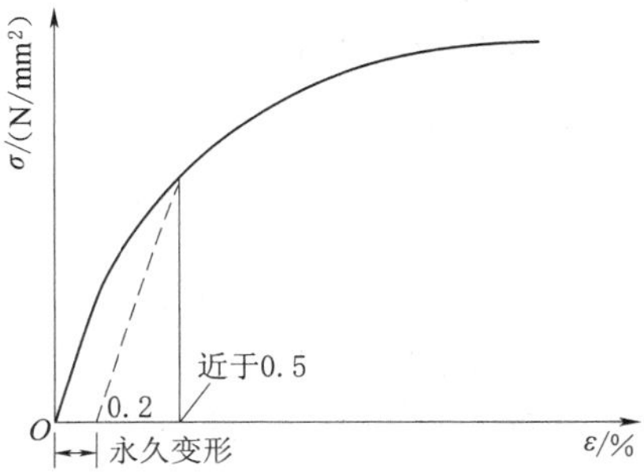

图 2.4 名义屈服点

屈服平台之后，钢材发生很大的塑性变形。内部结晶组织自行调整，强度又有所提高，应力-应变关系曲线又上升。最后当应力达到极限抗拉强度 f_u 时，在试件的某一薄弱截面发生颈缩现象而发生断裂破坏，这种破坏即塑性破坏。

通过标准试件的拉伸试验，可得到钢材的 3 个重要力学性能指标：屈服点 f_y、极限抗拉强度 f_u 及伸长率 δ。

钢材的极限抗拉强度 f_u 可衡量钢材受拉时所能承受的极限应力，是一项重要指标，它直接反映了钢材内部组织的优劣，并与疲劳强度有密切关系。

伸长率是反映钢材在荷载作用下塑性变形能力的指标，它等于试件拉断后原标距间的长度伸长值与原标距长度的百分比。

虽然钢材在应力达到极限抗拉强度 f_u 时才发生断裂，但是结构强度设计时以钢材的屈服点 f_y 作为静力强度的承载力极限。即屈服点 f_y 是钢结构设计中应力允许达到的最大限值，当构件中的应力达到屈服点时，结构会因过度的塑性变形而不适于继续承载。试验表明：当应力开始进入塑性阶段时，曲线的波动幅度较大，而后才逐渐趋于平稳，即出现上屈服点和下屈服点。上屈服点与试验时的加载速度及试件形状等试验条件有关，而下屈服点则对此不太敏感，因而将下屈服点作为材料强度的标准。

2.2.2 塑性

钢材的塑性是指钢材破坏前产生塑性变形而不立即断裂的性质，其值可用由静力拉伸试验得到的力学性能指标伸长率 δ 与截面收缩率 ψ 来衡量。

2.2.2.1 伸长率 δ

伸长率计算公式

$$\delta=\frac{l_1-l_0}{l_0}\times 100\% \tag{2.1}$$

式中　l_0——试件原标距长度（图 2.1）；

l_1——试件拉断后标距的长度。

δ 随试件的标距长度与试件直径（图 2.1）的比值 l_0/d_0 增大而减小。取圆试件直径的 5 倍或 10 倍为标距长度，其相应伸长率分别用 δ_5 或 δ_{10} 表示。一般 $\delta_5 > \delta_{10}$，因为颈缩区塑性变形受标距长度的影响，标距长度越大，颈缩区塑性变形相对值越小。

2.2.2.2　断面收缩率 Ψ

断面收缩率 Ψ 是指试件拉断后，颈缩区的断面面积缩小值与原断面面积的比值，以百分数表示，按式（2.2）计算：

$$\Psi = \frac{A_0 - A_1}{A_0} \times 100\% \tag{2.2}$$

式中　A_0——试件原断面面积；

A_1——试件颈缩时断口处断面面积。

断面收缩率 Ψ 也是单向拉伸试验提供的一个塑性指标。Ψ 越大，塑性越好。现行国家标准《厚度方向性能钢板》（GB/T 5313—2010）中，使用沿厚度方向的标准拉伸试件的断面收缩率来定义 Z 型钢的种类，如 Ψ 分别大于等于 15%、25%、35%时，为 Z15、Z25、Z35 钢。

伸长率 δ 是钢材均匀变形和集中变形（颈缩区）的总和，因此它不能代表钢材的最大塑性变形能力。断面收缩率 Ψ 是衡量钢材塑性的一个比较真实和稳定的指标，但是在测量时容易产生较大的误差。因此一般采用伸长率作为钢材塑性指标。

在实际工程中，结构和构件难免会存在一些缺陷（如应力集中材质缺陷等），当钢材具有良好的塑性时，构件缺陷所造成的应力集中可以利用塑性变形加以调整，即在受力达到一定程度后，个别区域因材料屈服而产生塑性变形，构件内部应力可以重新分布而趋于比较均匀，不至于因个别区域首先出现裂纹并扩展到整个构件而导致破坏。

塑性良好的结构在破坏前变形比较明显，可及时发现从而避免发生脆性破坏。塑性好的结构还能对应力集中的部位利用塑性变形进行调整，使应力重分布，趋于均匀，并能提高构件的延性。

用于承重结构的钢材，不论在外部荷裁的作用下，还是在加工制作过程中，除了应具有较高的强度外，还应要求具有足够的伸长率，对抗震结构伸长率应大于 20%，对非承重结构构件所用钢材也要保证其伸长率。

2.2.3　冲击韧性

冲击韧性是钢材抵抗冲击荷载的能力，可用钢材在塑性变形和断裂过程中吸收能量的能力来衡量。可通过冲击试验测定，其值等于图 2-2（a）中应力-应变曲线与横坐标所包围的总面积。由单向拉伸试验获得的钢材的性能，如强度和塑性，是静力性能，而韧性试验反应钢材的动力性能。实际结构中脆性断裂并不发生在单向受拉的地方，而总是发生在有缺口高峰应力的地方，在缺口高峰应力的地方常呈三向受拉的应力状态。因此，最具有代表性的是钢材的缺口冲击韧性，简称冲击韧性。

冲击韧性是评定带有缺口的钢材在冲击荷载作用下抵抗脆性破坏能力的指标，通常用带有夏比V形缺口的标准试件做冲击试验（图2.5）。夏比缺口韧性用A表示，其值为击断试件所消耗的冲击功，单位为J(1J=1N·m，即1焦耳=1牛顿·米)。将试件置于冲击试验机上用摆锤击断，击断试件缺口时的摆锤的重量与其垂直下落高度之乘积即为所消耗的冲击功。

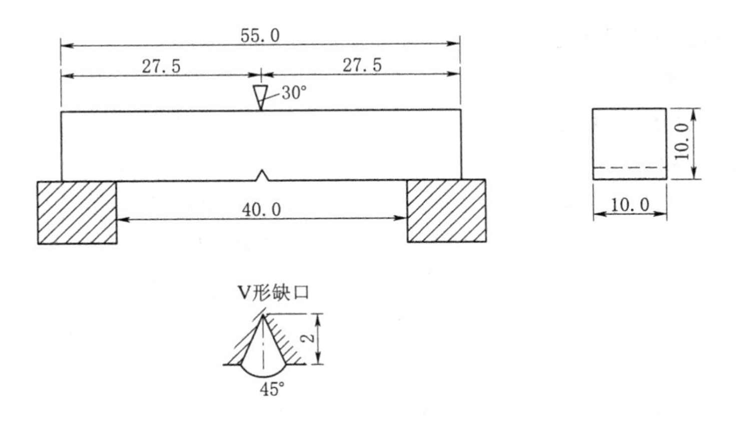

图2.5 夏比V形缺口冲击试验和标准试件（单位：mm）

试验表明，钢材的冲击韧性与温度有关。

低温时冲击韧性将显著下降。但不同牌号和不同质量等级的钢材的降低规律又有很大的不同。因此，处于寒冷地区承受动力作用的重要承重结构，应根据其工作温度和所用的钢材牌号，对钢材提出相应温度下的冲击韧性指标的要求，以防发生脆性破坏，确保结构的安全。

2.2.4 冷弯性能

冷弯性能指钢材在冷加工（即在常温下加工）产生塑性变形时，对产生裂缝的抵抗能力，可通过冷弯试验检验。

冷弯试验在材料试验机上进行（图2.6）。试验时，根据试件厚度，按国家相关标准规定的弯心直径，通过冷弯冲头加压。当试件弯曲至180°时，如果弯曲部分的表面、里面和侧面无裂纹、裂断或分层，即认为试件冷弯性能合格。

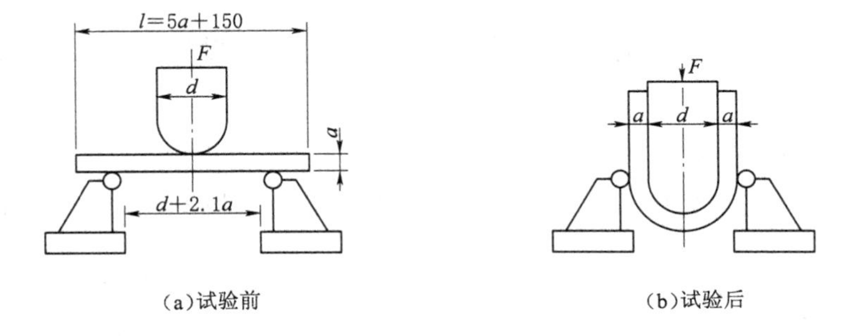

图2.6 冷弯试验（单位：mm）

通过冷弯试验，不仅能检验钢材的弯曲变形能力，还能暴露出钢材的内部缺陷（晶粒组织、结晶情况和非金属夹杂物分布等缺陷）。因此，钢材的冷弯性能是判断钢材塑性变形能力及冶金质量的综合指标，常作为静力拉伸试验和冲击试验等的补充试验。焊接承重结构以及重要的非焊接承重结构采用的钢材，均应具有冷弯试验的合格保证。

2.2.5　焊接性能与耐久性能

2.2.5.1　焊接性能

钢材的焊接性能指在指定的工艺条件和结构形式下，钢材经过焊接后能获得符合质量要求的焊接连接的性能。

钢材的焊接性能主要取决于它的化学组成，其中影响最大的是含碳量。一般钢材含有多种合金元素，影响是综合性的。因此，通常用碳当量来评价钢材的焊接性能。碳当量是指钢材中的碳含量与其他合金元素含量折算成相当的碳含量的总和。当含碳量为 0.12%～0.20%时，碳素钢的焊接性能最好。含碳量超过上述范围时，焊缝及热影响区容易变脆。一般采用较多的是国际焊接协会提出的碳当量计算式：

$$C_E = C + \frac{Mn}{6} + \frac{Cr + Mo + V}{5} + \frac{Ni + Cu}{15} \tag{2.3}$$

其中 C、Mn、Cr、Mo、V、Ni、Cu 分别为碳、锰、铬、钼、钒、镍、铜的百分含量。当 C_E不超过 0.38%时，钢材的可焊性很好，可以直接施焊；当 C_E为 0.38%～0.45%时，钢材呈现淬硬倾向，施焊时需要控制焊接工艺，采取预热措施并使热影响区缓慢冷却，以免发生淬硬开裂；当 C_E大于 0.45%时，钢材的淬硬倾向更加明显，须严格控制焊接工艺和预热温度才能获得合格的焊缝钢材。焊接性能的优劣除与钢材的碳当量有直接关系外，还与母材厚度、焊接方法、焊接工艺参数以及结构形式等条件有关。

2.2.5.2　耐久性能

钢材的耐久性能是指其耐腐蚀的性能。钢结构由于长期暴露于空气中或处于干湿交替的环境中，容易产生锈蚀破坏。腐蚀一方面会削弱钢材的有效截面，另一方面局部的锈蚀会导致应力集中，从而削弱钢结构的承载能力，导致钢结构发生脆性破坏。因此对于钢材的防锈蚀及防腐措施应引起特别重视。

2.3　影响钢材力学性能的主要因素

2.3.1　化学成分的影响

化学成分直接影响到钢的颗粒组织和结晶构造，与钢材的力学性能有密切的联系。

钢的基本元素是铁（Fe），碳素结构钢中纯铁含量约占 99%，其余如有利元素碳（C）、硅（Si）、锰（Mn），以及在冶炼过程中不易除尽的有害元素硫（S）、磷（P）、氧（O）、氮（N）等，约占总含量的 1%，属微量元素。在低合金钢中，除上述元素外，还有少量合金元素，如铜（Cu）、钒（V）、钛（Ti）、铌（Nb）、铬（Cr）、镍（Ni）等，总含量通常不超过3%。尽管钢材中除铁外的其他元素含量不高，但对钢材的物理力学性能却有着极大的影响。

2.3.1.1 碳（C）

碳是各种钢中的重要元素之一，在碳素结构钢中则是除铁以外的最主要元素。钢材中大部分空间内为柔软的纯铁体，而化合物渗碳体（Fe_3C）及渗碳体与纯铁体的混合物珠光体则十分坚硬，它们形成网络夹杂于纯铁体之间。钢材的强度来自渗碳体与珠光体，因此碳是形成钢材强度的主要成分。随着含碳量的提高，钢的强度逐渐增高，而塑性和韧性下降，冷弯性能、焊接性能和抗锈蚀性能等也变差。碳素钢按碳的含量区分，小于0.25%的为低碳钢，介于0.25%～0.6%之间的为中碳钢，大于0.6%的为高碳钢。含碳量超过0.3%时，钢材的抗拉强度很高，但却没有明显的屈服点，且塑性很小；当含碳量超过0.2%时，钢材的焊接性能将开始恶化。因此，规范推荐的钢材含碳量均不超过0.22%，对于焊接结构则严格控制在0.2%以内。

2.3.1.2 硅（Si）

硅是有益元素，在普通碳素钢中，硅是一种强脱氧剂，常与锰共同除氧，生产镇静钢。适量的硅可以细化晶粒、提高钢的强度，而对塑性、韧性、冷弯性能和焊接性能无显著不良影响，但过量的硅会恶化焊接性能和抗锈蚀性能。硅的含量在一般镇静钢中为0.12%～0.30%，在低合金钢中为0.2%～0.55%。

2.3.1.3 锰（Mn）

锰是有益元素，在普通碳素钢中，它是一种弱脱氧剂，可提高钢材强度，降低硫、氧对钢材的热脆影响，改善钢材的热加工性能和冷脆倾向，且对钢材的塑性和韧性无明显影响。锰还是我国低合金钢的主要合金元素，其含量为0.8%～1.8%，但锰会对钢材的焊接性能产生不利影响，含量不应过多。

2.3.1.4 硫（S）

硫是有害元素，常以硫化铁形式夹杂于钢中。当温度达800～1000℃时，硫化铁会熔化使钢材变脆，因而在进行焊接或热加工时，有可能引发热裂纹（称为热脆）。此外，硫还会降低钢材的冲击韧性、疲劳强度、抗锈蚀性能和焊接性能等。非金属硫化物夹杂经热轧加工后还会在厚钢板中形成局部分层现象，在采用焊接连接的结点中，沿板厚方向承受拉力时，会发生层状撕裂破坏。因此，对硫的含量必须严格控制，一般不得超出0.025%～0.05%，对抗层状断裂的钢（厚度方向性能钢板）其含硫量应限制在0.01%以下。

2.3.1.5 磷（P）

磷既是有害元素也是能利用的合金元素。磷可提高钢材的强度和抗锈蚀能力但却严重降低钢的塑性、韧性、冷弯性能和焊接性能，特别是在温度较低时使钢材变脆（称为冷脆）。因此，应严格控制其含量，一般不超过0.05%，在焊接结构中不超过0.045%。

2.3.1.6 氧（O）和氮（N）

氧和氮属于有害元素。氧与硫类似，使钢热脆，氮的影响和磷类似，因此均应严格控制其含量。但当采用特殊的合金元素时，氮可作为一种合金元素来提高低合金钢的强度和抗腐蚀性。氧的含量应低于0.05%，氮的含量应低于0.008%

2.3.1.7 钒（V）、铌（Nb）、钛（Ti）

钒、铌、钛等元素在钢中形成微细碳化物，适量加入能起到细化晶粒和弥散强化作用，从而既提高了钢材的强度和韧性，又可保持良好的塑性。我国的低合金钢都含有这种元素，作为锰以外的合金元素。

2.3.1.8 铝（A）、铬（Cr）、镍（Ni）

铝是强脱氧剂，用铝进行补充脱氧，不仅进一步减少钢中的有害氧化物而且能细化晶粒。低合金钢的C级、D级及E级钢都规定铝含量不低于0.015%，以保证必要的低温性。铬、镍是提高钢材强度的合金元素，用于Q390及以上牌号的钢材中，但其含量应受到限制，以免影响钢材的其他性能。

2.3.2 钢材生产过程的影响

2.3.2.1 冶炼

钢材的冶炼方法主要有3种：平炉炼钢法、氧气顶吹转炉炼钢法、电炉炼钢法。

平炉炼钢是利用煤气或其他燃料供应热能把废钢、生铁溶液或铸铁块和不同的合金元素等冶炼成各种用途的钢。平炉的原料广泛，容积大，产量高，冶炼工艺简单，化学成分易于控制，炼出的钢质量优良。但平炉炼钢周期长、效率低、成本高，现已逐渐被氧气顶吹转炉炼钢所取代。

氧气顶吹转炉炼钢是利用高压空气或氧气使炉内生铁溶液中的碳和其他杂质氧化，在高温下使铁液变为钢液。氧气顶吹转炉冶炼的钢中有害元素和杂质少，质量和加工性能优良，且可根据需要添加不同的元素冶炼碳素钢和合金钢。由于氧气顶吹转炉可以利用高炉炼出的生铁溶液直接炼钢，投资少、建厂快、生产效率高、原料适应性强，已成为炼钢工业的主要发展方向。

电炉炼钢是利用电热原理，以废钢和生铁等为主要原料，在电弧炉内冶炼。由于不与空气接触，易于清除杂质和严格控制化学成分，炼成的钢质量好。但因耗电量大，成本高，一般主要用于制造特殊合金钢，不用于建筑。

2.3.2.2 浇铸

钢水出炉浇铸成钢锭时，为排除钢水中的氧元素，浇铸前要向钢液中投入脱氧剂，按脱氧程度不同，可将碳素结构钢分为沸腾钢、镇静钢、半镇静钢和特殊镇静钢。沸腾钢采用脱氧能力较弱的锰做脱氧剂，脱氧不完全，致使氧、氮和一氧化碳等气体从钢水中溢出，形成钢水沸腾现象。沸腾钢在浇铸钢锭时冷却很快，氧、氮等气体来不及从钢水中全部溢出而留存在钢锭中，使钢的构造和晶粒粗细分布不均匀。沸腾钢的塑性、韧性和可焊性较差，时效敏感并容易变脆。镇静钢同时采用锰和硅做脱氧剂，脱氧彻底，硅在还原氧化铁的过程中还会产生热量，使钢液冷却缓慢，气体充分逸出，可使钢水中的氧减少到不能再析出一氧化碳的程度，浇铸时不会出现沸腾现象。镇静钢内部组织致密，其屈服强度、抗拉强度和冲击韧性均高于沸腾钢，冷脆性和时效敏感性较小，可焊性和抗锈蚀性较好。半镇静钢的脱氧程度介于上述二者之间。特殊镇静钢是在锰硅脱氧后再用铝补充脱氧，其脱氧程度高于镇静钢。低合金高强度结构钢一般都是镇静钢。

2.3.2.3 轧制

钢材的轧制在 1200～1300℃高温下进行，在辊轧压力作用下，钢锭中的小气泡、裂纹等缺陷焊合起来，使钢的晶粒变细，使金属组织更加致密，并消除显微组织缺陷从而改善了钢材的力学性能。薄板因辊轧次数多，轧制压缩比大，其强度比厚板略高。钢材浇铸时的非金属夹杂物在轧制后能造成钢材的分层，所以分层是钢材（尤其是厚板）的一种缺陷。设计时应尽量避免拉力垂直于板面的情况，以防止层间撕裂。

2.3.2.4 热处理

钢的热处理是对钢在固态范围内施以不同的加热保温和冷却措施，以改变其内部组织构造，达到改善钢材性能的一种加工工艺。钢材的普通热处理包括退火、正火、淬火和回火 4 种基本工艺。

退火是将工件加热到预定温度，保温一定的时间后缓慢冷却的金属热处理工艺。退火的目的在于：①改善或消除钢铁在铸造、锻压、轧制和焊接过程中所造成的各种组织缺陷以及残余应力，防止工件变形、开裂；②软化工件以便进行切削加工；③细化晶粒，改善组织以提高工件的机械性能；④为最终热处理（淬火、回火）做好准备。

正火是将工件加热，保温一段时间后，从炉中取出在空气中或喷水、喷雾或吹风冷却的金属热处理工艺。正火工艺的应用：①用于低碳钢，正火后硬度略高于退火，韧性也较好，可作为切削加工的预处理；②用于铸钢件，可以细化铸态组织，改善切削加工性能；③用于大型锻件，可作为最后热处理，从而避免淬火时较大的开裂倾向；④用于球墨铸铁，使硬度、强度、耐磨性得到提高，如用于制造汽车、拖拉机、柴油机的曲轴、连杆等重要零件。

淬火是将钢加热到临界温度以上某一温度，保温一段时间，然后以大于临界冷却速度快冷。淬火可大幅提高钢的强度、硬度、耐磨性、疲劳强度以及韧性等，从而满足各种机械零件和工具的不同使用要求。也可以通过淬火取得某些特种钢材要求的铁磁性、耐蚀性等特殊的物理、化学性能。

回火是将经过淬火的工件重新加热到低于下临界温度的适当温度，保温一段时间后在空气或水、油等介质中冷却的金属热处理。或将淬火后的合金工件加热到适当温度，保温若干时间，然后缓慢或快速冷却。一般用以降低或消除淬火钢件中的内应力，或降低其硬度和强度，以提高其延性或韧性。根据不同的要求可采用低温回火、中温回火或高温回火。通常随着回火温度的升高，硬度和强度降低，延性或韧性逐渐增高。回火的作用在于：①提高组织稳定性，使工件在使用过程中不再发生组织转变，从而使工件几何尺寸和性能保持稳定；②消除内应力，以便改善工件的使用性能并稳定工件几何尺寸；③调整钢铁的力学性能以满足使用要求。

淬火加回火也称调质处理，淬火是把钢材加热至 900℃以上，保温一段时间，然后放入水或油中快速冷却。

2.3.3 钢材缺陷的影响

钢在冶炼过程中，常因冶炼及浇铸方法不当而会不可避免地产生冶金缺陷。常见的冶金缺陷有偏析、非金属夹杂、气孔、裂纹及分层等。偏析是指钢中化学成分不一致和不均匀性，特别是硫、磷等有害杂质的偏析，严重导致钢材的强度、塑性、韧性和焊接性能的恶化。非金属夹杂指钢中含有硫化物和氧化物等杂质，对钢材性能影响极为不利。硫化物在 800～1200℃高温下，使钢材变脆（即热脆），氧化物则严重地降低钢材的力学性能和工艺性能。

气孔是浇铸钢锭时，由氧化铁与碳作用所生成的一氧化碳气体不能充分逸出而形成的。无论是微观抑或宏观的裂纹，不论其成因如何，均使钢材的冷弯性能、冲击韧性和疲劳强度显著降低，并增加钢材脆性破坏的危险。分层指沿钢材厚度方向形成层间并不相互脱离的分层，分层使钢材在厚度方向上几乎失去抗拉承载力，会严重降低钢材的冷弯性能。这些缺陷所产生的影响会在结构或构件受力、加工制作时表现出来。在分层的夹缝里还容易侵入潮气从而引起钢材锈蚀，大大降低钢材的韧性、疲劳强度和抗脆断能力。

2.3.4　钢材硬化的影响

钢材的硬化有 3 种情况：时效硬化、应变（冷作）硬化和应变时效（图 2.7）。

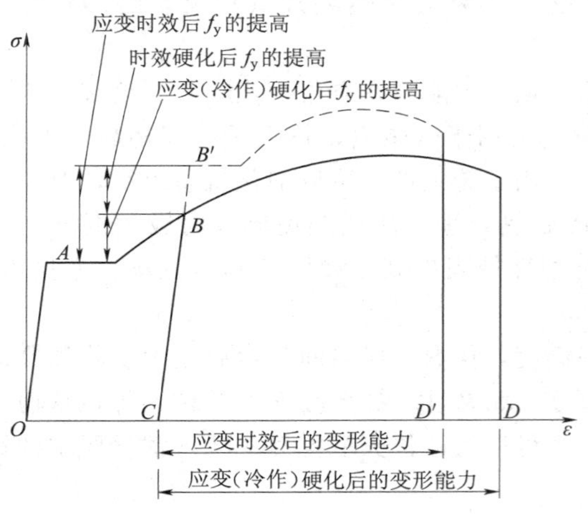

图 2.7　钢材的硬化

在高温时固溶于铁中的少量氮和碳，随着时间的增长逐渐从铁中析出，形成氮化物和碳化物微粒，散布在铁素体晶粒的滑动界面上，阻碍滑移，遏制晶粒的塑性变形发展，从而使钢材的强度提高，塑性和韧性下降。这种现象称为时效硬化，又称老化。产生时效硬化的过程一般较长，从几天到几十年。但在振动荷载、反复荷载及温度变化等情况下会加速发展。

在常温下加工叫冷加工。在冷加工（或一次加载）过程使钢材产生较大的塑性变形的情况下，卸荷后再重新加载，钢材的屈服点提高、塑性和韧性降低的现象称为应变（冷作）硬化。

钢材产生一定的塑性变形后，晶体中的固溶氮和碳将更容易析出（特别是在高温作用下），时效硬化加速进行。因此，应变时效是应变硬化和时效硬化的复合作用，尤其在高温下，应变时效发展尤为迅速，仅需数小时即可完成。

无论哪一种硬化都会使钢材的塑性和韧性降低，对钢材不利。故在普通钢结构中不利用硬化来提高强度。对于重要的结构，要求对钢材进行人工时效后检验其塑性和冲击韧性，有时还要采取措施，消除或减轻硬化的不良影响，保证结构具有足够的抗脆性破坏能力。对局部硬化部分可用刨边或钻孔予以消除。

2.3.5　温度的影响

当钢材温度，在正温范围内由 0℃上升至 150℃时，钢材的强度、弹性模量和塑性均与常温相近，变化不大。但在 250℃左右时，抗拉强度有局部的提高，而塑性和韧性则下降，伸长率和断面收缩率均降至最低，出现了蓝脆现象（钢材表面氧化膜呈蓝色）。在蓝脆区进行热加工可能引起裂纹，因此应避免在蓝脆区进行热加工。当温度为 260～320℃时，钢材将产生徐变现象，强度和弹性模量均开始显著下降，塑性显著上升；当温度达 600℃时，钢材的抗拉强度、屈服强度和弹性模量均接近于 0，塑性急剧上升，钢材处于热塑性状态。因此当结构的表面长期受辐射热达 150℃以上或可能受到火焰作用时，须加隔热层或水套等加以保护。

当材料由常温降到负温时，钢材的强度虽略有提高，但其塑性和韧性降低，材料逐渐变脆，随着温度下降到某一负温区间时，钢材的冲击韧性陡然降低，破坏特征明显地由塑性破坏转变为脆性破坏，称为钢材的低温冷脆。因此，对于低温下工作的结构，特别是受动力荷载作用的钢结构使用的钢材应具有负温冲击韧性的合格证以提高抗低温脆断的能力。

2.3.6 应力集中的影响

在钢结构中，经常不可避免地存在着刻槽、孔洞、凹角、裂缝以及截面的厚度或形状变化等，这时构件截面上的应力不再保持均匀分布，而是在某些部位上将出现高峰应力，而距这些部位较远处应力降低，且分布很不均匀，这种现象称为应力集中。在应力高峰区域总是存在着同号的双向或三向应力场，这是因为材料的某一点在 x 方向伸长的同时，在 y 方向（横向）将要收缩，当板厚较大时还将引起 z 方向收缩。这种同号的双向或三向应力场有使钢材变脆的趋势。应力集中系数越大，变脆的倾向越严重。

具有不同缺口形状的钢材拉伸试验结果（图 2.8）也表明，其中第 1 种试件为标准试件，第 2、3、4 种试件为不同应力集中水平的对比试件，截面改变的尖锐程度越大的试件，应力集中现象就越严重，引起钢材脆性破坏的危险性就越大。第 4 种试件已无明显屈服点，表现出高强钢的脆性破坏特征。

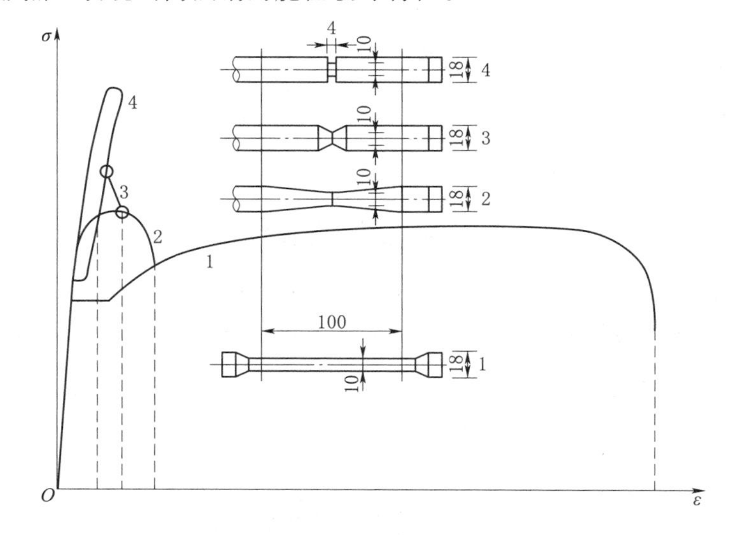

图 2.8 应力集中对钢材性能的影响（单位：mm）

在进行钢结构设计时，应尽量使构件和连接结点的形状与构造合理，防止截面的突然改变。在进行钢结构的焊接构造设计和施工时，应尽量减少焊接残余应力。

应力集中现象还可能由内应力产生。内应力的特点是力系在钢材内自相平衡，而与外力无关。其在浇铸、轧制和焊接加工过程中，因不同部位钢材的冷却速度不同，或因不均匀加热和冷却而产生。其中，焊接残余应力的量值往往很高，在焊缝附近的残余拉应力常达到屈服点，而且在焊缝交叉处经常出现双向甚至三向残余拉应力场，使钢材局部变脆。当外力引起的应力与内应力处于不利组合时，会引发脆性破坏。

在负温或动力荷载作用下，应力集中往往是引起脆性断裂的根源，设计中应设法避免或减小应力集中，并选用质量优良的钢材。

2.4　复杂应力下钢材的工作性能

在单向拉伸试验中，单向应力达到屈服点时，钢材即进入塑性状态，则单向应力作用下钢材的屈服条件是 $\sigma > f_y$。

钢材在双向平面应力或三向立体应力等复杂应力作用下的强度条件必须由强度理论来确定。其中能量强度理论（第四强度理论）最符合钢材为弹塑性材料的实际情况。

能量强度理论认为，当钢材单元处于三向应力状态下（图 2.9）由弹性状态转入塑性状态时，其单位体积的形状改变能应等于单向拉伸达到屈服状态时积聚于单位体积中的应变能。按照能量强度理论，钢材的塑性条件需用折算应力来衡量。

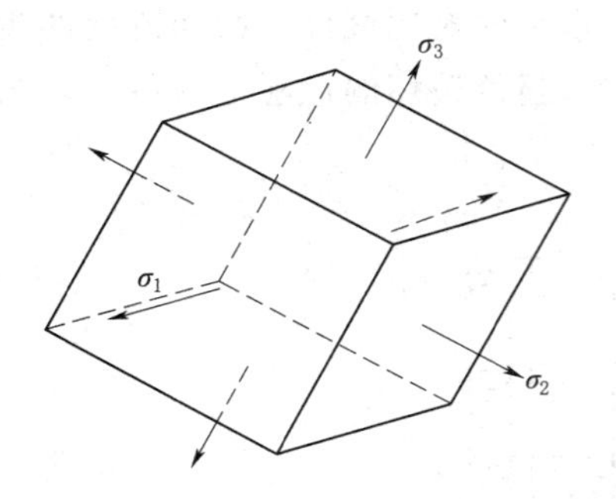

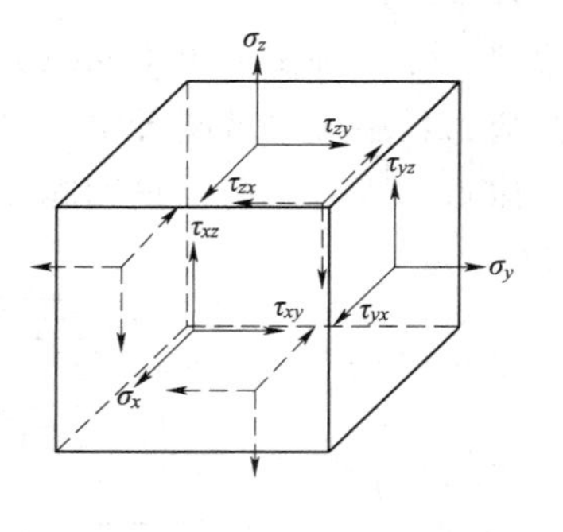

图 2.9　复杂应力状态

因此，钢材在多轴应力作用下由弹性状态转入塑性状态的屈服条件，可以用折算应力与钢材在单向应力时的屈服点 f 相比较来判断，即

$$\sigma_{eq} = \sqrt{\sigma_x^2 + \sigma_y^2 + \sigma_z^2 - (\sigma_x\sigma_y + \sigma_y\sigma_z + \sigma_z\sigma_x) + 3(\tau_{xy}^2 + \tau_{yz}^2 + \tau_{zx}^2)} = f_y \tag{2.4}$$

若用主应力表示，则

$$\sigma_{eq} = \sqrt{\sigma_1^2 + \sigma_2^2 + \sigma_3^2 - (\sigma_1\sigma_2 + \sigma_2\sigma_3 + \sigma_3\sigma_1)} = f_y \tag{2.5}$$

也可表示为

$$\sigma_{eq}=\sqrt{\frac{1}{2}[(\sigma_1-\sigma_2)^2+(\sigma_2-\sigma_3)^2+(\sigma_3-\sigma_1)^2]}=f_y \qquad (2.6)$$

式中　σ_1、σ_2、σ_3——钢材在验算点上的三向主应力。

当 $\sigma_{eq}<f_y$ 时，为弹性状态；当 $\sigma_{eq}>f_y$ 时，为塑性状态。

钢材在同号平面主应力 σ_1 与 σ_2 作用下，折算应力 $\sigma_{eq}=\sqrt{\sigma_1^2+\sigma_2^2-\sigma_1\sigma_2}$ 显然小于最大主应力 σ_1。当 σ_1 达到 f_y，时，σ_{eq} 尚小于 f_y，钢材仍处于弹性阶段。由此可见，在同号平面应力状态下，钢材的弹性阶段和极限强度都比单向受拉时有所提高，同时钢材转向硬化和变脆。因而钢材处于同号应力场中容易产生脆性破坏。

钢材在异号平面应力作用下，情况正好相反。折算应力 $\sigma_{eq}>\sigma_1$，钢材的弹性阶段和强度都将随异号主应力 σ_2 的增大而降低，塑性变形则随之增大。这说明处于异号应力状态时，容易发生塑性破坏。

当三向应力中有一向应力很小（如厚度较小，厚度方向的应力可忽略不计），即处于平面应力状态时，式（2.4）和式（2.5）可分别取 $\sigma_z=0$ 及 $\sigma_3=0$，则分别简化为

$$\sigma_{eq}=\sqrt{\sigma_x^2+\sigma_y^2-\sigma_x\sigma_y+3\tau_{xy}^2} \qquad (2.7)$$

$$\sigma_{eq}=\sqrt{\sigma_1^2+\sigma_2^2-\sigma_1\sigma_2} \qquad (2.8)$$

对于普通梁，只考虑正应力 σ 和剪应力 τ，则

$$\sigma_{eq}=\sqrt{\sigma^2+3\tau^2} \qquad (2.9)$$

对于纯剪切状态（$\sigma=0$），$\sigma_{eq}=\sqrt{3\tau^2}=\sqrt{3}\tau=f$，则

$$\tau=\frac{f_y}{\sqrt{3}}\approx 0.58f_y \qquad (2.10)$$

因此，《钢结构设计规范》（GB 50017—2017）规定钢材抗剪强度设计值为 f_y 的 0.58 倍。

2.5　钢材的疲劳

2.5.1　疲劳破坏的定义及性质

钢材在连续反复荷载作用下，当应力还低于抗拉强度，甚至低于屈服强度时，也有可能发生破坏，这种现象称为钢材的疲劳。疲劳破坏前，钢材无明显的变形和局部收缩，它和脆性破坏一样，是一种突然发生的断裂。

钢材的疲劳破坏的发生是经历了一个发展过程的。钢材的生产和构件加工及安装过程中，结构某些部位不可避免地存在局部微缺陷，如不均匀夹杂，冷加工造成的孔洞、刻槽，微裂纹等。在连续的重复荷载的作用下，这些薄弱部位的界面上会产生应力集中现象，高峰应力处首先出现微裂纹，随着重复荷载的不断作用，微裂纹的数量增加并相互连通形成宏观的裂缝，导致截面有效面积减小，加剧了应力集中，裂缝不断扩展直到内部晶体的结合力不足以抵抗高峰应力时，钢材突然断裂。因此疲劳破坏发生前，塑性变形很小，没有明显的破坏征兆。

疲劳破坏的断口一般可分为光滑区和粗糙区两部分。光滑区的形成是由于裂纹多次扩张闭合，而靠近疲劳源周边的扩展表面相互研磨而呈现光滑区。最后突然断裂的截面，类似于拉伸试件的断口，比较粗糙。

钢材在某一连续反复荷载作用下，发生疲劳破坏时相应的最大应力称为疲劳强度。钢材的疲劳强度与反复荷载引起的应力种类、应力循环形式、应力循环次数、应力集中程度和残余应力等有着密切关系。

2.5.2　影响疲劳强度的主要因素

钢材的疲劳破坏除了与钢材的质量、构件的几何尺寸和缺陷等因素有关外，主要取决于应力循环特征和循环次数，而与钢材的静力强度无关。

2.5.2.1　应力集中

应力集中是影响疲劳性能的重要因素。应力集中越严重，钢材越容易发生疲劳破坏。应力集中的程度由构造所决定，包括微裂纹、孔洞、夹杂、刻槽及截面的厚度和宽度是否有变化等，对焊接结构表现为零件之间相互连接的方式和焊缝的形式。因此，对于相同的连接形式，构造细节处理的不同，也会对疲劳强度产生较大影响。根据试验研究结果，《钢结构设计规范》（GB 50017—2017）将构件和连接形式按应力集中的影响程度由低到高分为8类，第1类是没有应力集中的主体金属，第8类是应力集中最严重的角焊缝，第2至第7类则是有不同程度应力集中的主体金属，见表2.1。

表2.1　疲劳计算的构件和连接分类

项次	简图	说明	类别
1	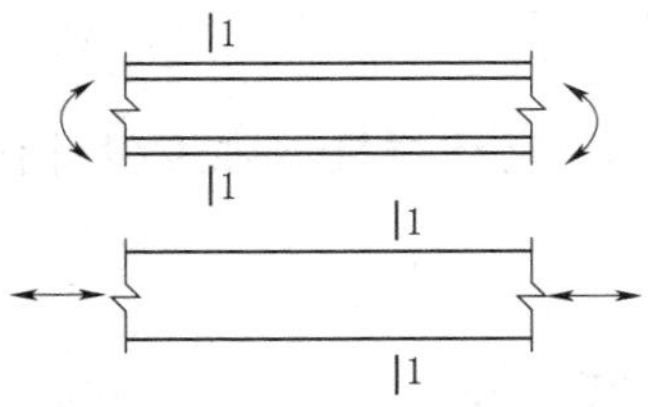 1—1	无连接处的主体金属： （1）轧制型钢。 （2）钢板。 1）两边为轧制边或刨边； 2）两边为自动、半自动切割边（切割质量标准应符合现行国家标准《钢结构工程施工质量验收规范》（GB 50205）	 1 1 2
2	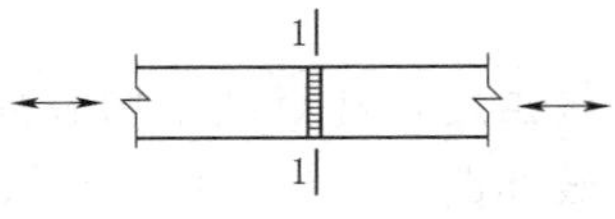 1—1	横向对接焊缝附近的主体金属： （1）符合现行国家质量标准《钢结构工程施工质量验收规范》（GB 50205）的一级焊缝。 （2）经加工、磨平的一级焊缝	 3 2
3	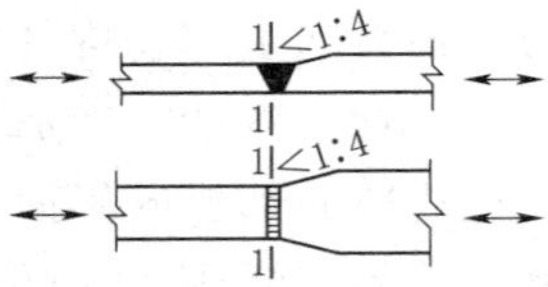 1—1 ≤1:4	不同厚度（或宽度）横向对接焊缝附近的主体金属，焊缝加工成平滑过渡并符合一级焊缝标准	2
4	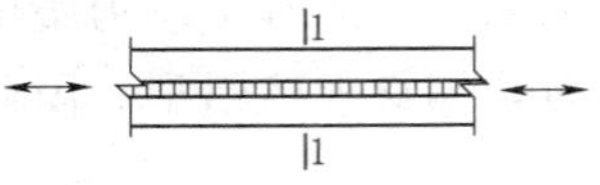 1—1	纵向对接焊缝附近的主体金属，焊缝符合二级焊缝标准	2

续表

项次	简图	说明	类别
5	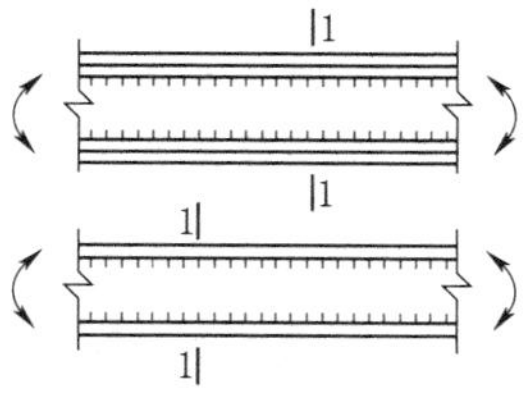	翼缘连接焊缝附近的主体金属： (1) 翼缘板与腹板的连接焊缝。 1) 自动焊，二级 T 形对接和角接组合焊缝； 2) 自动焊，角焊缝，外观质量标准符合二级； 3) 手工焊，角焊缝，外观质量标准符合二级。 (2) 双层翼缘板之间的连接焊缝。 1) 自动焊，角焊缝，外观质量标准符合二级； 2) 手工焊，角焊缝，外观质量标准符合二级	 2 3 4 3 4
6	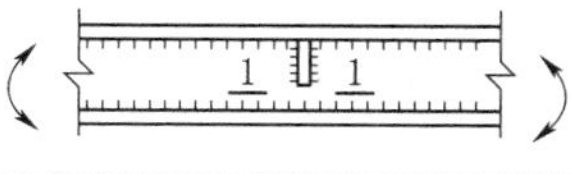	横向加劲肋端部附近的主体金属： (1) 肋端不断弧（采用回焊）。 (2) 肋端断弧	 4 5
7	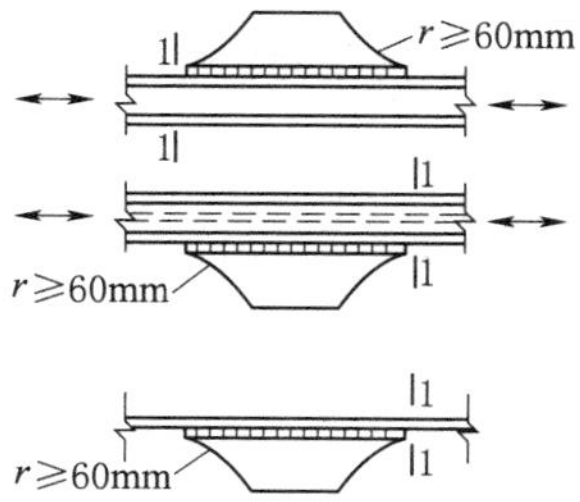 $r \geqslant 60mm$	梯形结点板用对接焊缝焊于梁翼缘、腹板以及桁架构件处的主体金属，过渡处在焊后铲平、磨光、圆弧过渡，不得有焊接起弧、灭弧缺陷	5
8	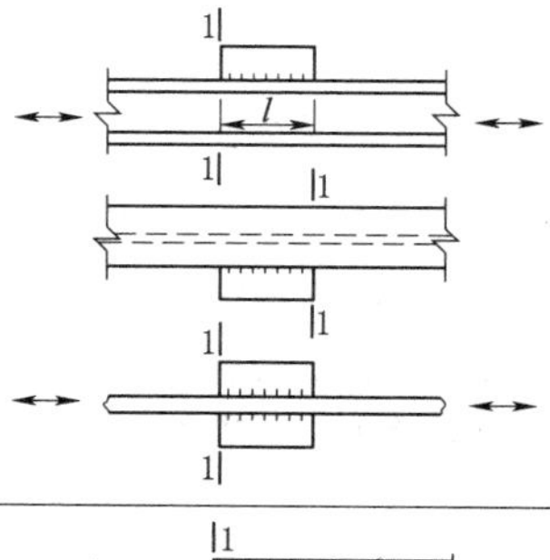	矩形节点板焊接于构件翼缘或腹板处的主体金属，$l > 150mm$	7
9	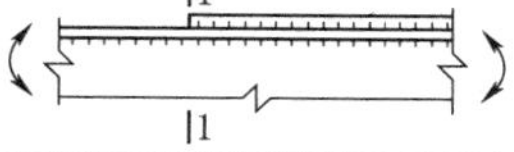	翼缘板中断处的主体金属（板端有正面焊缝）	7
10	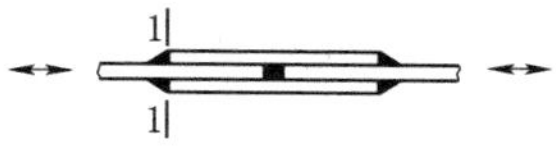	向正面角焊缝过渡处的主体金属	6
11	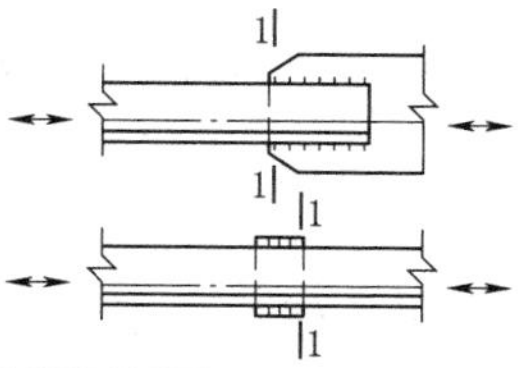	两侧面角焊缝连接端部的主体金属	8
12	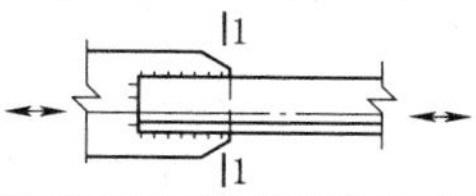	三面围焊的角焊缝端部主体金属	7

续表

项次	简　　图	说　　明	类别
13		三面围焊或两侧面角焊缝连接的节点板主体金属（节点板计算宽度按应力扩散角 $\theta=30°$考虑）	7
14		K 形坡口 T 形对接与角接组合焊缝处的主体金属，两板轴线偏离小于 0.15t，焊缝为二级，焊趾角 $\alpha\leqslant45°$	5
15		十字接头角焊缝处的主体金属，两板轴线偏离小于 0.15t	7
16	角焊缝	按有效截面确定的剪应力幅计算	8
17		铆钉连接处的主体金属	3
18		连接螺栓和虚孔处的主体金属	3
19		高强度螺栓摩擦型连接处的主体金属	2

注　1. 所有对接焊缝及 T 形对接和铰接组合焊缝均需焊透。所有焊缝的外形尺寸均应符合现行标准《钢结构焊缝外形尺寸》（JB 7949）的规定。
2. 角焊缝应符合《钢结构设计规范》（GB 50017）中 8.2.7 条和 8.2.8 条的要求。
3. 项次 16 中的剪应力幅 $\Delta\tau=\tau_{max}-\tau_{min}$，其中 τ_{min}的正负值为：与τ_{max}同方向时，取正值；与τ_{max}反方向时，取负值。
4. 第 17、18 项中的应力应以净截面面积计算，第 19 项应以毛截面面积计算。

2.5.2.2　应力幅

每次应力循环中的最大拉应力（取正值）和最小拉应力（取正值）或压应力（取负值）之差称为应力幅，即

$$\Delta\sigma=\sigma_{max}-\sigma_{min} \tag{2.11}$$

当所有应力循环中的应力幅保持常量，不随时间变化，称为常幅应力循环，其疲劳规律较易掌握。在每次应力循环中，应力幅随时间随机变化，称为变幅应力循环。因此，应力幅循环特征可分为常幅循环应力谱和变幅应力谱两种谱形（图 2.10）。

试验表明，无论哪种形式的应力循环，不管最大应力是否相同，只要它们的应力

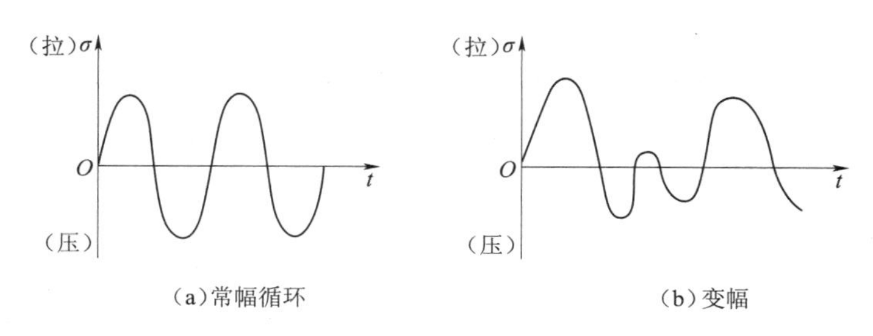

图 2.10　应力谱

幅相等，其对构件及其连接的疲劳效应是相同的。

2.5.2.3　应力循环次数

应力循环次数是指在连续反复荷载作用下应力由最大到最小的循环次数，又称为疲劳寿命。应力循环次数愈少，产生疲劳破坏的应力幅愈大，疲劳强度愈高。当应力循环次数少到一定程度时，就不会产生疲劳破坏。因此，《钢结构设计规范》(GB 50017—2017）规定，承受动力荷载重复作用的钢结构构件（如吊车梁、吊车桁架、工作平台梁等）及其连接，当应力循环次数大于或等于 5×10^4 次时，才应进行疲劳计算；反之，应力循环次数愈多，产生疲劳破坏的应力幅要愈小，疲劳强度愈低。但当应力幅小到一定程度时，不管循环多少次都不会产生疲劳破坏，这个应力幅称为疲劳强度极限，简称疲劳极限。

2.5.3　疲劳曲线（$\Delta\sigma-n$ 曲线）

对不同构件和连接在疲劳试验机上用不同的应力幅进行常幅循环应力试验，即可得到疲劳破坏时不同的循环次数 n，将多个试验点连接起来就可得到 $\Delta\sigma-n$ 曲线［图 2.11 (a)］即疲劳曲线，采用双对数坐标时，所得结果呈直线关系［图 2.11 (b)］。

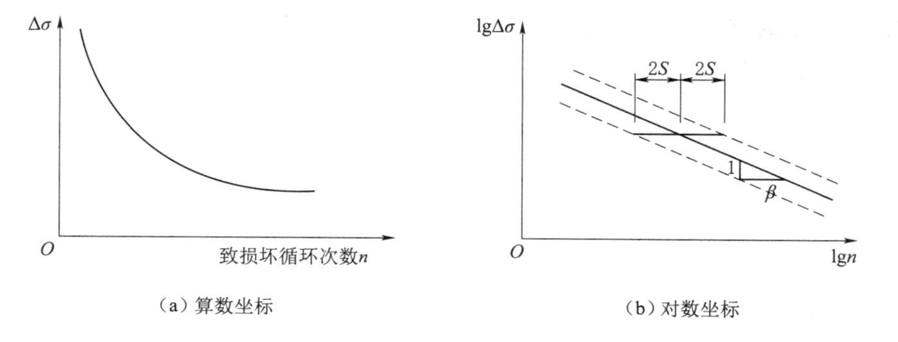

图 2.11　疲劳曲线

其方程为

$$\lg n = b - m\lg\Delta\sigma \tag{2.12}$$

考虑到试验点的离散性，需要有一定的概率保证，则方程修改为

$$\lg n = b - m\lg\Delta\sigma - 2S \tag{2.13}$$

式中　n——循环次数

b——n 轴上的截距；

m ——直线对纵坐标的斜率（绝对值）；

S ——标准差，根据试验数据由统计理论公式得出，它表示 $\lg n$ 的离散程度。

若 $\lg n$ 呈正态分布，式（2.13）保证率是 97.7%；若呈 t 分布，则约为 95%。

对不同的构件和连接类型，由于试验数据回归的直线方程各异，其斜率也不尽相同。为便于设计，我国《钢结构设计规范》（GB 50017—2017）按连接方式、受力特点和疲劳强度，在适当考虑 $\Delta\sigma - n$ 曲线簇的等间距布置情况下，归纳划分为 8 类，各类构件和连接的 C、β 值列于表 2.2。如无应力集中的主体金属，两侧为轧制边或刨边的属于第 1 类，两侧为自动或半自动火焰切割边的属于第 2 类，其余各种连接附近的主体金属分别属于第 3～8 类。查相应的 C 值和 β 值，计算所对应的容许应力幅 $[\Delta\sigma]$。

表 2.2　系数 C 值和 β 值

构件和连接类型	1	2	3	4	5	6	7	8
$C/10^{12}$	1940	861	3.26	2.18	1.47	0.96	0.65	0.41
β	4	4	3	3	3	3	3	3

2.5.4　疲劳验算

一般钢结构都是按照概率极限状态进行设计的，但对疲劳，部分规范规定按容许应力原则进行验算。这是因为现阶段对疲劳裂缝的形成、扩展以至断裂这一过程的极限状态定义，以及有关影响因素研究不足的缘故。

我国《钢结构设计规范》（GB 50017—2017）规定，对直接承受动力荷载反复作用的钢结构构件及其连接，当应力变化的循环次数 $n \geqslant 5 \times 10^4$ 次时，应进行疲劳计算。

2.5.4.1　常幅疲劳验算

常幅疲劳应按式（2.14）进行疲劳验算：

$$\Delta\sigma \leqslant [\Delta\sigma] \tag{2.14}$$

式中　$\Delta\sigma$ ——对焊接部位为应力幅 $\Delta\sigma = \sigma_{\max} - \sigma_{\min}$，对非焊接结构为折算应力幅 $\Delta\sigma = \sigma_{\max} - 0.7\sigma_{\min}$，应力以拉为正，压为负；

$[\Delta\sigma]$ ——常幅疲劳的容许应力幅，按构件和连接的类别以及预期的循环次数由式（2.16）计算。

由式（2.13）可得

$$\Delta\sigma = \left(\frac{10^{b-2\sigma_n}}{n}\right)^{\frac{1}{m}} = \left(\frac{C}{n}\right)^{\frac{1}{m}} \tag{2.15}$$

取此 $\Delta\sigma$ 作为容许应力幅，并将 m 调成整数，记为 β，则

$$[\Delta\sigma] = \left(\frac{C}{n}\right)^{\frac{1}{\beta}} \tag{2.16}$$

式中　n ——应力循环次数；

C，β ——参数，按表 2.2 采用。

必须指出，与以概率论为基础的极限状态设计法不同，疲劳计算仍采用容许应力幅法。疲劳计算采用荷载的标准值按结构在弹性阶段工作进行应力分析，且不考虑动力系数，这是由于现阶段对疲劳裂缝的形成、扩展以至断裂这一过程的极限状态定义及有关影响因素的研究还不充分。

2.5.4.2 变幅疲劳验算

对变幅疲劳，若能预测结构在使用寿命期间各种荷载的频率分布、应力幅水平及频次分布总和所构成的设计应力谱，则可按线性积累损伤法将其折算为等效常幅疲劳，按式（2.15）计算，即

$$\Delta\sigma_e \leqslant [\Delta\sigma] \tag{2.17}$$

$$\Delta\sigma_e = \left[\frac{\sum n_i (\Delta\sigma_i)^\beta}{\sum n_i}\right]^{\frac{1}{\beta}} \tag{2.18}$$

式中 $\Delta\sigma_e$——变幅疲劳的等效应力幅；

n_i——预期寿命内应力幅达 $\Delta\sigma_i$ 的应力循环次数；

$\sum n_i$——以应力循环次数表示的结构预期使用寿命。

但是在实际结构中，往往无法预测到结构使用期内的实际变幅规律，则可按设计的最大应力幅考虑欠载效应后，按常幅疲劳计算，即

$$\alpha_f \Delta\sigma \leqslant [\Delta\sigma]_{2\times10^6} \tag{2.19}$$

式中 $\Delta\sigma$——在计算部位的最大应力幅；

$[\Delta\sigma]_{2\times10^6}$——循环次数 n 为 2×10^6 次的容许应力幅，按式（2.16）计算；

α_f——欠载效应的等效系数，对重级工作制硬钩吊车 $\alpha_f=1.0$，重级工作制软钩吊车 $\alpha_f=0.8$，中级工作制吊车 $\alpha_f=0.5$。

疲劳计算应注意的问题如下：

（1）直接承受动力荷载重复作用的钢结构构件和连接，当应力循环次数 $n\geqslant5\times10^4$ 时，应进行疲劳计算，应力幅按弹性工作计算。

（2）疲劳计算时，作用于结构的荷载取标准值，不乘以荷载分项系数，也不乘以动力系数，这是因为在以试验为基础的疲劳计算公式和参数中已包含了此影响。

（3）在全压应力（不出现拉应力）循环中，裂缝不会扩展，故可不做疲劳验算。

（4）试验证明，钢材静力强度的不同，对大多数焊接类别的疲劳强度无明显影响，为简化表达式，认为所有类别的容许应力幅均与钢材静力强度无关。故由疲劳破坏所控制的构件，采用高强钢材是不经济的。

2.6 钢材的类别及选用

2.6.1 钢材的类别

钢材的种类繁多，在建筑工程中采用的是碳素结构钢、低合金高强度结构钢、优质碳素结构钢和高强钢索。

2.6.1.1 碳素结构钢

根据现行的国家标准《碳素结构钢》（GB/T 700—2006）的规定，碳素结构钢的

牌号由代表屈服点的字母 Q、屈服点的数值、质量等级符号和脱氧方法符号 4 个部分按顺序组成。

碳素结构钢分为 Q195、Q215、Q235 和 Q275 共 4 种，阿拉伯数字越大，屈服强度越大，其含碳量、强度和硬度越大，塑性越低。其中 Q235 在使用、加工和焊接方面的性能都比较好，是钢结构常用钢材之一。

Q235 钢按质量等级将其分为 A、B、C、D 4 个等级，由 A 到 D 表示质量等级由低到高。

不同质量等级钢对化学成分和力学性能的要求不同。A 级无冲击功规定，对冷弯试验只在需方有要求时才进行，其碳、锰、硅含量也可以不作为交货条件；B 级、C 级、D 级分别要求保证 20℃、0℃、－20℃时夏比 V 形缺口冲击功不小于 27J（纵向），都要求提供冷弯试验的合格保证，不同质量等级对化学成分的要求也不尽相同。

所有钢材交货时供方应提供屈服点、极限强度和伸长率等力学性能的保证。

沸腾钢、镇静钢、半镇静钢和特殊镇静钢分别用汉字拼音字首 F、Z、b 和 TZ 表示。对 Q235 钢，A、B 级钢可以是 Z、b 或 F，C 级钢只能是 Z，D 级钢只能是 TZ。Z 和 TZ 可以省略。如 Q235－AF 表示屈服强度为 235N/mm^2 的 A 级沸腾钢；Q235－Bb 表示屈服强度为 235N/mm^2 的 B 级半镇静钢；Q235－C 表示屈服强度为 235N/mm^2 的 C 级镇静钢。

2.6.1.2　低合金结构钢

低合金结构钢是在钢的冶炼过程中加入一种或几种总量低于 5%的合金元素，使钢材具有较大的强度，故称低合金结构钢。按国家标准《低合金高强度结构钢》（GB/T 1591—2008）的规定，其牌号与碳素结构钢牌号的表示方法相同，我国生产的低合金结构钢有 Q345、Q390、Q420、Q460、Q500、Q550、Q620 和 Q690 等 8 种钢号，其中阿拉伯数字表示该钢种屈服强度的大小，单位为 N/mm^2。Q345、Q390 和 Q420 为钢结构常用的钢种。低合金钢交货时供方应提供屈服强度、极限强度、伸长率和冷弯试验等力学性能保证，还要提供化学成分含量的保证。

Q345、Q390 和 Q420 按质量等级分为 A、B、C、D、E 5 个等级，由 A 到 E，表示质量等级由低到高。其中，A、B 级为镇静钢，C、D、E 级为特殊镇静钢。A 级钢应进行冷弯试验，其他质量等级钢若供方能保证弯曲试验结果符合规定要求，可不做试验。Q460 和各牌号 D、E 级钢一般不供应型钢、钢棒。

不同质量等级对冲击韧性（夏比 V 形缺口试验）的要求不同：A 级无冲击功的要求，B 级要求提供 20℃时冲击功 $A \geqslant 34$J（纵向），C 级要求提供 0℃时冲击功 $A \geqslant 34$J（纵向），D 级要求提供－20℃时冲击功 $A \geqslant 34$J（纵向），E 级要求提供－40℃时冲击功 $A \geqslant 27$J（纵向）。

2.6.1.3　优质碳素结构钢

优质碳素结构钢以不热处理或热处理（正火、淬火、回火）状态交货，用作压力加工用钢和切削加工用钢。由于价格较高，钢结构中使用较少，仅用经热处理的优质碳素结构钢冷拔高强度钢丝或制作高强螺栓、自攻螺钉等。

优质碳素结构钢与碳素结构钢的主要区别在于钢中含杂质元素较少，磷、硫等有害元素的含量均不大于 0.035%，其他缺陷的限制也较严格，具有较好的综合性能。

2.6.1.4 高强钢丝和钢索

高强钢丝组成的平行钢丝束、钢绞线和钢丝绳可用于悬索结构和斜张拉结构的钢索、桅杆结构的钢丝绳等。优质碳素钢经过多次冷拔可成为高强钢丝，有光面钢丝和镀锌钢丝两种类型。抗拉强度是钢丝强度的主要指标，其值在 1570～1700N/mm^2 范围内，而屈服强度通常不作要求。根据国家有关标准，对钢丝的化学成分有严格要求，硫、磷的质量分数不得超过 0.03%，铜的质量分数不超过 0.2%，同时对铬、镍的含量也有控制要求。高强钢丝的伸长率较小，最低为 4%，但高强钢丝（和钢索）却比一般结构更为松弛，即随着时间的递增，在保持长度不变的情况下所受拉力逐渐降低。

平行钢丝束由 7 根、19 根、37 根或 61 根钢丝组成。钢丝束内各钢丝受力均匀，弹性模量接近一般受力钢材。

2.6.2 钢材的规格

钢结构采用的型材有热轧成型的钢板和型钢以及冷弯（或冷压）成型的薄壁型钢。

2.6.2.1 热轧钢板

热轧钢板有厚钢板（厚度为 4.5～60mm），主要用作梁、柱、实腹式框架等构件的腹板和翼缘及桁架中的节点板等；薄钢板（厚度为 0.35～4mm），主要用来制造冷弯薄壁型钢；扁钢（厚度为 4～60mm，宽度为 30～200mm），可用作组合梁和实腹式框架构件的翼缘板、构件的连接板、加劲肋等，也是制造螺旋焊接钢管的原材料。

钢板的表示方法为，在符号“—”后加“宽度×厚度×长度”，如—1200×8×6000，单位为 mm。

2.6.2.2 热轧型钢

钢结构常用的热轧型钢有角钢、槽钢、H 型钢工字钢、T 型钢、钢管等，除 H 型钢和钢管有热轧和焊接成形外，其余型钢均为热轧成型（图 2.12），现分叙如下。

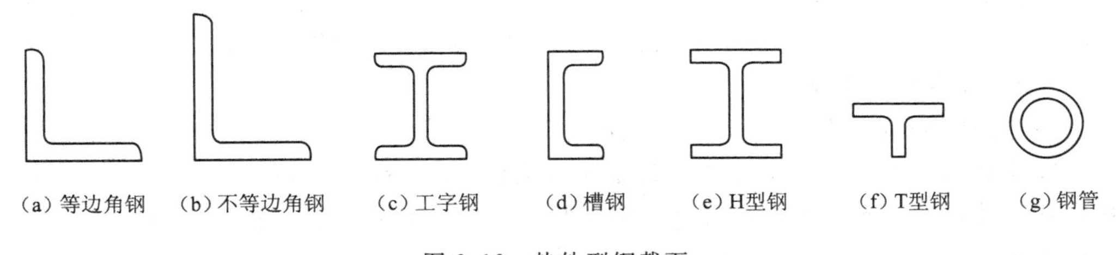

图 2.12 热轧型钢截面

1. 角钢

角钢分为等边（又称等肢）角钢和不等边（又称不等肢）角钢两种，角钢标注符号为“∠边长×厚度”（等边角钢）或“∠长边宽×短边宽×厚度”（不等边角钢），单位为 mm。如等边角钢“∠100×8”，不等边角钢：“∠10×80×8”。

角钢可组成独立的受力构件，也可作为受力构件之间的连接零件。我国目前生产的最大等边角钢的肢宽为200mm，最大不等边角钢的肢宽为200mm和125mm。角钢的供应长度一般为4～19m。

2. 槽钢

槽钢分为普通槽钢和轻型槽钢两种。适于用作屋盖檩条，承受斜弯曲或双向弯曲的构件。标注方法为：[截面高度（cm），如[12即为截面高度为12cm的槽钢，最大号数为[40，供货长度为5～19m。

3. 工字钢

工字钢分为普通工字钢和轻型工字钢两种。普通工字钢和轻型工字钢的两个主轴方向的惯性矩相差较大，不宜单独用作受压构件，而宜用作腹板平面内受弯构件，或由工字钢和其他型钢组成的组合构件或格作式构件宽翼缘H型钢平面内外的回转半径较接近，可单独用作受压构件。

标注方法与槽钢相同，用槽钢符号“[”改为“I”后加截面高度的厘米数来表示，例如I18、I50a、QI50。截面高度在20cm以上的工字钢用字母a、b、c表示不同的腹板厚度，a类腹板最薄，c类腹板最厚。

一般用于在其腹板平面内受弯的构件，或由几个工字钢组成的组合构件，不宜单独用作轴心受压构件或承受斜弯曲和双向弯曲的构件。普通工字钢的型号为10～63号，轻型工字钢的型号为10～70号，供应长度均为5～19m。

4. H型钢

热轧H型钢分为宽翼缘（HW）、中翼缘（HM）、窄翼缘（HN）和H型钢柱（HP）。表示方法为高度（H）×宽度（B）×腹板厚度（t_1）×翼缘厚度（t_2）

5. T型钢

T型钢分为宽翼缘（TW）、中翼缘（TM）和窄翼缘（TN）。表示方法为高度（H）×宽度（B）×腹板厚度（t_1）×翼缘厚度（t_2），一般用于高层建筑、轻型工业厂房和大型工业厂房。供应长度为6～15m（焊接H型钢为6～12m）。

6. 钢管

钢管分为热轧无缝钢管和焊接钢管两种。常用作网架与网壳结构的受力构件，工业厂房和高层建筑、高耸结构的柱子，钢管混凝土组合柱也有广泛的应用。用符号ϕ后加“外径（d）×壁厚（t）”表示，如ϕ400×6，单位为mm，供货长度为3～12m。

2.6.2.3　冷弯薄壁型钢

冷弯薄壁型钢是用2～6mm厚的薄钢板经冷弯或模压而成型的，如图2.13所示。与相同横截面积的热轧型钢相比，其截面抵抗矩大，而钢材用量可显著减少。其截面形式和尺寸可按工程要求合理设计，但因板壁较薄，对锈蚀影响较为敏感，故对承重结构受力构件的壁厚不宜小于2mm。

2.6.3　钢材的选用原则和建议

钢材的选用要遵循安全、可靠、经济、合理的原则。钢材的选择既要确定所用钢材的钢号，又要使其力学性能和化学成分具备保证，这是钢结构设计的首要环节，须慎重对待。

选用钢材时，忽略钢材的力学特性或单一性的考虑强度与质量等级会造成不利后

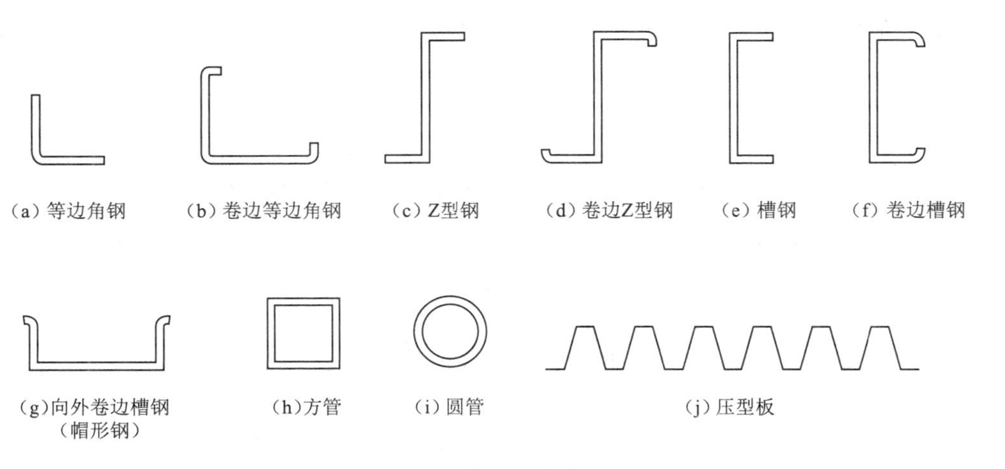

图 2.13 薄壁型钢截面

果，比如会导致钢材发生脆性破坏，或者造成钢材价格过高，形成浪费。因此应根据结构的特点来选择适宜的钢材。选用时考虑的主要因素有以下几个方面。

2.6.3.1 结构的重要性

根据《建筑结构可靠度设计统一标准》（GB 50068—2001）中结构破坏后的严重性，首先应对建筑物及其构件进行分类：重要、一般、次要；划分安全等级：一级、二级、三级。对大型工业建筑结构、大跨度结构、高层以上的民用构筑物等重要结构，应考虑选用质量好的钢材，对一般工业与民用建筑结构，可按工作性质分别选用普通质量的钢材。

2.6.3.2 荷载的性质

直接承受动态荷载的结构和强烈地震区的结构，应选用综合性能好的钢材；重级工作制吊车梁和做局部开启的深孔工作闸门以及吊车桁架等对钢材的要求高于中轻级工作制吊车梁及吊车桁架，受拉构件高于受压构件，一般承受静态荷载的结构则可选用价格较低的 Q235 钢。

2.6.3.3 连接方法

钢结构的连接方法有焊接连接和非焊接连接两种。由于焊接是一种不均匀热作业，在焊接过程中，构件中会产生焊接应力、焊接变形及其他一些焊接缺陷，如咬边、气孔、裂纹、夹渣等，有导致结构产生裂缝或脆性断裂的危险。因此，焊接结构对材质的要求应严格一些。例如，在化学成分方面，焊接结构必须严格控制碳、硫、磷的极限含量。而非焊接结构对含碳量可降低要求。

2.6.3.4 结构的工作温度和环境

钢材处于低温时容易冷脆，因而在低温条件下工作的钢结构，尤其是焊接结构，应选用具有良好抗低温脆断性能的镇静钢。此外，露天的结构容易产生时效，受有害介质作用的钢材容易腐蚀和断裂，也应加以区别地选择不同材质。

2.6.3.5 钢材的厚度

薄钢材轧制次数多，轧制的压缩比大；厚度较大的钢材，轧制次数少，钢材中的气孔和夹渣比薄板多，存在较多缺陷。所以厚度大的钢材不但强度较小，而且塑性、冲击韧性和焊接性能也较差，因此，厚度大的受拉和受弯构件应采用材质较好的钢材。

《钢结构设计规范》（GB 50017—2017）规定：承重结构采用的钢材应具有抗拉强度、伸长率、屈服强度和硫、磷含量的合格保证，对焊接结构尚应具有碳含量的合格保证。焊接承重结构及重要的非焊接承重结构采用的钢材还应具有冷弯试验的合格保证。

2.7　钢结构的设计计算

结构计算的目的在于保证所设计的结构和构件在施工和使用过程中能满足预期的安全性和使用性要求。因此，结构设计准则应为：由各种荷载所产生的内力和变形不大于结构由材料性能和几何因素等所决定的抗力或规定限值。影响结构功能的各种因素，如受力情况、材料强度的高低、截面尺寸、施工质量等都具有不定性，或是随机过程。因此，荷载效应可能大于结构抗力，结构不可能百分之百的可靠，而只能对其做出一定的概率保证。

2.7.1　钢结构的设计要求

（1）钢结构及其构件应安全可靠，即结构在正常施工和工作时能承受出现的各种有关荷载。因而必须具有足够的承载力和稳定性。在偶然事件发生时和发生后，仍能保持相应的整体稳定性，不发生倒塌或连续破坏。

（2）要满足使用性和耐久性要求。使用性要求包括变形和振幅的限制，不产生过大的变形。耐久性要求主要应注意其耐腐蚀和防火性能。

（3）要满足经济要求。最优的设计除应满足安全适用外，还应做到成本最低、重量最轻、制作和安装劳动力最省、工期最短、结构维护方便。

为了实现上述设计要求，结构设计要根据实际情况，解决好结构可靠性与经济性之间的矛盾，能选用最优结构方案和最先进的设计方法，使钢结构设计做到技术先进、经济合理、安全适用。

2.7.2　结构的极限状态

结构或其组成部分超过某一特定状态就不能满足设计规定的某一功能要求，此特定状态就称为该功能的极限状态。

结构的极限状态可以分为两类：承载能力极限状态和正常使用极限状态。

（1）承载能力极限状态。对应于结构或构件达到最大承载能力或出现不适于继续承载的变形，包括：①整体结构或构件发生倾覆、滑移等；②整体结构或构件因强度被超过而发生疲劳破坏，或因变形过大而不适于继续承载；③结构或构件丧失稳定、结构变为机动体系或出现过度的塑性变形。

（2）正常使用极限状态。对应于结构或构件达到正常使用或耐久性能的某项规定限值，包括：①出现影响正常使用（或外观）的变形；②振动和局部破坏等。

承载能力极限状态绝大多数是不可逆的，一旦发生就导致结构失效，因而必须慎重对待。正常使用极限状态中的变形和振动限制，通常都在弹性范围内，并且是可逆的。对于可逆的极限，可靠度方面的要求可以放宽一些。

2.7.3 近似概率极限状态设计法

我国现阶段采用的设计方法是概率极限状态设计法，该设计方法要求结构在达到预期安全性或使用要求等功能指标上具有一定保证概率。结构预期安全性或使用要求的功能指标的保证概率越大，结构就越安全。

2.7.3.1 结构功能函数

影响结构可靠性的随机变量为 $X_i(i=1, 2, \cdots, n)$，则结构的功能函数可用式（2.20）表示为

$$Z=g(X_1, X_2, \cdots, X_n) \tag{2.20}$$

式中 X_i——影响结构或构件可靠度的基本变量，指结构上的各种作用和材料性能、几何参数等。

若将影响结构可靠性的随机变量简化为结构抗力 R 和荷载效应 S 这两个基本随机变量，式（2.20）可以简化为

$$Z=g(R, S)=R-S \tag{2.21}$$

由于 R 和 S 是随机变量，所以函数 Z 也是随机变量。在实际工程中，R 和 S 实际取值存在着不确定性，具有一定的概率分布。定值设计法认为 R 和 S 都是确定的变量，结构只要按 $Z>0$ 设计，并赋予一定的安全系数，结构就是绝对安全的。然而事实并非如此，结构失效的事例仍时有发生。这是由于基本变量的不定性，说明作用在结构的荷载存在着出现高值的可能，材料性能也存在着出现低值的可能。结构投入使用后，并不能保证其绝对可靠，而对所设计结构的功能只能做出一定概率的保证。只要可靠的概率足够大，或者说失效概率足够小，便可认为所设计的结构是安全的。

因此，随机变量 Z 的取值可能为大于0、等于0、小于0，这3种情况分别代表结构功能所处的不同状态（图2.14）。

$Z>0$：结构功能处于可靠状态；

$Z=0$：结构功能处于临界状态；

$Z<0$：结构功能处于失效状态。

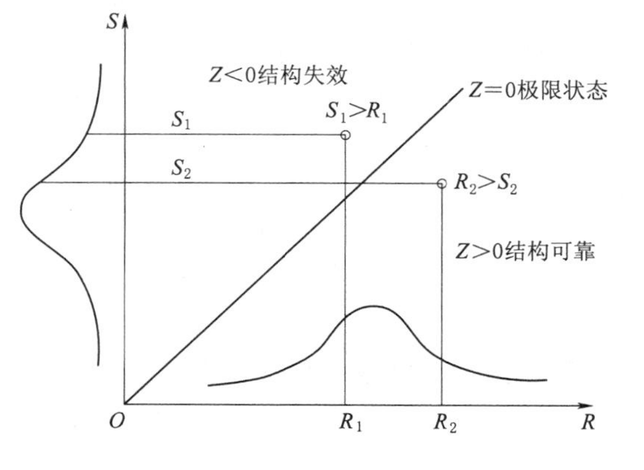

图2.14 结构所处的状态

2.7.3.2 结构可靠度与失效概率

结构在规定的时间内、规定的条件下完成预定功能的概率，称为结构的可靠度。这里“完成预定功能”就是对于规定的某种功能来说结构不失效（$Z\geqslant 0$）。这样若以 P_s 表示结构的可靠度，则上述定义可表达为

$$P_s=P(Z\geqslant 0)=P(R-S\geqslant 0) \tag{2.22a}$$

结构的失效概率以 P_f 表示，则

$$P_f = P(Z < 0) = P(R - S < 0) \tag{2.22b}$$

由于

$$P_s = 1 - P_f \tag{2.23}$$

因此，结构可靠度 P_s 的计算可以转化为失效概率 P_f 的计算。只要结构的失效概率 P_f 小于预定的可以接受的程度，就认为此结构是安全可靠的。

设结构抗力 R 和荷载效应 S 都为服从正态分布的随机变量，R 和 S 互相独立。由概率论知，结构功能函数 $Z=R-S$ 也是正态分布的随机变量，表示为

$$P_f = P(Z < 0) = \int_{-\infty}^{0} f(Z)\mathrm{d}Z \tag{2.24}$$

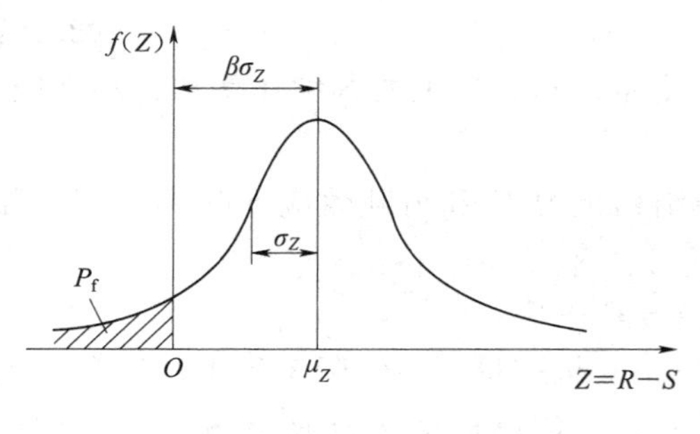

图 2.15　功能函数 Z 的分布曲线

Z 的概率分布曲线如图 2.15 所示。失效概率 P_f 就是图 2.15 中阴影部分的面积。设结构抗力 R 的平均值为 μ_R，标准差为 σ_R；荷载效应的平均值为 μ_S，标准差为 σ_S。则功能函数 Z 的平均值及标准差为

$$\mu_Z = \mu_R - \mu_S \tag{2.25}$$

$$\sigma_Z = \sqrt{\sigma_R^2 + \sigma_S^2} \tag{2.26}$$

结构失效概率 P_f 与功能函数平均值 μ_Z 到坐标原点的距离有关，取 $\mu_Z = \beta\sigma_Z$。由图 2.15 可见，β 与 P_f 之间存在着对应关系：β 值越大，失效概率 P_f 越小；β 值越小，失效概率 P_f 越大。因此，β 与 P_f 一样可作为度量结构可靠度的一个指标，故称为结构的可靠指标。β 值可按式（2.27）计算：

$$\beta = \frac{\mu_Z}{\sigma_Z} = \frac{\mu_R - \mu_S}{\sqrt{\sigma_R^2 + \sigma_S^2}} \tag{2.27}$$

因此，式（2.22b）可写为

$$P_f = P\left(\frac{Z - \mu_Z}{\sigma_Z} < -\beta\right) = \Phi(-\beta) \tag{2.28}$$

式中　$\Phi(-\beta)$——标准正态分布函数。

若为非正态分布，可用当量正态化方法转化为正态分布。

将式（2.25）和式（2.26）稍加变换，则

$$\mu_R = \mu_S + \beta\sqrt{\sigma_R^2 + \sigma_S^2} \tag{2.29}$$

当结构处于可靠状态时，要求

$$\mu_R - \alpha_R\beta\sigma_R \geqslant \mu_S + \alpha_S\beta\sigma_S \tag{2.30}$$

其中

$$\alpha_R = \frac{\sigma_R}{\sqrt{\sigma_R^2 + \sigma_S^2}}$$

$$\alpha_S = \frac{\sigma_S}{\sqrt{\sigma_R^2 + \sigma_S^2}}$$

式（2.30）左、右即分别为 R、S 的设计验算点坐标 R^*、S^*，要求

$$R^* \geqslant S^* \tag{2.31}$$

由于式（2.22）～式（2.31）不考虑 Z 的分布，只考虑均值和均方差（二阶矩），对非线性函数用泰勒级数展开取线性项，故此法称为一次二阶矩法，也称近似概率设计法。

式（2.31）中可靠指标的取值用校准法求得。所谓“校准法”，即对现有结构构件进行反演计算和综合分析，求得其可靠指标，并用于确定今后设计时应采用的目标可靠指标。《水利水电工程结构可靠性设计统一标准》（GB 50199—2013）和《建筑结构可靠度设计统一标准》（GB 50068—2001）对于安全等级不同的结构取不同的目标可靠度，对于延性破坏，一级为 3.7、二级为 3.2、三级为 2.7；对于脆性破坏，一级为 4.2、二级为 3.7、三级为 3.2。

2.7.4 《钢结构设计规范》（GB 50017—2017）的计算方法

现行《钢结构设计规范》（GB 50017—2017）除疲劳计算外，采用以概率理论为基础的极限状态设计方法，用分项系数的设计表达式进行计算。这是因为考虑到直接应用结构可靠度或结构失效概率进行结构设计的运算复杂，为方便工程设计，通过优化，采用以分项系数表达的概率极限状态设计法，在各个分系数中，隐含了可靠指标 β。

2.7.4.1 承载能力极限状态设计表达式

对于承载能力极限状态，当考虑荷载效应基本组合进行强度和稳定性设计时，按设计表达式（2.32）和式（2.33）中的最不利值确定。

可变荷载效应控制的组合：

$$\gamma_0\left(\gamma_G \sigma_{G_k} + \gamma_{Q_1} \sigma_{Q_{1k}} + \sum_{i=2}^{n} \gamma_{Q_i} \Psi_{ci} \sigma_{Q_{ik}}\right) \leqslant f \tag{2.32}$$

永久荷载效应控制的组合：

$$\gamma_0\left(\gamma_G \sigma_{G_k} + \sum_{i=2}^{n} \gamma_{Q_i} \Psi_{ci} \sigma_{Q_{ik}}\right) \leqslant f \tag{2.33}$$

式中　γ_0——结构重要性系数，考虑到结构破坏时可能产生后果的严重性分为一、二、三级 3 个安全等级，分别采用 1.1、1.0、0.9；

γ_G——永久荷载分项系数，当永久荷载效应对结构构件的承载能力不利时取 1.2，但对式（2.33）则取 1.35，当永久荷载效应对结构构件的承载能力有利时取 1.0；

σ_{G_k}——永久荷载标准值 G 在结构构件截面或连接中产生的应力；

G_k——永久荷载的标准值，如结构自重等；

γ_{Q_1}、γ_{Q_i}——第 1 个和其他第 i 个可变荷载分项系数，当可变荷载效应对结构构件的承载能力不利时取 1.4［当楼面（包括工业平台）活荷载大于 4.0kN/m^2 时取 1.3］，有利时取 0；

Q_{1k}、Q_{ik}——第 1 个和其他第 i 个可变荷载的标准值，如楼面活荷载、风荷载、雪荷载等；

$\sigma_{Q_{1k}}$——起控制作用的第 1 个可变荷载标准值 Q 在结构构件截面或连接中产生

的应力（该值使计算结果为最大）；

Ψ_{ci}——第 i 个可变荷载的组合值系数，可按荷载规范的规定采用；

$\sigma_{Q_{ik}}$——其他第 i 个可变荷载标准值 Q 在结构构件截面或连接中产生的应力；

f——结构构件或连接的强度设计值 $f=f_k/\gamma_R$，见附录 1，γ_R 为抗力分项系数，经概率统计分析对 Q235 钢取 $\gamma_R=1.087$，对 Q345、Q390 和 Q420 钢取 $\gamma_R=1.111$，f_k 为钢材（或焊缝熔敷金属）强度的标准值。

2.7.4.2　正常使用极限状态设计表达式

对于正常使用极限状态设计表达式计算如下：

$$S=S_{G_k}+S_{Q_{1k}}+\sum_{i=2}^{n}\psi_{ci}S_{Q_{ik}}\leqslant[S] \tag{2.34}$$

式中　S——结构或结构构件中产生的变形值；

S_{G_k}——永久荷载的标准值在结构或构件中产生的变形值；

$S_{Q_{1k}}$——第 1 个可变荷载的标准值在结构或构件中产生的变形值，它大于其他任意第 i 个可变荷载标准值产生的变形值；

$S_{Q_{ik}}$——其他第 i 个可变荷载标准值在结构或构件中产生的变形值；

$[S]$——结构或构件的变形限值。

2.7.5　水工钢结构按容许应力设计法

水工钢结构设计，由于所受荷载涉及水文、泥沙、波浪等自然条件，情况比较复杂，统计资料不足。同时，经常处于水位变动或盐雾潮湿等容易腐蚀的环境。因此，水工钢结构目前还不具备采用概率极限状态法计算条件。在上述各专门规范中规定水工钢结构仍采用容许应力计算法。下面着重介绍《水利水电工程钢闸门设计规范》（SL 74—2013）的计算方法。

《水利水电工程钢闸门设计规范》（SL 74—2013）所采用的容许应力法是以结构的极限状态（强度、稳定、变形等）为依据，对影响结构可靠度的某种因素以数理统计的方法，进行多系数分析，求出单一的设计安全系数，以简单的容许应力的形式表达，实质上属于半概率、半经验的极限状态计算法。其强度计算的一般表达式为

$$\sum N_i\leqslant\frac{f_yS}{K_1K_2K_3}=\frac{f_yS}{K} \tag{2.35}$$

$$\sigma=\frac{\sum N_i}{S}\leqslant\frac{f_y}{K}=[\sigma] \tag{2.36}$$

式中　N_i——根据标准荷载求得的内力；

f_y——钢材的屈服点；

K_1——荷载安全系数；

K_2——钢材强度安全系数；

K_3——调整系数，用以考虑结构的重要性、荷载的特殊变异和受力复杂等因素；

S——构件的几何特性；

$[\sigma]$——钢材或连接的容许应力，《水利水电工程钢闸门设计规范》（SL 74—

2013）规定的钢材容许应力见表2.3～表2.5，机械零件的容许应力见表2.6。

式（2.36）对荷载、钢材强度及其相应的安全系数均取为定值，而没有考虑荷载和材料性能的随机变异性，这也是容许应力计算法与概率极限状态法的主要区别。

表2.3　《水利水电工程钢闸门设计规范》（S 74—2013）规定的钢材容许应力

单位：N/mm²

应力种类	符号	碳素结构钢												低合金结构钢				
		Q215						Q235						Q345(16Mn、16Mn)				
		第1组	第2组	第3组	第4组	第5组	第6组	第1组	第2组	第3组	第4组	第5组	第6组	第1组	第2组	第3组	第4组	第5组
抗拉、抗压和抗弯	[σ]	145	135	125	120	115	110	160	150	145	135	130	125	230	220	205	190	180
抗剪	[τ]	90	80	70	65	60	55	95	90	85	80	75	70	135	130	120	110	105
局部承压	[σ_{cd}]	220	200	190	180	170	160	240	230	220	210	200	190	350	330	310	290	270
局部紧接承压	[σ_{cj}]	110	100	95	90	85	80	120	115	110	105	100	95	175	165	155	145	135

注　1. 局部承压应力不乘调整系数。
2. 局部承压是指构件腹板的小部分表面受局部荷载的挤压或断面承压（磨平顶紧）等情况。
3. 局部紧接承压是指可动性小的铰在接触面的投影平面上的压应力。

表2.4　《水利水电工程钢闸门设计规范》（SL 74—2013）规定的焊缝容许应力

单位：N/mm²

焊缝分类	应力种类			符号	自动焊、半自动焊和用E43××型焊条的手工焊						自动焊、半自动焊和用E50××型焊条的手工焊			
					Q215			Q235			Q345（16Mn、16Mn）			
					第1组	第2组	第3组	第1组	第2组	第3组	第1组	第2组	第3组	第4组
对接焊缝	抗压			[σ_c^w]	145	130	125	160	150	145	230	220	205	190
	抗拉	用自动焊时		[σ_l^w]	145	130	125	160	150	145	230	220	205	190
		用半自动焊或手工焊时，焊缝质量的检查	（1）精确方法	[σ_l^w]	145	130	125	160	150	145	230	220	205	190
			（2）普通方法	[σ_l^w]	125	110	105	135	120	115	200	190	175	165
		抗剪		[τ^w]	85	75	70	95	90	85	135	130	120	110
角焊缝	抗拉、抗压和抗剪			[τ_l^w]	105	95	90	115	105	100	160	150	140	130

注　1. 检查焊缝质量的普通方法指外观检查、测量尺寸、钻孔检查等方法，精确方法是在普通方法的基础上，用X射线超声波等方法进行补充检查。
2. 仰焊焊缝的容许应力按表中降低20%。
3. 安装焊缝的容许应力按表中降低10%。

表 2.5　《水利水电工程钢闸门设计规范》(SL 74—2013) 规定的普通螺栓连接的容许应力

单位：N/mm²

螺栓种类	应力种类	符号	螺栓的钢号		构件的钢号									
			Q235	Q345	Q215			Q235			Q345 (16Mn、16Mn)			
					第 1 组	第 2 组	第 3 组	第 1 组	第 2 组	第 3 组	第 1 组	第 2 组	第 3 组	第 4 组
精制螺栓	抗拉	$[\sigma_t^b]$	125	185	—	—	—	—	—	—	—	—	—	—
	抗剪（Ⅰ类孔）	$[\tau^b]$	130	190	—	—	—	—	—	—	—	—	—	—
	承压（Ⅰ类孔）	$[\sigma_c^b]$	—	—	265	240		290	275		420	395	370	345
粗制螺栓	抗拉	$[\sigma_t^b]$	125	185	—	—	—	—	—	—	—	—	—	—
	抗剪	$[\tau^b]$	85	125	—	—	—	—	—	—	—	—	—	—
	承压	$[\sigma_c^b]$	—	—	175	160		190	185		280	265	250	235
锚栓	抗拉	$[\sigma_t^b]$	105	150	—	—	—	—	—	—	—	—	—	—

注　1. 孔壁质量属于下列情况者为类孔：①在装配好的构件上按设计孔径钻成的孔；②在单个零件和构件上按设计孔径分别用模钻成的孔；③在单个零件上先钻成或冲成较小的孔径，然后在装配好的构件上扩钻至设计孔径的孔。

2. 当螺栓直径大于 40mm 时，螺栓容许应力应予以降低，对于 Q235 钢降低 4%，对于 Q345(16Mn) 钢降低 6%。

表 2.6　机械零件的容许应力

单位：N/mm²

应力种类	符号	碳素结构钢		低合金结构钢	优质碳素结构钢		铸造碳钢			合金铸钢		合金结构钢	
		Q235	Q275	16Mn	35	45	ZG230－450	ZG270－550	ZG310－570	ZG50Mn2	ZG35CrMo	35 Mn2	40Cr
抗拉、抗压和抗弯	$[\sigma]$	100	120	140	130	145	115	120	140	190	170 (235)	130 (280)	(320)
抗剪	$[\tau]$	65	75	90	85	95	85	90	105	150	130 (180)	85 (190)	(215)
局部承压	$[\sigma_{cd}]$	150	180	210	195	220	170	180	200	280	250 (345)	195 (430)	(485)
局部紧接承压	$[\sigma_{cj}]$	80	95	110	105	120	90	95	110	155	135 (190)	105 (230)	(265)
孔壁抗拉	$[\sigma_k]$	120	145	180	150	170	130	140	155	220	190 (265)	150 (330)	(375)

思 考 题

2.1　什么是钢材的塑性破坏和脆性破坏？各有何特点？

2.2　在钢结构设计中，衡量钢材力学性能的重要指标及其作用是什么？

2.3　影响钢材性能的主要因素有哪些？

2.4　什么是钢材的疲劳？影响钢材疲劳的因素有哪些？为防止钢材发生疲劳破坏应采取什么措施？

思考题答案

2.5　说明常幅和变幅疲劳验算公式的意义。

2.6　概率极限状态设计法与容许应力设计法有何不同？

第3章

钢结构的连接

3.1 钢结构的连接方法

钢结构是由若干构件组合而成的。连接的作用就是通过一定的手段将板材或钢管组合成构件，或将若干构件组合成整体结构，以保证其共同工作。因此，连接的方式及其质量直接影响钢结构的工作性能。钢结构的连接必须符合安全可靠、传力明确、结构简单、制造方便和节约钢材的原则。连接接头应有足够的强度，要有适宜于连接手段的足够空间。

钢结构的连接方式可分为焊缝连接、铆钉连接和螺栓连接3种，如图3.1所示。

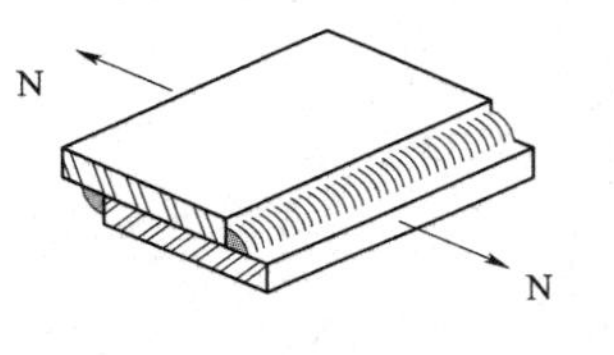

(a) 焊缝连接

(b) 铆钉连接

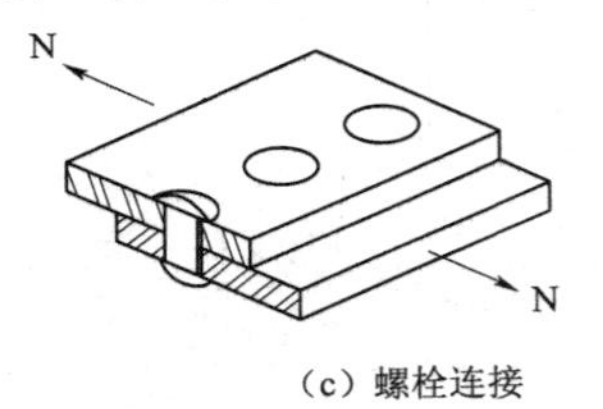

(c) 螺栓连接

图3.1　钢结构的连接方法

3.1.1 焊缝连接

焊缝连接是钢结构最重要的连接方法。其优点是：结构简单，任何形式的构件都可直接采用焊缝连接；用料经济，不削弱受力构件的截面；制作加工方便；可实现自动化操作；密闭性好，结构刚度大。其缺点是：在焊缝附近的热影响区内，钢材的内部组织发生改变，导致局部材质变脆；焊接残余应力和残余变形使受压构件承载力降低；焊接结构对裂纹很敏感，局部裂纹一旦发生就容易扩展到整体，低温冷脆问题较为突出。

3.1.2 铆钉连接

铆钉连接由于构造复杂，费工费时，现已很少采用。但是铆钉连接的塑性和韧性较好，传力可靠，质量易于检查，在一些重型和直接承受动力荷载的结构中，有时仍然采用。

3.1.3 螺栓连接

螺栓连接分普通螺栓连接和高强度螺栓连接两种。

1. 普通螺栓连接

普通螺栓分为A、B、C 3级。A级与B级为精制螺栓，C级为粗制螺栓。C级螺栓材料性能等级为4.6级或4.8级。小数点前的数字表示螺栓成品的抗拉强度不小于$400N/mm^2$，小数点以后的数字表示其屈强比（屈服强度与抗拉强度之比）为0.6或0.8。A级和B级螺栓材料性能等级则为8.8级，其抗拉强度不小于$800N/mm^2$，屈强比为0.8。

C级螺栓由未经加工的圆钢轧制而成。由于螺栓表面粗糙，一般采用在单个零件上一次冲成或采用钻模钻成设计孔径的孔（Ⅱ类孔）。螺栓孔的直径比螺栓杆的直径大1.5～3mm（表3.1）。对于采用C级螺栓的连接，由于螺栓杆与螺栓孔之间有较大的间隙，受剪力作用时，将会产生较大的剪切滑移，连接的变形大，但安装方便，且能有效地传递拉力，故一般可用于沿螺栓杆轴受拉的连接中，以及次要结构的抗剪连接或安装时的临时固定。

表3.1　　C级螺栓孔径　　单位：mm

螺杆公称直径	12	16	20	(2)	24	(2)	30
螺栓孔公称直径	13.5	17.5	22	(2)	26	(3)	33

注　表中仅列出部分常用的直径规格，括号内的螺栓杆直径为非优选规格。

A、B级精制螺栓是由毛坯在车床上经过切削加工精制而成的。表面光滑，尺寸准确，螺杆直径与螺栓孔径相同，对成孔质量要求高。由于有较高的精度，因而受剪性能好。但制作和安装复杂，价格较高，已很少在钢结构中采用。

2. 高强度螺栓连接

高强度螺栓连接有两种类型：一种是只依靠摩擦阻力传力，并以剪力不超过接触面摩擦力作为设计准则，称为摩擦型连接；另一种是允许接触面滑移，以连接达到破坏的极限承载力作为设计准则，称为承压型连接。

高强度螺栓一般采用45号钢或40B钢与20MnTiB钢加工而成的合金钢，经热处理后，螺栓抗拉强度应分别不低于$800N/mm^2$和$1000N/mm^2$，即前者的性能等级为8.8级，后者的性能等级为10.9级。摩擦型连接高强度螺栓的孔径比螺栓公称直径d大1.5～2.0mm；承压型连接高强度螺栓的孔径比螺栓公称直径d大1.0～1.5mm。摩擦型连接的剪切变形小、弹性性能好、施工较简单、可拆卸、耐疲劳，特别适用于承受动力荷载的结构。承压型连接的承载力高于摩擦型，连接紧凑，但剪切变形大，故不得用于承受动力荷载的结构中。

3.2　焊接方法和焊缝连接形式

3.2.1　钢结构常用焊接方法

焊接方法有很多，但在钢结构中通常采用电弧焊。电弧焊有手工电弧焊、埋弧焊（埋弧自动或半自动焊）以及气体保护焊等。

3.2.1.1　手工电弧焊

这是最常用的一种焊接方法，其原理和设备组成如图3.2所示。通电后，在涂有药皮的焊条与焊件之间产生电弧。电弧的温度可高达3000℃。在高温作用下，电弧

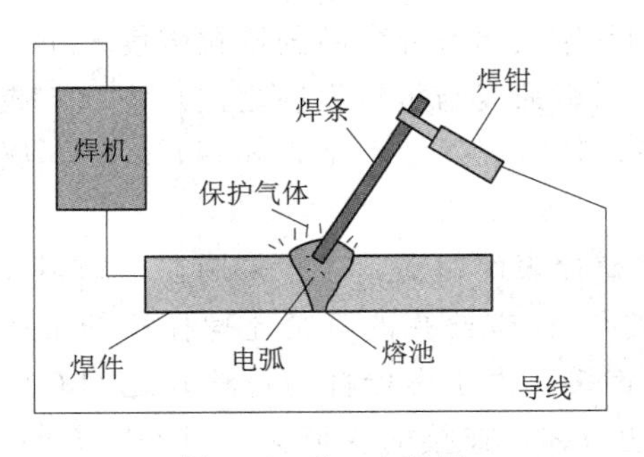

图 3.2　手工电弧焊

周围的金属变成液体，形成熔池。同时，焊条中的焊丝很快熔化，滴落入熔池中，与焊件的熔融金属相互结合，冷却后即形成焊缝。焊条上的药皮则在焊接过程中产生气体，保护电弧和熔化金属，并形成熔渣覆盖着焊缝，防止空气中的氧、氮等有害气体与熔化金属接触而形成易脆的化合物。

手工电弧焊的设备简单，操作灵活方便，适于任意空间位置的焊接，特别适于焊接短焊缝。但生产效率低，劳动强度大，焊接质量与焊工的精神状态和技术水平有很大关系。

手工电弧焊所用焊条应与焊件钢材（或称主体金属）相适应。一般地：Q235 钢采用 E43 型焊条（E4300～E4328）；Q345 钢采用 E50 型焊条；Q390 钢和 Q420 钢采用 E55 型焊条（E5500～E5518）。焊条型号中，字母 E 表示焊条（electrode），前两位数字为熔敷金属的最小抗拉强度（以 kgf/mm^2 计），第 3、4 位数字表示适用焊接位置、电流以及药皮类型等。不同钢种的钢材相焊接时，例如 Q235 钢与 Q345 钢相焊接，宜采取低组配方案，即宜采取低强度钢材相适应的焊条。

3.2.1.2　埋弧焊（自动或半自动）

埋弧焊是电弧在焊剂层下燃烧的一种电弧焊方法。焊丝送进和电弧按焊接方向的移动由专门机构控制完成的称“埋弧自动电弧焊”，其原理和设备组成如图 3.3 所示；焊丝送进由专门机构控制。而电弧按焊接方向的移动靠人手工操作完成的称“埋弧半自动电弧焊”。埋弧焊的焊丝不涂药皮，施焊端为焊剂所覆盖，能对较细的焊丝采用大电流。电弧热量集中，熔深大，适于厚板的焊接，具有高的生产率。由于采用了自动或半自动化操作，焊接时的工艺条件稳定，焊缝的化学成分均匀，故形成的焊缝质量好，焊件变形小。同时，高焊速也减小了热影响区的范围。但埋弧焊对焊件边缘（如间隙）的装配精度要求比手工焊高。埋弧焊所用的焊丝和焊剂应与主体金属强度相适应，即要求焊缝与主体金属等强度。

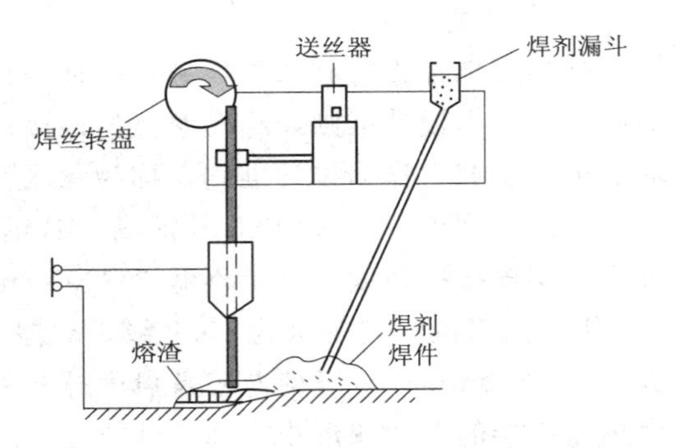

图 3.3　埋弧自动电弧焊

3.2.1.3　气体保护焊

气体保护焊是利用二氧化碳气体或其他惰性气体作为保护介质的一种电弧熔焊方法。它直接依靠保护气体在电弧周围造成局部的保护层，以防止有害气体的侵入并保证了焊接过程中的稳定性。

气体保护焊的焊缝熔化区没有熔渣，焊工能够清楚地看到焊缝成型的过程；由于保护气体是喷射的，有助于熔滴的过渡；又由于热量集中，焊接速度快，焊件熔深大，故所形成的焊缝强度比手工电弧焊高，塑性和抗腐蚀性好，适用于全位置的焊接，但不适用于在风较大的地方施焊。

3.2.2 焊缝连接形式及焊缝形式

3.2.2.1 焊缝连接形式

按被连接钢材这4种的相互位置，焊缝连接形式可分为对接、搭接、T形连接和角部连接4种，如图3.4所示。这4种连接所采用的焊缝主要有对接焊缝和角焊缝。对接连接主要用于厚度相同或接近相同的两构件的相互连接。图3.4（a）所示为采用对接焊缝的对接连接。由于相互连接的两个构件在同一平面内，因而传力比较均匀平缓，没有明显的应力集中，且用料经济，但是焊件边缘需要加工，被连接两板的间隙和坡口尺寸有严格的要求。

图3.4（b）所示为用双层盖板和角焊缝的对接连接，这种连接传力不均匀、费料，但施工简便，所连接两板的间隙大小无须严格控制。

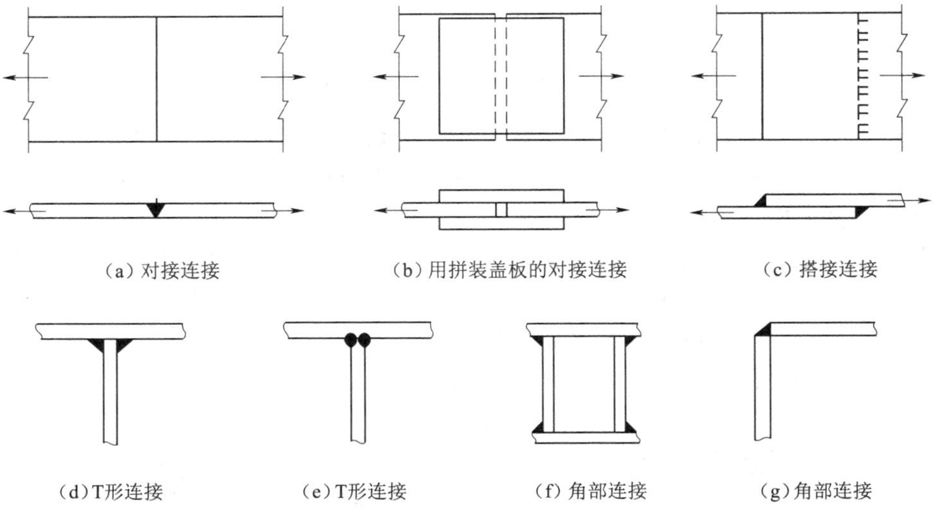

(a) 对接连接　(b) 用拼装盖板的对接连接　(c) 搭接连接

(d) T形连接　(e) T形连接　(f) 角部连接　(g) 角部连接

图3.4　焊缝连接的形式

图3.4（c）所示为用角焊缝的搭接连接，特别适用于不同厚度构件的连接。角焊缝传力不均匀，材料较费，但因构造简单，施工方便，目前还广泛应用。

T形连接省工省料，常用于制作组合截面。当采用角焊缝连接时，如图3.4（d）所示，焊件间存在缝隙，截面突变，应力集中现象严重，疲劳强度较低，可用于不直接承受动力荷载结构的连接。对于直接承受动力荷载的结构，如重级工作制吊车梁，其上翼缘与腹板的连接，应采用如图3.4（e）所示的T形坡口焊缝进行连接。

角部连接，如图3.4（f）、（g）所示，主要用于制作箱形截面。

3.2.2.2 焊缝形式

对接焊缝按所受力的方向分为正对接焊缝［图3.5（a）］和斜对接焊缝［图3.5（b）］。角焊缝［图3.5（c）］可分为正面角焊缝、侧面角焊缝和斜焊缝。

焊缝沿长度方向的布置分为连续角焊缝和间断角焊缝两种，如图3.6所示。连续

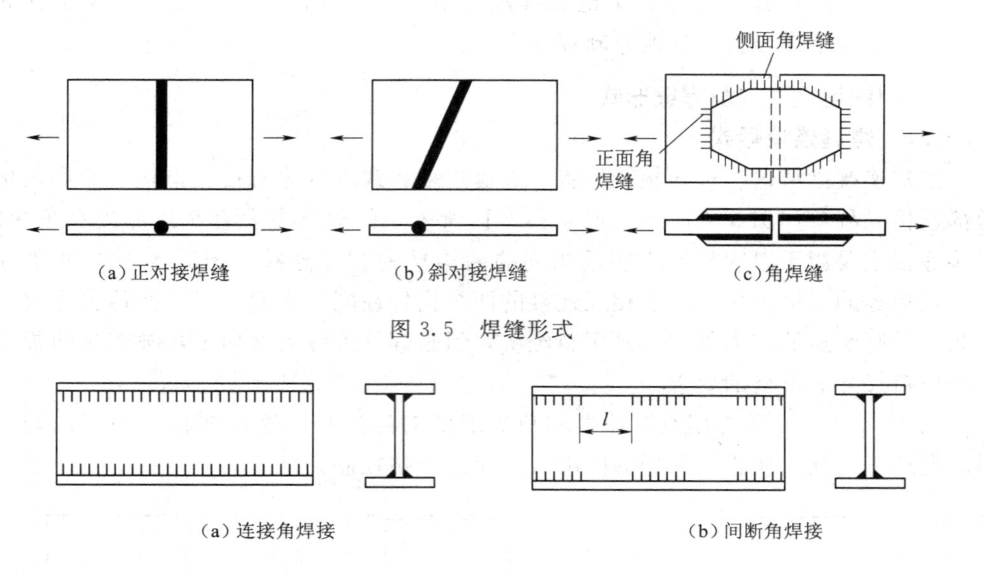

图 3.5　焊缝形式

图 3.6　连续角焊缝和间断角焊缝

角焊缝的受力性能较好，为主要的角焊缝形式。间断角焊缝的起、灭弧处容易引起应力集中，重要结构应避免采用，只能用于一些次要构件的连接或受力很小的连接中。间断角焊缝的间断 l 不宜过长，以免连接不紧密、潮气侵入引起构件锈蚀。一般在受压构件中应满足 $l \leqslant 15t$； 在受拉构件中 $l \leqslant 30t$，t 为较薄焊件的厚度。

焊缝按施焊位置分为平焊、横焊、立焊及仰焊，如图 3.7 所示。平焊（又称俯焊）施焊方便。立焊和横焊要求焊工的操作水平比平焊要高一些。仰焊的操作条件最差，焊缝质量不易保证，因此应尽量避免采用仰焊。

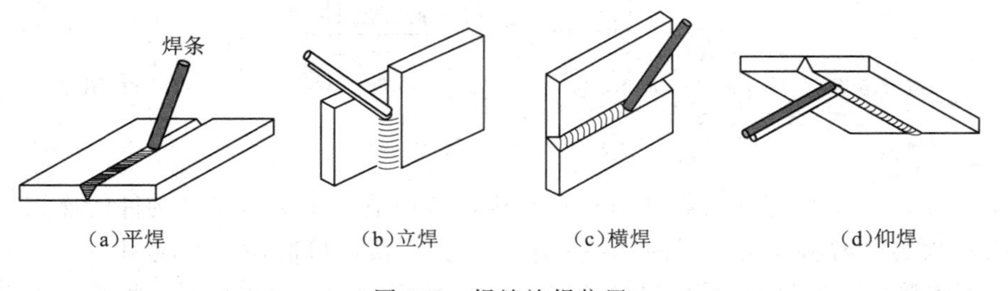

图 3.7　焊缝施焊位置

3.2.3　焊缝缺陷及焊缝质量检验

3.2.3.1　焊缝缺陷

焊缝缺陷指焊接过程中产生于焊缝金属或附近热影响区钢材表面或内部的缺陷。常见的缺陷如图 3.8 所示，有裂纹、焊瘤、烧穿、弧坑、气孔、夹渣、咬边、未熔合、未焊透等以及焊缝尺寸不符合要求、焊缝成形不良等。裂纹是焊缝连接中最危险的缺陷。产生裂纹的原因很多，如钢材的化学成分不当，焊接工艺条件（如电流、电压、焊速、施焊次序等）选择不合适，焊件表面油污未清除干净等。

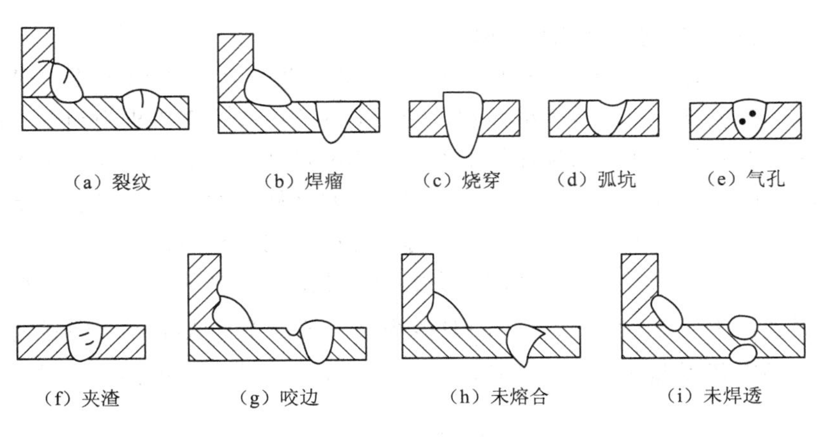

图 3.8 焊缝缺陷

3.2.3.2 焊缝质量检验

若焊缝存在缺陷将削弱焊缝的受力面积，在缺陷处引起应力集中，故对连接强度、冲击韧性及冷弯性能等均有不利影响。因此，焊缝质量检验极为重要。

焊缝质量检验可用外观检查及内部无损检验两种方法，前者主要检查外观缺陷和几何尺寸，后者主要检查内部缺陷，内部无损检验目前广泛采用的有超声波检验法，该方法使用灵活、经济，对内部缺陷反应灵敏，但不易识别缺陷性质；有时还用磁粉检验、荧光检验等较简单的方法作为辅助。此外，还可采用X射线或γ射线透照或拍片，X射线应用较广泛。

《钢结构工程施工质量验收规范》(GB 50205—2001) 规定焊缝检验方法和质量要求分为一级、二级和三级。三级焊缝只要求对全部焊缝作外观检查且符合三级质量标准；一级、二级焊缝除外观检查外，要求一定数量的超声波检验并符合相应级别的质量标准。

3.2.3.3 焊缝质量等级的选用

在《钢结构设计规范》(GB 50017—2017) 中，对焊缝质量等级的选用有如下规定：

(1) 需要进行疲劳计算的构件中，垂直于作用力方向的横向对接焊缝受拉时应为一级，受压时应为二级。

(2) 在不需要进行疲劳计算的构件中，由于三级对接焊缝的抗拉强度有较大变异性，其设计值为主体钢材强度的85%左右，所以，凡要求与母材等强度的受拉对接焊缝应不低于二级；受压时难免在其他因素影响下使焊缝中有拉应力存在，故宜为二级。

(3) 重级工作制和起重量 $Q \geqslant 50t$ 的中级工作制吊车梁的腹板与上翼缘板之间以及吊车桁架上弦杆与节点板之间的T形接头焊透的对接与角接组合焊缝，不应低于二级。

(4) 由于角焊缝的内部质量不易探测，故规定其质量等级一般为三级，对直接承受动力荷载且需要验算疲劳和起重量 $Q \geqslant 50t$ 的中级工作制吊车梁才规定角焊缝的外观质量应符合二级。

3.2.4　焊缝代号，螺栓及其孔眼图例

《焊缝符号表示法》（GB/T 324—2008）规定：焊缝代号由引出线、图形符号和辅助符号 3 部分组成。引出线由横线和带箭头的斜线组成。箭头指到图形上的相应焊缝处，横线的上面和下面用来标注图形符号和焊缝尺寸。当引出线的箭头指向焊缝所在的一面时，应将图形符号和焊缝尺寸等标注在水平横线的上面；当箭头指向对应焊缝所在的另一面时，则应将图形符号和焊缝尺寸标注在水平横线的下面。必要时，可在水平横线的末端加一尾部作为其他说明之用。图形符号表示焊缝的基本形式，如用◺表示角焊缝，用 V 表示 V 形坡口的对接焊缝。辅助符号表示焊缝的辅助要求，如用⚑表示现场安装焊缝等。表 3.2 列出了一些常用焊缝代号，可供设计时参考。

表 3.2　　焊　缝　代　号

	角焊缝				对接焊缝	塞焊缝	三面围焊
	单面焊缝	双面焊缝	安装焊缝	相同焊缝			
形式							
标注方法							

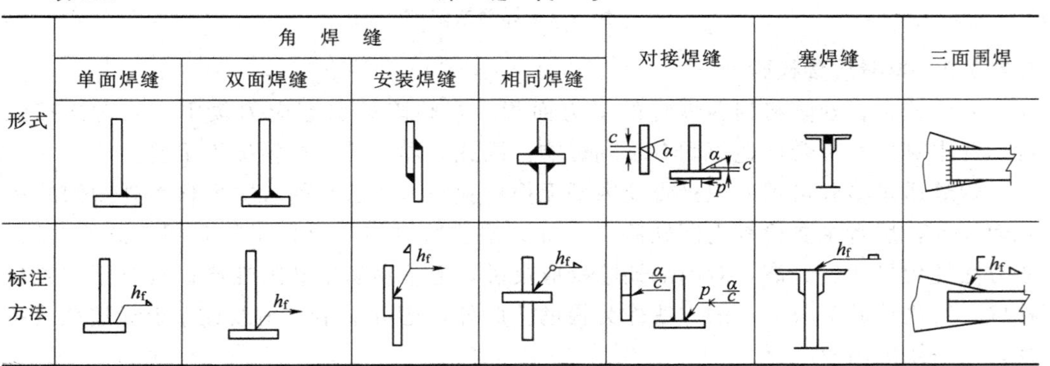

当焊缝分布比较复杂或用上述标注方法不能表达清楚时，在标注焊缝代号的同时，可在图形上加栅线表示，如图 3.9 所示。

（a）正面焊缝　（b）背面焊缝　（c）安装焊缝

图 3.9　用栅线表示焊缝

螺栓及其孔眼图例见表 3.3。在钢结构施工图上需要将螺栓及其孔眼的施工要求用图形表示清楚，以免引起混淆。

表 3.3　　螺栓及其孔眼图例

名称	永久螺栓	高强度螺栓	安装螺栓	圆形螺栓孔	长圆形螺栓孔
图例				ϕ	b　ϕ

3.3　对接焊缝的构造与计算

3.3.1　对接焊缝的构造

对接焊缝的焊件常需做成坡口状，故又叫坡口焊缝。坡口形式与焊件厚度有关。

当焊件厚度很小（手工焊 6mm，埋弧焊 10mm）时，可用直边缝。对于一般厚度的焊件可采用具有斜坡口的单边 V 形或 V 形焊缝。斜坡口和根部间隙 c 共同组成一个焊条能够运转的施焊空间，使焊缝易于焊透；钝边 p 有托住熔化金属的作用。对于较厚的焊件（$t>20$mm），则采用 U 形、K 形和 X 形坡口，如图 3.10 所示。对于 V 形缝和 U 形缝需对焊缝根部进行补焊。对接焊缝坡口形式的选用，应根据板厚和施工条件按现行标准《气焊、手工电弧焊及气体保护焊焊缝坡口的基本形式与尺寸》（GB/T 985—2008）的要求进行。

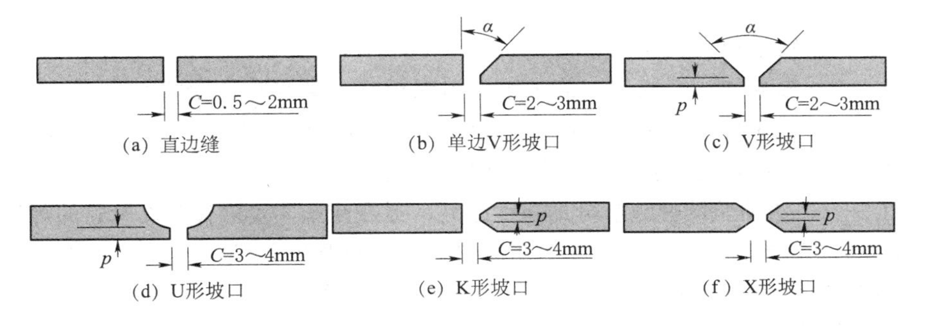

(a) 直边缝　(b) 单边V形坡口　(c) V形坡口
(d) U形坡口　(e) K形坡口　(f) X形坡口

图 3.10　对接焊缝的坡口形式

在对接焊缝的拼接处，当焊件的宽度不同或厚度相差 4mm 以上时，应分别在宽度方向或厚度方向从一侧或两侧做成坡度不大于 1∶2.5 的斜角，如图 3.11 所示，以使截面过渡和缓，减小应力集中。

在焊缝的起灭弧处，常会出现弧坑等缺陷，这些缺陷对承载力影响极大，故焊接时一般应设置引弧板和引出板，如图 3.12 所示，焊后将它割除。对受静力荷载的结构设置引弧板有困难时，允许不设置引弧板，此时，可令焊缝计算长度等于实际长度减 $2t$（此处 t 为较薄焊件厚度）。

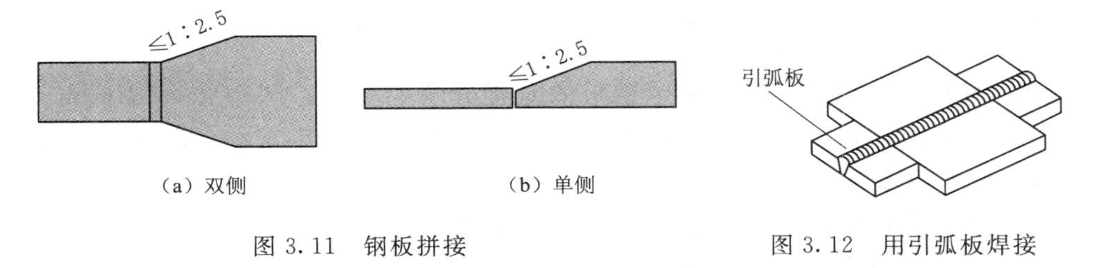

(a) 双侧　(b) 单侧

图 3.11　钢板拼接　　图 3.12　用引弧板焊接

3.3.2　对接焊缝的计算

对接焊缝分焊透和部分焊透两种。本章只介绍焊透的对接焊缝的计算。

对接焊缝的强度与所用钢材的牌号、焊条型号及焊缝质量的检验标准等因素有关。如果焊缝中不存在任何缺陷，焊缝金属的强度是高于母材的。但由于焊接技术问题，焊缝中可能有气孔、夹渣、咬边、未焊透等质量缺陷。实验证明，焊接缺陷对受压、受剪的对接焊缝影响不大，故可认为受压、受剪的对接焊缝与母材强度相等，但受拉的对接焊缝对缺陷甚为敏感。当缺陷面积与焊件截面积之比超过 5%时，对接焊缝的抗拉强度将明显下降。由于三级检验的焊缝允许存在较多的缺陷，故其抗拉强度为母材强度的85%，而一、二级检验的焊缝的抗拉强度可认为与母材强度相等。由于对接焊缝是焊件截面的组成部分，焊缝中的应力分布情况基本上与焊件原来的情况相同，故计算方法与构件的强度计算一样。

3.3.2.1　轴心受力的对接焊缝

轴心受力的对接焊缝，如图3.13所示，焊缝强度可按下式计算：

$$\sigma=\frac{N}{l_w t}\leqslant f_t^w \text{ 或 } f_c^w \tag{3.1}$$

式中　N——轴心拉力或压力；

l_w——焊缝的计算长度，当未采用引弧板时，取实际长度减去$2t$；

t——在对接接头中为连接件的较小厚度，在T形接头中为腹板厚度；

f_t^w、f_c^w——对接焊缝的抗拉、抗压强度设计值。

由于一、二级检验的焊缝与母材强度相等，不必计算，故只有三级检验的焊缝才需按式（3.1）进行抗拉强度验算。如果用直缝不能满足强度要求，可采用如图3.13（b）所示的斜对接焊缝。《钢结构设计规范》（GB 50017—2017）规定，当斜焊缝和作用力间的夹角θ符合$\tan\theta\leqslant1.5(\theta\leqslant56.3°)$时，斜焊缝的强度不低于母材强度，可不再进行焊缝强度验算。

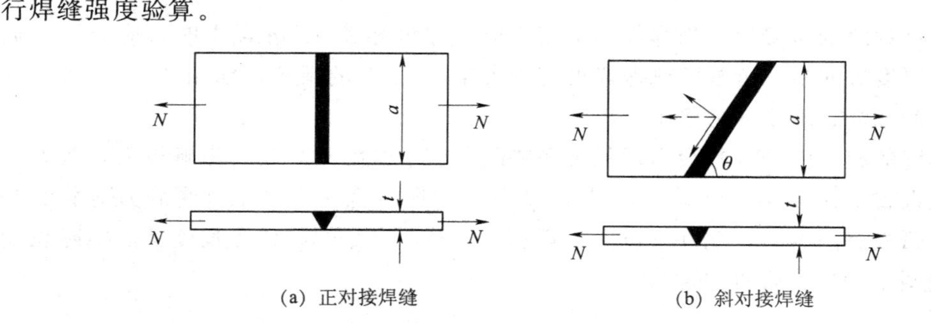

图3.13　对接焊缝受轴心力

【例3.1】　试验算图3.13所示钢板的对接焊缝的强度。图中$a=540\text{mm}$，$t=22\text{mm}$，轴心力的设计值$N=2150\text{kN}$。钢材为Q235-B，手工焊，焊条为E43型，三级检验标准的焊缝，施焊时加引弧板。

解：直缝连接其计算长度$l_w=540\text{mm}$，焊缝正应力为

$$\sigma=\frac{N}{l_w t}=\frac{2150\times10^3}{540\times22}f=181(\text{N/mm}^2)>f_t^w=175\text{N/mm}^2$$

不满足要求，改用斜对接焊缝，取$\theta=56°$。

此时焊缝的正应力为

$$\sigma=\frac{N\sin\theta}{l_w t}=\frac{2150\times10^3\times\sin56°}{540\times22}=125(\text{N/mm}^2)<f_t^w=175\text{N/mm}^2$$

剪应力为

$$\tau=\frac{N\cos\theta}{l_w t}=\frac{2150\times10^3\times\cos56°}{650\times22}=84(\text{N/mm}^2)<f_t^w=120\text{N/mm}^2$$

这就说明当 $\tan\theta \leqslant 1.5$ 时，焊缝强度能够得到保证，可不必计算。

3.3.2.2 承受弯矩和剪力共同作用的对接焊缝

1. 矩形截面

如图 3.14（a）所示，对接接头受到弯矩和剪力的共同作用，由于焊缝截面是矩形，正应力与剪应力图形分别为三角形与抛物线形，其最大值应分别满足下列强度条件：

$$\sigma_{max} = \frac{M}{W_w} = \frac{6M}{l_w^2 t} \leqslant f_t^w \tag{3.2}$$

$$\tau_{max} = \frac{VS_w}{I_w t} = \frac{3}{2}\frac{V}{l_w t} \leqslant f_v^w \tag{3.3}$$

式中 M——计算截面的弯矩；

V——与焊缝方向平行的剪力；

W_w——焊缝计算截面的截面模量；

S_w——焊缝计算截面在计算剪应力处以上或以下部分截面对中和轴的面积矩；

I_w——焊缝计算截面对中和轴的惯性矩。

2. 工字形截面

图 3.14（b）所示是工字形截面梁的接头，采用对接焊缝，除应分别验算最大正应力和剪应力外，对于同时承受较大正应力和较大剪应力处，例如腹板与翼缘的交接点，还应按下式验算折算应力

$$\sqrt{\sigma_1^2 + 3\tau_1^2} \leqslant 1.1 f_t^w \tag{3.4}$$

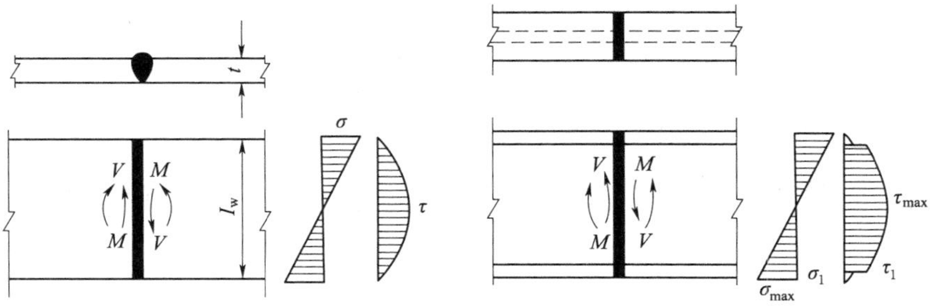

（a）矩形截面　（b）工字形截面

图 3.14 对接焊缝受弯矩与剪力共同作用

式中 σ_1——腹板对接焊缝端部处的正应力，由公式 $\sigma_1 = \sigma_{max}\frac{h_0}{h}$ 可计算；

h_0——腹板高度；

h——梁截面总高度；

τ_1——腹板对接焊缝端部处的剪应力，由公式 $\tau_1 = \frac{VS_{w1}}{I_w t_w}$ 可计算；

I_w——工字形截面对中和轴的惯性矩；

S_{w1}——工字形截面受拉翼缘对中和轴的面积矩；

t_w——工字形截面腹板厚度；

1.1 ——考虑到最大折算应力只在局部出现，而将强度设计值适当提高的系数。

3.3.2.3　承受轴心力、弯矩和剪力共同作用的对接焊缝

当轴心力与弯矩、剪力共同作用时，焊缝的最大正应力应为轴心力和弯矩引起的应力之和，剪应力按式（3.3）验算，折算应力仍按式（3.4）验算。

【例 3.2】　计算工字形截面牛腿与钢柱连接的对接焊缝强度，如图 3.15 所示，$F=550\text{kN}$（设计值），偏心距 $e=300\text{mm}$。钢材为 Q235 - B，焊条为 E43 型，手工焊。焊缝为三级检验标准。上、下翼缘加引弧板施焊。

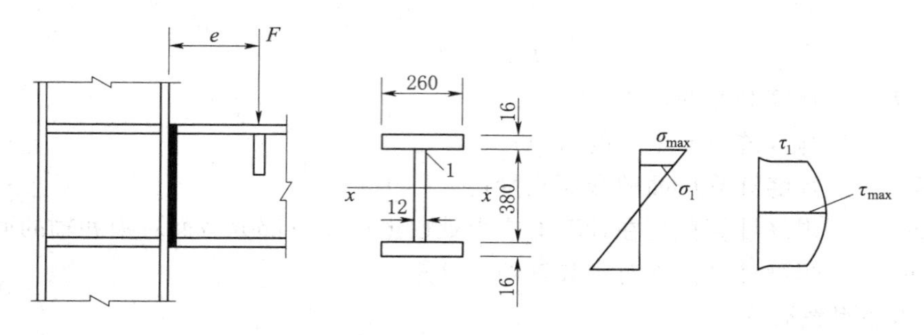

图 3.15　工字形截面牛腿与钢柱连接的对接焊缝

解：对接焊缝的计算截面与牛腿的截面相同，因而

$$I_x=\frac{1}{12}\times 38^3+2\times 1.6\times 26\times 19.8^2=38100(\text{cm}^4)$$

$$S_{x1}=26\times 1.6\times 19.8=824\text{cm}^3$$

$$V=F=550\text{kN}$$

$$M=550\times 0.30=165(\text{kN}\cdot\text{m})$$

最大正应力为

$$\sigma_{max}=\frac{M}{I_x}\frac{h}{2}=\frac{165\times 10^6\times 206}{38100\times 10^4}=89.2(\text{N/mm}^2)<f_t^w=185\text{N/mm}^2$$

最大剪应力

$$\tau_{max}=\frac{VS_x}{I_xt}=\frac{550\times 10^3}{38100\times 10^4\times 12}=(260\times 16\times 198+190\times 12\times \frac{190}{2})$$

$$=125.1(\text{N/mm}^2)\approx f_v^w=125\text{N/mm}^2$$

上翼缘和腹板交接处“1”点的正应力

$$\sigma_1=\sigma_{max}\cdot\frac{190}{206}=82(\text{N/mm}^2)$$

剪应力

$$\tau_1=\frac{VS_{x1}}{I_xt}=\frac{550\times 10^3\times 824\times 10^3}{38100\times 10^4\times 12}=99(\text{N/mm}^2)$$

由于“1”点同时受有较大的正应力和剪应力，故应按式（3.4）验算折算应力：

$$\sqrt{82^2+3\times 99^2}=190(\text{N/mm}^2)<1.1\times 185=204(\text{N/mm}^2)$$

所以，此工字形截面牛腿与钢柱连接的对接焊缝强度满足要求。

3.4　角焊缝的构造与计算

3.4.1　角焊缝的形式和强度

角焊缝是最常用的焊缝。角焊缝按其与作用力的关系可分为：焊缝长度方向与作用力垂直的正面角焊缝；焊缝长度方向与作用力平行的侧面角焊缝以及斜焊缝。按其截面分为直角角焊缝和斜角角焊缝，分别如图 3.16 和图 3.17 所示。

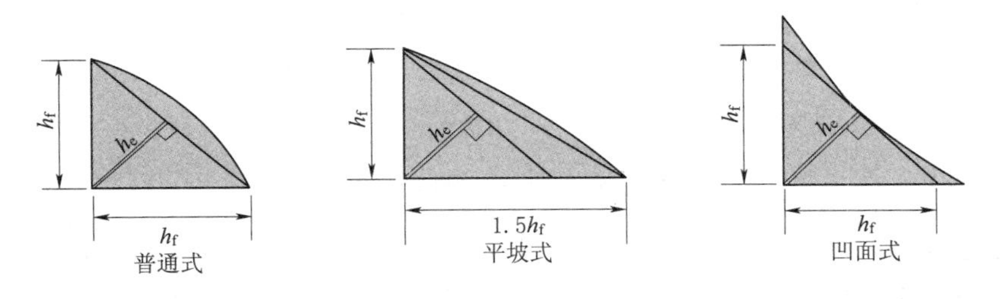

图 3.16　直角角焊缝的截面

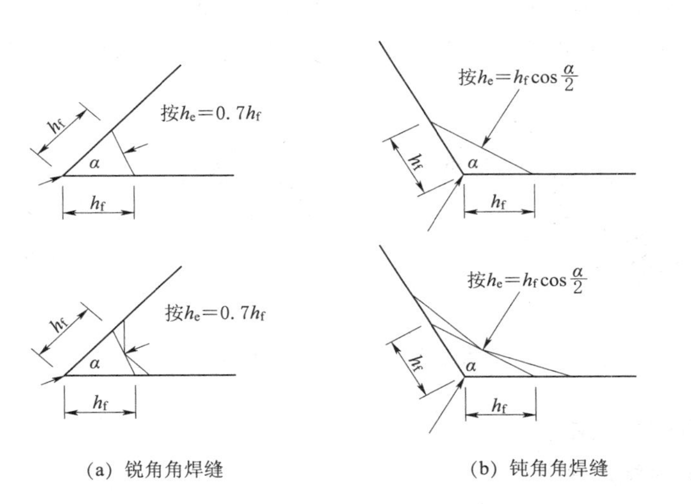

图 3.17　斜角角焊缝的截面

直角角焊缝通常做成表面微凸的等腰三角形截面，如图 3.16 中的普通式截面。在直接承受动力荷载的结构中，正面角焊缝的截面采用平坡式截面，侧面角焊缝的截面做成凹面式。

两焊脚边的夹角为锐角或钝角的焊缝称为斜角角焊缝，斜角角焊缝的截面形式如图 3.17 所示，斜角角焊缝常用于钢漏斗和钢管结构中。对于夹角 $\alpha>135^\circ$或 $\alpha<135^\circ$ 的斜角角焊缝，除钢管结构外，不宜用作受力焊缝。

大量试验结果表明，侧面角焊缝（图 3.18）主要承受剪应力。其塑性较好，弹性模量低（$E=7\times10\mathrm{N/mm^2}$），强度也较低。传力线通过侧面角焊缝时产生弯折，因而应力沿焊缝长度方向的分布不均匀，呈两端大中间小的状态。焊缝越长，应力分布不均匀性越显著，但在临近塑性工作阶段时，产生应力重分布，可使应力分布的不均匀现象渐趋缓和。

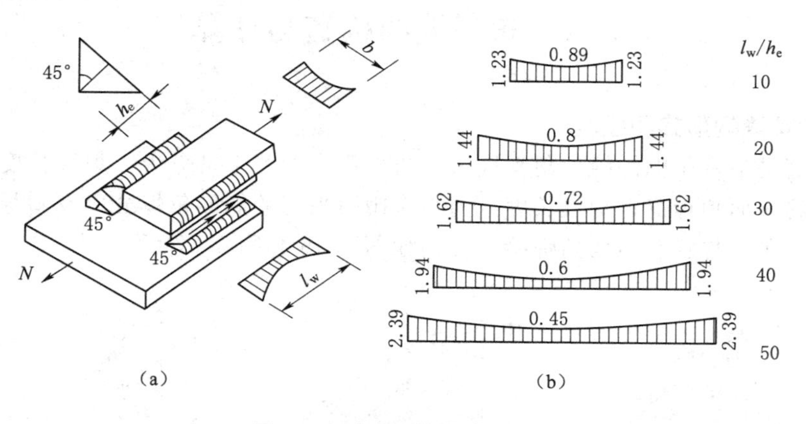

图 3.18　侧面角焊缝的应力

正面角焊缝（图 3.19）受力复杂，截面中的各面均存在正应力和剪应力，焊根处存在着很严重的应力集中。这一方面由于力线弯折，另一方面由于在焊根处正好是两焊件接触面的端部相当于裂缝的尖端。正面角焊缝的破坏强度高于侧面角焊缝，但塑性变形要差些。而斜焊缝的受力性能和强度值介于正面角焊缝和侧面角焊缝之间。

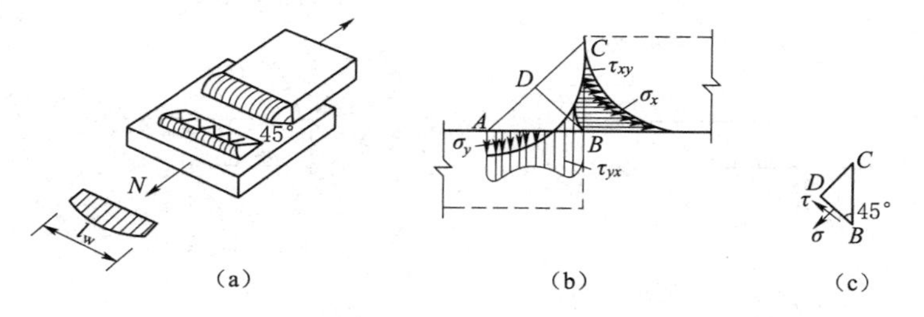

图 3.19　正面角焊缝的应力

3.4.2　角焊缝的构造要求

3.4.2.1　最大焊脚尺寸

为了避免焊缝区的基本金属“过热”，减小焊件的焊接残余应力和残余变形，除钢管结构外，角焊缝的焊脚尺寸不宜大于较薄焊件厚度的 1.2 倍，如图 3.20（a）所示。

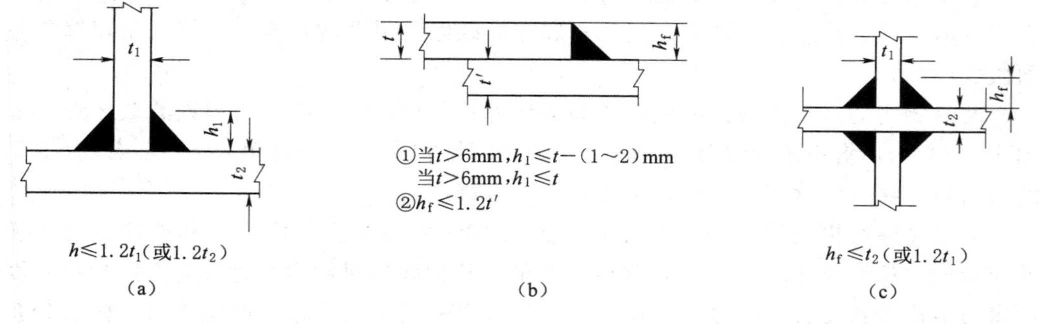

图 3.20　最大焊脚尺寸

对板件边缘的角焊缝，如图 3.20（b）所示，当板件厚度 $t>6$mm 时，根据焊工的施焊经验，不易焊满全厚度，故取 $h_f \leqslant t-(1\sim2)$mm；当 $t\leqslant6$mm 时，通常采用小焊条施焊，易于焊满全厚度，取 $h_f\leqslant t$。如果另一焊件厚度 $t_2<t_1$，还应满足 $h_f\leqslant 1.2t_2$，如图 3.20（c）所示。

3.4.2.2　最小焊脚尺寸

角焊缝的焊脚尺寸也不能过小，否则焊缝因输入能量过小，而焊件厚度较大，以致施焊时冷却速度过快，产生淬硬组织，导致母材开裂。《钢结构设计规范》（GB 50017—2017）（以下简称《规范》）规定：角焊缝的焊脚尺寸 $h_f\geqslant 1.5\sqrt{t}$，t 为较厚焊件厚度（单位为mm）。计算时，焊脚尺寸取 mm 的整数，小数点以后都进为 1。自动焊熔深较大，故所取的最小焊脚尺寸可减小 1mm；对 T 形连接的单面角焊缝，应增加 1mm；当焊件厚度小于或等于 4mm 时，则取与焊件厚度相同。

3.4.2.3　侧面角焊缝的最大计算长度

前已述及，侧面角焊缝在弹性阶段沿长度方向受力不均匀，两端大而中间小。焊缝越长，应力集中系数越大。在静力荷载作用下，如果焊缝长度不过大，当焊缝两端点处的应力达到屈服强度后，继续加载，应力会渐趋均匀。但是，如果焊缝长度超过某一限值时，有可能首先在焊缝的两端破坏，故一般规定侧面角焊缝的计算长度 $l_w\leqslant 60h_f$。当实际长度大于上述限值时，其超过部分在计算中不予考虑。若内力沿侧面角焊缝全长分布，比如焊接梁翼缘板与腹板的连接焊缝、屋架中弦杆与节点板的连接焊缝以及梁的支撑加劲肋与腹板的连接焊缝等，计算长度可不受上述限制。

3.4.2.4　角焊缝的最小计算长度

角焊缝的焊脚尺寸大而长度较小时，焊件的局部加热严重，焊缝起灭弧所引起的缺陷相距太近，加之焊缝中可能产生的其他缺陷（气孔、非金属夹杂等），使焊缝不够可靠。对搭接连接的侧面角焊缝而言，如果焊缝长度过小，由于力线弯折大，也会造成严重应力集中。因此，为了使焊缝能够具有一定的承载能力，根据使用经验，侧面角焊缝或正面角焊缝的计算长度不得小于 $8h_f$ 和 40mm。

3.4.2.5　搭接连接的构造要求

当板件端部仅有两条侧面角焊缝连接时，如图 3.21 所示，试验结果表明，连接的承载力与 b/l_w 有关。b 为两侧焊缝的距离，l_w 为侧焊缝长度。当 $b/l_w>1$ 时，连接的承载力随着 b/l_w 比值的增大而明显下降。这主要是由于应力传递的过分弯折使构件中应力不均匀分布的影响。为使连接强度不致过分降低，应使每条侧焊缝的长度不宜小于两侧焊缝之间的距离，即 $b/l_w\leqslant 1$。两侧面角焊缝之间的距离 b 也不宜大于 $16t(t>12\text{mm})$ 或 $200\text{mm}(t\leqslant 12\text{mm})$，$t$ 为较薄焊件的厚度，以免因焊缝横向收缩，引起板件向外发生较大拱曲。

在搭接连接中，当仅采用正面角焊缝时，如图 3.22 所示，其搭接长度不得小于焊件较小厚度的 5 倍，也不得小于 25mm。

杆件端部搭接采用三面围焊时，在转角处截面突变，会产生应力集中，如在此处起灭弧，可能出现弧坑或咬肉等缺陷，从而加大应力集中的影响，故所有围焊的转角处必须连接施焊。对于非围焊情况，当角焊缝的端部在构件转角处时，可连续地作长

度为 $2h_f$ 的绕角焊，如图 3.21 所示。

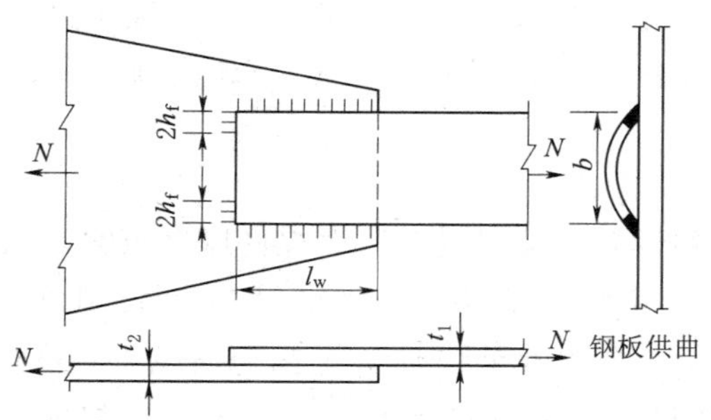

图 3.21　焊缝长度及两侧焊缝间距

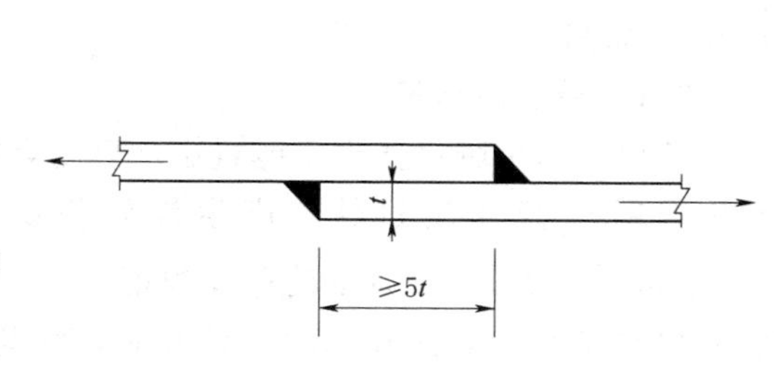

图 3.22　搭接连接

3.4.3　直角角焊缝强度计算的基本公式

如图 3.23 所示为直角角焊缝的截面。直角边的边长 h_f 称为角焊缝的焊脚尺寸。$h_e=0.7h_f$ 为直角角焊缝的有效厚度。试验表明，直角角焊缝的破坏常发生在喉部，故长期以来对角焊缝的研究均着重于这一部位。通常认为直角角焊缝是以 45°方向的最小截面（即有效厚度与焊缝计算长度的乘积）作为有效截面或称计算截面。作用于焊缝有效截面上的应力如图 3.24 所示，这些应力包括：垂直于焊缝有效截面的正应力 $\sigma_\perp$，垂直于焊缝长度方向的剪应力 $\tau_\perp$ 以及沿焊缝长度方向的剪应力 $\tau_{//}$。

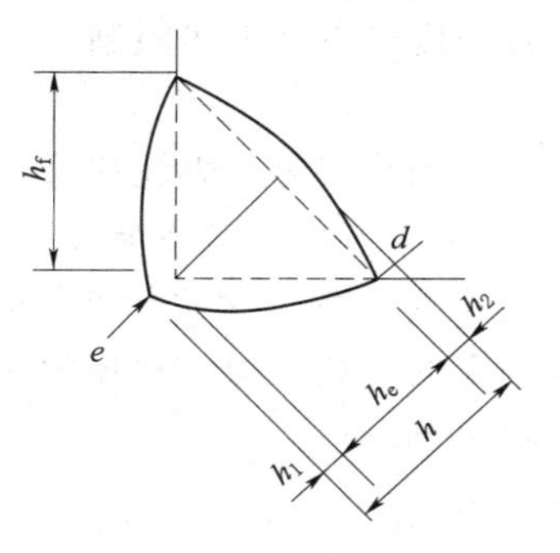

图 3.23　角焊缝的截面

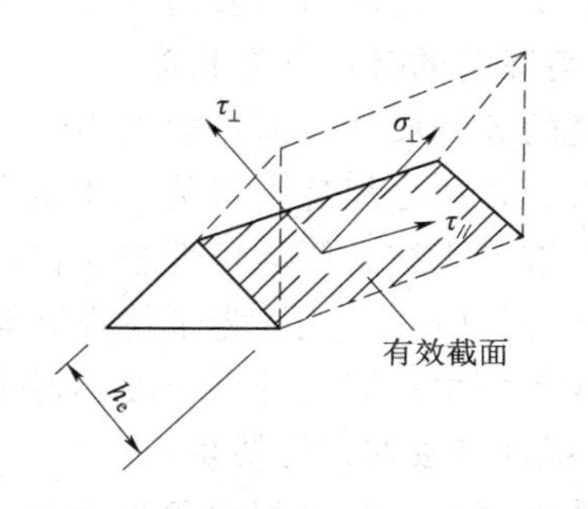

图 3.24　角焊缝有效截面上的应力

我国现行《规范》在简化计算时，假定焊缝在有效截面处破坏，各应力分量满足折算应力公式。由于规范规定的角焊缝强度设计值 f_f^w 是根据抗剪条件确定的，而 $\sqrt{3}f_f^w$ 相当于角焊缝的抗拉强度设计值，即

$$\sqrt{\sigma_\perp^2+3(\tau_\perp^2+\tau_{//}^2)}=\sqrt{3}f_f^w \tag{3.5}$$

如图 3.25 所示的受斜向轴心力 N（互相垂直的分力为 N_y 和 N_x）作用的直角角焊缝为例，说明角焊缝基本公式的推导。N_y 在焊缝有效截面上引起垂直于焊缝一个直角边的应力 σ_f，该应力对有效截面既不是正应力，也不是剪应力，而是 $\sigma_\perp$ 和 $\tau_\perp$ 的合应力。

$$\sigma_f=\frac{N_y}{h_e l_w} \tag{3.6}$$

式中 N_y ——垂直于焊缝长的方向的轴心力；

h_e ——直角角焊缝的有效厚度，$h_e=0.7h_f$；

l_w ——焊缝的计算长度，考虑起灭弧缺陷，按各条焊缝的实际长度每端减去 h_f 计算。

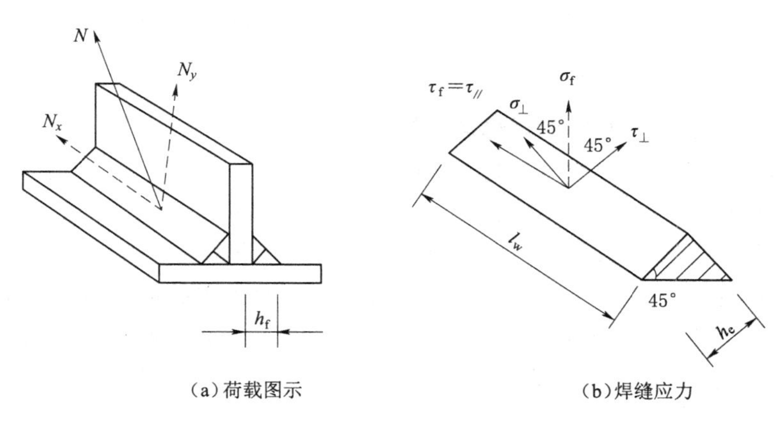

图 3.25 直角角焊缝的计算

由图 3.25（b）知，对直角角焊缝

$$\sigma_\perp=\tau_\perp=\sigma_f/\sqrt{2}$$

沿焊缝长度方向的分力 N_x 在焊缝有效截面上引起平行于焊缝长度方向的剪应力 $\tau_f=\tau_\parallel$，即

$$\tau_f=\tau_{//}=\frac{N_y}{h_e l_w} \tag{3.7}$$

则得直角角焊缝在各种应力综合作用下，σ_f 和 τ_f 共同作用处的计算式为

$$\sqrt{4\left(\frac{\sigma_f}{\sqrt{2}}\right)^2+3\tau_f^2}\leqslant\sqrt{3}f_f^w$$

或

$$\sqrt{\left(\frac{\sigma_f}{\beta_f}\right)^2+\tau_f^2}\leqslant f_f^w \tag{3.8}$$

式中 β_f——正面角焊缝的强度增大系数，$\beta_f=\sqrt{\frac{3}{2}}=1.22$。

正对面角焊缝，此时 $\tau_f=0$，得

$$\sigma_f=\frac{N}{h_e l_w}\leqslant\beta_f f_f^w \tag{3.9}$$

对侧面角焊缝，此时 $\sigma_f=0$，得

$$\tau_f=\frac{N}{h_e l_w}\leqslant f_f^w \tag{3.10}$$

式（3.8）～式（3.10）即为角焊缝的基本计算公式。只要将焊缝应力分解为垂直于长度方向的应力 σ 和平行于焊缝长度方向的应力 τ_f，上述基本公式就可适用于任

何受力状态。

对于直接承受动力荷载结构中的焊缝，虽然正面角焊缝的强度试验值比侧面角焊缝高，但判别结构或连接的工作性能，除是否具有较高的强度指标外，还需检验其延性指标（即塑性变形能力）。由于正面角焊缝的刚度大、韧性差，应将其强度降低使用，故对于直接承受动力荷载结构中的角焊缝，取 $\beta_f=1.0$， 相当于按 σ_f 和 τ_f 的合应力进行计算，即 $\sqrt{\sigma_f^2+\tau_f^2}\leqslant f_f^w$。

3.4.4　各种受力状态下直角角焊缝连接的计算

3.4.4.1　承受轴心力作用时角焊缝连接的计算

（1）用盖板的对接连接承受轴心力（拉力、压力或剪力）时。当焊件受轴心力且轴心力通过连接焊缝中心时，可认为焊缝应力是均匀分布的。图 3.26 的连接中，当只有侧面角焊缝时，按式（3.10）计算；当只有正面角焊缝时，按式（3.9）计算；当采用三面围焊时，对矩形拼接板，可先按式（3.9）计算正面角焊缝所承担的内力 $N'=\beta_f f_f^w \sum h_e l_w$。式中 $\sum l_w$ 为连接一侧正面角焊缝计算长度的总和；再由力（$N-N'$）计算侧面角焊缝的强度：

$$\tau_f=\frac{N-N'}{\sum h_e l_w}\leqslant f_f^w \tag{3.11}$$

式中　$\sum l_w$——连接一侧的侧面角焊缝计算长度的总和。

（2）承受斜向轴心力的角焊缝连接计算。图 3.27 所示的受斜向轴心力的角焊缝连接，有两种计算方法。

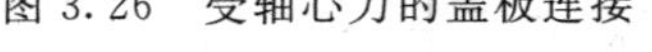

图 3.26　受轴心力的盖板连接

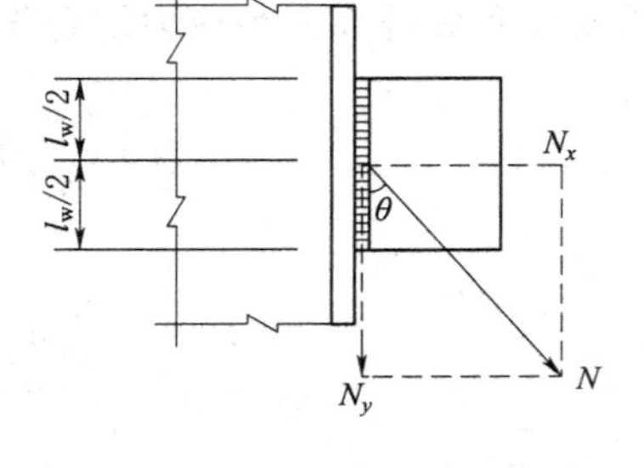

图 3.27　斜向轴心力作用

1）分力法。将力 N 分解为垂直于焊缝和平行于焊缝的分力 $N_x=N\sin\theta$ 和 $N_y=\cos\theta$，有

$$\left.\begin{aligned}\sigma_f&=\frac{N\sin\theta}{\sum h_e l_w}\\ \tau_f&=\frac{N\cos\theta}{\sum h_e l_w}\end{aligned}\right\} \tag{3.12}$$

代入式（3.8）验算角焊缝的强度。

2）直接法。不将力 N 分解，将式（3.12）的 σ_f 和 τ_f 代入式（3.8）中，得

$$\sqrt{\frac{N\sin^2\theta}{\sum h_e l_w}+\frac{N\cos^2\theta}{\sum h_e l_w}}\leqslant f_f^w$$

取 $\beta_f^2=1.22^2\approx1.5$ 得

$$\frac{N}{\sum h_e l_w}\sqrt{\frac{\sin^2\theta}{1.5}+\cos^2\theta}=\frac{N}{\sum h_e l_w}\sqrt{1-\sin^2\theta/3}\leqslant f_f^w$$

令 $\beta_{f\theta}=\sqrt{1-\sin^2\theta/3}$，则斜焊缝的计算式为

$$\frac{N}{\sum h_e l_w}\leqslant\beta_{f\theta}f_f^w \tag{3.13}$$

式中　$\beta_{f\theta}$——斜焊缝的强度增大系数，其值介于 1.0～1.22 之间，对直接承受动力荷载结构中的焊缝，取 $\beta_{f\theta}=1.0$；

θ——作用力与焊缝长度方向的夹角。

（3）承受轴心力的角钢角焊缝计算。在钢桁架中，角钢腹杆与节点板的连接焊缝一般采用两面侧焊，也可采用三面围焊，特殊情况也允许采用 L 形围焊，如图 3.28 所示。腹杆受轴心力作用，为了避免焊缝偏心受力，焊缝所传递的合力的作用线应与角钢杆件的轴线重合。对于三面围焊［图 3.28（b）］，可先假定正面角焊缝的焊脚尺寸 h_{f3}，求出正面角焊缝所分担的轴心力 N_3。

当腹杆为双角钢组成的 T 形截面，且肢宽为 b 时

$$N_3=2\times0.7h_{f3}b\beta_f f_f^w \tag{3.14}$$

由平衡条件（$\sum M=0$）可得

$$N_1=\frac{N(b-e)}{b}-\frac{N_3}{2}=k_1N-\frac{N_3}{2} \tag{3.15}$$

角钢端部连接——三面围焊

$$N_2=\frac{N_e}{b}-\frac{N_3}{2}=k_2N-\frac{N_3}{2} \tag{3.16}$$

式中　N_1、N_2——角钢肢背和肢尖上的侧面角焊缝所分担的轴力；

e——角钢的形心距；

k_1、k_2——角钢肢背和肢尖焊缝的内力分配系数，设计时可近似取 $k_1=\frac{2}{3}$，$k_2=\frac{1}{3}$。

工程中常用等边角钢 $k_1=0.7$，$k_2=0.3$；不等边角钢短肢相拼 $k_1=0.75$，$k_2=0.25$，长肢相拼 $k_1=\frac{2}{3}$，$k_2=0.35$。

角钢端部连接——两面围焊

对于两面侧焊［图 3.28（a）］，因 $N_3=0$，得

$$N_1=k_1N \tag{3.17}$$

$$N_2=k_2N \tag{3.18}$$

求得各条焊缝所受的内力后，按构造要求（角焊缝的尺寸限制）假定肢背和肢尖焊的焊脚尺寸，即可求出焊缝的计算长度。例如对双角钢截面：

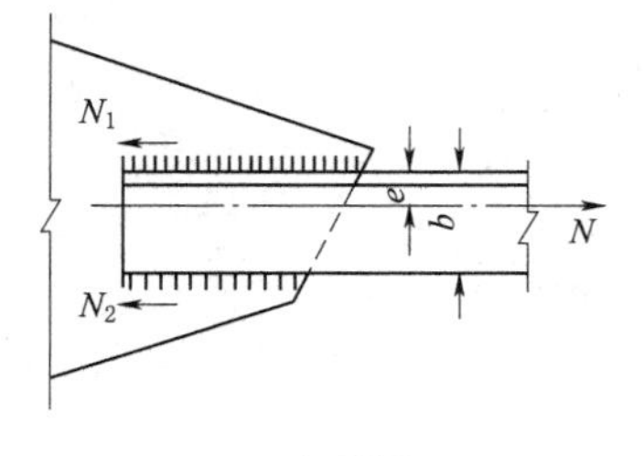

(a) 两面围焊

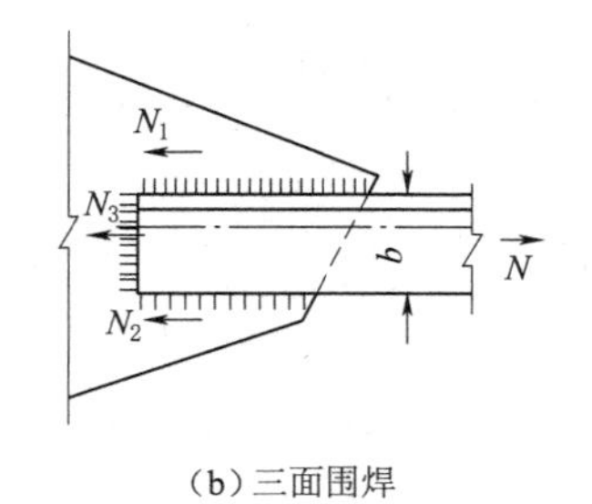

(b) 三面围焊

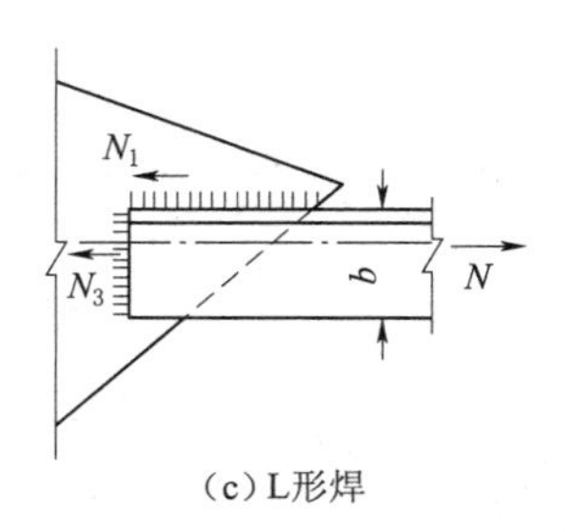

(c) L形焊

图 3.28　桁架腹杆与节点板的连接

$$l_{w1}=\frac{N_1}{2\times 0.7h_{f1}f_f^w} \tag{3.19}$$

$$l_{w1}=\frac{N_2}{2\times 0.7h_{f2}f_f^w} \tag{3.20}$$

式中　h_{f1}、h_{f2}——一个角钢肢背上的侧面角焊缝的焊脚尺寸及计算长度；

l_{w1}、l_{w2}——一个角钢肢尖上的侧面角焊缝的焊脚尺寸及计算长度。

考虑到每条焊缝两端的起灭弧缺陷，实际焊缝长度为计算长度加 $2h_f$，但对于三面围焊，由于在杆件端部转角处必须连续施焊，每条侧面焊缝只有一端可能起灭弧，故焊缝实际长度为计算长度加 h_f；对于采用绕角焊缝的侧面角焊缝实际长度等于计算长度加上 h_f；(绕角焊缝长度 $2h_f$，不进入计算)。

当杆件受力很小时，可采用 L 形围焊［图 3.28（c）］。由于只有正面角焊缝和角钢肢背上的侧面角焊缝，令式（3.16）中的 $N_2=0$ 得

$$N_3=2k_2N \tag{3.21}$$

$$N_1=N-N_3 \tag{3.22}$$

角钢端部连接——L围焊

角钢肢背上的角焊缝计算长度可按式（3.19）计算，角钢端部的正面角焊缝的长度已知，可按下式计算其焊脚尺寸：

$$h_{f3}=\frac{N_3}{2\times 0.7\times l_{w3}\beta_f f_f^w} \tag{3.23}$$

其中
$$l_{w3}=b-h_{f3}$$

【例 3.3】　试验算图 3.27 所示直角焊缝的强度。已知焊缝承受的静态斜向力（设计值）$N=280$kN，$\theta=60°$，角焊缝的焊脚尺寸 $h_f=8$mm，实际长度 $l'_w=155$mm，钢材为 Q235－B，手工焊，焊条为 E43 型。

解： 受斜向轴心力的角焊缝有两种计算方法。

（1）分力法。将力 N 分解为垂直于焊缝和平行于焊缝的分力，即

$$N_x=N\sin\theta=N\sin60°=280\times\frac{\sqrt{3}}{2}=242.5(\text{kN})$$

$$N_y=N\cos\theta=N\cos60°=280\times\frac{1}{2}=140(\text{kN})$$

$$\sigma_f=\frac{N_x}{2h_el_w}=\frac{242.5\times 10^3}{2\times 0.7\times 8\times(155-16)}=156(\text{N/mm}^2)$$

$$\tau_f = \frac{N_y}{2h_e l_w} = \frac{140 \times 10^3}{2 \times 0.7 \times 8 \times (155 - 16)} = 90(\text{N/mm}^2)$$

焊缝同时承受 σ_f 和 τ_f 作用，可用式（3.8）验算

$$\sqrt{\left(\frac{\sigma_f}{\beta_f}\right)^2 + \tau^2} = \sqrt{\left(\frac{156}{1.22}\right)^2 + 90^2} = 156\ (\text{N/mm})^2 < f_f^w = 160\text{N/mm}^2$$

（2）直接法。也就是直接用式（3.13）进行计算。已知 $\theta=60°$ 则斜焊缝强度增大系数

$$\beta_{f\theta} = \frac{1}{\sqrt{1 - \frac{\sin^2 60°}{3}}} = 1.15$$

$$\frac{N}{2h_e l_w \beta_{f\theta}} = \frac{280 \times 10^3}{2 \times 0.7 \times 8 \times (155 - 16) \times 1.15} = 156(\text{N/mm})^2 < f_f^w = 160\text{N/mm}^2$$

显然，用直接法计算承受轴心力的角焊缝比用分力法简练。

【例 3.4】 试设计用拼接盖板的对接连接，如图 3.29 所示。已知钢板宽 $B=270$m，厚度 $t_1=28$mm 拼接盖板厚度 $t_2=16$mm。该连接承受的静态轴心力 $N=1400$kN（设计值），钢材为 Q235－B，手工焊，焊条为 E43 型。

解： 设计拼接盖板的对接连接有两种方法。一种方法是假定焊脚尺寸求焊缝长度，再由焊缝长度确定拼接板的尺寸；另一种方法是先假定焊脚尺寸和拼接盖板的尺寸，然后验算焊缝的承载力。如果假定的焊缝尺寸不能满足承载力要求时，则应调整焊脚尺寸，再行验算，直到满足承载力要求为止。

角焊缝的焊脚尺寸应根据板件厚度确定。

由于此处的焊缝在板件边缘施焊，且拼接盖板厚度 $t_2=16\text{mm}>6\text{mm}$，$t_2<t_1$，则

$$h_{fmax} = t - (1 \sim 2)\text{mm} = 15 \text{ 或 } 14\text{mm}$$

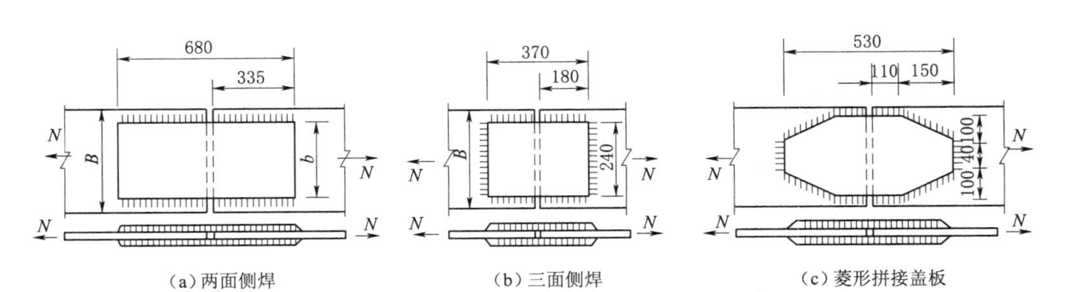

图 3.29　拼接盖板的对接连接

$$h_{fmax} = 1.5\sqrt{t} = 1.5\sqrt{28} = 7.9(\text{mm})$$

取 $h_f=10$mm，查附录 1 得角焊缝强度设计值 $f_f^w=160\text{N/mm}^2$。

（1）采用两面侧焊时，如图 3.29（a）所示。

连接一侧所需焊缝的总长度可按式（3.10）计算得

$$\sum l_w = \frac{N}{h_e f_f^w} = \frac{1400 \times 10^3}{0.7 \times 10 \times 160} = 1250(\text{mm})$$

此对接连接采用了上下两块拼接盖板，共有4条侧焊缝，一条侧焊缝的实际长度为

$$l'_w = \sum \frac{l_w}{4} + 2h_f = \frac{1250}{4} + 20 = 333(\text{mm}) < 60h_f = 60 \times 10 = 600(\text{mm})$$

所需拼接盖板长度

$$L = 2l'_w + 10 = 2 \times 333 + 10 = 676(\text{mm})，取 680\text{mm}$$

式中　10——两块被连接钢板的间隙，mm。

拼接盖板的宽度 b 就是两条侧面角焊缝之间的距离，应根据强度条件和构造要求确定。根据强度条件，在钢材种类相同的情况下，拼接盖板的截面积应等于或大于被连接钢板的截面积。

选定拼接盖板宽度 b=240mm，则

$$A' = 240 \times 2 \times 16 = 7680(\text{mm}^2) > A = 270 \times 28 = 7560(\text{mm}^2)$$

满足强度要求。

根据构造要求，应满足

$$b = 240\text{mm} < l_w = 315\text{mm} 且 b < 16t = 16 \times 16 = 256(\text{mm})$$

满足要求，故选定拼接盖板尺寸为680mm×240mm×16mm。

（2）采用三面围焊时，如图3.29（b）所示。采用三面围焊可以减小两侧侧面角焊缝的长度，从而减小拼接盖板的尺寸。设拼接盖板的宽度和厚度与采用两面侧焊时相同，仅需求盖板长度。已知正面角焊缝长度 $l'_w = b$=240mm，则正面角焊缝所能承受的内力为

$$N' = 2h_e l'_w \beta_f f_f^w = 2 \times 0.7 \times 10 \times 240 \times 1.22 \times 160 = 655872(\text{N})$$

所需连接一侧侧面角焊缝的总长度为

$$\sum l_w = \frac{N - N'}{h_e f_f^w} = \frac{1400000 - 655872}{0.7 \times 10 \times 160} = 664(\text{mm})$$

连接一侧共有4条侧面角焊缝，则一条侧面角焊缝的长度为

$$l'_w = \sum \frac{l_w}{4} + 2h_f = \frac{664}{4} + 10 = 176(\text{mm})，采用 180\text{mm}$$

拼接盖板的长度为

$$L = 2l'_w + 10 = 2 \times 180 + 10 = 370(\text{mm})$$

（3）采用菱形拼接盖板时，如图3.29（c）所示。当拼接板宽度较大时，采用菱形拼按盖板可减小角部的应力集中，从而使连接的工作性能得以改善。菱形拼接盖板的连接焊缝由正面角焊缝、侧面角焊缝和斜焊缝等组成。设计时，一般先假定拼接盖板的尺寸再进行验算。拼接盖板尺寸如图3.29（c）所示，则各部分焊缝的承载力分别如下。

正面角焊缝：

$$N_1 = 2h_e l_{w1} \beta_f f_f^w = 2 \times 0.7 \times 10 \times 40 \times 1.22 \times 160 = 109.3(\text{kN})$$

侧面角焊缝：

$$N_2 = 4h_e l_{w2} \beta_f f_f^w = 4 \times 0.7 \times 10 \times (110 - 10) \times 160 = 448.0(\text{kN})$$

斜焊缝：此焊缝与作用力夹角 $\theta = \arctan\left(\frac{100}{150}\right) = 33.7°$，可得

$$\beta_{f\theta} = 1/\sqrt{\frac{1 - \sin^2 33.7}{3}} = 1.06，故有$$

$$N_3 = 4h_e l_{w3} \beta_f f_f^w = 4 \times 0.7 \times 10 \times 180 \times 1.06 \times 160 = 854.8(\text{kN})$$

连接一侧焊缝所能承受的内力为

$$N' = N_1 + N_2 + N_3 = 109.3 + 448.0 + 854.8 = 1412.1(\text{kN}) > N = 1400\text{kN}$$

满足要求。

【例 3.5】 试确定图 3.30 所示承受静态轴心力的三面围焊连接的承载力及肢尖焊缝的长度。已知角钢为 2∠125×10，与厚度为 8mm 的节点板连接，其搭接长度为 300mm，焊脚尺寸 $h_f = 8$mm，钢材为 Q235 - B，手工焊，焊条为 E43 型。

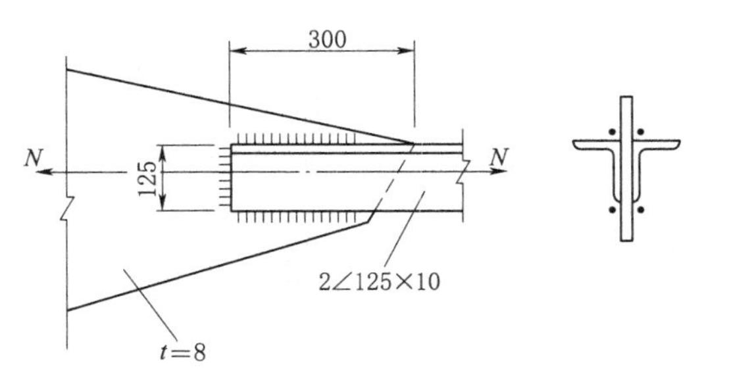

图 3.30 承受静态轴心力的三面围焊连接

解： 角焊缝强度设计值 $f_f^w = 160\text{N/mm}^2$。焊缝内力分配系数 $k_1 = 0.67$，$k_2 = 0.33$。正面角焊缝的长度等于相连角钢肢的宽度，即 $l_{w3} = b = 125$mm，则正面角焊缝所能承受的内力 N_3 为

$$N_3 = 2h_e l_{w3} \beta_f f_f^w = 2 \times 0.7 \times 8 \times 125 \times 1.22 \times 160 = 273.3(\text{kN})$$

肢背角焊缝所能承受的内力

$$N_1 = 2h_e l_{w1} \beta_f f_f^w = 2 \times 0.7 \times 8 \times (300 - 8) \times 160 = 523.3(\text{kN})$$

而
$$N_1 = k_1 N - \frac{N_3}{2} = 0.67N - \frac{273.3}{2} = 523.3(\text{kN})$$

则
$$N = \frac{523.3 + 136.6}{0.67} = 985(\text{kN})$$

肢尖焊缝承受的内力

$$N_2 = k_2 N - \frac{N_3}{2} = 0.33 \times 985 - 136.6 = 188(\text{kN})$$

由此可算出肢尖焊缝的长度为

$$l_{w2} = \frac{N_2}{2h_e f_f^w} + 8 = \frac{188 \times 10^3}{2 \times 0.7 \times 8 \times 160} + 8 = 113(\text{mm})$$

工字形（或牛腿）与钢柱翼缘的角焊缝连接

3.4.4.2 承受弯矩、轴心力或剪力联合作用的角焊缝连接计算

图 3.31 所示的双面角焊缝连接承受偏心斜拉力 N 作用，计算时可将作用力 N 分解为 N_x 和 N_y 两个分力。角焊缝同时承受轴心力 N_x 剪力 N_y 和弯矩 $M = N_x e$ 的共同作用。焊缝计算截面上的应力分布如图 3.31（b）所示，图中 A 点应力最大为控制设计点。此处垂直于焊缝长度方向的应力由两部分组成，即由轴心拉力 N_x 产生的应力

$$\sigma_N = \frac{N_x}{A_e} = \frac{N_x}{2h_e l_w}$$

由弯矩 M 产生的应力

$$\sigma_M = \frac{M}{W_e} = \frac{6M}{2h_e l_w^2}$$

这两部分应力由于在 A 点处的方向相同，可直接叠加。故 A 点垂直于焊缝长度方向的应力为

$$\sigma_f = \frac{N_x}{2h_e l_w} + \frac{6M}{2h_e l_w^2}$$

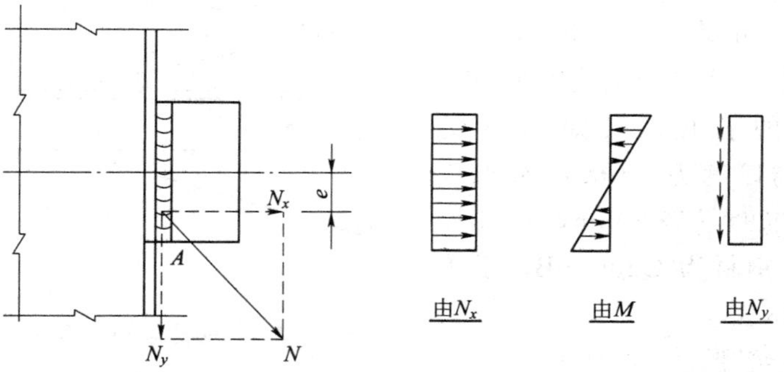

N_x　e　A　N_y　N

由N_x　由M　由N_y

(a) 荷载图示　　(b) 应力分布

图 3.31　承受偏心斜拉力的角焊缝

剪力 N_y 在点处产生平行于焊缝长度方向的应力

$$\tau_y = \frac{N_y}{A_e} = \frac{N_y}{2h_e l_w}$$

式中　l_w——焊缝的计算长度，为实际长度减 h_f。

则焊缝的强度计算式为

$$\sqrt{\left(\frac{\sigma_f}{\beta_f}\right) + \tau_f^2} \leqslant f_f^w$$

当连接直接承受动力荷载作用时，取 $\beta_f = 1.0$。

对于工字梁（或牛腿）与钢柱翼缘的角焊缝连接（图 3.32），通常承受弯矩和剪力的联合作用。由于翼缘的竖向刚度较差，在剪力作用下，如果没有腹板焊缝存在，翼缘将发生明显挠曲。这就说明，翼缘板的抗剪能力极差。因此，计算时通常假设腹板焊缝承受全部剪力，而弯矩则由全部焊缝承受。

为了焊缝分布较合理，宜在每个翼缘的上下两侧均匀布置角焊缝，由于翼缘焊缝只承受垂直于焊缝长度方向的弯曲应力，此弯曲应力沿梁高度呈三角形分布，如 3.32（c）所示，最大应力处焊缝的强度条件如下：

$$\sigma_{f1} = \frac{M}{I_w}\frac{h}{2} \leqslant \beta_f f_f^w \tag{3.24}$$

式中　M——全部焊缝所承受的弯矩；

I_w——全部焊缝有效截面对中和轴的惯性矩；

h——上下翼缘焊缝有效截面最外纤维之间的距离。

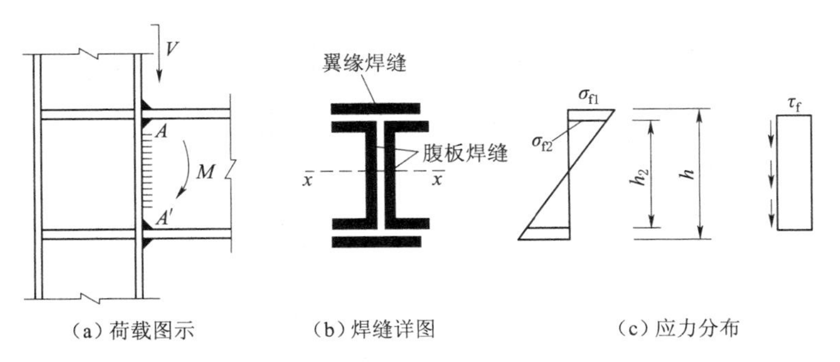

图 3.32　工字形（或牛腿）与钢柱翼缘的角焊缝连接

腹板焊缝承受两种应力的联合作用，即垂直于焊缝长度方向且沿梁高度呈三角形分布的腹板焊缝承受两种应力的联合作用，也即垂直于焊缝长度方向且沿梁高度呈三角形分布的焊缝与腹板焊缝的交点处 A 所承受的应力，此处的弯曲应力和剪应力分别按下式计算：

$$\sigma=\frac{M}{I_w}\frac{h_2}{2}$$

$$\tau_f=\frac{V}{\sum(h_{e2}l_{w2})}$$

式中　$\sum(h_{e2}l_{w2})$——腹板焊缝有效截面积之和；

h_2——腹板焊接的实际长度。

则腹板焊缝在 A 点的强度验算式为

$$\sqrt{\frac{\sigma_{f2}}{\beta_f}+\tau_f^2}\leqslant f_f^w \tag{3.25}$$

工字梁（或牛腿）与钢柱翼缘焊缝连接的另一种计算方法是使焊缝传递应力与母材所承受应力相协调，即假设腹板焊缝只承受剪力；翼缘焊缝承担全部弯矩，并将弯矩 M 化为一对水平力 $H=M/h$。

翼缘焊缝的强度计算式为

$$\sigma_f=\frac{H}{h_{e1}l_{w1}}\leqslant\beta_f f_f^w \tag{3.26}$$

腹板焊缝的强度计算式为

$$\tau_f=\frac{V}{2h_{e2}l_{w2}}\leqslant f_f^w \tag{3.27}$$

式中　$h_{e1}l_{w1}$——一个翼缘上角焊缝的有效截面积；

$2h_{e1}l_{w1}$——两条腹板焊缝的有效截面积。

【例 3.6】 试验算图 3.33 所示牛腿与钢柱连接角焊缝的强度。钢材为 Q235－B，焊条为 E43 型，手工焊。荷载设计值 $N=365\text{kN}$，偏心距 $e=350\text{mm}$，焊脚尺寸 $h_f=8\text{mm}$，$h_{f2}=6\text{mm}$。图 3.33（b）为焊缝有效截面。

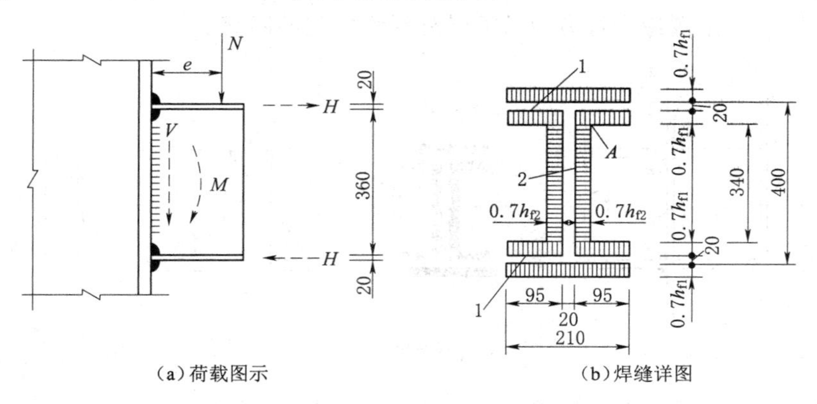

图 3.33　牛腿与钢柱连接的角焊缝

解： 力 N 在角焊缝形心处引起剪力 $V=N=365\text{kN}$ 和弯矩

$$M=N_e=365\times0.35=127.8(\text{kN}\cdot\text{m})。$$

（1）考虑腹板焊缝参加传递弯矩的计算方法。为了计算方便，将图中尺寸尽可能取为整数。

全部焊缝有效截面对中和轴的惯性矩为

$$I_w=2\times\frac{0.42\times34^3}{12}+2\times21\times0.56\times20.28^2+4\times9.5\times0.56\times17.28^2$$
$$=18799(\text{cm}^4)$$

翼缘焊缝的最大应力

$$\sigma_{f1}=\frac{M}{I_w}\frac{h}{2}=\frac{127.8\times10^6}{18779\times10^4}\times205.6=140(\text{N/mm}^2)<\beta_f f_f^w=1.22\times160$$
$$=195(\text{N/mm}^2)$$

腹板焊缝中由于弯矩 M 引起的最大应力

$$\sigma_{f2}=140\times\frac{170}{205.6}=115.8\ (\text{N/mm})^2$$

由于剪力 V 在腹板焊缝中产生的平均剪应力为

$$\tau_f=\frac{V}{\sum(h_{e2}l_{w2})}=\frac{365\times10^3}{2\times0.7\times6\times340}=127.8(\text{N/mm}^2)$$

则腹板焊缝的强度（A 点为设计控制点）为

$$\sqrt{\left(\frac{\sigma_{f2}}{\beta_f}\right)^2+\tau_f^2}=\sqrt{\left(\frac{115.8}{1.22}\right)^2+127.8^2}=159.2(\text{N/mm}^2)$$

（2）按不考虑腹板焊缝传递弯矩的计算方法。翼缘焊缝所承受的水平力为

$$H=\frac{M}{h}=\frac{127.8\times10^6}{380}=336(\text{kN})（h\ 值近似取为翼缘中线间距离）$$

翼缘焊缝的强度为

$$\sigma_f = \frac{H}{h_{e1} l_{w1}} = \frac{336 \times 10^3}{0.7 \times 8 \times (210 + 2 \times 95)} = 150(\text{N/mm}^2) < \beta_f f_f^w = 195\text{N/mm}^2$$

腹板焊缝的强度为

$$\tau_f = \frac{V}{h_{e2} l_{w2}} = \frac{365 \times 10^3}{2 \times 0.7 \times 6 \times 340} = 127.8(\text{N/mm}^2) < 160\text{N/mm}^2$$

焊缝强度满足要求。

3.4.4.3　围焊承受扭矩与剪力联合作用的角焊缝连接计算

如图 3.34 所示为采用三面围焊搭接连接。该连接角焊缝承受竖向剪力 $V = F$ 和扭矩 $T = F(e_1 + e_2)$ 作用。计算角焊缝在扭矩 T 作用下产生的应力时，基于下列假定：①被连接件是绝对刚性的，它有绕焊缝形心 O 旋转的趋势，而角焊缝本身是弹性的；②角焊缝群上任一点的应力方向垂直于该点与形心的连线，且应力大小与连线长度 r 成正比。图 3.34 中，A 点与 A' 点距形心 O 点最远，故 A 点和 A' 点由扭矩 T 引起的剪应力 τ_r 最大，焊缝群其他各处由扭矩 T 引起的剪应力 τ_r 均小于 A 点和 A' 点的剪应力，故 A 点和 A' 点为设计控制点。

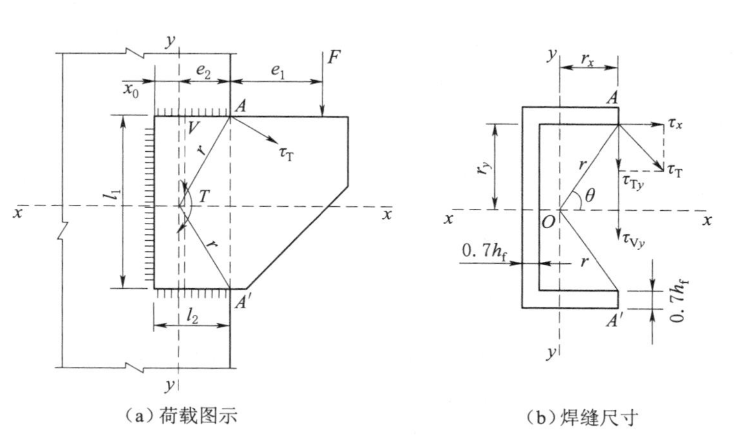

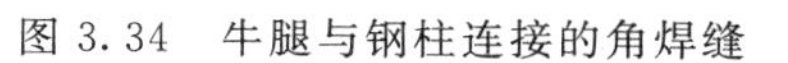
图 3.34　牛腿与钢柱连接的角焊缝

在扭矩 T 作用下，A 点（或 A' 点）的应力为

$$\tau_r = \frac{Tr}{I_p} = \frac{Tr}{I_x + I_y}$$

将 τ_r 沿 x 轴和 y 轴分解为两分力，分别为

$$\tau_{Tx} = \tau_r \sin\theta = \frac{Tr}{I_p}\frac{r_x}{r} = \frac{Tr_x}{I_p} \tag{3.28}$$

$$\tau_{Tr} = \tau_r \cos\theta = \frac{Tr}{I_p}\frac{r_x}{r} = \frac{Tr_x}{I_p} \tag{3.29}$$

牛腿与钢柱连接的角焊缝

由剪力 V 在焊缝群引起的剪应力 τ_V 按均匀分布，则在 A 点（或 A' 点）引起的应力 τ_{Vy}，为

$$\tau_{VT} = \frac{V}{\sum h_e l_w}$$

则 A 点受到垂直于焊缝长度方向的应力为

$$\sigma_f = \tau_{Ty} + \tau_{Vy}$$

沿焊缝长度方向的应力为 τ_{Tx}，则 A 点的合应力满足的强度条件为

$$\sqrt{\left(\frac{\tau_{ry} + \tau_{Vy}}{\beta_f}\right) + \tau_{rx}^2} \leqslant f_f^w \tag{3.30}$$

当连接直接承受动态荷载时，取 $\beta_f = 1.0$。

【例 3.7】 图 3.34 中钢板长度 $l_1 = 400$mm，搭接长度 $l_2 = 300$mm，荷载设计值 $F = 217$kN，偏心距 $e_1 = 300$mm，（至柱边缘的距离），钢材为 Q235，手工焊，焊条 E43 型，试确定该焊缝的焊脚尺寸并验算该焊缝的强度。

解： 图 3.34 中几段焊缝组成的围焊共同承受剪力 V 和扭矩 $T = F(e_1 + e_2)$ 的作用，设焊缝的焊脚尺寸均为 $h_f = 8$mm。

焊缝计算截面的重心位置为

$$x_0 = \frac{2l_2(l_2/2)}{2l_2 + l_1} = \frac{30^2}{60 + 40} = 9(\text{cm})$$

在计算中，由于焊缝的实际长度稍大于 l_1 和 l_2，故焊缝的计算长度直接采用 l_1 和 l_2，不再扣除水平焊缝的端部缺陷。

焊缝截面的极惯性矩如下：

$$I_x = \frac{1}{12} \times 0.7 \times 40^3 + 2 \times 0.7 \times 0.8 \times 30 \times 20^2 = 16400(\text{cm}^4)$$

$$I_y = \frac{1}{12} \times 2 \times 0.7 \times 0.8 \times 30^3 + \times 0.7 \times 0.8 \times 30 \times (15 - 9)^2 + 0.7 \times 0.8 \times 40 \times 9^2$$

$$= 5500(\text{cm}^4)$$

$$I_p = I_x + I_y = 16400 + 5500 = 21900\text{cm}^4$$

由于 $e_2 = l_2 - x_0 = 30 - 9 = 21$cm，$r_x = 21$cm，$r_y = 20$cm，故扭矩

$$T = F(e_1 + e_2) = 217 \times (30 + 21) \times 10^{-2} = 110.7(\text{kN} \cdot \text{m})$$

$$\tau_{Tx} = \frac{Tr_y}{I_p} = \frac{110.7 \times 200 \times 10^6}{21900 \times 10^4} = 101(\text{N/mm}^2)$$

$$\tau_{Ty} = \frac{Tr_x}{I_p} = \frac{110.7 \times 210 \times 10^6}{21900 \times 10^4} = 106(\text{N/mm}^2)$$

剪力 V 在 A 点产生的应力为

$$\tau_{Vr} = \frac{V}{\sum h_e l_w} = \frac{217 \times 10^3}{0.7 \times 8 \times (2 \times 300 + 400)} = 38.8(\text{N/mm}^2)$$

由图 3.34（b）可见，τ_{ry} 与 τ_{ry}，在 A 点的作用方向相同，且垂直于焊缝长度方向，可用 σ_f 表示。

$$\sigma_f = \tau_{Ty} + \tau_{Vy} = 106 + 106 + 38.8 = 144.8(\text{N/mm}^2)$$

τ_{Tx} 平行于焊缝长度方向，$\tau_f = \tau_{Tx}$

$$\sqrt{\left(\frac{\sigma_f}{\beta_f}\right)^2 + \tau_f^2} = \sqrt{\left(\frac{144.8}{1.22}\right)^2 + 101^2} = 155.8(\text{N/mm}^2) < f_f^w = 160\text{N/mm}^2$$

说明取 $h_f = 8\text{mm}$ 是合适的。

3.5　焊接应力和焊接变形

3.5.1　产生原因

焊接构件在受荷载作用前，由于施焊的电弧高温作用引起的内应力和变形称为焊接应力和焊接变形。焊接应力有暂时应力与残余应力。暂时应力只在焊接过程中一定的温度情况下才存在。当焊件冷却至常温时，暂时应力即消失。焊接残余应力是指焊件冷却后残留在焊件内的应力，故又称为收缩应力。

3.5.1.1　纵向焊接残余应力

焊接过程是一个不均匀的加热和冷却过程。图 3.35（a）所示为周边自由的两块钢板对接焊接后的残余应力分布情况。由于施焊时电弧对钢板的不均匀加热，焊缝及其附近热影响区温度达到了热塑性状态，在冷却过程中由于焊件的整体性妨碍了高温区的自由收缩，因而焊缝区发生了很大的纵向残余拉应力。在低碳钢和低合金钢中这种纵向残余拉应力常达到钢材的屈服强度。而在低温区则受到纵向残余压应力，如图 3.35（b）所示。

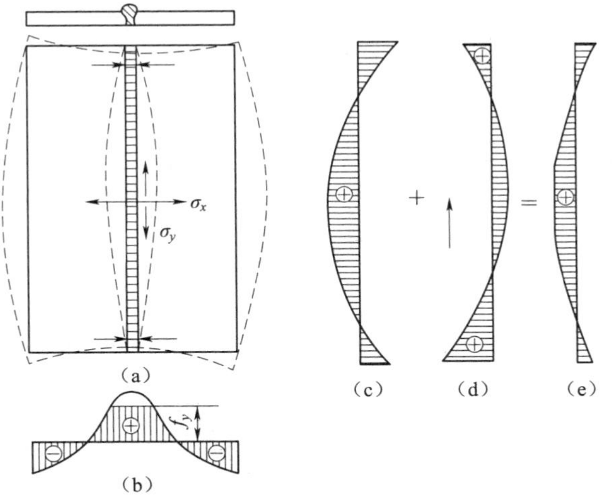

图 3.35　钢板对焊后的残余应力

3.5.1.2　横向焊接残余应力

焊件还会在垂直于焊缝方向产生横向残余应力，原因是：①当焊缝纵向收缩时，有使两块钢板向外弯成弓形的趋势［图 3.35（a）］，但被焊缝金属阻止，因而产生焊缝中部受拉、两端受压的横向应力［图 3.35（c）］；②由于焊缝先后冷却的时间不同，后焊部分的收缩因受到已经冷缩的先焊部分的阻碍，引起后焊部分产生横向拉应力，并使邻近的先焊部分产生横向压应力［图 3.35（d）］。焊缝的横向残余应力是上述两种原因产生的应力的合成［图 3.35（e）］。纵向和横向残余应力在焊件中部焊缝中形成了同号双向拉应力场［图 3.35（a）］，是焊接结构易发生脆性破坏的原因之一。

3.5.1.3　沿焊缝厚度方向的焊接残余应力

在厚钢板的连接中，焊缝需要多层施焊。因此，除有纵向和横向焊接残余应力（σ_x，σ_y）外，沿厚度方向还存在焊接残余应力 σ_z，如图 3.36 所示。这 3 种应力形成较严重的同号三向应力场，对焊缝的工作极为不利。

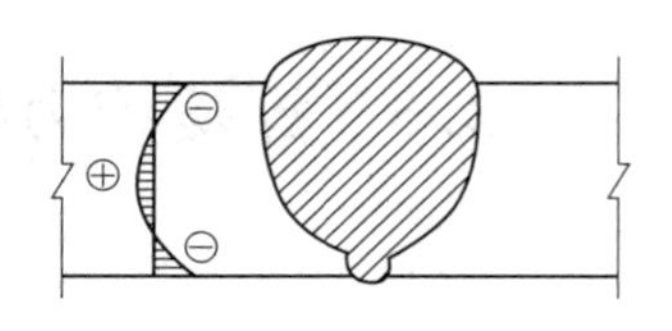

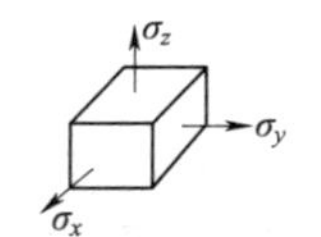

图 3.36　沿焊缝厚度方向的残余应力

3.5.1.4　约束状态下产生的焊接应力

实际焊接接头中，有的焊件并不能自由伸缩，如图 3.37（a）所示，在施焊时，焊缝及其附近高温钢板的横向膨胀受到阻碍而产生横向压缩。焊缝冷却后，由于收缩受到约束，便产生约束应力，图 3.37（b）、（c）表示这种接头中残余应力分布特点：e—f 截面上有约束，截面全部是受拉的，如果沿此截面切开，大部分应力得到释放，才呈自相平衡的残余应力分布。钢板两边的嵌固程度越大，两边约束点间的距离越短，产生的约束力就越大。因此，设计接头及考虑焊缝的施焊次序时，要尽可能使焊件能够自由伸缩，以便减小约束应力。

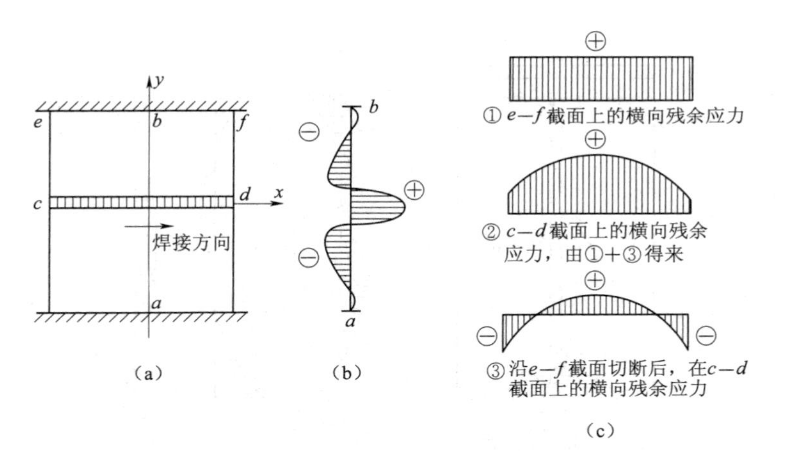

图 3.37　约束焊接接头中的残余应力分布

3.5.2　对结构构件的危害

对于承受静载的焊接结构，在常温下没有严重的应力集中，焊接残余应力并不影响结构的静力强度。当残余应力与外荷载引起的应力同号相加以后，该处材料将提前进入屈服阶段，局部形成塑性区；若继续加载，则变形加快。这说明残余应力的存在会降低结构的刚度，增大变形，降低稳定性。同时由于残余应力一般为三向同号应力状态，材料在这种应力状态下易转向脆性，降低疲劳强度，尤其在低温动荷载作用下，容易产生裂纹，有时会导致低温脆性断裂。

焊接残余变形使结构的安装困难，对使用有很大影响，过大的变形将显著降低结构的承载能力，甚至使结构不能使用。因此，在设计和制造时必须采取适当措施来减小焊接应力和变形的影响。

3.5.3 减小或消除焊接残余应力的措施

1. 构造设计方面

应避免引起三向拉应力的情况。当几个构件相交时，应避免焊缝过分集中。在正常情况下，当不采用特殊措施时，设计焊缝厚度和板厚度均不宜过大，以减小焊缝应力和变形的影响。

2. 制造方面

应选用适当的焊接方法、合理的装配及施焊次序，尽量使各焊件能自由收缩。当焊缝较厚时应采用分层焊；当焊缝较长时可采用分段逆焊法，如图 3.38 所示。焊件焊前预热和焊后热处理是防止焊接裂缝和减小残余应力的有效方法。焊前预热可减小焊缝金属和主体金属的温差，减小残余应力，减轻局部硬化和改善焊缝质量。焊后将焊件作退火处理（加热至 600℃左右，然后缓缓冷却），可消除焊接残余应力，但因工艺和设备较复杂，除特别重要的构件和尺寸不大的重要零部件外，一般较少采用。

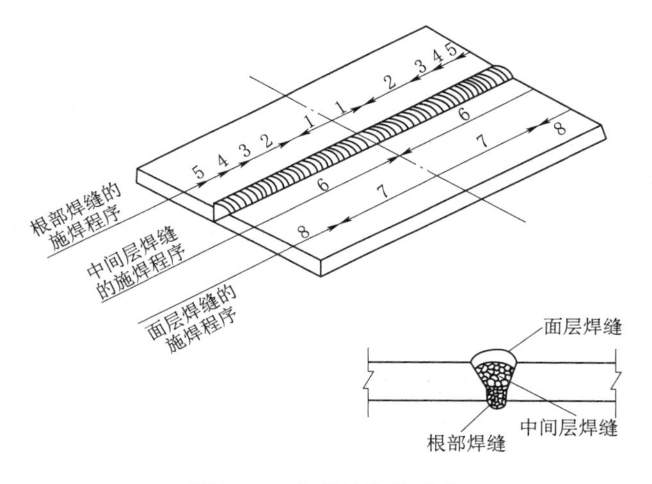

图 3.38 合理的施焊顺序

3.5.4 减小或消除焊接变形的措施

（1）反变形法。在施焊前预留适当的收缩量和根据经验预先造成相反方向和适当大小的变形来抵消焊后变形，如图 3.39 所示。这种方法一般适用于较薄板件。

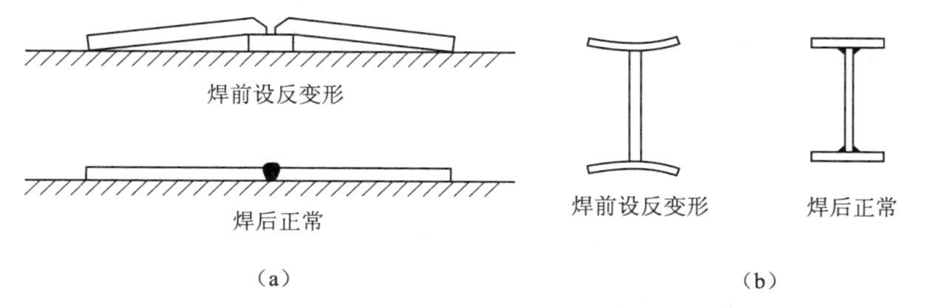

图 3.39 焊件的反变形措施

（2）采用合理的装配和焊接顺序。

（3）焊后矫正。以机械矫正和局部火焰加热矫正较为常用。对于低合金钢不宜使用锤击方法进行矫正。

3.6 螺　栓　连　接

3.6.1　螺栓的排列

螺栓在构件上的排列应简单、统一、整齐而紧凑，通常分为并列和错列两种形式，如图 3.40 所示。并列比较简单整齐，所用连接板尺寸小，但由于螺栓孔的存在，对构件截面的削弱较大。错列可以减小螺栓孔对截面的削弱，但螺栓孔排列不如并列紧凑，连接板尺寸较大。螺栓在构件上的排列应考虑以下要求。

3.6.1.1　受力要求

在垂直于受力方向，对于受拉构件，各排螺栓的中距及边距不能过小，以免使螺栓周围应力集中相互影响，且使钢板的截面削弱过多，降低其承载能力，在顺力作用方向，端距应按被连接件材料的抗压及抗剪切等强度条件确定，以使钢板在端部不致被螺栓撕裂，规范规定端距不应小于 $2d_0$（d_0 为孔径）；受压构件上的中距不宜过大，否则在被连接板件间容易发生鼓曲现象。

3.6.1.2　构造要求

螺栓的中距与边距不宜过大，否则钢板之间不能紧密贴合，潮气侵入缝隙使钢材锈蚀。

要保证有一定空间，便于用扳手拧紧螺帽。根据扳手尺寸和工人的施工经验，规定最小中距为 $3d_0$。

根据以上要求，规范规定的钢板上螺栓的容许距离详见图 3.40 及表 3.4。螺栓沿型钢长度方向。上排列的间距，除应满足表 3.4 的最大最小距离外，尚应充分考虑拧紧螺栓时的净空要求。

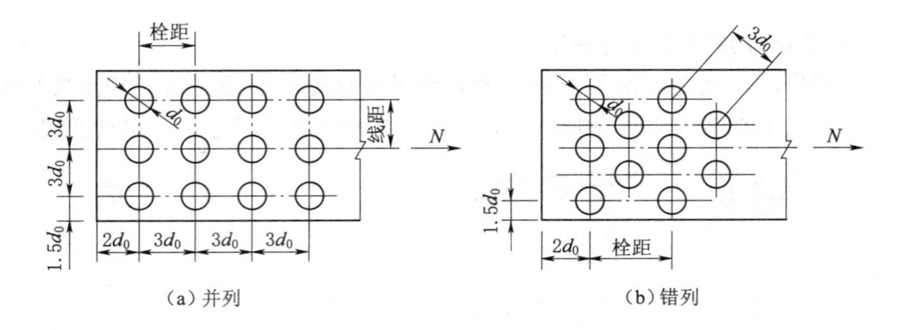

图 3.40　钢板的螺栓排列

在角钢、普通工字钢槽钢截面上排列螺栓的线距应满足图 3.41、表 3.5、表 3.6 和表 3.7 的要求。在 H 型钢截面上排列螺栓的线距［图 3.41（d）］，腹板上的 c 值可参照普通工字钢；翼缘上的 e 值或 e_1、e_2 值可根据其外伸宽度参照角钢。

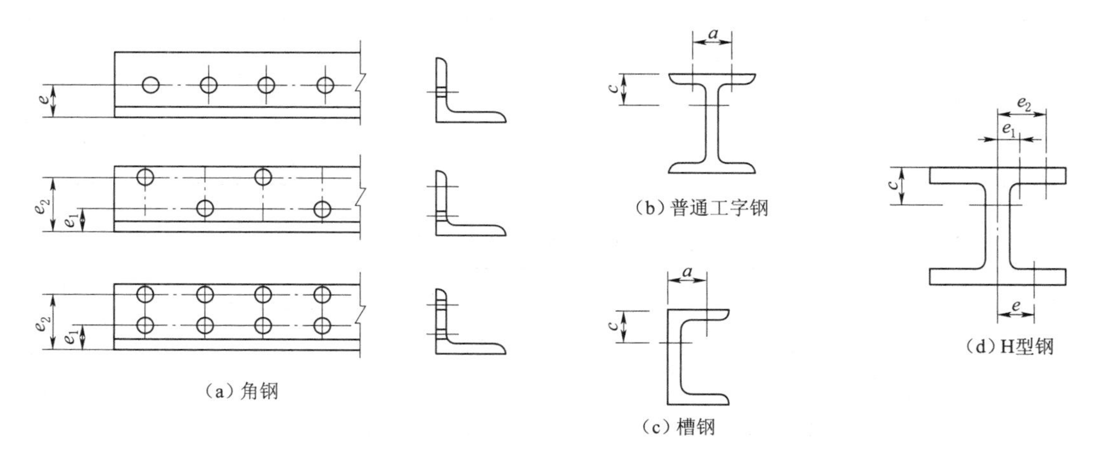

图 3.41 型钢的螺栓排列

表 3.4　螺栓或铆钉的最大、最小容许距离

<table>
<tr><th>名称</th><th colspan="3">位置和方向</th><th>最大容许距离
（取两者的较值）</th><th>最小容许距离</th></tr>
<tr><td rowspan="5">中心间距</td><td colspan="3">外排（垂直内力方向或顺内力方向）</td><td>$8d_0$ 或 $12t$</td><td rowspan="5">$3d_0$</td></tr>
<tr><td rowspan="3">中间排</td><td colspan="2">垂直内力方向</td><td>$16d_0$ 或 $24t$</td></tr>
<tr><td rowspan="2">顺内力方向</td><td>压力</td><td>$12d_0$ 或 $18t$</td></tr>
<tr><td>拉力</td><td>$16d_0$ 或 $24t$</td></tr>
<tr><td colspan="3">沿对角线方向</td><td>—</td></tr>
<tr><td rowspan="4">中心至构件边缘距离</td><td colspan="3">顺内力方向</td><td rowspan="4">$4d_0$ 或 $8t$</td><td>$2d_0$</td></tr>
<tr><td rowspan="3">垂直内力方向</td><td colspan="2">剪切边或手工气割边</td><td>$1.5d_0$</td></tr>
<tr><td rowspan="2">轧制边自动精密气割或锯割边</td><td>高强度螺栓</td><td rowspan="2">$1.2d_0$</td></tr>
<tr><td>其他螺栓或铆钉</td></tr>
</table>

注　1. d_0 为螺栓孔或铆钉孔直径，t 为外层较薄板间的厚度。

2. 钢板边缘与刚性构件（如角钢、槽钢等）相连的螺栓或铆钉的最大间距，可按中间排的数值采用。

表 3.5　角钢上螺栓或铆钉线距表　　单位：mm

<table>
<tr><td rowspan="3">单行排列</td><td>角钢肢宽</td><td>40</td><td>45</td><td>50</td><td>56</td><td>63</td><td>70</td><td>75</td><td>80</td><td>90</td><td>100</td><td>110</td><td>125</td></tr>
<tr><td>线距 e</td><td>25</td><td>25</td><td>30</td><td>30</td><td>35</td><td>40</td><td>40</td><td>45</td><td>50</td><td>55</td><td>60</td><td>70</td></tr>
<tr><td>钉孔最大直径</td><td>11.5</td><td>13.5</td><td>13.5</td><td>15.5</td><td>17.5</td><td>20</td><td>22</td><td>22</td><td>24</td><td>24</td><td>26</td><td>26</td></tr>
<tr><td rowspan="4">双行错排</td><td>角钢肢宽</td><td>125</td><td>140</td><td>160</td><td>180</td><td>200</td><td rowspan="4">双行并列</td><td colspan="3">角钢肢宽</td><td>160</td><td>180</td><td>200</td></tr>
<tr><td>e_1</td><td>55</td><td>60</td><td>70</td><td>70</td><td>80</td><td colspan="3">e_1</td><td>60</td><td>70</td><td>80</td></tr>
<tr><td>e_2</td><td>90</td><td>100</td><td>120</td><td>140</td><td>160</td><td colspan="3">e_2</td><td>130</td><td>140</td><td>160</td></tr>
<tr><td>钉孔最大直径</td><td>24</td><td>24</td><td>26</td><td>26</td><td>26</td><td colspan="3">钉孔最大直径</td><td>24</td><td>24</td><td>26</td></tr>
</table>

表 3.6　　工字钢和槽钢腹板上的螺栓线距表　　单位：mm

工字钢型号	12	14	16	18	20	22	25	28	32	36	40	45	50	56	63
线距 c_{min}	40	45	45	45	50	50	55	60	60	65	70	75	75	75	75
槽钢型号	12	14	16	18	20	22	25	28	32	36	40	—	—	—	—
线距 c_{min}	30	35	35	40	40	45	45	45	50	56	60	—	—	—	—

表 3.7　　工字钢和槽钢翼缘上的螺栓线距表　　单位：mm

工字钢型号	12	14	16	18	20	22	25	28	32	36	40	45	50	56	63
线距 a_{min}	40	40	50	55	60	65	65	70	75	80	80	85	90	95	95
槽钢型号	12	14	16	18	20	22	25	28	32	36	40	—	—	—	—
线距 a_{min}	30	35	35	40	40	45	45	45	50	56	60	—	—	—	—

3.6.2　螺栓连接的构造要求

螺栓连接除了满足上述螺栓排列的容许距离外，根据不同情况尚应满足下列构造要求：

（1）为了使连接可靠，每一杆件在节点上以及拼接接头的一端，永久性螺栓数不宜少于 2 个。但根据实践经验，对于组合构件的缀条，其端部连接可采用一个螺栓。

（2）对直接承受动力荷载的普通螺栓连接应采用双螺帽或其他防止螺帽松动的有效措施，例如采用弹簧垫圈，或将螺帽和螺杆焊死等方法。

（3）由于 C 级螺栓与孔壁有较大间隙，只宜用于沿其杆轴方向受拉的连接。承受静力荷载结构的次要连接、可拆卸结构的连接和临时固定构件用的安装连接中，也可用 C 级螺栓承受撑反力，但若同时受到反复动力荷载作用，则不得采用 C 级螺栓。柱间支撑与柱的连接以及在柱间支撑处吊车梁下翼缘的连接，承受着反复的水平制动力和卡轨力，应优先采用高强度螺栓。

（4）当型钢构件的拼接采用高强度螺栓连接时，由于型钢的抗弯刚度较大，不能保证摩擦面紧密贴合，故不能用型钢作为拼接件，而应采用钢板。

（5）在高强度螺栓连接范围内，构件接触面的处理方法应在施工图中说明。

3.7　普通螺栓连接的工作性能和计算

普通螺栓连接按受力情况可分为 3 类：①螺栓只承受剪力；②螺栓只承受拉力；③螺栓承受拉力和剪力的共同作用。下面将分别论述这 3 类连接的工作性能和计算方法。

3.7.1　普通螺栓的抗剪连接

3.7.1.1　抗剪连接的工作性能

抗剪连接是最常见的螺栓连接。如果以图 3.42（a）所示的螺栓连接试件做抗剪试验，则可得出试件上 a、b 两点之间的相对位移 δ 与作用力 N 的关系曲线［图

3.42 (b)]。由此关系曲线可见，试件由一直加载至连接破坏的全过程，经历了以下4个阶段。

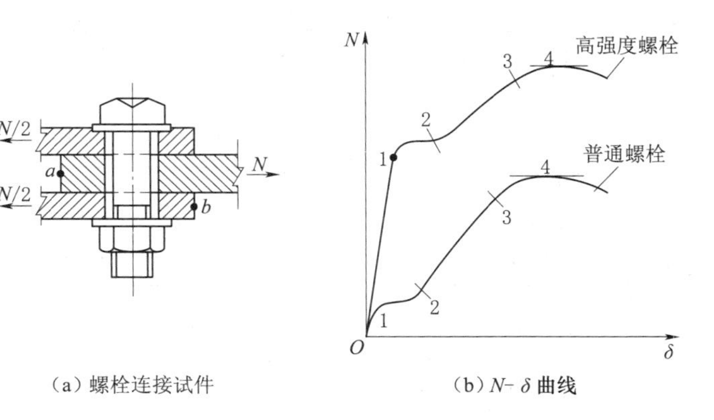

(a) 螺栓连接试件　　(b) N-δ 曲线

图 3.42　单个螺栓抗剪试验结果

(1) 摩擦传力的弹性阶段在施加荷载之初，荷载较小，连接中的剪力也较小，荷载靠构件间接触面的摩擦力传递，螺栓杆与孔壁之间的间隙保持不变，连接工作处于弹性阶段，在 $N-\delta$ 图上呈现出 $O1$ 斜直线段。但由于板件间摩擦力的大小取决于拧紧螺帽时在螺杆中的初始拉力，一般说来，普通螺栓的初始拉力很小，故此阶段很短，可略去不计。

(2) 滑移阶段当荷载增大，连接中的剪力达到构件间摩擦力的最大值，板件间突然产生相对滑移，其最大滑移量为螺栓杆与孔壁之间的间隙，直至螺栓杆与孔壁接触，也就是 $N-\delta$ 图上曲线为 12 水平线段。

(3) 栓杆直接传力的弹性阶段如荷载再增加，连接所承受的外力就主要是靠螺栓与孔壁接触传递。螺栓杆除主要受剪力外，还有弯矩和轴向拉力，而孔壁则受到挤压。由于接头材料的弹性性质，也由于螺栓杆的伸长受到螺帽的约束，增大了板件间的压紧力，使板件间的摩擦力也随之增大。所以 $N-\delta$ 曲线呈上升状态，达到“3”点时，表明螺栓或连接板达到弹性极限，此阶段结束。

(4) 弹塑性阶段荷载继续增加，在此阶段即使给荷载很小的增量，连接的剪切变形也迅速加大，直到连接的最后破坏。$N-\delta$ 曲线的最高点“4”所对应的荷载即为普通螺栓连接的极限荷载。

抗剪螺栓连接达到极限承载力时，可能的破坏形式有：①当栓杆直径较小，板件较厚时，栓杆可能先被剪断 [图 3.43 (a)]；②当栓杆直径较大、板件较薄时，板件可能先被挤坏 [图 3.43 (b)]，由于栓杆和板件的挤压是相对的，故也可把这种破坏叫做螺栓承压破坏；③板件可能因螺栓孔削弱太多而被拉断 [图 3.43 (c)]；④端距太小，端距范围内的板件有可能被栓杆冲剪破坏 [图 3.43 (d)]。

上述第③种破坏形式属于构件的强度计算，第④种破坏形式由螺栓端距不小于 $2d$ 来保证。因此，抗剪螺栓连接的计算只考虑第①、第②种破坏形式。

3.7.1.2　单个普通螺栓的抗剪承载力

普通螺栓连接的抗剪承载力，应考虑螺栓杆受剪和孔壁承压两种情况。假定螺栓

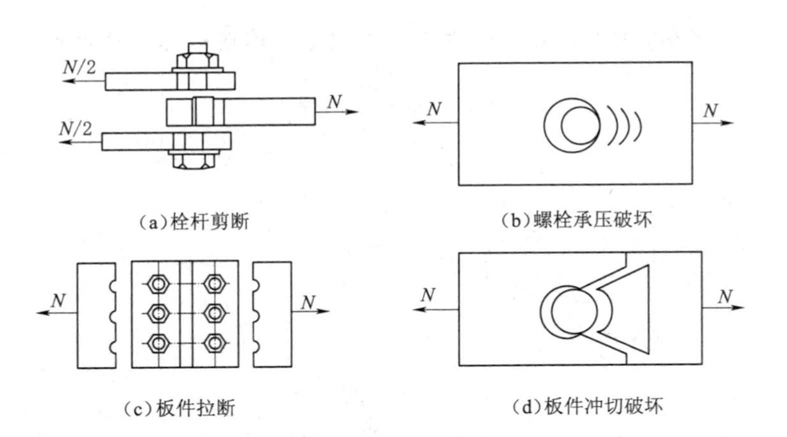

(a)栓杆剪断　(b)螺栓承压破坏

(c)板件拉断　(d)板件冲切破坏

图 3.43　抗剪螺栓连接的破坏形式

受剪面上的剪应力是均匀分布的，则单个抗剪螺栓的抗剪承载力设计值为

$$N_v^b = n_v \frac{\pi d^2}{4} f_v^b \tag{3.31}$$

式中　n_v——受剪面数目，单剪 $n_v=1$，双剪 $n_v=2$，四剪 $n_v=4$；

d——螺栓杆直径；

f_v^b——螺栓抗剪强度设计值。

由于螺栓的实际承压应力分布情况难以确定，为简化计算，假定螺栓承压应力分布于螺栓直径平面上（图 3.44），而且假定该承压面上的应力为均匀分布，则单个抗剪螺栓的承压承载力设计值为

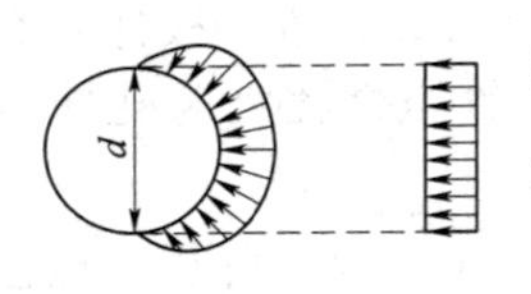

图 3.44　螺栓承压的计算承压面积

$$N_c^b = d \sum t f_c^b \tag{3.32}$$

式中　$\sum t$——在同一受力方向的承压构件的较小总厚度；

f_c^b——螺栓承压强度设计值。

3.7.1.3　普通螺栓群抗剪连接计算

1. 普通螺栓群轴心受剪

试验证明，螺栓群的抗剪连接承受轴心力时，螺栓群在长度方向各螺栓受力不均匀（图 3.45），两端受力大，而中间受力小。当连接长度 $l_1 \leqslant 15d_0$（d_0 为螺栓孔直径）时，由于连接工作进入弹塑性阶段后，内力发生重分布，螺栓群中各螺栓受力逐渐接近，故可认为轴心力由每个螺栓平均分担，即螺栓数 n 为

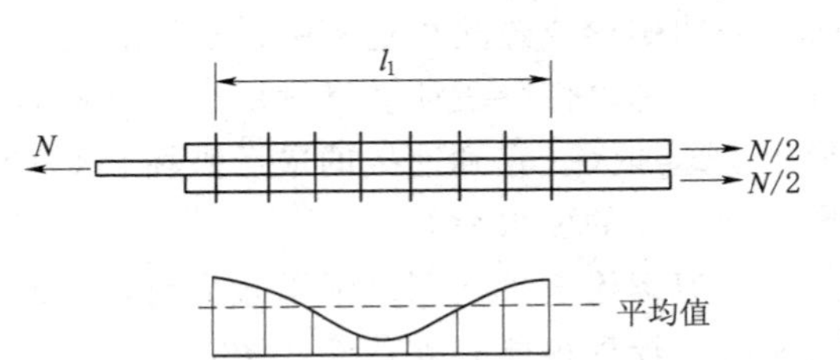

图 3.45　长接头螺栓的内力分布

$$n = \frac{N}{N_{min}^b} \tag{3.33}$$

式中　N_{min}^b——单个螺栓抗剪承载力设计值与承压承载力设计值的较小值。

当 $l_1 > 15d_0$ 时，连接工作进入弹塑性阶段后，各螺杆所受内力也不易均匀，端

部螺栓首先达到极限强度而破坏，随后由外向里依次破坏。当 $l_1/d_0 > 15$ 时，连接强度明显下降，开始下降较快，以后逐渐缓和，并趋于常值。如图 3.46 所示，实线为我国现行《钢结构设计规范》（GB 50017—2017）所采用的曲线。由此曲线可知折减系数为

$$\eta = 1.1 - \frac{l_1}{150d_0} \geqslant 0.7 \tag{3.34}$$

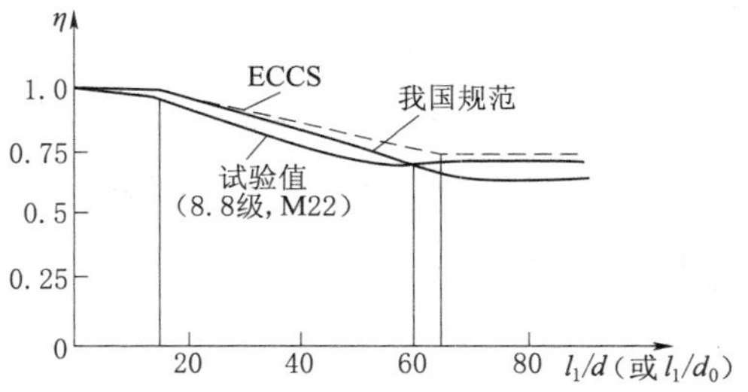

图 3.46 长接头抗剪螺栓的强度折减系数

则对长连接，所需抗剪螺栓数为

$$n = \frac{N}{\eta N_{\min}^{b}} \tag{3.35}$$

2. 普通螺栓群偏心受剪

图 3.47 所示为螺栓群承受偏心剪力的情形，剪力 F 的作用线至螺栓群中心线的距离为 e，故螺栓群同时受到轴心力 F 和扭矩 $T = Fe$ 的联合作用。

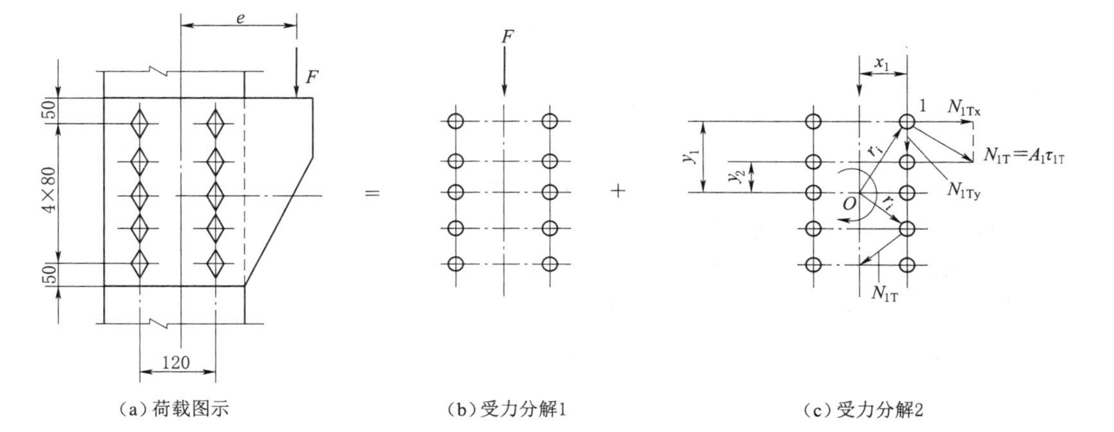

图 3.47 螺栓群偏心受剪（单位：mm）

在轴心力作用下可认为每个螺栓平均受力，则

$$N_{1F} = \frac{F}{n} \tag{3.36}$$

螺栓群在扭矩 $T = Fe$ 作用下，每个螺栓均受剪，连接按弹性设计法的计算基于下列假设：

（1）连接板件为绝对刚性，螺栓为弹性体。

（2）连接板件绕螺栓群形心旋转，各螺栓所受剪力大小与该螺栓至形心距离 r_i 成正比；其方向则与连线 r_i 垂直［图 3.47（c）］。

螺栓 1 距形心 O 最远，其所受剪力 N_{1r} 最大

$$N_{1r} = A_1\tau_{1r} = A_1\frac{Tr_1}{I_p} = A_1\frac{Tr_1}{A_1\sum r_i^2} = \frac{Tr_1}{\sum r_i^2} \tag{3.37}$$

式中　A_1——个螺栓的截面积；

τ_{1r} ——螺栓 1 的剪应力；

I_p ——螺栓群截面对形心 O 的极惯性矩；

r_i ——任一螺栓至形心的距离。

将 N_{1r} 分解为水平分力 N_{1Tx} 和垂直分力 N_{1Ty}

$$N_{1Tx} = N_{1r}\frac{y_1}{r_1} = \frac{Ty_1}{\sum r_i^2} = \frac{Ty_1}{\sum x_i^2 + \sum y_i^2}$$

$$N_{1Ty} = N_{1r}\frac{x_1}{r_1} = \frac{Tx_1}{\sum r_i^2} = \frac{Tx_1}{\sum x_i^2 + \sum y_i^2}$$

由此可得螺栓群偏心受剪时，受力最大的螺栓 1 所受合力为

$$\sqrt{N_{1Tx}^2 + (N_{1'Ty} + N_{1F})^2} + \sqrt{\left(\frac{Ty_1}{\sum x_i^2 + \sum y_i^2}\right)^2 + \left[\frac{Tx_1}{\sum x_i^2 \sum y_i^2} + \frac{F}{n}\right]^2} \leqslant N_{\min}^b \tag{3.38}$$

当螺栓群布置在一个狭长带，例如 $y_1 > 3x_{1x}$ 时，可取 $x_i = 0$，以简化计算，则上式为

$$\sqrt{\left(\frac{Ty_1}{\sum y_i^2}\right)^2 + \left(\frac{F}{n}\right)^2} \leqslant N_{\min}^b \tag{3.39}$$

设计中，通常是先按构造要求排好螺栓，再用式（3.37）验算受力最大的螺栓。可想而知，由于计算是由受力最大的螺栓的承载力控制，而此时其他螺栓受力较小，不能充分发挥作用，因此这是一种偏安全的弹性设计法。

【例 3.8】 设计两块钢板用普通螺栓的盖板拼接。已知轴心拉力的设计值 $N = 325\text{kN}$，钢材为 Q235－A，螺栓直径 $d = 20\text{mm}$（粗制螺栓）。

解：一个螺栓的承载力设计值如下：

抗剪承载力设计值

$$N_v^b = n_v \frac{\pi d^2}{4} f_v^b = 2 \times \frac{3.14 \times 20^2}{4} \times 140 = 87900(\text{N}) = 87.9\text{kN}$$

承压承载力设计值

$$N_c^b = d \sum t f_c^b = 20 \times 8 \times 305 = 48800(\text{N}) = 48.8\text{kN}$$

连接一侧所需螺栓数，$n = \dfrac{325}{48.4} = 6.7$，取 8 个，布置如图 3.48 所示。

【例 3.9】 设计图 3.47（a）所示的普通螺栓连接，柱翼缘厚度为 10mm，连接板厚度为 8mm，钢材为 Q235－B，荷载设计值 $F = 150\text{kN}$，偏心距 $e = 250\text{mm}$，粗制螺栓 M22。

解：

$$\sum x_i^2 + \sum y_i^2 = 10 \times 6^2 + (4 \times 8^2 + 4 \times 16^2) = 1640\text{cm}^2$$

$$T = Fe = 150 \times 25 \times 10^{-2} = 37.5(\text{kN} \cdot \text{m})$$

$$N_{1Tx} = \frac{Ty_1}{\sum x_i^2 + \sum y_i^2} = \frac{37.5 \times 16 \times 10^2}{1640} = 36.6(\text{kN})$$

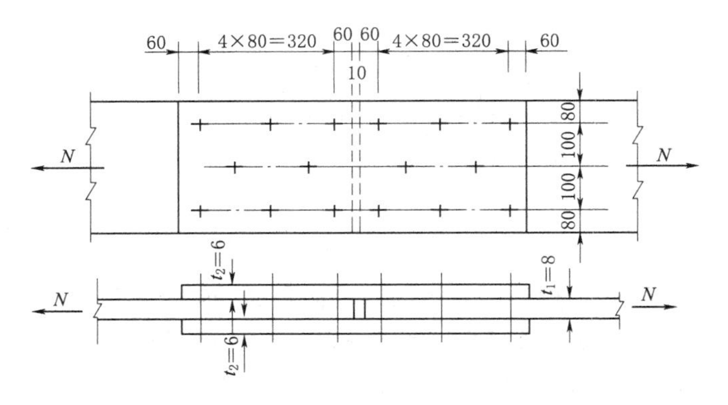

图 3.48 两块钢板用普通螺栓的盖板拼接

$$N_{1T_y}=\frac{Tx_1}{\sum x_i^2+\sum y_i^2}=\frac{37.5\times 6\times 10^2}{1640}=13.7(\text{kN})$$

$$N_{1F}=\frac{F}{N}=\frac{150}{10}=15(\text{kN})$$

$$N_1=\sqrt{N_{1Tx}^2+(N_{1Ty}+N_{1F})^2}=\sqrt{36.6^2+(13.7+15)^2}=46.5(\text{kN})$$

螺栓直径 $d=22\text{mm}$，一个螺栓的设计承载力如下：

螺栓抗剪

$$N_v^b=n_v\frac{\pi d^2}{4}f_v^b=1\times\frac{\pi\times 22^2\times 140}{4}=53.2(\text{kN})>46.5\text{kN}$$

构件承压

$$N_c^b=d\sum tf_c^b=22\times 8\times 305=53700\text{N}=53.7(\text{kN})>46.5\text{kN}$$

3.7.2 普通螺栓的抗拉连接

3.7.2.1 单个普通螺栓的抗拉承载力

抗拉螺栓连接在外力作用下，构件的接触面有脱开的趋势。此时螺栓受到沿杆轴方向的拉力作用，故抗拉螺栓连接的破坏形式为栓杆被拉断。

单个抗拉螺栓的承载力设计值为

$$N_t^b=A_e f_t^b=\frac{\pi d_e^2}{4}f_t^b \tag{3.40}$$

式中 d_e——螺栓的有效直径；

f_t^b——螺栓抗拉强度设计值。

这里要特别说明以下两个问题。

1. 螺栓的有效截面积

由于螺纹是斜方向的，所以螺栓抗拉时采用的直径不是净直径 d_n，而是有效直径 d_e（图 3.49）根据《规范》，取

$$d_e=d-\frac{13}{24}\sqrt{3}t$$

式中 t——螺距。

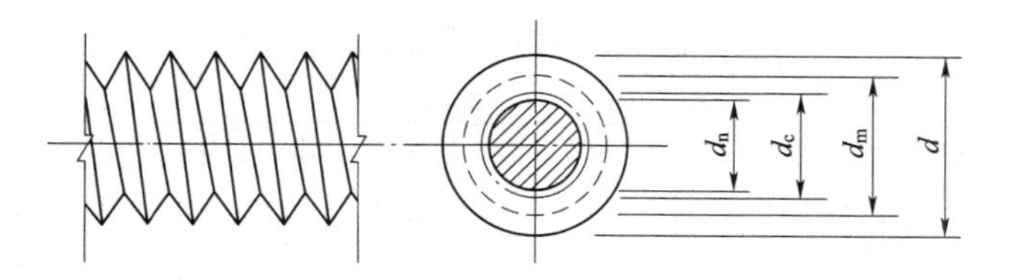

图 3.49　螺栓螺纹处的直径

由螺栓杆的有效直径 d_e 算得的有效面积 A_e 值，见附录 7。

2. 螺栓垂直连接件的刚度对螺栓抗拉承载力的影响

螺栓受拉时，通常不可能使拉力正好作用在螺栓轴线上，而是通过与螺杆垂直的板件传递。如图 3.50 所示的 T 形连接，如果连接件的刚度较小，受力后与螺栓垂直的连接件总会有变形，因而形成杠杆作用，螺栓有被撬开的趋势，使螺杆中的拉力增加并产生弯曲现象。考虑杠杆作用时，螺杆的轴心力为

$$N_1 = N + Q$$

式中　Q——由于杠杆作用对螺栓产生的撬力。

撬力的大小与连接件的刚度有关，连接件的刚度越小，撬力越大；同时撬力也与螺栓直径和螺栓所在位置等因素有关。由于确定撬力比较复杂，我国现行钢结构设计规范为了简化计算，规定普通螺栓抗拉强度设计值 f_t^b 取为螺栓钢材抗拉强度设计值 f 的 0.8 倍（即 $f_t^b = 0.8f$），以考虑撬力的影响。此外，在构造上也可采取一些措施加强连接件的刚度，如设置加劲肋（图 3.51），可以减小甚至消除撬力的影响。

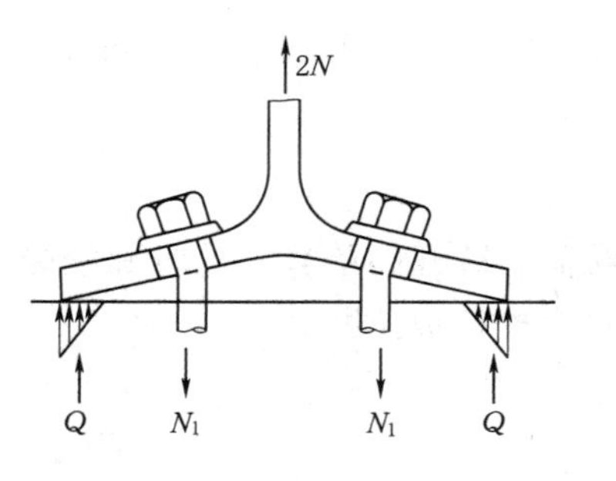

图 3.50　受拉螺栓的撬力

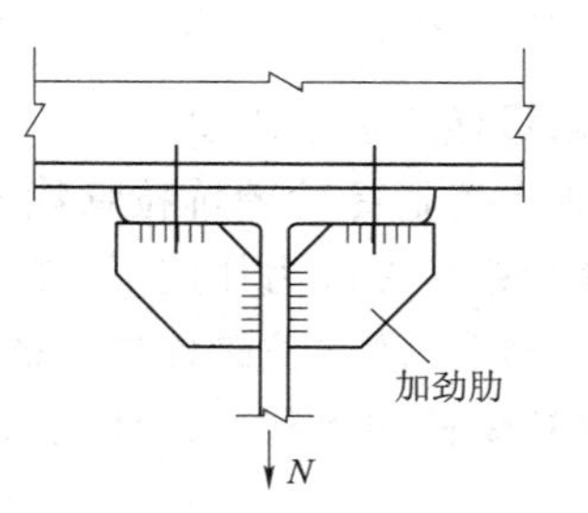

图 3.51　T 形连接中螺栓受拉

3.7.2.2　普通螺栓群轴心受拉

图 3.52 所示为螺栓群在轴心力作用下的抗拉连接，通常假定每个螺栓平均受力，则连接所需螺栓数为

$$n = \frac{N}{N_t^b}$$

式中　N_t^b——个螺栓的抗拉承载力设计值，按式（3.40）计算。

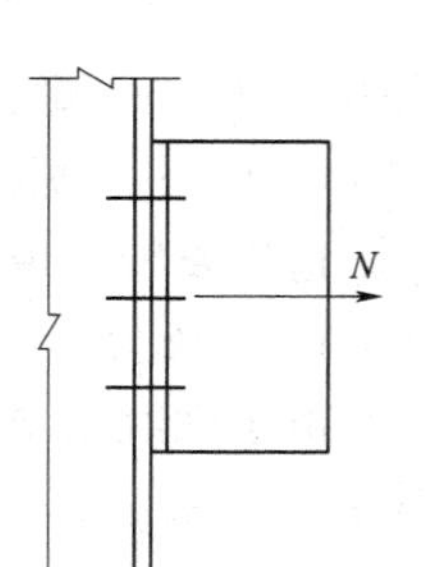

图 3.52　螺栓群承受轴心拉力

3.7.2.3　普通螺栓群承受弯矩作用

图 3.53 所示为螺栓群在弯矩作用下的抗拉连接（图中的剪力 V 通过承托板传递）。按弹性设计法，在弯矩作用下，离中和轴越

远的螺栓所受拉力越大，而压应力则由弯矩指向一侧的部分端板承受，设中和轴至端板受压边缘的距离为 c ［图 3.53（c）］。这种连接的受力有如下特点：受拉螺栓截面只是孤立的几个螺栓点；而端板受压区则是宽度较大的实体矩形截面［图 3.53（b）、（c）］。当以其形心位置作为中和轴时，所求得的端板受压区高度 c 总是很小，中和轴通常在弯矩指向一侧最外排螺栓附近的某个位置。因此，实际计算时可近似地取到中和轴位于最下排螺栓 O 处［弯矩作用方向如图 3.53（a）所示时］，即认为连接变形为绕 O 处水平轴转动，螺栓拉力与从 O 点算起的纵坐标 y 成正比。仿式（3.37）推导时的基本假设，并在 O 处水平轴列弯矩平衡方程时，偏安全地忽略力臂很小的端板受压区部分的力矩而只考虑受拉螺栓部分，则得（各 y 均自 O 点算起）：

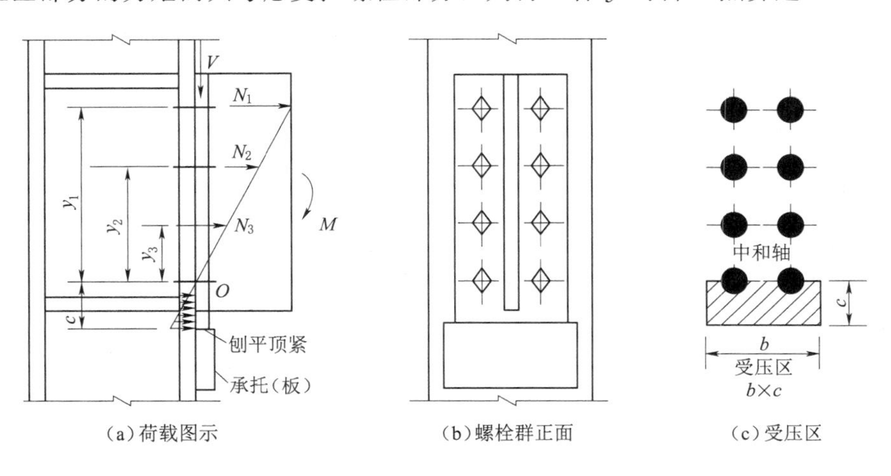

图 3.53　普通螺栓弯矩受拉

$$N_1/y_1 = N_2/y_2 = \cdots = N_i/y_i = \cdots = N_n/y_n$$

$$\begin{aligned} M &= N_1 y_1 + N_2 y_2 + \cdots + N_i y_i + \cdots + N_n y_n \\ &= (N_1/y_1)y_1^2 + (N_2/y_2)y_2^2 + \cdots + (N_i/y_i)y_i^2 + \cdots + (N_n/y_n)y_n^2 \\ &= (N_i/y_i)\sum y_i^2 \end{aligned}$$

故得螺栓 i 的拉力为

$$N_i = My_i/\sum y_i^2 \tag{3.41}$$

设计时要求受力最大的最外排螺栓 1 的拉力不超过一个螺栓的抗拉承载力设计值

$$N_1 = My_1/\sum y_i^2 \leqslant N_t^b \tag{3.42}$$

【例 3.10】 牛腿与柱用C级普通螺栓和承托连接，如图 3.54 所示，承受竖向荷载（设计值）$F = 220$kN，偏心距 $e = 200$mm。试设计其螺栓连接。已知构件和螺栓均用 Q235 钢材，螺栓为 M20，孔径 21.5mm。

解： 牛腿的剪力 $V = F = 220$kN 由端板刨平顶紧于承托传递；弯矩

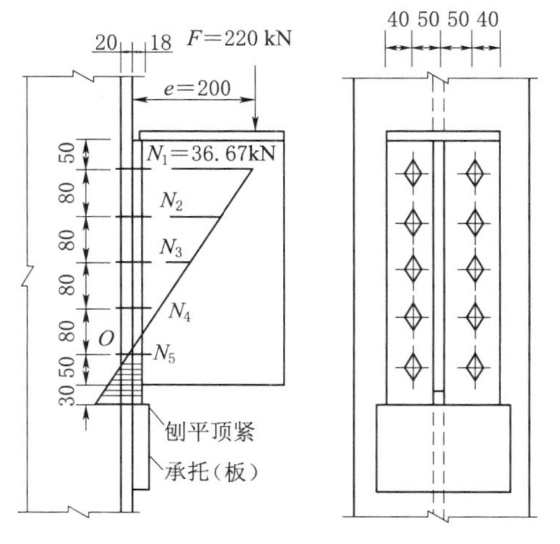

图 3.54　牛腿与柱用普通螺栓和承托连接

$$M = Fe = 220 \times 200 = 44 \times 103\text{kN} \cdot \text{mm}$$

由螺栓连接传递，使螺栓受拉。初步假定螺栓布置如图 3.54 所示。

对最下排螺栓 O 轴取矩，最大受力螺栓（最上排 1）的拉力为

$$N_1 = My_1/\sum y_i^2 = (44 \times 10^3 \times 320)/[2 \times (80^2 + 160^2 + 240^2 + 320^2)] = 36.67(\text{kN})$$

一个螺栓的抗拉承载力设计值为

$$N_t^b = A_a f_t^b = 244.8 \times 170 = 41620\text{kN} > N_1 = 36.67(\text{kN})$$

所以假定螺栓连接满足设计要求，确定采用。

3.7.2.4　普通螺栓群偏心受拉

由图 3.55（a）可知螺栓群偏心受拉相当于连接承受轴心拉力和弯矩的联合作用。按弹性设计法，根据偏心距的大小可能出现小偏心受拉和大偏心受拉两种情况。

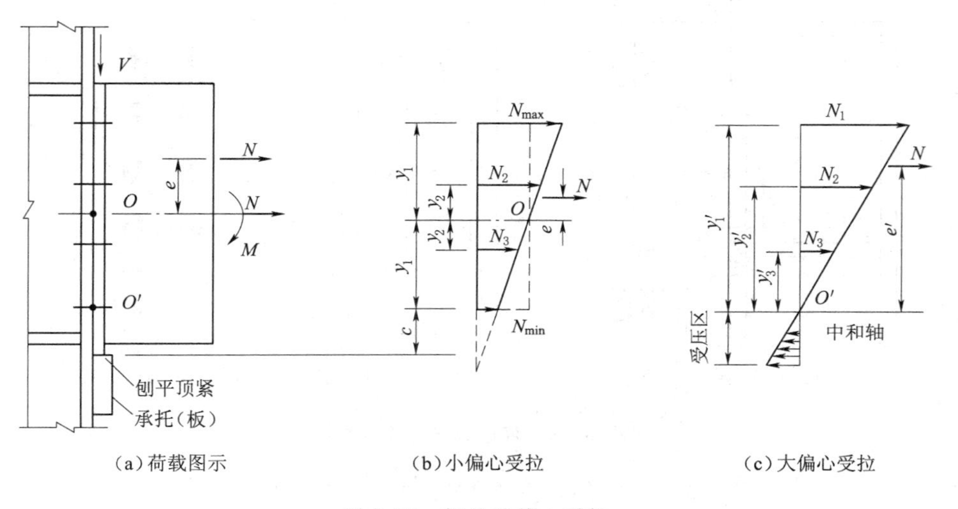

图 3.55　螺栓群偏心受拉

1. 小偏心受拉

对于小偏心情况［图 3.55（b）］，所有螺栓均承受拉力作用，端板与柱翼缘有分离趋势，故在计算时轴心拉力由各螺栓均匀承受；而弯矩则引起以螺栓群形心处水平轴为中和轴的三角形应力分布［图 3.55（b）］，使上部螺栓受拉，下部螺栓受压；叠加后则全部螺栓均为受拉［图 3.55（b）］。这样可得最大和最小受力螺栓的拉力和满足设计要求的公式如下（各 y 均自 O 点算起）：

$$N_{max} = \frac{N}{n} + \frac{N_e y}{\sum y_i^2} \leqslant N_t^b \tag{3.43a}$$

$$N_{min} = \frac{N}{n} - \frac{N_e y_1}{\sum y_i^2} \geqslant 0 \tag{3.43b}$$

式（3.43a）表示最大受力螺栓的拉力不超过一个螺栓的承载力设计值；式（3.43b）则表示全部螺栓受拉，不存在受压区。由此式可得 $N \geqslant 0$ 时的偏心距 $e \leqslant \frac{\sum y_i^2}{n y_1}$。令

$$\rho=\frac{W_{\varepsilon}}{ny_{\varepsilon}}=\sum\frac{y_i^2}{ny_1}$$

为螺栓有效截面组成的核心距，即 $e\leqslant\rho$ 时为小偏心受拉。

2. 大偏心受拉

当偏心距 e 较大时，即 $e>\rho=\sum y_i^2/(ny_1)$ 时，则端板底部将出现受压区［图 3.55（c）］。近似并偏安全取中和轴位于最下排螺栓 O' 处，按相似步骤写对 O' 处水平轴的弯矩平衡方程，可得（e 和各 y' 自 O' 点算起，最上排螺栓 1 的拉力最大）：

$$N_1/y_1'=N_2/y_2'=\cdots=N_i/y_i'=\cdots=N_n/y_n'$$

$$N_e'=N_1y_1'+N_2y_2'+\cdots+N_iy_i'+\cdots+N_ny_n'$$

$$=(N_1/y_1')y_1'^2+(N_2/y_2')y_2'^2+\cdots+(N_i/y_i')^2+\cdots+(N_n/y_n')^2$$

$$N_1=N_e'y_1'/\sum y_i'^2\leqslant N_t^b\qquad(N_i=N_e'y_1'/\sum y_i'^2)$$

【例 3.11】 设图 3.56 为一刚接屋架下弦节点，竖向力由承托承受。螺栓为 C 级，只承受偏心拉力。设 $N=250$kN，$e=100$mm。螺栓布置如图 3.56（a）所示。

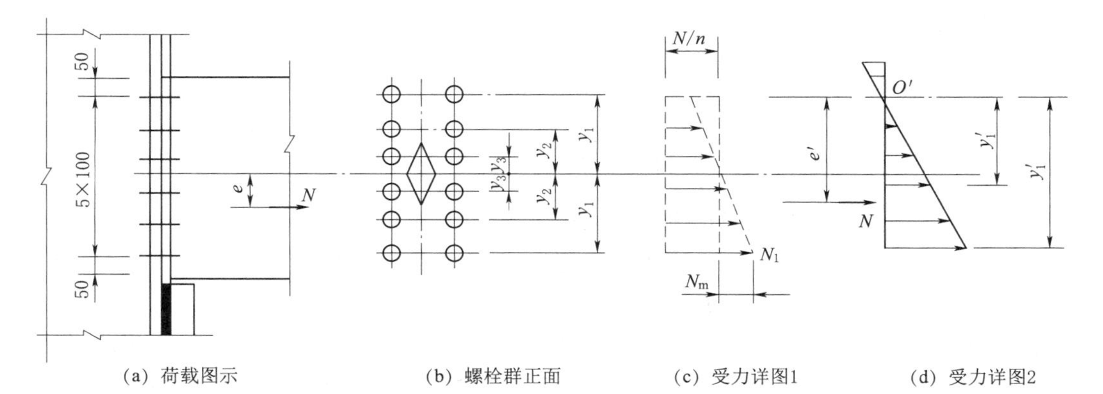

图 3.56　刚接屋架下弦节点

解： 螺栓有效截面的核心距为

$$\rho=\frac{\sum y_i'^2}{ny_1}=4\times\frac{5^2+15^2+25^2}{12\times 25}=11.7\text{cm}>e=100\text{mm}$$

即偏心力作用在核心距以内，属小偏心受拉［图 3.56（c）］，应由式（3.43a）计算：

$$N_1=\frac{N}{n}+N\frac{e}{\sum y_i'^2}y_1=\frac{250}{12}+\frac{250\times 10\times 25}{4\times(5^2+15^2+25^2)}=38.7(\text{kN})$$

需要的有效面积为

$$A_e=38.7\times\frac{10^3}{170}=227(\text{mm}^2)$$

需要 M20 螺栓，$A_e=244.8\text{mm}^2$。

【例 3.12】 同例 3.11，但取 $e=200$mm。

解： 由于 $e=200\text{m}>117$mm，应按大偏心受拉计算螺栓的最大应力，假设螺栓直径为 M_2（螺杆横截面面积 $A=3.034\text{cm}^2$），并假定中和轴在上面第一排螺栓处，则以下螺栓均为受拉螺栓 [图 3.56 (d)]。

$$N_1=\frac{N'_e y'_1}{\sum y_i'^2}=\frac{250\times(20+25)\times 50}{2\times(50^2+40^2+30^2+20^2+10^2)}=51.1(\text{kN})$$

需要的螺栓有效面积为

$$A_e=\frac{51.1\times 10^3}{170}=300.6(\text{mm})^2<303.4\text{mm}^2$$

3.7.3　普通螺栓受剪力和拉力的联合作用

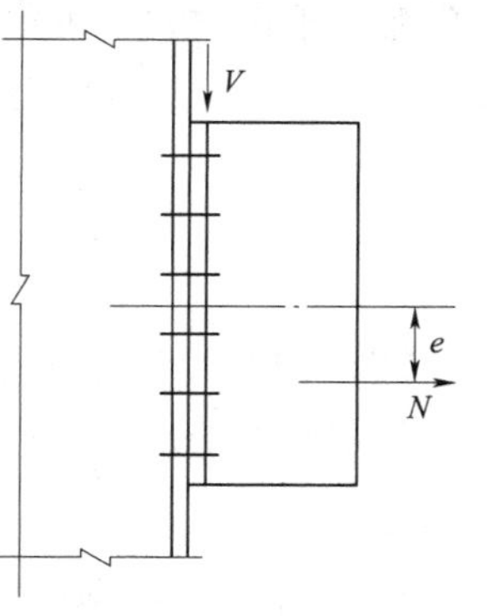

图 3.57　螺栓群受剪力和拉力的联合作用

图 3.57 所示为螺栓群承受剪力 V 和偏心拉力 N（即轴心拉力 N 和弯矩 $M=N_e$）联合作用的连接。承受剪力和拉力联合作用的普通螺栓应考虑两种可能的破坏形式：一是螺杆受剪兼受拉破坏；二是孔壁承压破坏。根据试验结果可知，兼受剪力和拉力的螺杆，将剪力和拉力分别除以各自单独作用的承载力，这样无量纲化后的相关关系近似为一圆曲线。故螺杆的计算式为

$$\left(\frac{N_v}{N_v^b}\right)^2+\left(\frac{N_t}{N_t^b}\right)^2\leqslant 1 \tag{3.44a}$$

或

$$\sqrt{\left(\frac{N_v}{N_v^b}\right)^2+\left(\frac{N_t}{N_t^b}\right)^2}\leqslant 1 \tag{3.44b}$$

式中　N_v——单个螺栓承受的剪力设计值。一般假定剪力 V 由每个螺栓平均承担，即 $N_v=V/n$，n 为螺栓个数。由偏心拉力引起的螺栓最大拉力 N，仍按上述方法计算；

N_v^b、N_t^b——一个螺栓的抗剪和抗拉承载力设计值。本来在式（3.44a）左侧加根号数学上没有意义。但加根号后可以更明确地看出计算结果的余量和不足量。假如按式（3.44a）左侧算出的数值为 0.9，不能误认为富余量为 10%。实际上应为式（3.44b）算出的数值 0.95，富余量仅为 5%。

孔壁承压的计算式为

$$N_v\leqslant N_t^b \tag{3.45}$$

式中　N_t^b——单个螺栓孔壁承压承载力设计值。

【例 3.13】　设图 3.58 为短横梁与柱翼缘的连接，剪力 $V=250\text{kN}$，$e=120\text{mm}$，螺栓为 C 级，梁端竖板下有承托。钢材为 Q235 - B，手工焊，焊条 E43 型，试按考虑承托传递全部剪力 V 和不承受 V 两种情况设计此连接。

解：(1) 承托传递全部剪力 $V=250\text{kN}$，螺栓群只承受由偏心力引起的弯矩：

$$M=Ve=250\times 0.12=30(\text{kN}\cdot\text{m})$$

按弹性设计法，可假定螺栓群旋转中心在弯矩指向的最下排螺栓的轴线上。

设螺栓为 M20($A_e=244.8\text{mm}^2$)，则受拉螺栓数 $n_1=8$，连接中为双列螺栓，用 m 表示，一个螺栓的抗拉承载力设计值为

$$N_b^t=A_a f_t^b=2.448\times 170\times 10-1=41.62(\text{kN})$$

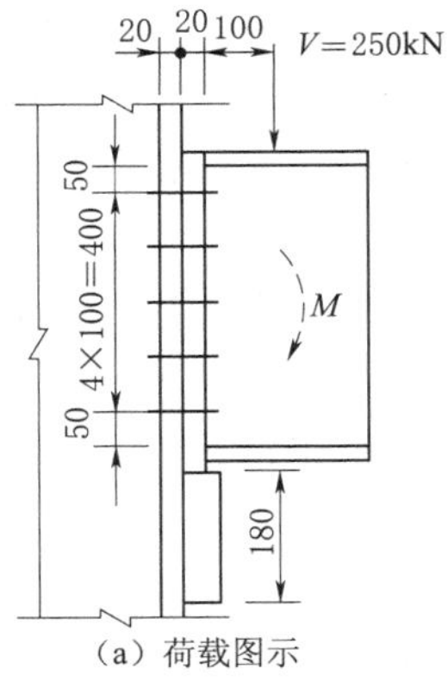

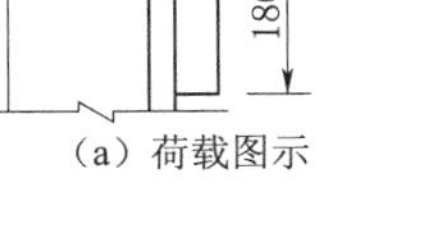

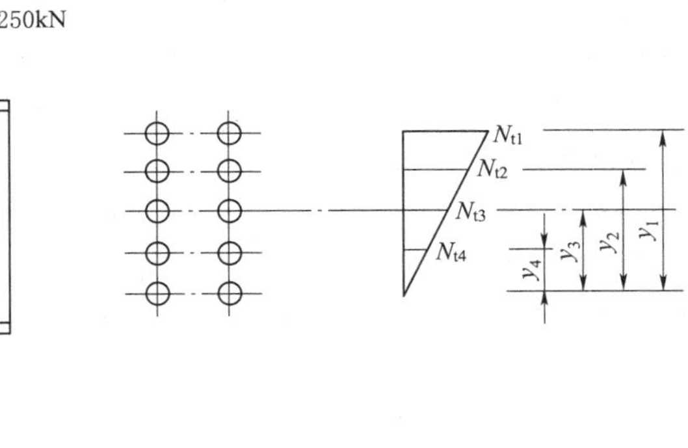

(a) 荷载图示　　(b) 螺栓群正面　　(c) 螺栓受力详图

图 3.58　短横梁与柱翼缘的连接

螺栓的最大拉力为

$$N_1=\frac{N'_e y'_1}{\sum y_i'^2}=\frac{30\times10^2\times40}{2\times(10^2+20^2+30^2+40^2)}=20(\text{kN})<N_t^b=41.62\text{kN}$$

设承托与柱翼缘连接角焊缝为两面侧焊，并取焊脚尺寸 $h_f=10$mm，焊缝应力为

$$\tau_f=\frac{1.35V}{h_e\sum l_w}=\frac{1.35\times250\times10}{0.7\times1\times2\times16}=141(\text{N/mm}^2)<f_f^w=160\text{N/mm}^2$$

式中的常数 1.35 是考虑剪力 V 对承托与柱翼缘连接角焊缝的偏心影响。

（2）不考虑承托承受剪力 V，螺栓群同时承受剪力 V=250kN 和弯矩 M=30kN・m 作用。则一个螺栓承载力设计值为

$$N_v^b=n_v\frac{\pi d^2}{4}f_v^b=1\times\frac{3.14\times2^2}{4}\times140\times10^{-1}=44.0(\text{kN})$$

$$N_c^b=d\sum tf_c^b=2\times2\times305\times10^{-1}=112(\text{kN})$$

$$N_t^b=41.62\text{kN}$$

一个螺栓的最大拉力为

$$N_t=20\text{kN}$$

一个螺栓的剪力为

$$N_v=\frac{V}{n}=\frac{250}{10}=25(\text{kN})<N_c^b=122\text{kN}$$

剪力和拉力联合作用下

$$\sqrt{\left(\frac{N_v}{N_v^b}\right)^2+\left(\frac{N_t}{N_t^b}\right)^2}=\sqrt{\left(\frac{25}{44.0}\right)^2+\left(\frac{20}{41.62}\right)^2}=0.744<1$$

3.8　高强度螺栓连接的工作性能和计算

3.8.1　高强度螺栓连接的工作性能

3.8.1.1　高强度螺栓的预拉力

前已述及，高强度螺栓连接按其受力特征分为摩擦型连接和承压型连接两种类

型。摩擦型连接是依靠被连接件之间的摩擦阻力传递内力，并以荷载设计值引起的剪力不超过摩擦阻力这一条件作为设计准则。螺栓的预拉力 P（即板件间的法向压紧力），摩擦面间的抗滑移系数和钢材种类等都直接影响到高强度螺栓连接的承载力。

1. 预拉力的控制方法

高强度螺栓分大六角头型［图 3.59（a）］和扭剪型［图 3.59（b）］两种，虽然这两种高强度螺栓预拉力的具体控制方法各不相同，但对螺栓施加预拉力的思路是一样的。它们都是通过拧紧螺帽，使螺杆受到拉伸作用，产生预拉力，而被连接板件间则产生压紧力。

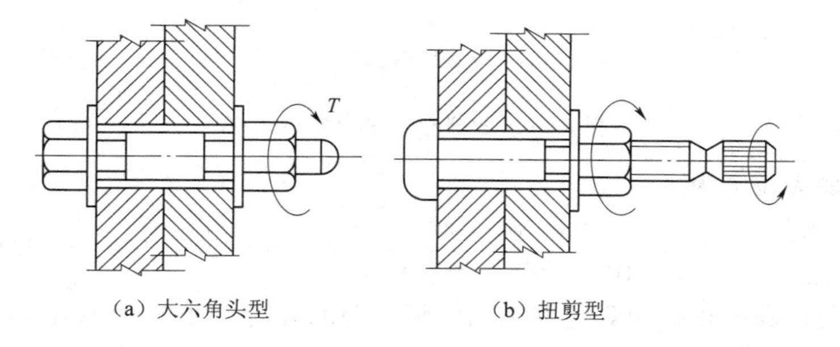

（a）大六角头型　　（b）扭剪型

图 3.59　高强度螺栓

大六角头螺栓的预拉力控制方法有以下几种：

（1）力矩法。一般采用指针式扭力（测力）扳手或预置式扭力（定力）扳手。目前用得多的是电动扭矩扳手。力矩法是通过控制拧紧力矩来实现控制预拉力。拧紧力矩可由试验确定，务使施工时控制的预拉力为设计预拉力的 1.1 倍。

为了克服板件和垫圈等的变形，基本消除板件之间的间隙，使拧紧力矩系数有较好的线性度，从而提高施工控制预拉力值的准确度，在安装大六角头高强度螺栓时，应先按拧紧力矩的 50%进行初拧，然后按 100%拧紧力矩进行终拧。对于大型节点，在初拧之后还应按初拧力矩进行复拧，然后再进行终拧。

力矩法的优点是较简单、易实施、费用少，但由于连接件和被连接件的表面质量和拧紧速度的差异，测得的预拉力值误差大且分散，一般误差为±25%。

（2）转角法。先用通扳手进行初拧使被连接板饭件相互紧密贴合，再以初拧位置为起点，按终拧角度用长扳手或风动扳手旋转螺母，拧至终拧角度值时，螺栓的拉力即达到施工控制预拉力。

扭剪型高强度螺栓是我国 20 世纪 60 年代开始研制，80 年代制定出标准的新型连接件之一。它具有强度高、安装简便和质量易于保证、可以单面拧紧、对操作人员没有特殊要求等优点。扭剪型高强度螺栓与普通大六角型高强度螺栓不同。如图 3.59（b）所示，螺栓头为盘头，螺纹段端部有一个承受拧紧反力矩的十二角体和一个能在规定力矩下剪断的断颈槽。

扭剪型高强度螺栓连接副的安装过程如图 3.60 所示。安装时用特制的电动扳手，有两个套头，一个套在螺母六角体上，另一个套在螺栓的十二角体上。拧紧时，对螺母施加顺时针力矩 M_1，对螺栓十二角体施加大小相等的逆时针力矩 M_1'，使螺栓断

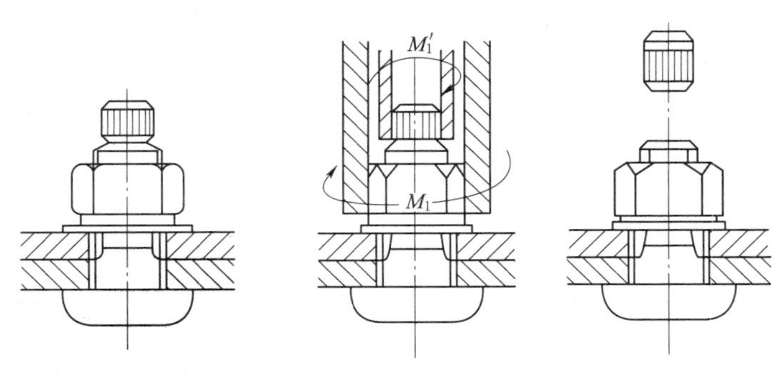

图 3.60 扭剪型高强度螺栓连接副的安装过程

颈部分承受扭剪，其初拧力矩为拧紧力矩的 50%，复拧力矩等于初拧力矩，终拧至断颈剪断为止，安装结束，相应的安装力矩即为拧紧力矩。安装后一般不拆卸。

2. 预拉力的确定

高强度螺栓的预拉力设计值 P 由下式计算得到

$$P=\frac{0.9\times0.9\times0.9}{1.2}A_{a}f_{u} \tag{3.46}$$

式中 A_e——螺栓的有效截面面积；

f_u——螺栓材料经热处理后的最低抗拉强度。对于 8.8S 螺栓 $f=830\text{N/mm}^2$；10.9s 螺栓，$f_u=1040\text{N/mm}^2$。

式（3.46）中的系数考虑了以下几个因素：

（1）拧紧螺帽时螺栓同时受到由预拉力引起的拉应力和由螺纹力矩引起的扭转剪应力作用。折算应力为

$$\sqrt{\sigma^2+\tau^2}=\eta\sigma \tag{3.47}$$

根据试验分析，系数 η 在 1.15～1.25 之间，取平均值为 1.2。式（3.46）中的分母 1.2 即为考虑拧紧螺栓时扭矩对螺杆的不利影响系数。

（2）为了弥补施工时高强度螺栓预拉力的松弛损失，在确定施工控制预拉力时，考虑了为预拉力设计值的 1/0.9 的超张拉，故式（3.46）右端分子应考虑超张拉系数 0.9。

（3）考虑螺栓材质的不定性系数 0.9；再考虑用 f_u 而不是用 f_y，作为标准值增加的系数 0.9。各种规格高强度螺栓预拉力的取值见表 3.8。

表 3.8　一个高强度螺栓的设计预拉力值

螺栓的性能等级	螺栓公称直径/mm					
	M25	M20	M22	M24	M27	M30
8.8 级/kN	80	125	155	180	230	285
10.9 级/kN	100	155	190	225	290	355

3.8.1.2 高强度螺栓摩擦面抗滑移系数

高强度螺栓摩擦面抗滑移系数的大小与连接处构件接触面的处理方法和构件的钢

号有关。试验表明，此系数值有随被连接构件接触面间的压紧力减小而降低的现象，故与物理学中的摩擦系数有区别。

我国现行钢结构设计规范推荐采用的接触面处理方法有：喷砂、喷砂后涂无机富锌漆、喷砂后生赤锈和钢丝刷消除浮锈或对干净轧制表面不作处理等，各种处理方法相应的 μ 值详见表 3.9。

表 3.9　　摩擦面的抗滑移系数 μ 值

在连接处构件接触面的处理方法	构件的钢号		
	Q235 钢	Q345、Q390 钢	Q420 钢
喷砂	0.45	0.50	0.50
喷砂后涂无机富锌漆	0.35	0.40	0.40
喷砂后生赤锈	0.45	0.50	0.50
钢丝刷清除浮锈或对干净轧制表面不做处理	0.30	0.35	0.40

钢材表面经喷砂除锈后，表面看来光滑平整，实际上金属表面尚存在着微观的凹凸不平，高强度螺栓连接在很高的压紧力作用下被连接构件表面相互啮合，钢材强度和硬度越高，要使这种啮合的面产生滑移的力就越大，因此 μ 值与钢种有关。试验证明，摩擦面涂红丹后 $\mu<0.15$，即使经处理后仍然很低，故严禁在摩擦面上涂刷红丹。另外，连接在潮湿或淋雨条件下拼装，也会降低 μ 值，故应采取有效措施保证连接处表面的干燥。

3.8.1.3　高强度螺栓抗剪连接的工作性能

1. 高强度螺栓摩擦型连接

高强度螺栓在拧紧时，螺杆中产生了很大的预拉力，而被连接板件间则产生很大的预压力。连接受力后，由于接触面上产生的摩擦力，能在相当大的荷载情况下阻止板件间的相对滑移，因而弹性工作阶段较长。如图 3.42（b）所示，当外力超过了板间摩擦力后，板件间即产生相对滑动。高强度螺栓摩擦型连接是以板件间出现滑动为抗剪承载力极限状态，故它的最大承载力不能取图 3.42（b）的最高点，而应取板件产生相对滑动的起始点“1”。摩擦型连接的承载力取决于构件接触面的摩擦力，而此摩擦力的大小与螺栓所受预拉力和摩擦面的抗滑移系数以及连接的传力摩擦面数有关。因此，一个摩擦型连接高强度螺栓的抗剪承载力设计值为

$$N_v^b = 0.9 n_f \mu P \tag{3.48}$$

式中　0.9——抗力分项系数 γ_R 的倒数，即取 $\gamma_R=1/0.9=1.111$；

n_f——传力摩擦面数目，单剪时，$n_f=1$，双剪时，$n_f=2$；

P——单个高强度螺栓的设计预拉力，按表 3.8 采用；

μ——摩擦面抗滑移系数，按表 3.9 采用。

试验证明，低温对摩擦型高强度螺栓抗剪承载力无明显影响，但当温度 t 为 100～150℃时，螺栓的预拉力将产生温度损失，故应将摩擦型高强度螺栓的抗剪承载力设计值降低 10%；当 $t>150$℃时，应采取隔热措施，以使连接温度在 150℃以内。

2. 高强度螺栓承压型连接

承压型连接受剪时，从受力直至破坏的荷载-位移（$N-\delta$）曲线如图 3.42（b）所示，由于它允许接触面滑动并以连接达到破坏的极限状态作为设计准则，接触面的摩擦力只起着延缓滑动的作用，因此承压型连接的最大抗剪承载力应取图 3.42（b）曲线最高点，即“4”点。连接达到极限承载力时，由于螺杆伸长，预拉力几乎全部消失，故高强度螺栓承压型连接的计算方法与普通螺栓连接相同，仍可用式（3.31）和式（3.32）计算单个螺栓的抗剪承载力设计值，只是应采用承压型连接高强度螺栓的强度设计值。当剪切面在螺纹处时，承压型连接高强度螺栓的抗剪承载力应按螺纹处的有效截面计算。但对于普通螺栓，其抗剪强度设计值是根据连接的试验数据统计而定的，试验时不分剪切面是否在螺纹处，故计算抗剪强度设计值时用公称直径。

3.8.1.4　高强度螺栓抗拉连接的工作性能

高强度螺栓在承受外拉力前，螺杆中已有很高的预拉力 P，板层之间则有压力 C，而 P 与 C 维持平衡［图 3.61（a）］。当对螺栓施加外拉力 N_t 时，则栓杆在板层之间的压力完全消失前被拉长，此时螺杆中拉力增量为 ΔP，同时把压紧的板件拉松，使压力 C 减少 ΔC［图 3.61（b）］。计算表明，当加于螺杆上的外拉力 N 为预拉力 P 的 80%时，螺杆内的拉力增加很少，因此可认为此时螺杆的预拉力基本不变。同时由实验得知，当外加拉力大于螺栓的预拉力时，卸荷后螺杆中的预拉力会变小，即发生松弛现象。但当外加拉力小于螺杆预拉力的 80%时，即无松弛现象发生。也就是说，被连接板件接触面仍能保持一定的压紧力，可以假定整个板面始终处于紧密接触状态。因此，为使板件间保留一定的压紧力，现行《钢结构设计规范》（GB 50017—2017）规定在杆轴方向受拉力的高强度螺栓摩擦型连接中，单个高强度螺栓抗拉承载力设计值取为

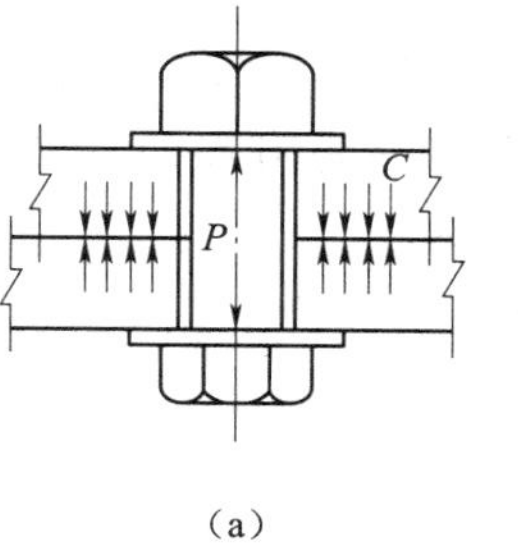

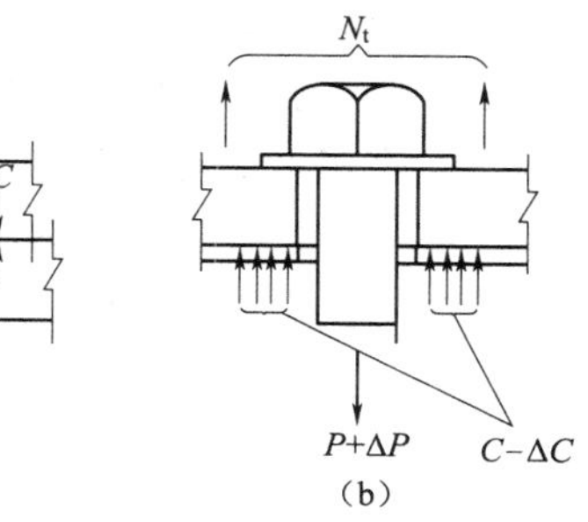

图 3.61　高强度螺栓的撬力影响

$$N_t^b = 0.8P \tag{3.49}$$

但承压型连接的高强度螺栓，N_b^t 却按普通螺栓那样计算（强度设计值取值不同），不过其 N_b^t 的计算结果与 $0.8P$ 相差不大。

应当注意，式（3.49）的取值没有考虑杠杆作用而引起的撬力影响，实际上这种杠杆作用存在于所有螺栓的抗拉连接中。研究表明，当外拉力 $N_t \leqslant 0.5P$ 时，不出现撬力，如图 3.62 所示，撬力 Q 大约在 N 达到 $0.5P$ 时开始出现，起初增加缓慢，以后逐渐加快，到临近破坏时因螺栓开始屈服又有所下降。

由于撬力 Q 的存在，外拉力的极限值由 N_u 下降到 N_u'。因此，如果在设计中不计算撬力 Q，应使 $N \leqslant 05P$；或者增大 T 形连接件翼缘板的刚度。分析表明，当翼缘板的厚度 t 不小于 2 倍螺栓直径时，螺栓中可完全不产生撬力。实际上很难满足这一条件，可采用图 3.62 所示的加劲肋代替。

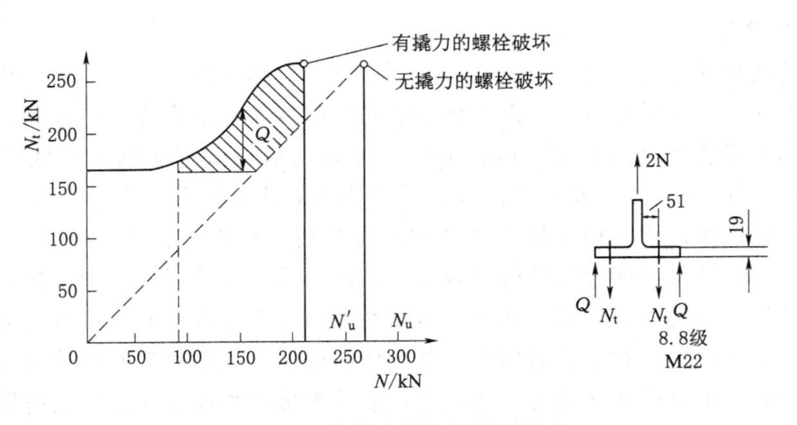

图 3.62　高强度螺栓的撬力影响

在直接承受动力荷载的结构中，由于高强度螺栓连接受拉时的疲劳强度较低，每个高强度螺栓的外拉力不宜超过 $0.6P$。当需考虑撬力影响时，外拉力还得降低。

3.8.1.5　高强度螺栓同时承受剪力和外拉力连接的工作性能

1. 高强度螺栓摩擦型连接

如前所述，当螺栓所受外拉力 $N_t \leqslant 0.8P$ 时，虽然螺杆中的预拉力 P 基本不变，但板层间压力将减少到 $P-N_t$。试验研究表明，这时接触面的抗滑移系数 μ 也有所降低，而且值随 N_t 的增大而减小。现行《钢结构设计规范》将 N_t 乘以 1.125 的系数来考虑 μ 值降低的不利影响，故一个摩擦型连接高强度螺栓有拉力作用时的抗剪承载力设计值为

$$N_v^b = 0.9n_f\mu(P - 1.125 \times 1.111N_t) = 0.9n_f\mu(P - 1.25N_t) \tag{3.50}$$

式中　1.111——抗力分项系数 γ_R。

2. 高强度螺栓承压型连接

同时承受剪力和杆轴方向拉力的承压型连接高强度螺栓的计算方法与普通螺栓相同，即

$$\sqrt{\left(\frac{N_v}{N_v^b}\right)^2 + \left(\frac{N_t}{N_t^b}\right)^2} \leqslant 1 \tag{3.51}$$

由于在剪应力单独作用下，高强度螺栓对板层间产生强大的压紧力。当板层间的摩擦力被克服，螺杆与孔壁接触时，板件孔前区形成三向应力场，因而承压型连接高强度螺栓的承压强度比普通螺栓高得多，两者相差约 50%。当承压型连接高强度螺栓受有杆轴拉力时，板层间的压紧力随外拉力的增加而减小，因而其承压强度设计值也随之降低。为了计算简便，我国现行钢结构设计规范规定，只要有外拉力存在，就将承压强度除以 1.2 予以降低，而未考虑承压强度设计值变化幅度随外拉力大小而变化这一因素。因为所有高强度螺栓的外拉力一般均不大于 $0.8P$。此时，可认为整个板层间始终处于紧密接触状态，采用统一除以 1.2 的做法来降低承压强度，一般能保证安全。

因此，对于兼受剪力和杆轴方向拉力的承压型连接高强度螺栓，除按式（3.51）计算螺栓的强度外，尚应按下式计算孔壁承压

$$N_v \leqslant \frac{N_c^b}{1.2} = \frac{1}{1.2} d \sum t f_c^b \tag{3.52}$$

式中　N_c^b——只承受剪力时孔壁承压承载力设计值；

f_c^b——承压型高强度螺栓在无外拉力状态的 f_c^b 值，按附录 1 取值。

根据上述分析，现将各种受力情况的单个螺栓（包括普通螺栓和高强度螺栓）承载力设计值的计算式汇总于表 3.10 中，以便于读者对照和应用。

表 3.10　　单个螺栓承载力设计值计算式

序号	螺栓种类	受力状态	计算式	备　注
1	普通螺栓	受剪	$N_v^b = n_v \frac{\pi d^2}{4} f_v^b$ $N_c^b = d \sum t f_c^b$	取 N_v^b 与 N_c^b 中较小值
		受拉	$N_t^b = \frac{\pi d_e^2}{4} f_t^b$	
		兼受剪拉	$\sqrt{\left(\frac{N_v}{N_v^b}\right)^2 + \left(\frac{N_t}{N_t^b}\right)^2} \leqslant 1$ $N_v \leqslant N_c^b$	
2	摩擦型连接高强度螺栓	受剪	$N_v^b = 0.9 n_f \mu P$	
		受拉	$N_v^b = 0.8P$	
		兼受剪拉	$N_v^b = 0.9 n_f \mu (P - 1.25 N_t)$ $N_t \leqslant 0.8P$	
3	承压型连接高强度螺栓	受剪	$N_v^b = n_v \frac{\pi d^2}{4} f_v^b$ $N_c^b = d \sum t f_c^b$	当剪切面在螺纹处时 $N_v^b = n_v \frac{\pi d^2}{4} f_v^b$
		受拉	$N_t^b = \frac{\pi d_e^2}{4} f_t^b$	
		兼受剪拉	$\sqrt{\left(\frac{N_v}{N_v^b}\right)^2 + \left(\frac{N_t}{N_t^b}\right)^2} \leqslant 1$ $N_v \leqslant N_c^b / 1.2$	

3.8.2　高强度螺栓群抗剪计算

轴心力作用时，高强度螺栓连接所需螺栓数目应由下式确定：

$$n \geqslant N / N_{min}^b$$

对摩擦型连接，按表 3.10 查得 M 表达式计算，即按式（3.48）计算，即

$$N_v^b = 0.9 n_f \mu P$$

对承压型连接，N 为由表 3.10 查得 N 和 N 表达式算得的较小值，即分别按式（3.31）与式（3.32）计算，即

$$N_v^b = n_v \frac{\pi d^2}{4} f_v^b$$

$$N_c^b = d \sum t f_c^b$$

式中　f_v^b、f_c^b——一个承压型连接高强度螺栓的抗剪强度设计值、承压强度设计值。

当剪切面在螺纹处时式（3.31）中应将改 d 为 d_e。

高强度螺检群在扭矩或扭矩、剪力共同作用时的抗剪计算，其计算方法与普通螺栓群相同，但应采用高强度螺栓承载力设计值进行计算。

【例 3.14】 试设计一双盖板拼接的钢板连接。钢材 Q235－B，高强度螺栓为 88 级的 M20，连接处构件接触面用喷砂处理，作用在螺栓群形心处的轴心拉力设计值 $N=800\text{kN}$，试设计此连接。

解：（1）采用摩擦型连接时，由表 3.8 查得每个 8.8 级的 M20 高强度螺栓的预拉力 $P=125\text{kN}$，由表 3.9 查得对于 Q235 钢材接触面作砂喷处理时，$\mu=0.45$。

一个螺栓的承载力设计值为

$$N_v^b=0.9n_f\mu P=0.9\times2\times0.45\times125=101.3(\text{kN})$$

所需螺栓数

$$n=\frac{N}{N_v^b}=\frac{800}{101.3}=7.9，\text{取 9 个。}$$

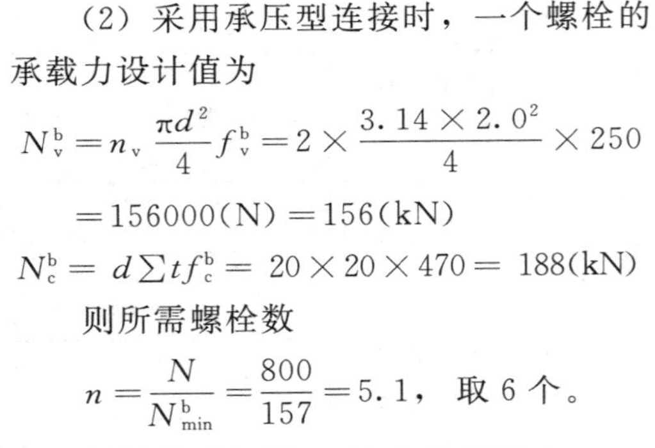

图 3.63　双盖板拼接的钢板连接

螺栓排列如图 3.63 右边所示。

（2）采用承压型连接时，一个螺栓的承载力设计值为

$$N_v^b=n_v\frac{\pi d^2}{4}f_v^b=2\times\frac{3.14\times2.0^2}{4}\times250$$

$$=156000(\text{N})=156(\text{kN})$$

$$N_c^b=d\sum tf_c^b=20\times20\times470=188(\text{kN})$$

则所需螺栓数

$$n=\frac{N}{N_{\min}^b}=\frac{800}{157}=5.1，\text{取 6 个。}$$

螺栓排列如图 3.63 左边所示。

3.8.3　高强度螺栓群的抗拉计算

1. 轴心力作用时

高强度螺栓群连接所需螺栓数目为

$$n\geqslant\frac{N}{N_t^b}$$

式中　N_t^b——在杆轴方向受拉力时，一个高强度螺栓（摩擦型或承压型）的承载力设计值（表 3.10）。

2. 高强度螺栓群因弯矩受拉

高强度螺栓（摩擦型和承压型）的外拉力总是小于预拉力 P，在连接受弯矩而使螺栓沿栓杆方向受力时，被连接构件的接触面一直保持紧密贴合；因此，可认为中和轴在螺栓群的形心轴上（图 3.64），最外排螺栓受力最大。按照普通螺栓小偏心受拉一段中，关于弯矩使螺栓产生的最大拉力的计算方法，可得高强度螺栓群因弯矩受拉

时最大拉力及其验算式为

$$N_1=\frac{My_1}{\sum y_i^2}\leqslant N_t^b \tag{3.53}$$

式中 y_1——螺栓群形心轴至螺栓的最大距离；

$\sum y_i^2$——形心轴上、下各螺栓至形心轴距离的平方和。

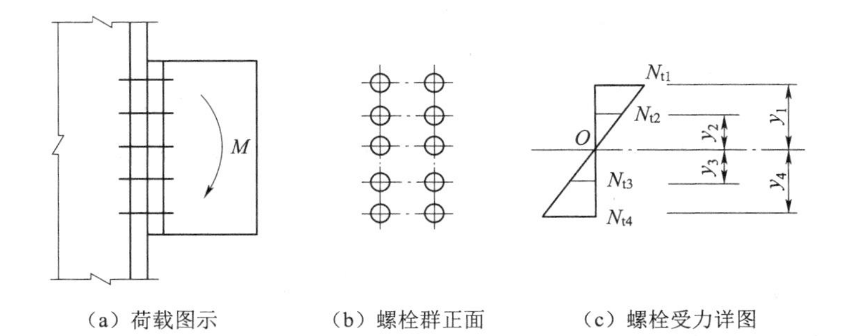

图 3.64 承受弯矩的高强度螺栓连接

3. *高强度螺栓群偏心受拉*

由于高强度螺栓偏心受拉时，螺栓的最大拉力不得超过 0.8P 能够保证板层之间始终保持紧密贴合端板不会拉开，故摩擦型连接高强度螺栓和承压型连接高强度螺栓均可按普通螺栓小偏心受拉计算，即

$$N_1=\frac{N}{n}+\frac{Me}{\sum y_i^2}y_1\leqslant N_t^b \tag{3.54}$$

4. *高强度螺栓群承受拉力、弯矩和剪力的共同作用*

图 3.65 所示为摩擦型连接高强度螺栓承受拉力、弯矩和剪力共同作用时的情况。已知螺栓连接板层间的压紧力和接触面的抗滑移系数随外拉力的增加而减小。前面已经给出摩擦型连接高强度螺栓承受剪力和拉力联合作用时，一个螺栓抗剪承载力设计值为

$$N_v^b=0.9n_f\mu(P-1.25N_t) \tag{3.55}$$

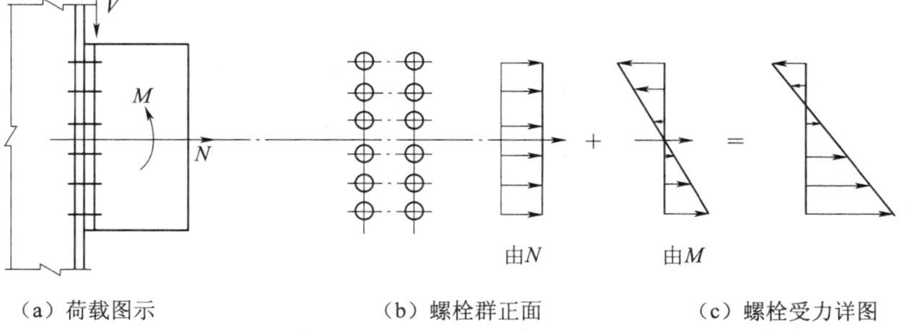

图 3.65 摩擦型连接高强度螺栓的应力

由图 3.65（c）可知，每行螺栓所受拉力 N_{ti} 各不相同，故应按下式计算摩擦型连接高强度螺栓的抗剪强度：

$$V \leqslant n_0(0.9n_f\mu) + 0.9n_f\mu[(P-1.25N_{t1})+(P-1.25N_{t2})+\cdots] \tag{3.56}$$

式中 n_0——受压区（包括中和轴处）的高强度螺栓数；

N_{t2}、N_{t1} ——受拉区高强度螺栓所承受的拉力。

也可将式（3.56）写成下列形式

$$V \leqslant 0.9n_f\mu(nP - 1.25\sum N_{ti}) \tag{3.57}$$

式中 n——连接的螺栓总数；

$\sum N_{ti}$——螺栓承受拉力的总和。

在式（3.56）或式（3.57）中，只考虑螺栓拉力对抗剪承载力的不利影响，未考虑受压区板层间压力增加的有利作用，故按该式计算的结果是略偏安全的。

此外，螺栓最大拉力应满足

$$N_{ti} \leqslant N_t^b$$

对承压型连接高强度螺栓，应按表3.10中的相应公式计算螺栓杆的抗拉抗剪强度，即按式（3.51）计算，即

$$\sqrt{\left(\frac{N_v}{N_v^b}\right)^2 + \left(\frac{N_t}{N_t^b}\right)^2} \leqslant 1$$

同时还应按下式验算孔壁承压，即按式（3.52）验算，即

$$N_v \leqslant \frac{N_c^b}{1.2}$$

式中的1.2为承压强度设计值降低系数。计算 N_c^b时，应采用无外拉力状态的 f_c^b 值。

【例3.15】 图3.66所示为高强度螺栓摩擦型连接，被连接构件的钢材为Q235-B，螺栓为10.9级，直径20mm，接触面采用喷砂处理。试验算此连接的承载力。图中内力均为设计值。

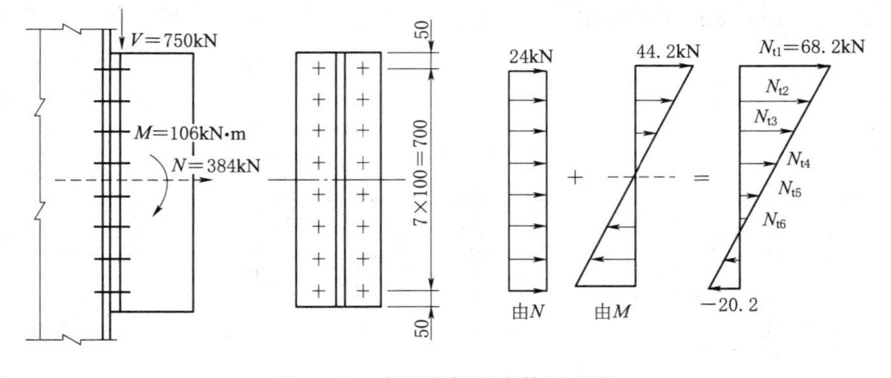

图3.66 高强度螺栓摩擦型连接

解： 由表3.9和表3.8查得抗滑移系数 $\mu=0.45$，预拉力 $P=155$kN。

一个螺栓的最大拉力为

$$N_{t1} = \frac{N}{n} + \frac{My_1}{m\sum y_i^2} = \frac{384}{16} + \frac{106 \times 10^2 \times 35}{2 \times 2 \times (35^2 + 25^2 + 15^2 + 5^2)} = 24 + \frac{106 \times 10^2 \times 35}{8400}$$

$=68.2(\mathrm{kN}) < 0.8P = 124(\mathrm{kN})$

连接的受剪承载力设计值应按式（3.55）计算

$$\sum N_v^b = 0.9 n_f \mu (nP - 1.25 \sum N_{ti})$$

式中 n——螺栓总数；

$\sum N_{ti}$——螺栓所受拉力之和。

按比例关系可求得

$$N_{t2} = 55.6\mathrm{kN}$$
$$N_{t3} = 42.9\mathrm{kN}$$
$$N_{t4} = 30.3\mathrm{kN}$$
$$N_{t5} = 17.7\mathrm{kN}$$
$$N_{t6} = 5.1\mathrm{kN}$$

故有

$$\sum N_{ti} = (68.2 + 55.6 + 42.9 + 30.3 + 17.7 + 5.1) \times 2 = 440(\mathrm{kN})$$

验算受剪承载力设计值

$$\sum N_v^b = 0.9 n_f \mu (nP - 1.25 \sum N_{ti})$$
$$= 0.9 \times 1 \times 0.45 \times (16 \times 155 - 1.25 \times 440) = 781.7\mathrm{kN} > V = 750(\mathrm{kN})$$

思考题

3.1 常用的连接有哪几类？各类的特点是什么？

3.2 角焊缝的尺寸在结构上有哪些要求？为什么？

3.3 扭矩作用下焊缝强度计算的基本假定是什么？如何求得焊缝最大应力？

3.4 焊缝残余应力与残余变形的成因是什么？焊缝残余应力对构件的影响是什么？如何减小焊缝残余应力和焊缝残余变形？

3.5 普通螺栓与高强螺栓在受力特性方面有什么区别？单个螺栓的抗剪承载力设计值是如何确定的？

3.6 螺栓群在扭矩作用下，在弹性受力阶段受力最大的螺栓其内力值是在什么假定下求得的？

3.7 为什么要控制高强螺栓的预拉力？

习题

3.1 验算图3.67所示牛腿与柱连接的对接焊缝的强度。已知外力 $F=180\mathrm{kN}$，钢材为Q235AF，焊缝尺寸如图3.67（b）所示，手工焊，焊条为E43型，无引弧板，采用三级质量检验（假定剪力仅有腹板上的焊缝平均承受）。

3.2 现将图3.68所示的钢板拼接，用Q345钢，M22摩擦型高强螺栓（孔径24mm），拼接板与主钢板接触面喷漆处理，试设计此连接。

3.3 如图3.69所示，当角钢轴心拉力为 $N=380\mathrm{kN}$ 时，设计端板与柱的普通螺栓连接。钢材均为 Q235，设螺栓总数为 10，间距为 100m，$t=12$mm，N 通过螺栓群中心。

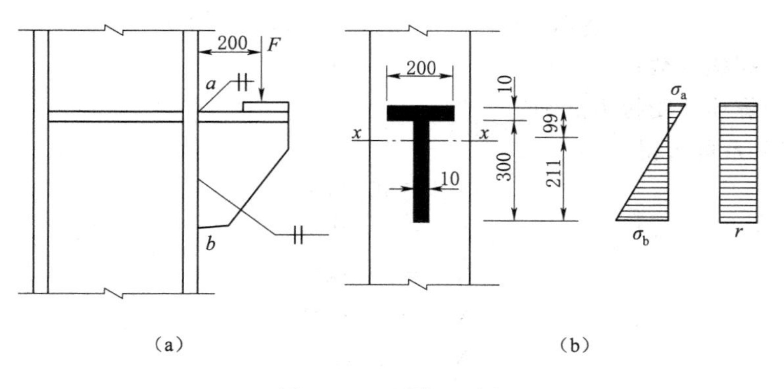

图 3.67　习题 3.1 图

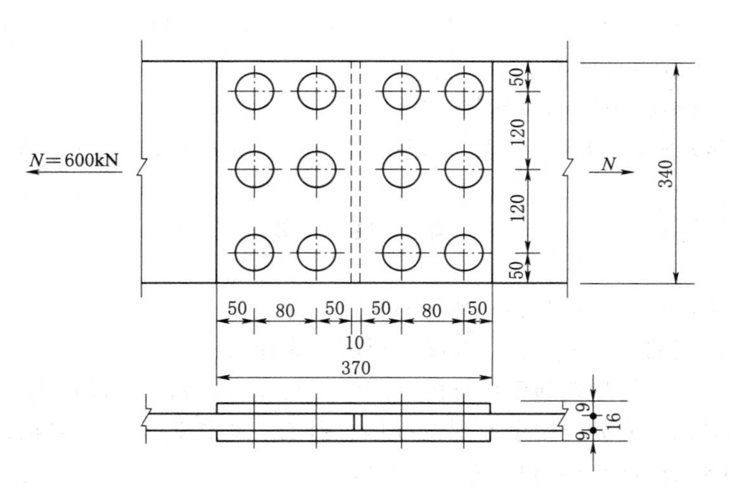

图 3.68　习题 3.2 图

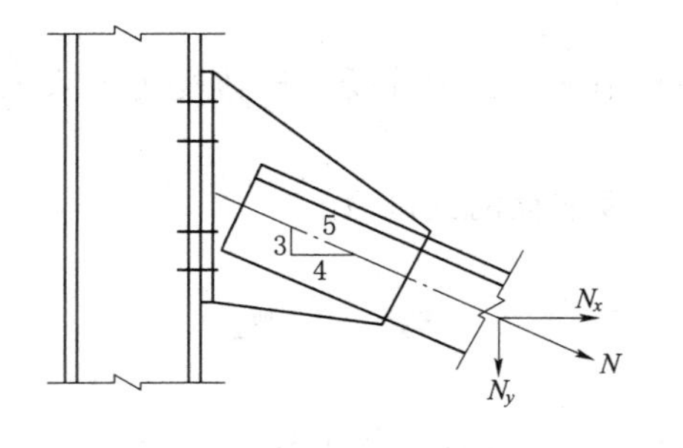

图 3.69　习题 3.3 图

第 4 章

钢柱及钢压杆

4.1　轴心受力构件的应用和截面形式

轴心受力构件是指只承受通过构件截面形心轴线的轴向力作用的构件。当这种轴向力为拉力时，称为轴心受拉构件，简称轴心拉杆；当轴向力为压力时，称为轴心受压构件，简称轴心压杆。轴心受力构件广泛地应用于屋架、托架、塔架、网架和网壳等各种类型的平面或空间格构式体系以及支撑系统中。支撑屋盖、楼盖或工作平台的竖向受压构件通常称为柱（columns），包括轴心受压柱。柱通常由柱头、柱身和柱脚三部分组成（图 4.1），柱头支承上部结构并将其荷载传给柱身，柱脚则把荷载由柱

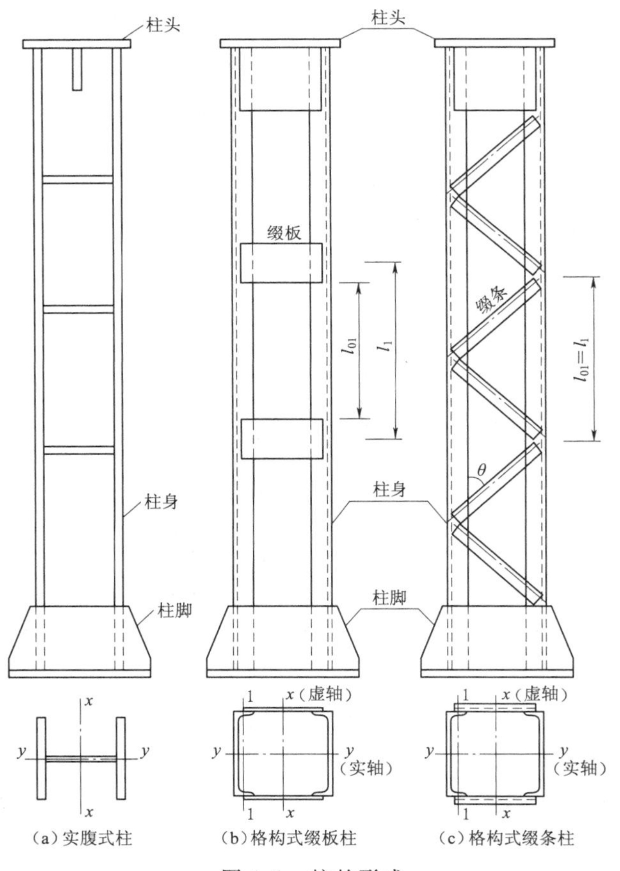

图 4.1　柱的形式

身传给基础。

轴心受力构件的截面形式很多，常见的截面形式有以下 3 种。

（1）热轧型钢截面，如圆钢、圆管、方管、角钢、工字钢、T 型钢、宽翼缘工字钢（H 型钢）和槽钢等，其中最常用的是工字形或 H 形截面；它们只需经过少量加工就可直接用作构件。由于型钢价格低，制造工作量又少，省工又省时，故使用型钢成本较低。在普通桁架中，受拉或受压杆件常采用两个等边或不等边角钢组成的 T 形截面或十字形截面，也可采用单角钢、圆管、方管、工字钢或 T 型钢等截面［图 4.2（a）］。

（2）冷弯薄壁型钢，如卷边和不卷边的角钢或槽钢与方管；轻型桁架的杆件则采用小角钢、圆钢或冷弯薄壁型钢等截面［图4.2（b）］。

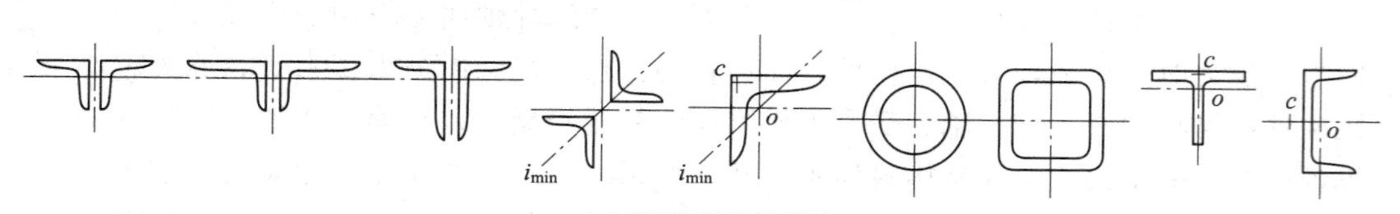

（a）普通桁架杆件截面

（b）轻型桁架杆件截面

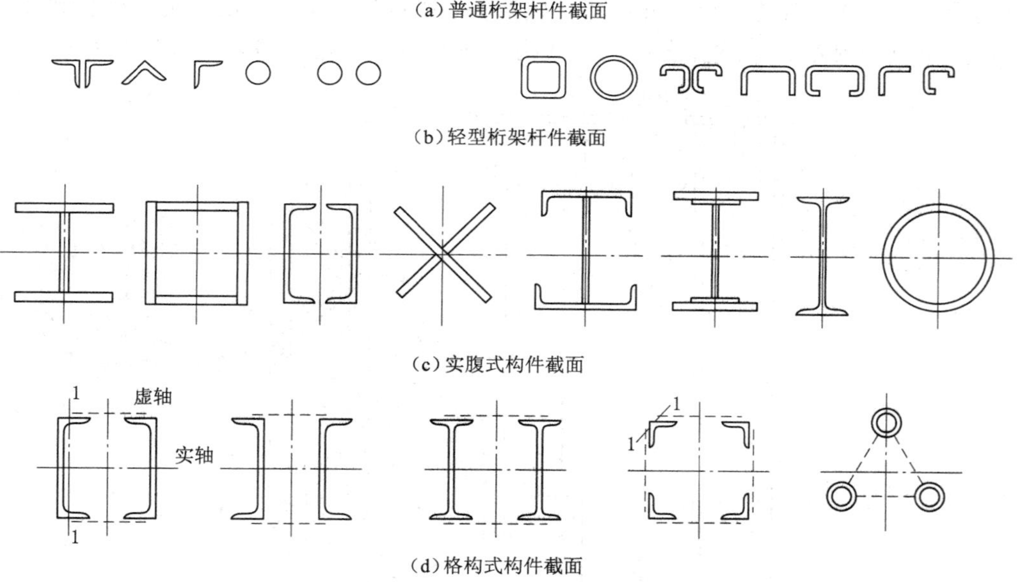

（c）实腹式构件截面

（d）格构式构件截面

图 4.2　轴心受力构件的截面形式

（3）由型钢或钢板连接而成的组合截面，按其形式还可分为实腹式组合截面和格构式组合截面两种。由于组合截面的形状和尺寸几乎不受限制，因此可根据轴心受力构件的受力性质和力的大小选用合适的截面。如轴心拉杆一般由强度条件决定，故只需选用满足强度要求的截面面积并使截面较开展以满足必要的刚度要求即可。但对轴心压杆，除强度和刚度条件外，往往取决于整体稳定性条件，故应使截面尽可能开展以提高其稳定承载能力。实腹式构件比格构式构件构造简单，制造方便，整体受力和抗剪性能好，但截面尺寸较大时钢材用量较多；而格构式构件容易实现两主轴方向的等稳定性，刚度较大，抗扭性能较好，用料较省。受力不大但却较长的构件，为提高刚度，可采用三肢或四肢组成较宽大的格构式截面。

4.2　轴心受力构件的强度和刚度

与受弯构件一样，轴心受力构件的设计也要满足钢结构设计两种极限状态的要求。对承载能力极限状态，轴心受拉只有强度问题，而轴心受压构件则同时有强度和稳定问题。对正常使用极限状态，每类构件都有刚度方面的要求。本章以下各节将分别加以讨论。

4.2.1　轴心受力构件的强度计算

从钢材的应力-应变关系可知，当轴心受力构件的截面平均应力达到钢材的抗拉强度 f_u 时，构件达到强度极限承载力。但当构件的平均应力达到钢材的屈服强度 f_y 时，由于构件塑性变形的发展，将使构件的变形过大以致达到不适于继续承载的状态。因此，轴心受力构件是以截面的平均应力达到钢材的屈服强度作为强度计算准则的。

轴心受力构件一般分无孔和有孔两种类型，现分别对其强度加以说明。

对无孔洞等削弱的轴心受力构件，以全截面平均应力达到屈服强度为强度极限状态，应按下式进行毛截面强度计算：

$$\sigma = \frac{N}{A} \leqslant f \tag{4.1}$$

式中　N——构件的轴心力设计值；

f——钢材抗拉强度设计值或抗压强度设计值；

A——构件的毛截面面积。

有孔杆件在工程上采用较多的为在局部区段上有孔，孔位置多在构件两端的连接处。对这种杆件，其承载能力极限状态要分以下两种考虑。

（1）毛截面屈服：有孔杆件达到毛截面屈服时，与无孔杆件一样，其变形将达到不适于继续承载，故其计算式同式（4.1）。

（2）净截面断裂：对有孔洞等削弱的轴心受力构件（图 4.3），在孔洞处截面上的应力分布是不均匀的，靠近孔边处将产生应力集中现象。在弹性阶段，孔壁边缘的最大应力 σ_{max} 可能达到构件毛截面平均应力 σ_0 的 3 倍［图 4.3（a）］。此时，由于净

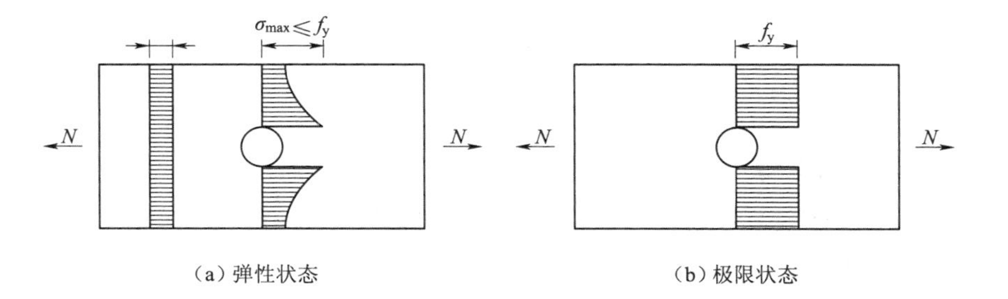

图 4.3　截面削弱处的应力分布

截面的塑性变形，将使拉杆有一定的伸长，但因其在整个杆长中所占的比例较小，故即使所有净截面都屈服，杆的变形程度也不会达到像毛截面屈服时那样不适于继续承载，所以有孔杆件的净截面屈服还不是承载能力的极限状态。若轴力继续增加，孔边缘塑性变形将进一步发展而容易导致首先出现裂纹，从而使整个净截面断裂，此时杆件达到最大承载能力。因此，有孔杆件净截面承载能力的极限状态应以断裂为准。《规范》为了简化计算，采用了按净截面屈服的计算方法，其计算公式为

$$\sigma=\frac{N}{A_n}\leqslant f \tag{4.2}$$

式中　A_n——构件的净截面面积。对有螺纹的拉杆，A_n 取螺纹处的有效截面面积。当轴心受力构件采用普通螺栓（或铆钉）连接时，若螺栓（或铆钉）为并列布置［图 4.4（a）］，A_n 按最危险的正交截面（1—I 截面）计算。若螺栓错列布置［图 4.4（b）］，构件既可能沿正交截面Ⅰ—Ⅰ破坏，也可能沿齿状截而Ⅱ—Ⅱ或Ⅲ—Ⅲ破坏。截面Ⅱ—Ⅱ或Ⅲ—Ⅲ的毛截面长度较大但孔洞较多，其净截面面积不一定比截面 I—I 的净截面面积大。A_n 应取 I—I、Ⅱ—Ⅱ或Ⅲ—Ⅲ截面的较小面积计算。

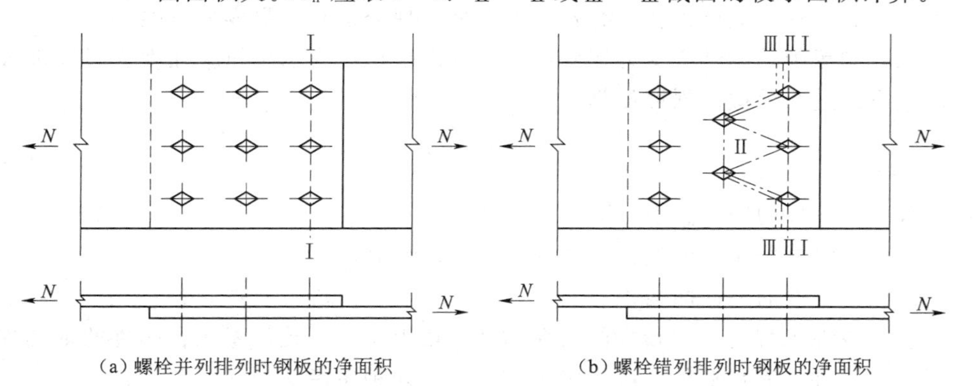

图 4.4　净截面面积的计算

对于高强度螺栓摩擦型连接的构件，可以认为连接传力所依靠的摩擦力均匀分布于螺孔四周，故在孔前接触面已传递一半的力（图 4.5）。因此，最外列螺栓处危险截面的净截面强度应按下式计算

$$\sigma=\frac{N'}{A_n}\leqslant f \tag{4.3}$$

式中　$N'=\left(1-0.5\,\frac{n_1}{n}\right)N$；

n——连接一侧的高强度螺栓总数；

n_1——计算截面（最外列螺栓处）上的高强度螺栓数目；

0.5——孔前传力系数。

对于高强度螺栓摩擦型连接的构件，除按式（4.3）验算净截面强度外，还应按式（4.1）验算毛截面强度。

4.2.2 轴心受力构件的刚度计算

按正常使用极限状态的要求，轴心受力构件均应具有一定的刚度，以避免产生过大的变形和振动。因为构件刚度不足时，在自身重力作用下，会产生过大的挠度，且在运输和安装过程中容易造成弯曲，在承受动力荷载的结构中，还会引起较大的晃动。《标准》根据长期的实践经验，对轴心受压构件的刚度均以它们的容许长细比 [λ] 进行控制，构件的容许长细比 [λ] 按表 4.1 采用，同时对主轴 x 轴、y 轴的长细比 λ_x 和 λ_y 应满足下式要求：

$$\lambda_x = \frac{l_{0x}}{i_x} \leqslant [\lambda] \qquad \lambda_y = \frac{l_{0y}}{i_y} \leqslant [\lambda] \tag{4.4}$$

式中 l_{0x}、l_{0y}——构件对主轴 x 轴、y 轴的计算长度；

i_x、i_y——截面对主轴 x 轴、y 轴的回转半径。构件计算长度 l_0（l_{0x} 或 l_{0y}）取决于其两端支承情况（表 4.2），桁架和框架构件的计算长度与其两端相连构件的刚度有关。

表 4.1　轴心受力构件的容许长细比

构件种类	主要构件	次要构件	联系构件
受压构件	120	150	200
受拉构件	200	250	350

4.3 轴心受压构件的整体稳定

4.3.1 轴心受压构件的弯曲屈曲

对于轴心受压构件，只有极短的压杆，或者局部有较大孔洞削弱的压杆，才会因截面的平均应力达到设计强度而丧失承载能力，致使强度计算起控制作用。一般来说，轴心受压杆件的承载力是由稳定条件决定的。

稳定和强度是两个不同的概念。轴心受压构件的屈曲（即构件丧失整体稳定）具有突然性，以往国内外因压杆突然丧失稳定而导致重大工程事故的例子是屡见不鲜的，因而，必须引起足够的重视。

杆在轴心压力作用下发生屈曲，屈曲变形可能有 3 种形式：①弯曲屈曲：杆轴线由直线变为曲线，这时杆的任一截面均绕一个主轴回转［图 4.5（a）］；②扭转屈曲：不受约束的截面均绕杆轴扭转［图 4.5（b）］；

N　N　N

N　N　N

(a) 弯曲屈曲 (b) 扭矩屈曲 (c) 弯扭屈曲

图 4.5　两端铰接轴心受压构件的屈曲状态

弯曲失稳

③弯扭屈曲：在产生弯曲屈曲变形的同时伴有扭转屈曲变形［图4.5（c）］。轴心压杆可能产生什么样的屈曲形式，主要取决于杆截面的形式和尺寸、杆的长度和杆端的连接条件。

钢结构中常用截面的轴心受压构件，由于其板件较厚，构件的抗扭刚度也相对较大，失稳时主要发生弯曲屈曲；单轴对称截面的构件绕对称轴弯扭屈曲时，当采用考虑扭转效应的换算长细比后，也可按弯曲屈曲计算。因此弯曲屈曲是确定轴心受压构件稳定承载力的主要依据，本节将主要讨论弯曲屈曲问题。

4.3.1.1　理想轴心受压构件的屈曲

1. 弹性屈曲

图4.6为两端铰接的理想等截面构件，在压力 N 小于临界力时保持压而不弯的直线平衡状态，当轴心压力 N 达到临界值时，处于屈曲的微弯状态。

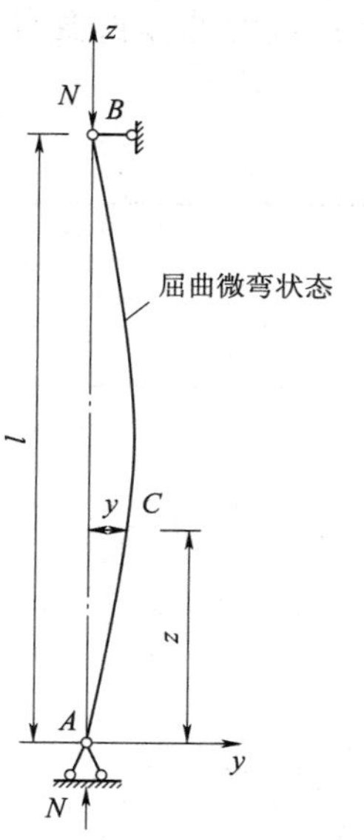

图4.6　轴心受压构件的弯曲屈曲

在弹性微弯状态下，由内外力矩平衡条件，可建立平衡微分方程，求解后可得到著名的欧拉临界力和相应得临界应力公式为

$$欧拉临界力：N_{cr}=\frac{\pi^2 EI}{(\mu l)^2}=\frac{\pi^2 EI}{l_0^2}=\frac{\pi^2 EA}{\lambda^2} \tag{4.5}$$

$$欧拉临界应力为：\sigma_E=\sigma_{cr}=\frac{N_{cr}}{A}=\frac{\pi^2 E}{\lambda^2} \tag{4.6}$$

式中　E——材料的弹性模量；

I——截面绕主轴的惯性矩；

l、l_0——构件的几何长度和计算长度；

μ——构件的计算长度系数，根据构件的端部条件确定，对常见的端部条件，按表4.2采用，考虑到理想条件难于完全实现，表中给出了用于实际设计的建议值；

λ——构件的有效长细比，$\lambda=l_0/i$，$i=\sqrt{I/A}$ 为截面的回转半径，A为构件的毛截面面积。

由式（4.5）可见，压杆的临界力 N_{cr} 与构件的弯曲刚度 EI 成正比，与构件的计算长度 l_0 的平方成反比，而与材料的强度无关。因此，采用高强度材料，并不能提高 N_{cr} 值，而只有用增大截面的惯性矩 I 或减少计算长度 l_0 等措施来提高构件的稳定性。式（4.6）表明临界应力 σ_E 与长细比 λ 的平方成反比，即 λ 越大，σ_E 就越小，压杆的稳定性就越差。

在欧拉临界力公式的推导中，假定材料无限弹性、符合虎克定律（弹性模量 E 为常量），因此当截面应力超过钢材的比例极限 f_p 后，欧拉临界力公式不再适用，式（4.6）需满足：

$$\sigma_{cr}=\frac{\pi^2 E}{\lambda^2}\leqslant f_p \tag{4.7}$$

或

$$\lambda \geqslant \lambda_p = \pi\sqrt{\frac{E}{f_p}} \tag{4.8}$$

式中　λ_p——相应于截面应力为比例极限 f_p 时构件的长细比。

只有长细比较大（$\lambda \geqslant \lambda_p$）的轴心受压构件，才能满足式（4.7）的要求。对于长细比较小（$\lambda \leqslant \lambda_p$）的轴心受压构件，截面应力在屈曲前已超过钢材的比例极限，构件处于弹塑性阶段，应按弹塑性屈曲计算其临界力。

表 4.2　　轴心受压构件的计算长度系数

两端支承情况	两端铰接	上端自由 下端固定	上端铰接 下端固定	两端固定	上端可移动 但不转动 下端固定	上端可移动 但不转动 下端铰接
屈曲形状	N, l, $l_0=l$	N, l, $l_0=2l$	N, l, $l_0=0.7l$	N, l, $l_0=0.5l$	N, l, $l_0=l$	N, l, $l_0=2l$
计算长度 $l_0=\mu l$ （μ 为理论值）	$1.0l$	$2.0l$	$0.7l$	$0.5l$	$1.0l$	$2.0l$
μ 的设计建议值	1	2	0.8	0.65	1.2	2

2. 弹塑性屈曲

当 $\sigma_{cr} > f_p$，即 $\lambda < \lambda_p$ 时压杆的工作已进入非弹性范围，此时，材料的 $\sigma-\varepsilon$ 关系呈非线性［图 4.7（a）］，致使屈曲问题变得复杂起来。经过对非弹性屈曲在理论方面的长期研究，得出轴心压杆在非弹性阶段时的临界应力，用切线模量理论计算比较接近实际［图 4.7（c）］，即

$$N_{cr} = \frac{\pi^2 E_t I}{l_0^2} = \frac{\pi^2 E_t A}{\lambda^2} \tag{4.9}$$

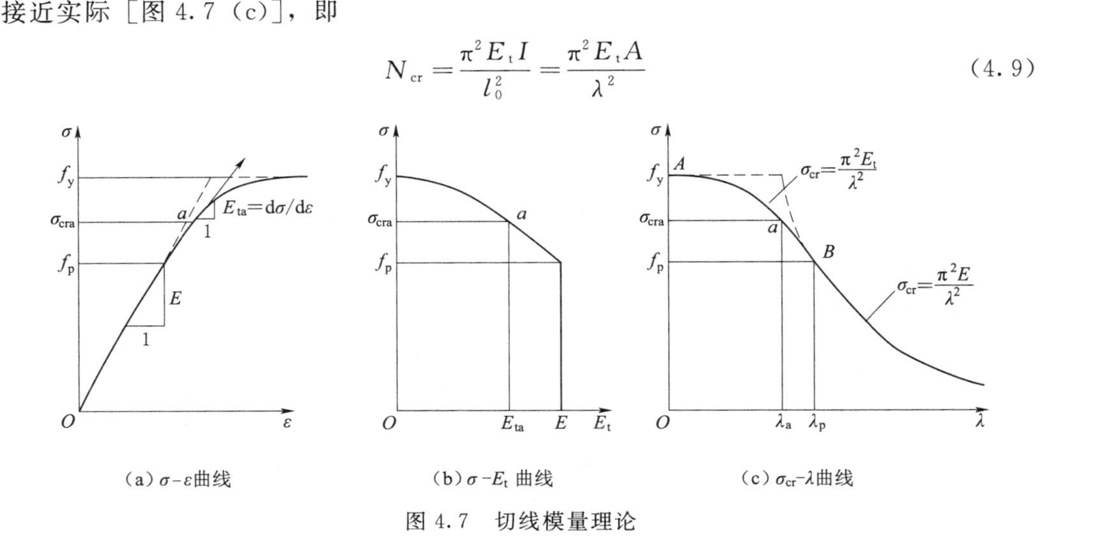

(a) $\sigma-\varepsilon$ 曲线　(b) $\sigma-E_t$ 曲线　(c) $\sigma_{cr}-\lambda$ 曲线

图 4.7　切线模量理论

相应的切线模量临界应力为

$$\sigma_{cr}=\frac{\pi^2 E_t}{\lambda^2} \tag{4.10}$$

4.3.1.2　实际压杆（即工程压杆）的屈曲

在实际结构中，上述理想的轴心压杆并不存在，由于种种原因，经常出现一些不利因素，如初弯曲、初偏心、残余应力等缺陷，在不同程度上使压杆的承载能力降低。在设计这种构件时必须充分予以考虑。

1. 构件的初弯曲和荷载初偏心的影响

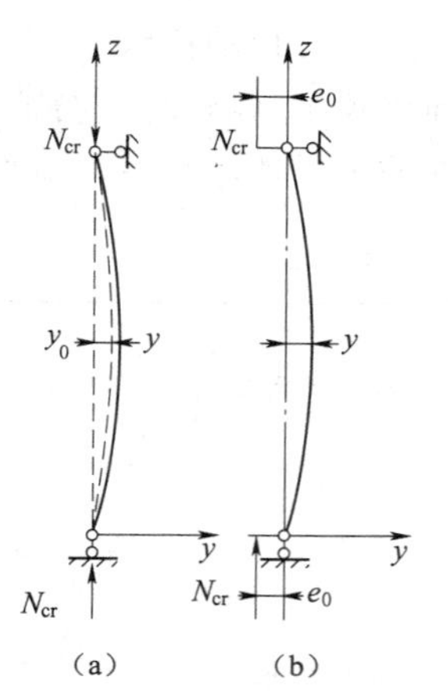

图 4.8　有初弯曲和初偏心的轴压杆件

图 4.8 所示为初弯曲和初偏心的轴心受压构件的临界平衡状态。图 4.9 所示为临界力和杆中挠度之间的关系。

由图可见，初弯曲和初偏心对轴心受压杆件工作的影响是类似的。这些影响可归纳为以下 3 点：①在压力一开始作用时，杆件就产生挠曲，并随着荷载的增加而增大，开始时增长较慢，而后迅速增长，当压力趋近欧拉力时，挠度无限增大；②初挠度 y_0 或初偏心 e_0 越大时，在相同的压力作用下，杆件的挠度也越大；③不论 y_0 或 e_0 多么小，杆件的临界力 N 总小于欧拉力 N_{cr}。

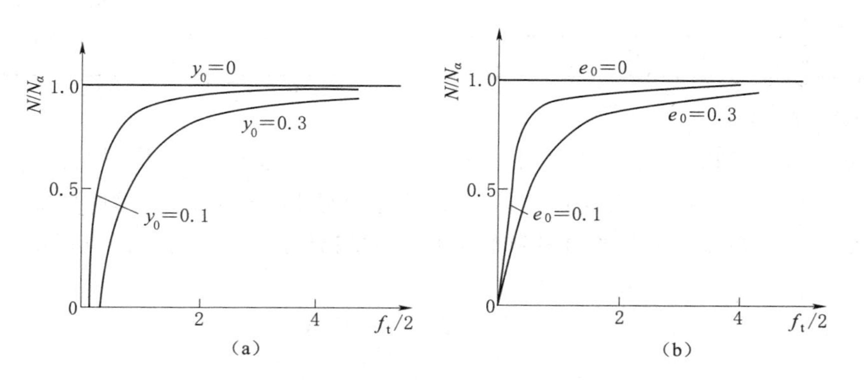

图 4.9　初弯曲和初偏心的影响

2. 残余应力的影响

（1）残余应力的产生及分布。残余应力的产生有以下几个原因：①焊接；②热轧型钢的不均匀冷却；③冷加工；④火焰切割等。其中焊接残余应力数值最大，通常可达到或接近钢材的屈服强度 f_y。残余应力是一种初应力，即构件受荷载前，截面上就已存在的应力。在一个截面上，残余应力具有自相平衡的特点（图 4.10）。

杆件中残余应力的产生、分布及其大小，与杆件的截面现状、尺寸，加工方法和加工过程有密切关系，而与材料的屈服点关系不大。图 4.11 为热轧宽翼缘工字钢截面、焊接工字形截面和焊接箱形截面的残余应力分布（当板厚较大时，残余应力在板厚方向有变化，图中所示为沿板厚方向的平均值）。对图 4.11（a）来说，由于在热轧冷却过程中，翼缘两端单位面积的暴露面积比翼缘与腹板相交处大，因此冷却较快；同样，腹板中间部分也比腹板两端相交处较快冷却，后冷却的区域就会受到较早冷却部分的约束，因而在板相交处产生拉应力。相反，在早冷却部分截面上则产生压应力。

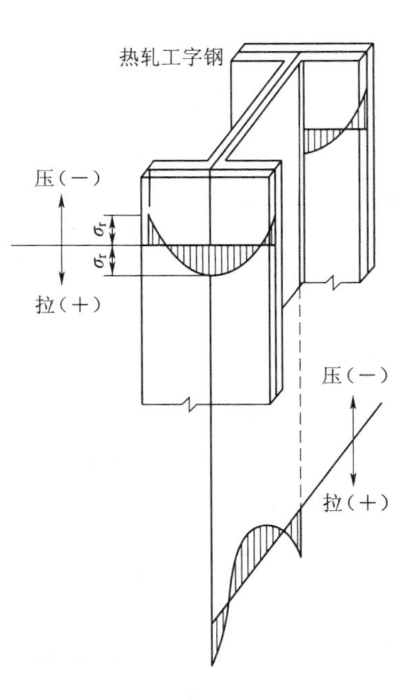

图 4.10 残余应力自相平衡

(2) 残余应力对短柱应力-应变曲线的影响。残余应力对应力-应变曲线的影响通常由短柱压缩试验测定。所谓短柱就是取一柱段，其长细比不大于 10，不致在受压时发生屈曲破坏，又能足以保证其中部截面反映实际的残余应力。

将有残余应力的短柱与经退火热处理消除了残余应力的短柱试验的 $\sigma-\varepsilon$ 曲线对比可知，残余应力对短柱的 $\sigma-\varepsilon$ 曲线的影响是：降低了构件的比例极限；当外荷载引起的应力超过比例极限后，残余应力使构件的平均应力-应变曲线变成非线性关系，同时减小了截面的有效面积和有效惯性矩，从而降低了构件的稳定承载力。

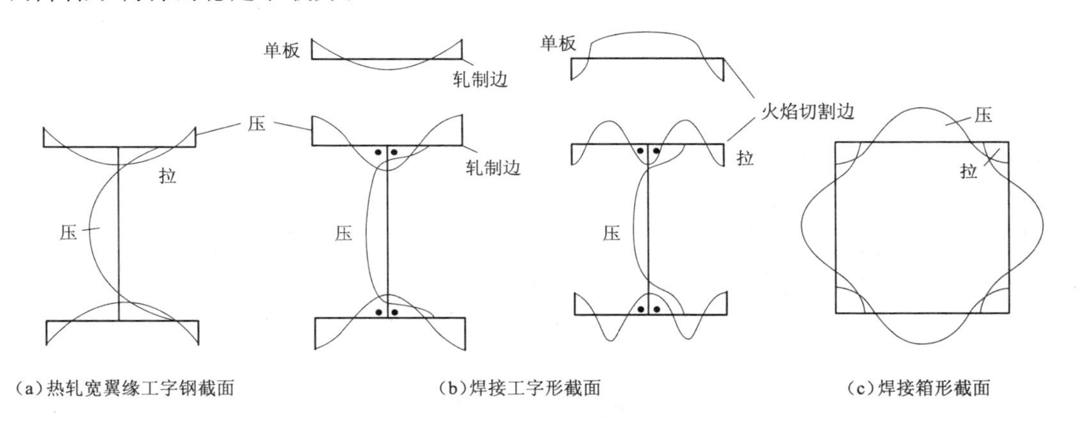

图 4.11 构件残余应力的分布

(3) 残余应力对构件稳定承载力的影响。残余应力对构件的强度承载力并无影响，因它本身自相平衡。但对稳定承载力是有影响的，因为残余应力的压应力部分将使该部分截面提早发展塑性。因此，将使轴心受压构件达临界状态时，截面由变形模量不同的两部分组成，屈服区的弹性模量 $E=0$，而弹性区的模量仍为 E，已屈服的塑性区，不能继续有效地承载，只有弹性区才能继续有效承载。因此，只能按弹性区截面的有效截面惯性矩 I_e 来计算其临界力，即

$$N_{cr}=\frac{\pi^2 EI_e}{l^2} \tag{4.11}$$

图 4.12　残余应力对轴心受压短柱平均应力-应变曲线的影响

相应临界应力为

$$\sigma_{cr}=\frac{N_{cr}}{A}=\frac{\pi^2 EI}{l^2 A}\cdot\frac{I_e}{I}=\frac{\pi^2 E}{\lambda^2}\cdot\frac{I_e}{I}\qquad(4.12)$$

式（4.12）表明，考虑残余应力影响时，弹塑性屈曲的临界应力为弹性欧拉临界应力乘以小于1的折减系数 I_e/I。比值 I_e/I 取决于构件截面形状尺寸、残余应力的分布和大小，以及构件屈曲时的弯曲方向。EI_e/I 称为有效弹性模量或换算切线模量 E_t。

图4.13（a）代表H型钢或翼缘为轧制边的焊接工字形截面，由于残余应力的影响，翼缘四角为塑性区，故对 $x—x$ 轴（强轴）屈曲时

$$E_{tx}=\frac{EI_{ex}}{I_x}\approx E\,\frac{2tb_e\,(h/2)^2}{2tb(h/2)^2}=E\,\frac{A_e}{A}=E\eta\qquad(4.13)$$

式中　A_e ——翼缘的弹性区面积；

A ——总面积；

η ——为翼缘的弹性区面积 A_e 与总面积 A，即 $\eta=\frac{A_e}{A}$。

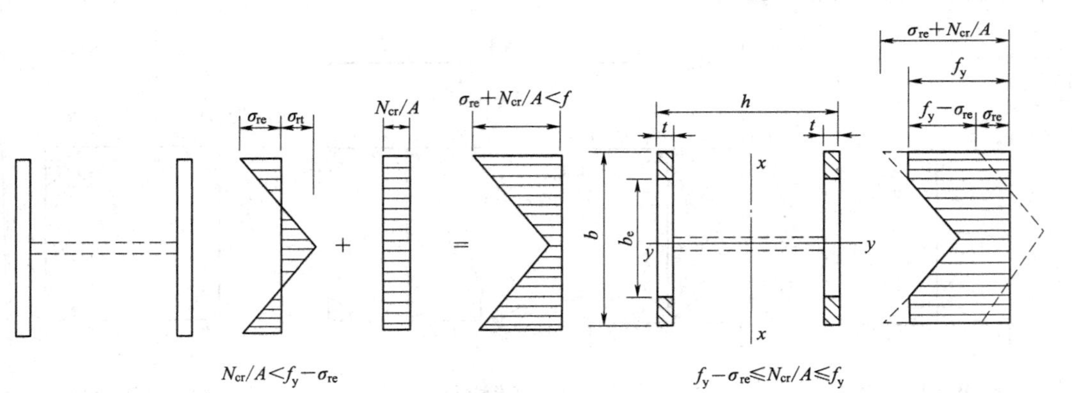

（a）H型钢或翼缘为轧制边

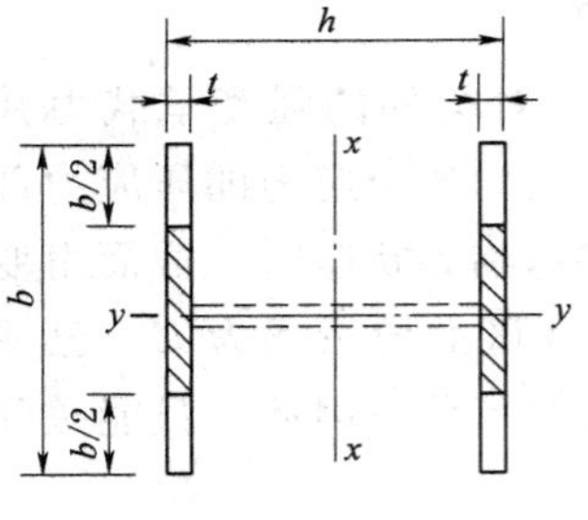

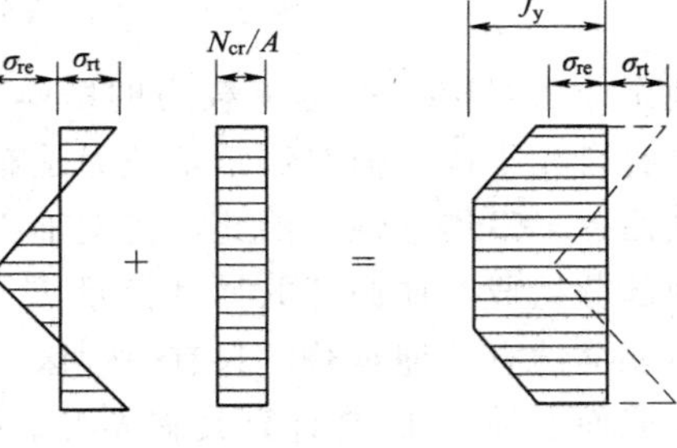

（b）翼缘为火焰切割边

图 4.13　残余应力对轴心受压杆稳定的影响

对 $y—y$ 轴（弱轴）屈曲时

$$E_{ty}=\frac{EI_{ey}}{I_y}=E\,\frac{2tb_c^3/12}{2tb^3/12}=E\left(\frac{A_e}{A}\right)^3=E\eta^3 \tag{4.14}$$

由于式（4.13）和式（4.14）中 $\eta<1$，故 $E_{ty}\ll E_{tx}$。由此可见，残余应力的不利影响，对绕弱轴屈曲时比绕强轴屈曲时严重得多。原因是远离弱轴的部分是残余压应力最大的部分，而远离强轴的部分则兼有残余压应力和残余拉应力。

若残余应力分布为另一种情况，如图 4.13（b）所示用火焰切割钢板焊接而成的工字形截面。由于残余应力的影响，翼缘中部为塑性区。同样可以证明，对 $x—x$ 轴（强轴）屈曲时，E_{tx}与式（4.13）相同，但对 $y—y$ 轴（弱轴）屈曲时

$$E_{ty}=E(3\eta-3\eta^2+\eta^3) \tag{4.15}$$

上式数值显然比式（4.14）大，由此可见，用火焰切割钢板焊接而成的工字形截面，由于在远离弱轴翼缘两端具有使其推迟发展塑性的残余拉应力，因而对弱轴屈曲时临界应力比用轧制边的工字形截面的高。而对绕强轴屈曲时残余应力的不利影响，两种截面是相同的。

4.3.2 实际轴心受压构件整体稳定的计算

1. 计算公式

根据轴心受压构件的稳定承载力 N_u，考虑抗力分项系数 γ_R 后，即可得《标准》规定的计算其整体稳定性的公式：

$$\sigma=\frac{N}{A}\leqslant\frac{\sigma_{cr}}{\gamma_R}=\frac{\sigma_{cr}}{f_y}\,\frac{f_y}{\gamma_R}=\varphi f$$

或

$$\frac{N}{\varphi A}\leqslant f \tag{4.16}$$

式中 σ_{cr}——构件的极值点失稳临界应力；

γ_R——抗力分项系数；

N——轴心压力设计值；

A——构件的毛截面面积；

f——钢材的抗压强度设计值，按附录 1 附表 1.1 采用；

φ——轴心受压构件的整体稳定系数，可根据表 4.3 和表 4.4 的截面分类和构件的长细比或换算长细比（按 λ/ε_k，$\varepsilon_k=\sqrt{\frac{235}{f_y}}$），按附录 4 的附表 4.1～附表 4.4 查出。

2. 柱子曲线和稳定系数 φ 的确定

实际轴心受压构件受残余应力、初弯曲、初偏心的影响，且影响程度还因截面形状、尺寸和屈曲方向而不同，每个实际构件都有各自的柱子曲线，因此它的柱子曲线分布很离散。《规范》制定时，根据我国较常用的截面形式，按不同尺寸、不同加工条件及相应的残余应力图，经过计算和实验研究，共算出 96 条纵坐标用

$\varphi=\sigma_u/Af_y$、横坐标用长细比 λ/ε_k 的柱子曲线，图 4.14 中的两条虚线表示这些曲线的分布带范围。这个分布带的上、下限相差较大，特别是中等长细比的常用情况相差尤其显著。因此，若用一条曲线来代表，显然是不合理的。规范将这些曲线分成 4 组，也就是将分布带分成 4 个窄带，取每组的平均值（50%的分位值）曲线作为该组代表曲线，给出 a、b、c、d 4 条柱子曲线，如图 4.14 所示。在常用范围（$\lambda=40\sim120$），a 曲线的 φ 值最高（比 b 类高 4%～15%），c 曲线的则较低（比 b 类的低 7%～13%），而 d 曲线的最低，它主要用于 $t>40$mm 的厚板中的某些截面。

对应于 a、b、c、d 4 条曲线的轴心受压构件截面分类见表 4.3 和表 4.4，大部分的截面形式属于 b 类。

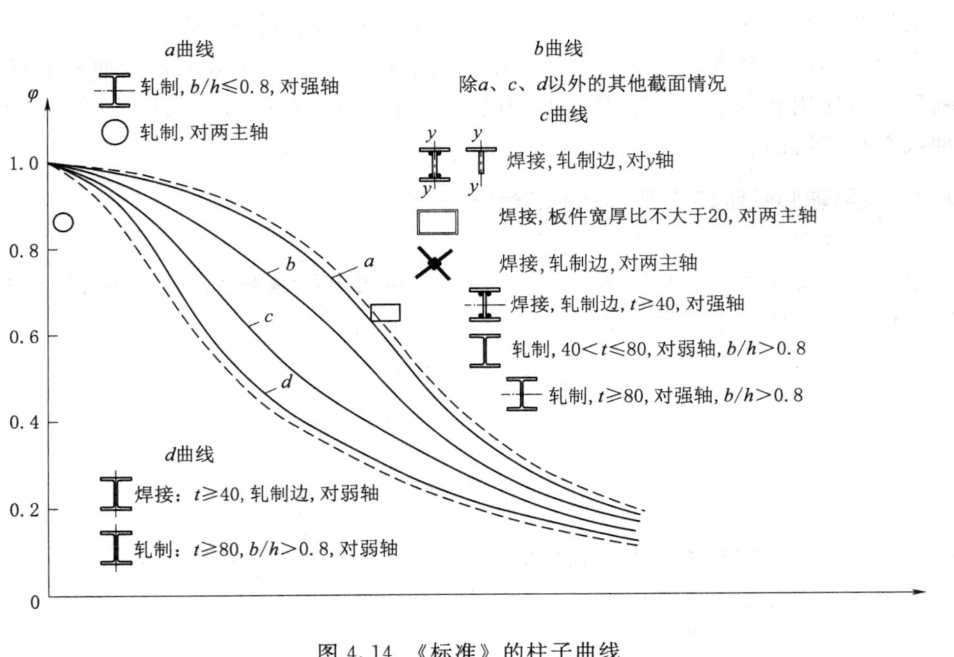

图 4.14 《标准》的柱子曲线

表 4.3　　轴心受压构件的截面分类（板厚 $t<40$mm）

截面形式	对 x 轴	对 y 轴
轧制（圆形截面）	a 类	a 类
轧制，$b/h\leqslant0.8$	a 类	b 类

续表

截 面 形 式	对 x 轴	对 y 轴
轧制，$b/h>0.8$ 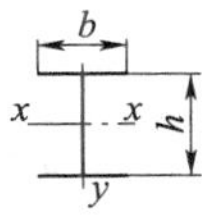	b类	b类
焊接，翼缘为焰切边 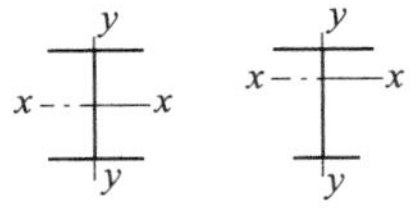	b类	b类
焊接 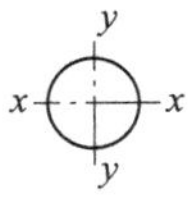	b类	b类
轧制 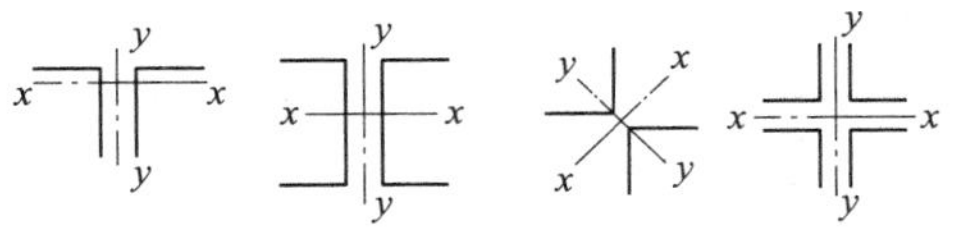	b类	b类
轧制，等边角钢 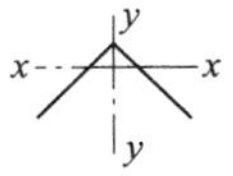	b类	b类
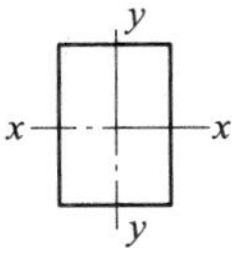 轧制，焊接（板件宽厚比大于20）	b类	b类
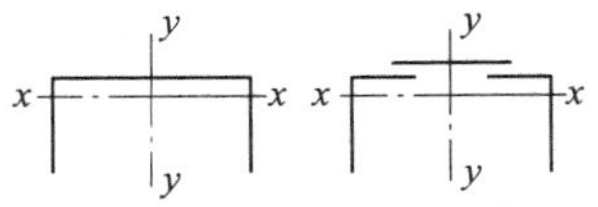 轧制或焊接	b类	b类
焊接 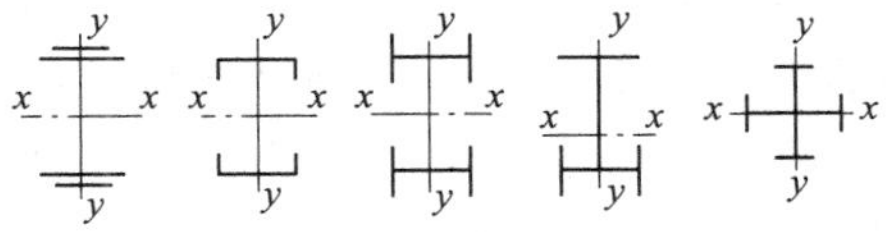	b类	b类
轧制截面和翼缘为焰切边的焊接截面 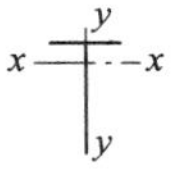	b类	b类
格构式 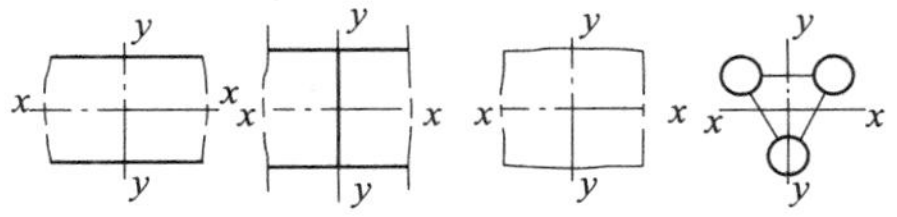	b类	b类
焊接，板件边缘焰切 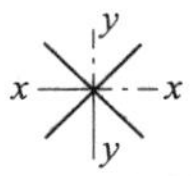	b类	b类
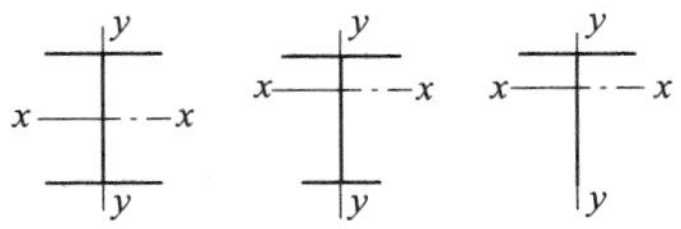 焊接，翼缘为轧制或剪切边	b类	c类
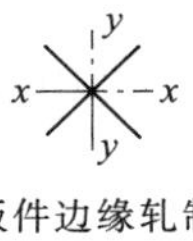 焊接，板件边缘轧制或剪切	c类	c类
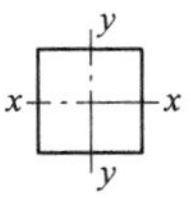 焊接，板件宽厚比不大于20	c类	c类

表 4.4　　轴心受压构件的截面分类（板厚 $t \geqslant 40mm$）

截面形式		对 x 轴	对 y 轴
轧制工字形或 H 形截面	$t<80mm$	b类	c类
	$t \geqslant 80mm$	c类	d类
焊接工字形截面	翼缘为焰切边	b类	b类
	翼缘为轧制或剪切边	c类	d类
焊接箱形截面	板件宽厚比大于 20	b类	b类
	板件宽厚比不大于 20	c类	c类

4.4　轴心受压构件的局部稳定

轴心受压构件中，翼缘和腹板均受到压应力作用，同样存在着局部屈曲的问题。板丧失局部稳定，可能促使构件提前破坏，这是必须防止的。在计算中通常是以限制板的宽厚比来保证其局部稳定。对于板件的宽厚比有两种准则：一种是使构件应力达到屈服前其板件不发生局部屈曲，即局部屈曲临界应力不低于屈服应力；另一种是使构件整体屈曲前其板件不发生局部屈曲，即局部屈曲临界应力不低于整体屈曲临界应力，常称作等稳定性准则。后一准则与构件长细比发生关系，对中等或较长构件似乎更合理，前一准则对短柱比较适合。规范 GB 50017 在规定轴心受压构件宽（高）厚比限值时，主要采用后一准则，在长细比很小时参照前一准则予以调整。

4.4.1　翼缘自由外伸宽厚比的限值

轴心压杆一般在弹塑性阶段工作，在按照等稳定准则的前提下，为便于设计，《规范》统一采用偏安全的简化直线式：

$$\frac{b_1}{t} \leqslant (10+0.1\lambda)\varepsilon_k \tag{4.17}$$

式中　λ——构件两方向长细比的较大值（$\lambda<30$，取 $\lambda=30$；$\lambda>100$，取 $\lambda=100$）。

式（4.17）除适用于工字形截面翼缘外，还适用于计算 T 形截面翼缘自由外伸宽厚比 b_1/t 的限值［图 4.15（b）］。

4.4.2　腹板高厚比的限值

腹板高厚比限值亦按等稳定原则，同时为便于设计，《标准》采用下面偏于安全的简化直线式：

$$\frac{h_0}{t_w} \leqslant (25+0.5\lambda)\varepsilon_k \tag{4.18}$$

式中 λ——构件两方向长细比的较大值（$\lambda<30$，取$\lambda=30$；$\lambda>100$，取$\lambda=100$）。

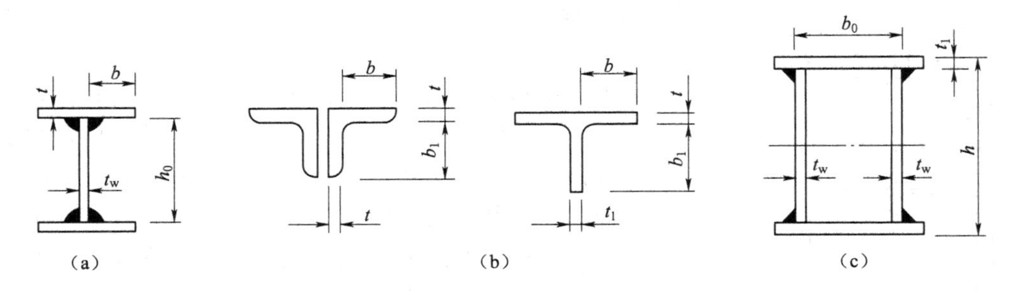

图 4.15 轴心受压构件板件宽厚比

对 T 形截面腹板的高厚比限值［图 4.15（b）］，根据相同方法推导，《规范》采用下面公式计算。

热轧部分 T 型钢

$$\frac{h_0}{t_w}\leqslant(15+0.2\lambda)\varepsilon_k \tag{4.19}$$

焊接 T 型钢

$$\frac{h_0}{t_w}\leqslant(13+0.17\lambda)\varepsilon_k \tag{4.20}$$

箱形截面轴心压杆的翼缘和腹板［图 4.15（c）］都是均匀受压的四边支承板，但板件之间一般单侧焊缝连接，嵌固程度较低。虽同样可采用类似式（4.18）计算宽厚比和高厚比限值，但为便于设计，《规范》规定偏安全的按下列近似式计算：

$$\frac{b_0}{t}\text{或}\frac{h_0}{t_w}\leqslant 40\varepsilon_k \tag{4.21}$$

4.4.3 圆管径厚比的限值

根据弹性稳定理论，圆管在均匀轴心压力作用下的弹性屈曲应力为

$$\sigma_{cr}=1.21\frac{Et}{D}$$

式中 D、t——圆管的外径和管壁厚度；

E——钢材的弹性模量。

然而，根据实验研究，圆管缺陷（如管壁局部凹陷）对 σ_{cr} 的影响很大，且管壁越薄影响越大，其值甚至能降低 30%。另外，圆管局部屈曲常在弹塑性范围，也需对上式的 σ_{cr} 进行修正，故《规范》采用下式计算限值：

$$\frac{D}{t}\leqslant 100\varepsilon_k^2 \tag{4.22}$$

4.4.4 加强局部稳定的措施

当所选截面不满足板件宽（高）厚比规定要求时，一般应调整板件厚度或宽（高）度使其满足要求。但对工字形截面的腹板也可采用设置纵向加劲肋的方法予以

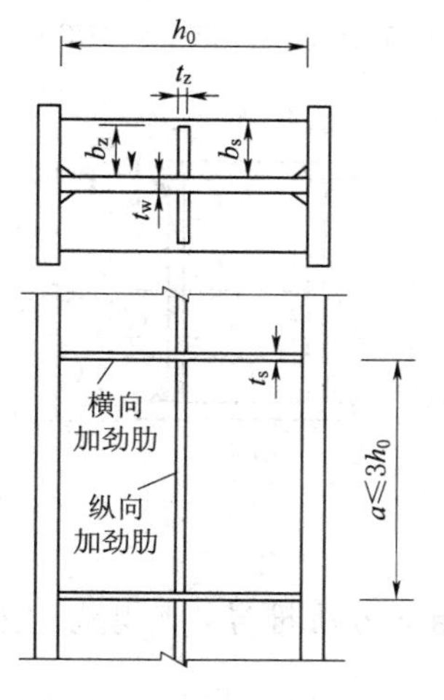

图 4.16　腹板纵向加劲肋

加强，以减小腹板计算高度（图 4.16）。纵向加劲肋宜在腹板两侧成对配置，其一侧外伸宽度 $b_z \geqslant 10t_w$，厚度 $t_z \geqslant 3/4t_w$。

大型工字形截面的腹板，由于高厚比 h_0/t_w 较大，在满足高厚比限值的要求时，需采用较厚的腹板，但往往显得很不经济。为节省材料，仍然可采用较薄的腹板，听任腹板屈曲，考虑其屈曲后强度的利用，采用有效截面进行计算。在计算构件的强度和稳定性时，认为腹板中间部分退出工作，而仅考虑腹板计算高度边缘范围内两侧宽度各为 $20t_w\varepsilon_k$ 的部分和翼缘一起作为有效截面（图 4.17）。但在计算构件的长细比和整体稳定系数 φ 时，仍用全部截面。

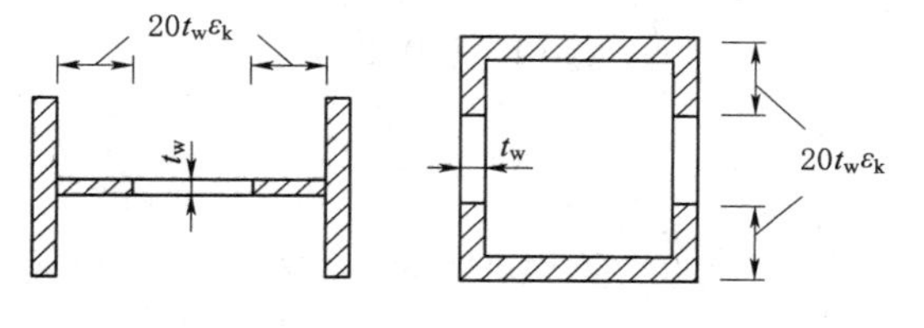

图 4.17　腹板屈曲后的有效截面

4.5　实腹式轴心受压构件的截面设计

4.5.1　截面设计原则

实腹式轴心压杆的截面形式如图 4.2 所示。其中常用的截面形式有工字形、圆形和箱形。在普通钢桁架中，一般用两个角钢组成的 T 形截面。单角钢截面主要用于塔桅结构和轻型钢桁架中。同时，为取得合理而经济的效果，设计时可参照下述原则：

（1）等稳定性——使杆件在两个主轴方向的稳定承载力相同，即 $\varphi_x=\varphi_y$，或 $\lambda_x=\lambda_y$，以充分发挥其承载能力。

（2）宽肢薄壁——在满足板件宽（高）厚比限值的条件下，使截面面积的分布应尽量开展，以增大截面的惯性矩和回转半径，提高构件的整体稳定性和刚度，达到用料经济。

（3）制造加工方便——应使构造简单，制造省工，便于运输和取材容易。如选择型钢或便于采用自动焊的工字形截面，这样做有时用钢量可能会增加一点，但因制造省工和型钢价格较低，可能仍比较经济。

（4）连接简便——杆件应便于与其他构件连接。在一般情况下，截面以开敞式为宜。对封闭式的箱形和管形截面，由于连接较困难，只在特殊情况下使用。

4.5.2　截面选择和验算

截面设计时，首先应根据上述截面设计原则、轴力大小和两方向的计算长度等情况综合考虑后，初步选择截面尺寸，然后进行强度、刚度、整体稳定和局部稳定验算。具体步骤如下。

(1) 先假定构件的长细比。在假定 λ 时，可参考下列经验数据：当 $l_0 \geqslant 5 \sim 6\text{m}$，$N < 1500\text{kN}$ 时，$\lambda = 70 \sim 100$；当 $l_0 \leqslant 4 \sim 5\text{m}$，$N = 1500 \sim 3500\text{kN}$ 时，$\lambda = 50 \sim 70$。

(2) 确定所需要的截面面积。根据假定的 λ、截面分类和钢材级别可查得整体稳定系数 φ 值，则所需要的截面面积为

$$A_{\text{req}} = \frac{N}{\varphi f} \tag{4.23}$$

(3) 确定两个主轴所需要的回转半径：

$$i_{x\text{req}} = l_{0x}/\lambda \quad i_{y\text{req}} = l_{0y}/\lambda$$

(4) 试选截面。

1) 对于型钢截面，根据所需要的截面积 A_{req} 和所需要的回转半径 i_{req}、i_{req} 查型钢（H 型钢、工字钢、钢管等）表中相近数值，即可选择合适型号。

2) 对于组合截面，根据所需回转半径 i_{req} 与截面高度 h、宽度 b 之间的近似关系，即 $i_x \approx \alpha_1 h$ 和 $i_y \approx \alpha_2 b$（系数 α_1、α_2 的近似值见附录 5，例如由 3 块钢板焊成的工字形截面，$\alpha_1 = 0.43$，$\alpha_2 = 0.24$），求出所需截面的轮廓尺寸，即

$$h = \frac{i_{x\text{req}}}{\alpha_1} \qquad b = \frac{i_{y\text{req}}}{\alpha_2} \tag{4.24}$$

根据所需的 A_{req}、h、b，并考虑局部稳定和构造要求（例如自动焊工字形截面 $h \approx b$）初选截面尺寸。

由于 λ 是假定的，常不能一次选出合适的截面。如果假定的 λ 值过大，则所得的 A 值也大，而初选的 h 和 b 很小，以致腹板和翼缘过厚，这种截面并不经济，这时可直接加大 b 和 h，适当减小 A 值。反之，若假定的 λ 值过小，则 h 和 b 过大，A 值过小，以致板件不能满足局部稳定的要求，这时应减小 h 和 b，并酌量增大 A 值。通常经过一两次修改后，即可选出合理的截面。同时，h_0 和 b 宜取 10mm 的倍数，t 和 t_w 宜取 2mm 的倍数且应符合钢板规格，t_w 应比 t 小，但一般不小于 4mm。

(5) 计算所选截面的几何特性，验算最大长细比 $\lambda \leqslant [\lambda]$，最后按式（4.16）验算杆的整体稳定性。

(6) 当压杆截面空洞削弱较大时，还应按式（4.2）验算净截面的强度。

(7) 对于内力较小的压杆，如果按整体稳定的要求选择截面尺寸，杆会过于细长，刚度不足，这样，不仅影响构件本身的承载能力，有时还可能影响与压杆有关的结构体系的可靠性。因此，对这种压杆，主要应控制长细比，要求 $\lambda \leqslant [\lambda]$，规范规定的 $[\lambda]$ 值见表 4.1。

4.5.3　构造要求

当实腹式构件的腹板高厚比 $h_0/t_w > 80$ 时，有可能在施工过程中产生扭转变形，

故应按图 4.18 所示成对配置横向加劲肋，以增加抗扭刚度，其间距不得大于 $3h_0$。

为了保证构件截面几何形状不变、提高构件抗扭刚度，以及传递必要的内力，对大型实腹式构件，在受有较大横向力处和每个运送单元的两端，还应设置横隔（图 4.19）。构件较长时并应设置中间横隔，横隔的间距不得大于构件截面较大宽度的 9 倍或 8m。

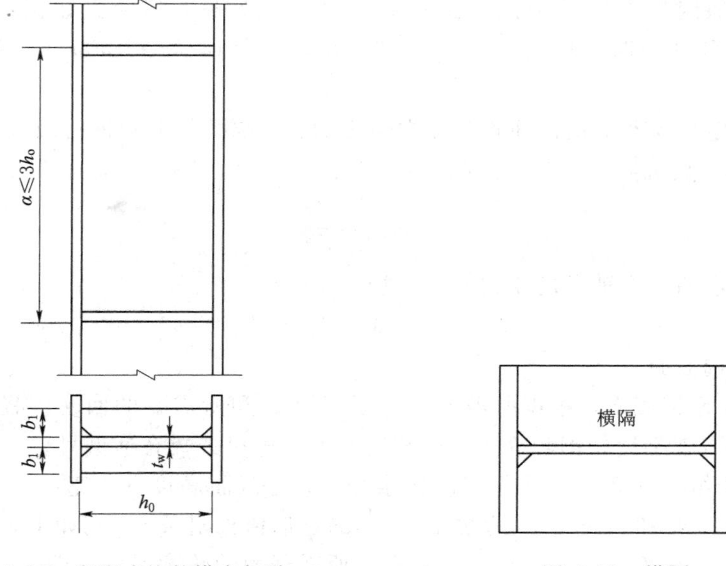

图 4.18　实腹式柱的横向加劲　　　图 4.19　横隔

轴心受压实腹式构件的翼缘与腹板的纵向连接焊缝受力很小，不必计算，可按构造要求确定焊缝尺寸 $h_f=4\sim8$mm。

【例 4.1】　图 4.20（a）所示为某工业厂房工作平台的部分结构，其中支柱 AB

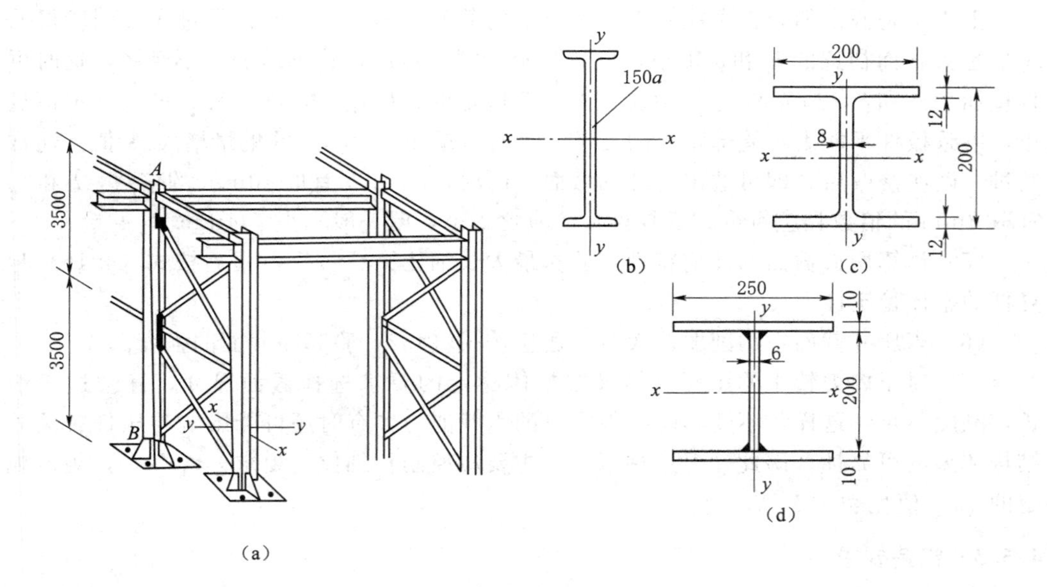

图 4.20　例题 4.1 附图

承受轴心压力（包括自重），设计值为 $N=1200\text{kN}$，柱下端固定，上端铰接，钢材为 Q345 钢，截面无孔洞削弱。试设计此支柱的截面：①用轧制普通工字钢；②用轧制 H 型钢；③用焊接工字形截面，翼缘板为焰切边；④若钢材改为 Q235 钢，以上所选截面是否还可以安全承载？

解：由于 AB 柱两方向的几何长度不等，故取如图 4.20（b）、（c）、（d）所示的截面朝向，即将强轴沿 x 轴方向。

柱在 yz 平面按下端固定、上端铰接，查表 4.3 得 $\mu=0.7$，故计算长度

$$l_{0x}=0.7\times 800=560(\text{cm})$$

在 xz 平面，柱下端不能按固定考虑，因截面的 y 轴为弱轴，其抗弯能力较低，故与支撑点处一样，只能起阻止位移作用，因此均应按铰接计算，其计算长度取支承点之间的距离，即 $l_{0y}=350\text{cm}$。

1. 轧制工字钢［图 4.20（b）］

（1）试选截面。假定 $\lambda=100$，对于 $b/h\leqslant 0.8$ 的轧制工字钢，当绕 x 轴屈曲时属于 a 类截面，绕 y 轴屈曲时属于 b 类截面，按 $\lambda/\varepsilon_k=100\sqrt{\frac{345}{235}}=121$，查附表 4.1 得 $\varphi_x=0.488$；查附表 4.2 得 $\varphi_{\min}=\varphi_y=0.432$。当计算点钢材厚度 $t<16\text{mm}$ 时，取 $f=310\text{N/mm}^2$。则所需截面面积和回转半径为

$$A_{\text{req}}=\frac{N}{\varphi_{\min}f}=\frac{1200\times 10^3}{0.432\times 310\times 10^2}=89.6(\text{cm}^2)$$

$$i_{x\text{req}}=\frac{l_{0x}}{\lambda}=\frac{560}{100}=5.6(\text{cm})$$

$$i_{y\text{req}}=\frac{l_{0y}}{\lambda}=\frac{350}{100}=3.5(\text{cm})$$

由附录 8 中不可能选出同时满足 A_{req}、$i_{x\text{req}}$和 $i_{y\text{req}}$的型号，可以 A_{req}和 $i_{y\text{req}}$为主，适当考虑 $i_{x\text{req}}$进行选择。现试选 I50a，$A=119\text{cm}^2$，$i_x=19.7\text{cm}$，$i_y=3.07\text{cm}$，$b/h=158/500=0.32<0.8$（符合规定）

（2）截面验算。

1）强度。因截面无孔洞削弱，可不验算强度。

2）刚度。

$$\lambda_x=\frac{l_{0x}}{i_x}=\frac{560}{19.7}=28.4<[\lambda]=150\text{，满足刚度要求。}$$

$$\lambda_y=\frac{l_{0y}}{i_y}=\frac{350}{3.07}=114<[\lambda]=150\text{，满足刚度要求。}$$

3）整体稳定。由 λ_x（按 $28.4/\varepsilon_k=34.4$），绕 x 轴屈曲时属于 a 类截面，故由 λ_x 查附表 4.1 得 $\varphi_x=0.954$。由 λ_y（按 $114/\varepsilon_k=138.1$），绕 y 轴屈曲时属于 b 类截面，故由 λ_y 查附表 4.2 得 $\varphi_y=0.353$。取 $\varphi_{\min}=\varphi_y=0.353$，则

$$\frac{N}{\varphi A}=\frac{1200\times 10^3}{0.353\times 119.3\times 10^2}=284.9(\text{N/mm}^2)<f=295\text{N/mm}^2\text{，满足整体稳定}$$

要求。

（因[50a 翼缘厚度>16mm，故取 $f=295\text{N/mm}^2$）

4）局部稳定。因轧制工字钢的翼缘和腹板均较厚，可不验算局部稳定。

2. 轧制 H 型钢［图 4.20（c）］

（1）试选截面。由于轧制 H 型钢可以选用宽翼缘的形式，截面宽度较大，因此长细比的假设值可适当减小，假设 $\lambda=60$。对宽翼缘 H 型钢，因 $b/h>0.8$，所以不论对 x 轴或 y 轴都属于 b 类截面。当 $\lambda=60$ 时，按 $60/\varepsilon_k=72.7$，由附表 4.2 查得 $\varphi=0.734$，所需截面面积和回转半径分别为

$$A_{req}=\frac{N}{\varphi f}=\frac{1200\times10^3}{0.734\times310\times10^2}=52.7(\text{cm}^2)$$

$$i_{xreq}=\frac{l_{0x}}{\lambda}=\frac{560}{60}=9.3(\text{cm})$$

$$i_{yreq}=\frac{l_{0y}}{\lambda}=\frac{350}{60}=5.8(\text{cm})$$

由附录 8 试选 HW200×200×8×12［图 4.20（c）］，其中 $A=64.28\text{cm}^2$，$i_x=8.61\text{cm}$，$i_y=4.99\text{cm}$，$b/h=200/200=1>0.8$（符合规定）

翼缘厚度 $t=12\text{mm}$，取 $f=310\text{N/mm}^2$。

（2）截面验算。

1）强度。因截面无孔洞削弱，可不验算强度。

2）刚度。

$$\lambda_x=\frac{l_{0x}}{i_x}=\frac{560}{8.61}=65<[\lambda]=150\text{，满足刚度要求。}$$

$$\lambda_y=\frac{l_{0y}}{i_y}=\frac{350}{4.99}=70.1<[\lambda]=150\text{，满足刚度要求。}$$

3）整体稳定。

由 $\lambda_{max}=\lambda_y=70.1$（按 $70.1/\varepsilon_k=84.9$），查附表 4.2 得 $\varphi_y=0.656$

则 $\dfrac{N}{\varphi A}=\dfrac{1200\times10^3}{0.656\times64.28\times10^2}=284.6(\text{N/mm}^2)<f=310\text{N/mm}^2$

故满足整体稳定要求。

4）局部稳定。

因热轧 H 型钢的翼缘和腹板均较厚，可不验算局部稳定。

3. 焊接工字形截面［图 4.20（d）］

（1）试选截面。按试选截面程序：假定 $\lambda=80$，对于焊接工字钢截面，翼缘板为剪切边，当绕 x 轴屈曲时属于 b 类截面，绕 y 轴屈曲时属于 c 类截面，按 $\lambda/\varepsilon_k=80\sqrt{\dfrac{345}{235}}=96.9$，查附表 4.2 得 $\varphi_x=0.576$；查附表 4.3 得 $\varphi_{min}=\varphi_y=0.478$。

则所需截面面积和回转半径为：

$$A_{req}=\frac{N}{\varphi_{min}f}=\frac{1200\times10^3}{0.478\times310\times10^2}=80.98(\text{cm}^2)$$

$$i_{x\mathrm{req}}=\frac{l_{0x}}{\lambda}=\frac{560}{80}=7(\mathrm{cm})$$

$$i_{y\mathrm{req}}=\frac{l_{0y}}{\lambda}=\frac{350}{80}=4.4(\mathrm{cm})$$

则
$$h_{\mathrm{req}}\approx\frac{i_{x\mathrm{req}}}{\alpha_1}=\frac{7}{0.43}=16.3(\mathrm{cm})$$

$$b_{\mathrm{req}}\approx\frac{i_{y\mathrm{req}}}{\alpha_2}=\frac{4.4}{0.24}=18.3(\mathrm{cm})$$

试选 $b=h=180\mathrm{mm}$，按此尺寸粗选翼缘和腹板的平均厚度需要 $t=280.98/(3\times180)=15\mathrm{mm}$，这远超过局部稳定宽厚比限值所需要的，故不符合宽肢薄壁的经济原则，它表明假定的 λ 偏大，使 A_{req} 偏大和 h_{req}、b_{req} 偏小，材料集中于形心轴附近。现将假定的 λ 适当减小并重新按试选截面程序：

假定 $\lambda=60$，按 $\lambda/\varepsilon_{\mathrm{k}}=60\sqrt{\frac{345}{235}}=72.6$，查附表 4.2 得 $\varphi_x=0.735$；查附表 4.3 得 $\varphi_{\min}=\varphi_y=0.625$。

则所需截面面积和回转半径为

$$A_{\mathrm{req}}=\frac{N}{\varphi_{\min}f}=\frac{1200\times10^3}{0.625\times310\times10^2}=61.9(\mathrm{cm}^2)$$

$$i_{x\mathrm{req}}=\frac{l_{0x}}{\lambda}=\frac{560}{60}=9.3(\mathrm{cm})$$

$$i_{y\mathrm{req}}=\frac{l_{0y}}{\lambda}=\frac{350}{60}=5.8(\mathrm{cm})$$

则
$$h_{\mathrm{req}}\approx\frac{i_{x\mathrm{req}}}{\alpha_1}=\frac{5.8}{0.43}=21.6(\mathrm{cm})$$

$$b_{\mathrm{req}}\approx\frac{i_{y\mathrm{req}}}{\alpha_2}=\frac{5.8}{0.24}=24.2(\mathrm{cm})$$

选用如图 4.20（d）所示尺寸，即

翼缘：2—250×10　　面积：$50\mathrm{cm}^2$

腹板：1—200×6，　面积：$12\mathrm{cm}^2$

截面面积：$A=50+12=62(\mathrm{cm})^2$

（2）验算截面。截面几何特性：

$$I_x=\frac{1}{12}\times0.6\times20^3+2\times25\times1.0\times10.5^2=5913(\mathrm{cm}^4)$$

$$I_y=2\times\frac{1}{12}\times1.0\times25^3=2604(\mathrm{cm}^4)$$

$$i_x=\sqrt{\frac{I_x}{A}}=\sqrt{\frac{5813}{62}}=9.77(\mathrm{cm})$$

$$i_y=\sqrt{\frac{I_y}{A}}=\sqrt{\frac{2604}{62}}=6.48(\mathrm{cm})$$

1）强度。因截面无孔洞削弱，可不验算强度。

2）刚度。

$\lambda_x = \dfrac{l_{0x}}{i_x} = \dfrac{560}{9.77} = 57.3 < [\lambda] = 150$，满足刚度要求。

$\lambda_y = \dfrac{l_{0y}}{i_y} = \dfrac{350}{6.48} = 54.0 < [\lambda] = 150$，满足刚度要求。

3）整体稳定。由 λ_x（按 $57.3/\varepsilon_k = 69.4$），绕 x 轴屈曲时属于 b 类截面，故由 λ_x 查附表 4.2 得 $\varphi_x = 0.755$。由 λ_y（按 $54/\varepsilon_k = 65.4$），绕 y 轴屈曲时属于 c 类截面，故由 λ_y 查附表 4.3 得 $\varphi_y = 0.673$。

取 $\varphi_{\min} = \varphi_y = 0.673$，则

$\dfrac{N}{\varphi A} = \dfrac{1200 \times 10^3}{0.673 \times 62 \times 10^2} = 287.6(\text{N/mm}^2) < f = 310\text{N/mm}^2$，满足整体稳定要求。

4）局部稳定。

翼缘：$\dfrac{b_1}{t} = \dfrac{122}{10} = 12.2 < (10 + 0.1\lambda)\varepsilon_k = (10 + 0.1 \times 57.3) \times \sqrt{\dfrac{235}{345}} = 12.98$

满足要求。

腹板：$\dfrac{h_0}{t_w} = \dfrac{200}{6} = 33.3 < (25 + 0.5\lambda)\varepsilon_k = (25 + 0.5 \times 57.3) \times \sqrt{\dfrac{235}{345}} = 44.3$

满足要求。

截面无孔洞削弱，不必验算强度。

（4）构造。因腹板高厚比小于 80，故不必设置横向加劲肋。翼缘与腹板的连接焊缝最小焊脚尺寸 $h_{f\min} = 1.5\sqrt{t_{\max}} = 1.5 \times \sqrt{10} = 4.7\text{mm}$，采用 $h_f = 6\text{mm}$。

4. 原截面改用 Q235 钢

（1）轧制工字钢：绕 y 轴屈曲时属于 b 类截面，由 $\lambda_y = 114$ 查附表 4.2，得 $\varphi = 0.470$。

$\dfrac{N}{\varphi A} = \dfrac{1200 \times 10^3}{0.470 \times 119.3 \times 10^2} = 214\text{N/mm}^2 \approx f = 215\text{N/mm}^2$，满足整体稳定要求。

（2）轧制 H 型钢：绕 x 轴和 y 轴屈曲均属 b 类截面，故由长细比的较大值 $\lambda_y = 70.1$ 查附表 4.2，得 $\varphi = 0.750$。

$\dfrac{N}{\varphi A} = \dfrac{1200 \times 10^3}{0.750 \times 64.28 \times 10^2} = 248.9(\text{N/mm})^2 > f = 215\text{N/mm}^2$，不满足整体稳定要求。

（3）焊接工字形截面：绕 x 轴和 y 轴屈曲均属 b 类截面，故由长细比的较大值 $\lambda_y = 54$ 查附表 4.2，得 $\varphi = 0.748$。

$\dfrac{N}{\varphi A} = \dfrac{1200 \times 10^3}{0.748 \times 68 \times 10^2} = 258.8(\text{N/mm})^2 > f = 215\text{N/mm}^2$，不满足整体稳定要求。

由本例计算结果可知：①轧制普通工字钢要比轧制 H 型钢和焊接工字形截面的面积大很多，另外，强轴方向的计算长度虽较长，但支柱的承载能力却是由弱轴方向

所决定的，且强轴方向还富余很多；②改用 Q235 钢后，轧制普通工字钢的截面不增大时仍可安全承载，而轧制 H 型钢和焊接工字形截面却不能安全承载且相差很多，这是因为长细比大的轧制普通工字钢构件在改变钢号后，仍处于弹性工作状态，钢材强度对稳定承载力影响不大，而长细比小的轧制 H 型钢和焊接工字形截面构件，由于原设计的截面积比轧制普通工字钢就小许多，改变钢号后，钢柱中的应力已处于弹塑性工作状态，钢材强度对稳定承载力有显著影响；③HW 型钢可增强弱轴方向的承载力，不但经济合理，制造省工，且截面选用方便。

4.6　格构式轴心受压构件

4.6.1　格构式轴心受压构件的组成形式

当轴心压杆较长时，为了节约钢材，宜采用格构式。格构式轴心压杆一般用槽钢、H 型钢或工字钢［图 4.2（d）］作为肢件，通过缀材，即缀条［图 4.1（a）］或缀板［图 4.1（b）］连成整体。这种构件便于调整两肢重心线之间的距离，以实现对两个主轴的等稳定性。

缀条常采用单角钢，一般与构件轴线成 $\alpha = 40° \sim 70°$ 夹角斜放，故称为斜缀条［图 4.1（c）］，也可同时增设与构件轴线垂直的横缀条。缀板用钢板制造，一律按等距离垂直于构件轴线横放［图 4.1（b）］。

截面上穿过肢件腹板的轴称为实轴（图 4.1 中 y—y 轴），穿过缀材平面的轴称为虚轴（图 4.1 中 x—x 轴）。

4.6.2　格构式轴心受压构件的整体稳定

格构式受压构件也称为格构式柱，其分肢通常采用槽钢和工字钢，构件截面具有对称轴（图 4.1）。当构件轴心受压丧失整体稳定时，不大可能发生扭转屈曲和弯扭屈曲，往往会发生绕截面主轴的弯曲屈曲。因此计算格构式轴心受压构件的整体稳定时，只需计算绕截面实轴和虚轴抵抗弯曲屈曲的能力。

4.6.2.1　绕实轴的整体稳定

格构式轴心受压构件对实轴（图 4.1 中 y 轴）的整体稳定计算同实腹式柱，因为两个分肢相当于两个并排的实腹式柱，故对实轴的整体稳定与实腹式轴心受压构件完全相同，因此可用对实轴的长细比 λ_y 查 φ 值，由式（4.16）、按 b 类截面进行计算。

4.6.2.2　绕虚轴的整体稳定

格构式轴心受压构件绕虚轴弯曲屈曲时，由于两个分肢不是实体相连，连接两分肢的缀件的抗剪刚度比实腹式构件的腹板弱，构件在微弯平衡状态下，除弯曲变形外，还需要考虑剪切变形的影响，因此稳定承载力有所降低。

为考虑缀件变形对临界力降低的影响，根据理论推导，设计计算时采用加大的长细比来代替整个构件对虚轴的实际长细比，这样也就相当于降低了虚轴方向的临界力。采用换算长细比的办法使格构式的计算大为简化，因为格构式柱对实轴稳定计算已与实腹柱相同，而对虚轴的稳定计算只需用换算长细比查取 φ 值，其余并无差别。

缀材有缀条和缀板两种。缀条用斜杆组成，也可用斜杆和横杆共同组成，一般用单角钢作缀条，而缀板通常用钢板做成。

轴心受压格构式构件的设计与轴心受压实腹式构件相似，应考虑强度、刚度（长细比）、整体稳定和局部稳定（分肢肢件的稳定和板件的稳定）几个方面的要求，但每个方面的计算都有其特点。此外，轴心受压格构式构件的设计还包括缀材的设计。

《钢结构设计规范》（GB 50017—2017）对缀条柱和缀板柱采用不同的换算长细比计算公式。

（1）双肢缀条柱的换算长细比。根据弹性稳定理论分析，当考虑剪切变形的影响后，格构式构件绕虚轴弯曲屈曲的临界应力为

$$\sigma_{cr}=\frac{\pi^2 EA}{\lambda_x^2}\frac{1}{1+\dfrac{\pi^2 EA}{\lambda_x^2}\gamma_1}=\frac{\pi^2 EA}{\lambda_{0x}^2} \tag{4.25}$$

其中

$$\gamma_1=\frac{1}{EA_1\sin^2\theta\cos\theta}$$

式中　λ_{0x}——格构柱绕虚轴临界力换算为实腹柱临界力换算长细比；

γ_1——单位剪力作用下的轴线转角。

式（4.25）与实腹式轴心受压构件欧拉临界应力计算公式的形式完全相同。由此可见，如果用λ_{ox}代替λ_x，则可采用与实腹式轴心受压构件相同的公式计算格构式构件绕虚轴的稳定性，因此，称λ_{ox}为换算长细比。

由式（4.25）得

$$\lambda_{ox}=\sqrt{\lambda_x^2+\pi^2 EA\gamma_1}=\sqrt{\lambda_x^2+\frac{\pi^2}{\sin^2\theta\cos\theta}\frac{A}{A_1}} \tag{4.26}$$

一般斜缀条与构件轴线间的夹角θ在40°～70°范围内，在此常用范围，$\pi^2/(\sin^2\theta\cos\theta)=25.6\sim32.7$，其值变化不大。为了简便，《规范》按$\theta=45°$计算，即取上式为常数27。由此换算长细比公式（4.26）简化为

$$\lambda_{ox}=\sqrt{\lambda_x^2+27\frac{A}{A_{1x}}} \tag{4.27}$$

式中　λ_x——整个构件对虚轴的长细比；

A——整个构件的毛截面面积；

A_1——个节间内两侧斜缀条毛截面面积之和（缀条选用角钢时不宜小于∠45×4或∠56×36×4）；

θ——缀条与构件轴线间的夹角。

（2）双肢缀板柱的换算长细比。

当缀件为缀板时，用同样的原理可得格构式轴心受压构件的换算长细比为

$$\lambda_{ox}=\sqrt{\lambda_x^2+\lambda_1^2} \tag{4.28}$$

式中　$\lambda_1=l_{01}/i_1$——分肢对最小刚度轴的长细比，当缀板与分肢焊接时，计算长度l_{01}为相邻两缀板间的净距；当缀板与分肢螺栓连接时，计算长度l_{01}为最近边缘螺栓间的距离；

$k=(I_b/c)/(I_1/l_1)$——缀板与分肢线刚度比值；

l_1——相邻两缀板间的中心距；

I_1、i_1——每个分肢绕其平行于虚轴方向形心轴的惯性矩和回转半径；

I_b——构件截面中垂直于虚轴的各缀板的惯性矩之和；

c——两分肢的轴线间距。

对于四肢和三肢组合的格构式轴心受压构件，可得出类似的换算长细比计算公式，详见规范 GB 50017。

4.6.3 分肢的稳定性和强度计算

格构式轴心受压构件的分肢可看作单独的实腹式轴心受压构件，因此应保证它不先于构件整体失去承载能力。计算时不能简单地采用 $\lambda_1 \leqslant \lambda_{0x}$（或 λ_y），这是因为由于初弯曲等缺陷的影响，格构式轴心受压构件受力时呈弯曲变形，从而产生附加弯矩和剪力。故各分肢内力并不相同，其强度或稳定计算是相当复杂的。所以《规范》规定

缀条构件
$$\lambda_1 \leqslant 0.7\lambda_{max} \tag{4.29}$$

缀板构件
$$\lambda_1 \leqslant 0.5\lambda_{max} \text{ 且不大于 } 40 \tag{4.30}$$

式中 λ_{max}——构件两方向长细比（对虚轴取换算长细比）的较大值，当 $\lambda_{max} < 50$ 时，取 $\lambda_{max}=50$。

λ_1——按式（4.28）的规定计算，但当缀件采用缀条时，l_{01} 取相邻两节点中心间的距离。

4.6.4 格构式轴心受压构件的缀件（缀条、缀板）设计

4.6.4.1 格构式轴心受压构件的剪力

格构式轴心受压构件绕虚轴弯曲时将产生剪力 $V=\mathrm{d}M/\mathrm{d}z$，其中 $M=Nv$，如图 4.21 所示。考虑初始缺陷的影响，经理论分析，规范采用以下实用公式计算格构式

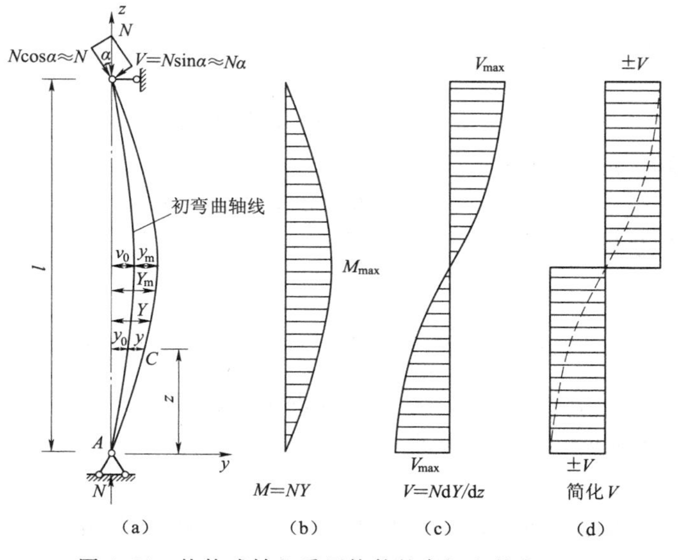

图 4.21 格构式轴心受压构件的弯矩和剪力

轴心受压构件中可能发生的最大剪力设计值 V，即

$$V=\frac{Af}{85}\frac{1}{\varepsilon_k} \tag{4.31}$$

为了设计方便，此剪力 V 可认为沿构件全长不变，方向可以是正或负［图 4.21（d）中实线］，由承受该剪力的各缀件面共同承担。对双肢构件，此剪力由两侧缀件面平均承受，即各分担 $V_1=V/2$。

4.6.4.2　缀条设计

缀条构件的每个缀件面如同缀条与构件分肢组成的一个竖向的平面平行弦桁架体系，缀条可看作桁架的腹杆（图 4.22）。

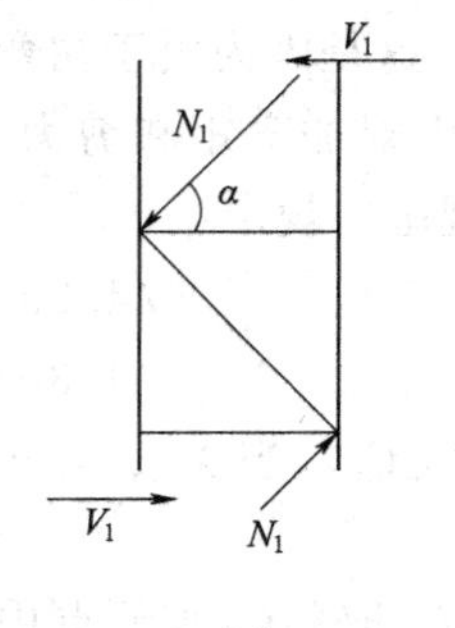

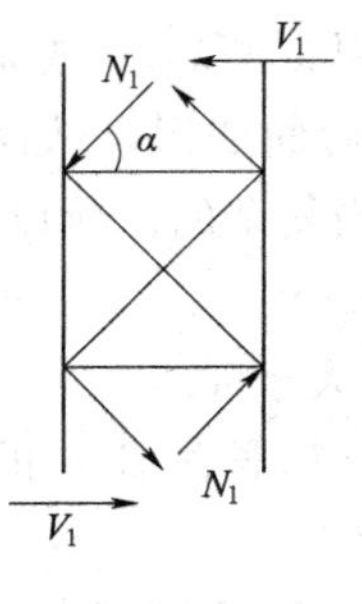

图 4.22　缀条的内力

因此，可按铰接桁架计算斜缀条的内力，其内力为

$$N_1=\frac{V_1}{n\cos\alpha} \tag{4.32}$$

式中　V_1——每面缀条所受的剪力；

n——承受剪力 V_1 的斜缀条数。单杆斜缀条 $n=1$，交叉斜缀条 $n=2$；

α——斜缀条与构件轴线间的夹角。

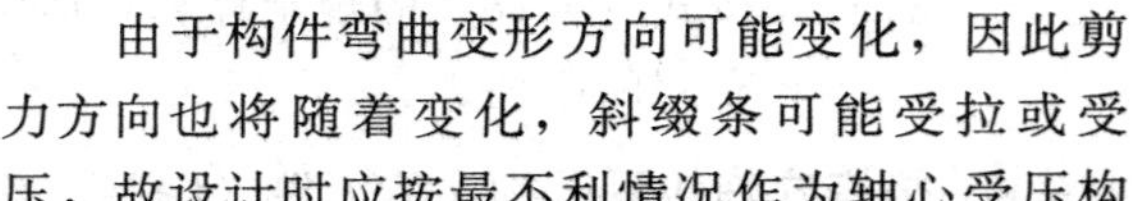

由于构件弯曲变形方向可能变化，因此剪力方向也将随着变化，斜缀条可能受拉或受压，故设计时应按最不利情况作为轴心受压构件计算。但缀条一般采用单角钢且单面连接在分肢上，故在受力时存在偏心并产生弯扭屈曲。为简化计算，《标准》对单面连接的单角钢仍按轴心受力计算，且不考虑扭转效应，仅将钢材和连接材料的强度设计值乘以下面的折减系数 ψ 以考虑偏心受力等的不利影响。

（1）在计算稳定性时。

等边角钢

$$\psi=0.6+0.0015\lambda\text{，但不大于 }1.0 \tag{4.33}$$

短边相连的不等边角钢

$$\psi=0.5+0.0025\lambda\text{，但不大于 }1.0 \tag{4.34}$$

长边相连的不等边角钢

$$\psi=0.70 \tag{4.35}$$

式中　$\lambda=\frac{l_0}{i_{y0}}$——对最小刚度轴 y_0-y_0 的长细比。i_{y0} 为角钢最小回转半径，l_0 为计算长度，取节点中心间的距离。当 $\lambda<20$ 时，取 $\lambda=20$。

（2）在计算强度和（与分肢的）连接时。

$$\psi=0.85 \tag{4.36}$$

缀条格构式柱.mp4

交叉斜缀条体系中的横缀条可按内力 $N=V_1$ 的压杆计算。单杆斜缀条体系中的横缀条主要用来减少分肢的计算长度，一般不作计算，可取与斜缀条相同截面。

4.6.4.3 缀板设计

缀板构件的每个缀件面如同缀板与构件分肢组成的单跨多层平面钢架体系。假定其在受力弯曲时，反弯点分布在各段分肢和缀板的中点，该处弯矩为零，只承受剪力。取如图 4.23 所示的隔离体，根据内力平衡可得每个缀板剪力 V_j 和缀板与分肢连接处的弯矩 M_j

$$V_j = \frac{V_1 l_1}{b_1} \tag{4.37}$$

$$M_j = V_j \frac{b_1}{2} = \frac{V_1 l_1}{2} \tag{4.38}$$

式中 l_1——两相邻缀板轴线间的距离，需根据分肢稳定和强度条件确定；

b_1——分肢轴线间的距离。

根据 M_j 和 V_j 可计算缀板强度以及缀板与分肢连接的板端角焊缝［图 4.23（c）］。由于角焊缝强度设计值低于缀板强度设计值，故一般只需计算缀板与分肢的角焊缝连接强度，而缀板的尺寸则由具有一定刚度的条件确定。为了保证缀板的刚度，《标准》规定在同一截面处各缀板的线刚度之和不得小于构件较大分肢线刚度的 6 倍，即 $\sum(I_b/c) \geqslant 6(I_1/l_1)$，其中 I_b、I_1 分别为缀板和分肢的截面惯性矩。通常若取缀板的宽度 $b_j \geqslant 2b_1/3$，厚度 $t_j \geqslant b_1/40$ 和 6mm，一般可满足上述要求。

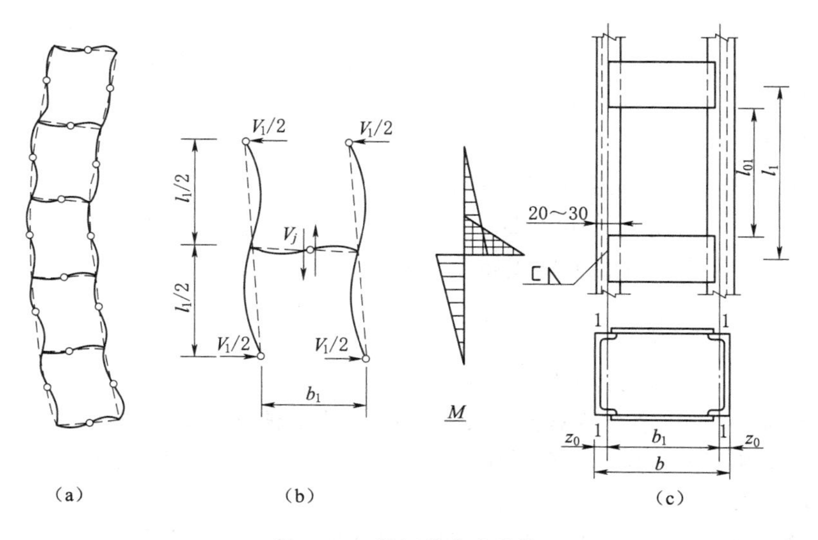

图 4.23 缀板的内力计算

4.6.5 连接节点和构造规定

缀板与分肢的搭接长度一般取 20～30mm［图 4.23（c）］。可以采用三面围焊，或只用缀板端部纵向焊缝与分肢相连。缀条的轴线与分肢的轴线应尽可能交于一点，为了减小斜缀条两端受力角焊缝的搭接长度，缀条与分肢可采用三面围焊相连。在有横缀条时，还可加设节点板（图 4.24）。

缀条的最小尺寸不宜小于∠45×4 或∠56×36×4 的角钢。缀板不宜采用厚度小

于 5mm 的钢板。

与大型实腹式柱一样，为了提高格构式构件的抗扭刚度，保证运输和安装过程中截面几何形状不变，以及传递必要的内力，在受有较大水平力处和每个运送单元的两端，应设置横隔，构件较长时还应设置中间横隔。横隔的间距不得大于构件截面较大宽度的 9 倍或 8m。格构式构件的横隔可用钢板或交叉角钢做成（图 4.25）。

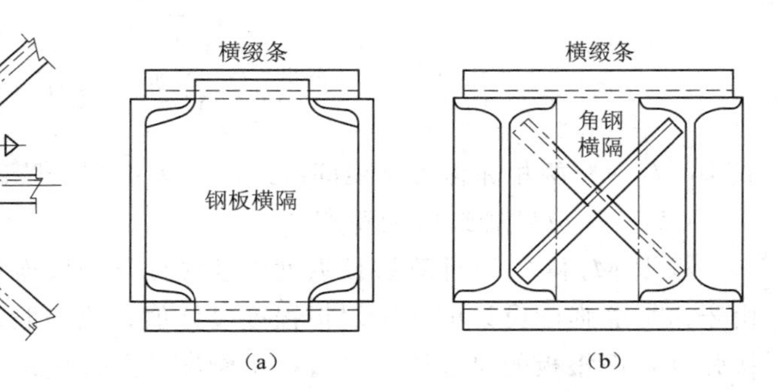

图 4.24　缀条与分肢的连接　　图 4.25　格构式构件的横隔

4.6.6　格构式轴心受压构件的截面设计

现以格构式双肢柱的轴心受压构件为例来说明其截面选择和设计问题。首先应根据使用要求、材料供应、轴心压力 N 的大小和两个方向的计算长度 l_{ox} 和 l_{oy} 等条件，确定构件截面形式（中小型柱常用缀板柱，大型柱宜用缀条柱）和钢材牌号，然后可按下述步骤进行设计。

4.6.6.1　按实轴（设为 y 轴）稳定条件试选分肢截面

假定绕实轴长细比 $\lambda_y=60\sim100$，当 N 较大而 l_{0y} 较小时取较小值，反之取较大值。根据 λ_y 及钢号和截面类别查得整体稳定系数 φ 值，求得所需截面面积 $A_{req}=\dfrac{N}{\varphi_y f}$。

求绕实轴所需要的回转半径 $i_{yreq}=l_{oy}/\lambda_y$。

根据所需 A_{req}、i_{yreq} 查型钢表可试选分肢适用的槽钢、H 型钢或工字钢。并进行实轴整体稳定和刚度验算，必要时还应进行强度验算和板件宽厚比验算。若验算结果不完全满足要求，应重新假定 λ_y 再试选截面，直至满意为止。

4.6.6.2　按虚轴（设为 x 轴）与实轴等稳定原则确定两分肢间距

按试选的分肢截面计算 λ_y，再由等稳定性条件 $\lambda_{ox}=\lambda_y$，则可求得对虚轴需要的长细比 λ_{xreq}：

对缀条柱

$$\lambda_{xreq}=\sqrt{\lambda_{ox}^2-27A/A_{1x}}=\sqrt{\lambda_y^2-27A/A_{1x}} \tag{4.39}$$

对缀板柱

$$\lambda_{xreq}=\sqrt{\lambda_{ox}^2-\lambda_1^2}=\sqrt{\lambda_y^2-\lambda_1^2} \tag{4.40}$$

再按下述步骤，即

由 $\lambda_{x\text{req}}$ 可求所需 $i_{x\text{req}}=l_{0x}/\lambda_{x\text{req}}$，从而确定分肢间距 $b_{\text{req}}\approx\frac{i_{x\text{req}}}{\alpha_2}$，根据 b_{req} 即可确定两肢间距。一般取 b 为 10mm 的倍数，且两分肢翼缘间的净空应大于 100～150mm，以便于内部油漆。h 的实际尺寸应调整为 10mm 的倍数。

在按式（4.39）计算 $\lambda_{x\text{req}}$ 时，需先假定 A_{1x}，可按 $A_{1x}=0.1A$ 预选斜缀条的角钢型号，并以此面积代入公式计算，以后再按其所受内力进行验算。在按式（4.40）计算 $\lambda_{x\text{req}}$ 时，需先假定 λ_1，可先按 $\lambda_1<0.5\lambda_y$，且不大于 40 代入公式计算，以后即按 $l_{01}<\lambda_1 i_1$ 的缀板净距布置缀板，或者先布置缀板，再计算 λ_1 亦可。

4.6.6.3 验算截面

按照上述步骤初选截面后，须作如下几方面验算：

（1）强度——如有孔洞削弱，按式（4.2）验算。

（2）刚度——按式（4.4）验算，但对虚轴须用换算长细比 λ_{0x}。

（3）整体稳定——按式（4.16）验算，式中 φ 值由 λ_{0x} 和 λ_y 中较大值查表。

（4）分肢稳定——按式（4.29）或式（4.30）验算。

如验算结果不完全满足要求，应调整截面尺寸后重新验算，直到满足要求为止。

4.6.6.4 缀件（缀条、缀板）、连接节点设计

【例 4.2】 将例 4.1 的支柱 AB 设计成格构式轴心受压柱：①缀条柱；②缀板柱。钢材为 Q345 钢，焊条为 E50 型，截面无削弱。

解： 1. 缀条柱

（1）按实轴（y 轴）的稳定条件确定分肢截面尺寸。假定 $\lambda=60$，由 λ（按 $60/\varepsilon_k=72.7$），按 Q345 钢 b 类截面从附表 4.2 查得 $\varphi_y=0.734$。

所需截面面积和回转半径分别为

$$A_{\text{req}}=\frac{N}{\varphi_y f}=\frac{1200\times10^3}{0.734\times310\times10^2}=52.7(\text{cm}^2)$$

$$i_{y\text{req}}=\frac{l_{0y}}{\lambda_y}=\frac{350}{60}=5.83(\text{cm})^2$$

查附录 8 型钢表试选 2［18a，截面形式如图 4.26 所示。实际 $A=2\times25.7=51.4\text{cm}^2$，$i_y=7.04\text{cm}$，$i_1=1.96\text{cm}$，$z_0=1.88\text{cm}$，$I_1=98.6\text{cm}^4$。

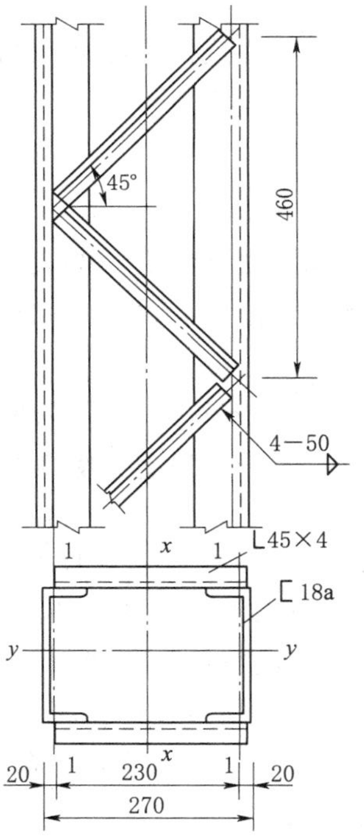

验算绕实轴稳定：$\lambda_y=\frac{l_{0y}}{i_y}=\frac{350}{7.04}=49.7$

由 λ（按 $49.7\sqrt{f_y/235}=60$），查附表 4.2，得 $\varphi=0.807$（b 类截面）。

$$\frac{N}{\varphi A}=\frac{1200\times10^3}{0.807\times51.4\times10^2}=289(\text{N/mm})^2<f=310\text{N/mm}^2$$，满足。

图 4.26 ［例 4.2］缀条柱

（2）按绕虚轴（x 轴）的稳定条件确定分肢间距。柱子轴力不大，缀条采用角钢

∟ 45×4，查附录 8，$A=3.49\text{cm}^2$，两个斜缀条毛截面面积之和 $A_{1x}=2\times3.49=6.98\text{cm}^2$。

按等稳定条件 $\lambda_{0x}=\lambda_y$，得

$$\lambda_{x\text{req}}=\sqrt{\lambda_y^2-27A/A_{1x}}=\sqrt{49.7^2-27\times\frac{51.4}{2\times3.49}}=47.7$$

$$i_{x\text{req}}=\frac{l_{0x}}{\lambda_{x\text{req}}}=\frac{560}{47.7}=11.74\text{cm}$$

$$b_{\text{req}}\approx\frac{i_{x\text{req}}}{\alpha_2}=\frac{11.74}{0.44}=26.7(\text{cm})\text{，取 } b=27\text{cm}$$

两槽钢翼缘间净距=270−2×68=134mm>100mm，满足构造要求。

(3) 验算截面。

$$I_x=2\times(98.6+25.7\times11.5^2)=6995(\text{cm}^4)$$

$$i_x=\sqrt{\frac{I_x}{A}}=\sqrt{\frac{6995}{51.4}}=11.67(\text{cm})$$

$$\lambda_x=\frac{l_{0x}}{i_x}=\frac{560}{11.67}=48$$

$$\lambda_{0x}=\sqrt{\lambda_x^2+27\frac{A}{A_{1x}}}=\sqrt{48^2+27\times\frac{51.4}{2\times3.49}}=50$$

1) 强度。因截面无削弱，可不验算。

2) 刚度。

$$\lambda_y=49.7<[\lambda]=150\qquad\text{（满足）}$$

$$\lambda_{0x}=450<[\lambda]=150\qquad\text{（满足）}$$

3) 整体稳定。按表 4.4，格构式截面对 x、y 轴均属 b 类截面，由 $\lambda_{\max}=\lambda_{0x}=50$（按 $50/\varepsilon_k=60.6$），查附表 4.2，得 $\varphi=0.804$

则 $$\frac{N}{\varphi A}=\frac{1200\times10^3}{0.804\times51.4\times10^2}=290.4(\text{N/mm}^2)<f=310\text{N/mm}\qquad\text{（满足）}$$

4) 分肢稳定。缀条按 45°布置

则 $$\lambda_1=\frac{l_{01}}{i_1}=\frac{46}{1.96}=23.5<0.7\lambda_{\max}=0.7\times50=35\qquad\text{（满足）}$$

所以无须验算分肢刚度、强度和整体稳定；分肢采用型钢，也不必验算其局部稳定。至此可认为所选截面满意。

(4) 缀条设计。缀条尺寸已初步确定∟ 45×4（Q235 钢），$A=3.49\text{cm}^2$，$i_{y0}=0.89$。采用人字形单缀条体系，$\theta=45°$，分肢 $l_{01}=46\text{cm}$，斜缀条长度 $l_0=23/\sin45°=32.5\text{cm}$。

柱的剪力

$$V_1=\frac{1}{2}\left(\frac{Af}{85}\frac{1}{\varepsilon_k}\right)=\frac{1}{2}\times\frac{51.4\times10^2\times310}{85}\sqrt{\frac{345}{235}}=11360(\text{N})$$

斜缀条内力 $N_1=\dfrac{V_1}{\cos\alpha}=\dfrac{11360}{\cos45^\circ}=16070(\mathrm{N})$

$$\lambda_1=\frac{l_0}{i_{y0}}=\frac{32.5}{0.89}=36.6<[\lambda]=150$$

按表4.3，轧制等边单角钢截面对 x、y 轴均属b类截面，查附表4.2，得 $\varphi=0.912$

强度设计值折减系数 $\psi=0.6+0.0015\lambda=0.6+0.0015\times36.6=0.65$

斜缀条的稳定：$\dfrac{N_1}{\varphi A}=\dfrac{16070}{0.912\times3.49\times10^2}=50.5(\mathrm{N/mm^2})$ （满足）

$<\psi f=0.65\times215=140(\mathrm{N/mm^2})$

缀条无孔洞削弱，不必验算强度。

（5）连接焊缝。缀条的连接角焊缝采用两面侧焊，按构造要求取 $h_f=4\mathrm{mm}$；焊条E43型（焊接不同强度的钢材，可按低强度钢材选用焊条）。

单面连接的单角钢按轴心受力计算连接时，$\psi=0.85$，则

肢背焊缝所需长度 $l_{w1}=\dfrac{k_1N_1}{0.7h_f\psi f_f^w}+2h_f=\dfrac{0.7\times16070}{0.7\times4\times0.85\times160\times10^2}+2\times4=38(\mathrm{mm})$

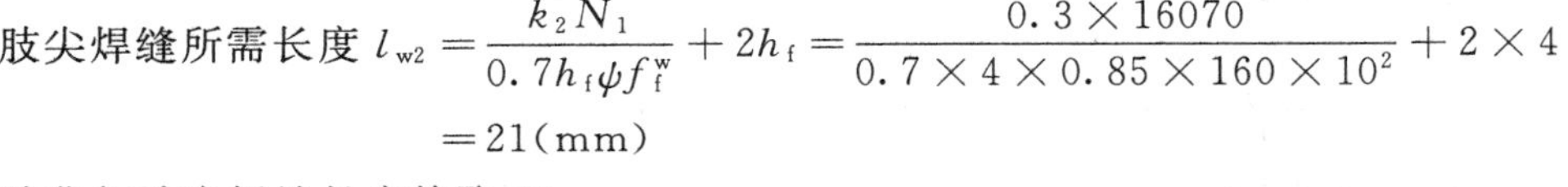

肢尖焊缝所需长度 $l_{w2}=\dfrac{k_2N_1}{0.7h_f\psi f_f^w}+2h_f=\dfrac{0.3\times16070}{0.7\times4\times0.85\times160\times10^2}+2\times4=21(\mathrm{mm})$

肢背与肢尖焊缝长度均取50mm。

2. 缀板柱

（1）按实轴（y 轴）的稳定条件确定分肢截面尺寸。同缀条柱，选用2［18a，截面形式如图4.27所示。

（2）按绕虚轴（x 轴）的稳定条件确定分肢间距。取 $\lambda_1=24$，基本满足 $\lambda_1\leqslant0.5\lambda_{max}=0.5\times49.7=24.85$ 且不大于40的分肢稳定要求。按等稳定原则 $\lambda_{0x}=\lambda_y$，而 $\lambda_y=49.7$，得

$$\lambda_{x\mathrm{req}}=\sqrt{\lambda_y^2-\lambda_1^2}=\sqrt{49.7^2-24^2}=43.5$$

$$i_{x\mathrm{req}}=\frac{l_{0x}}{\lambda_{x\mathrm{req}}}=\frac{560}{43.5}=12.87(\mathrm{cm})$$

$$b_{\mathrm{req}}\approx\frac{i_{x\mathrm{req}}}{\alpha_2}=\frac{12.87}{0.44}=29.3(\mathrm{cm})，取 b=30\mathrm{cm}$$

两槽钢翼缘间净距 $=300-2\times68=164\mathrm{mm}>100\mathrm{mm}$，满足构造要求。

（3）验算截面。

缀板净距 $l_{01}=\lambda_1 i_1=24\times1.96=47(\mathrm{cm})$，

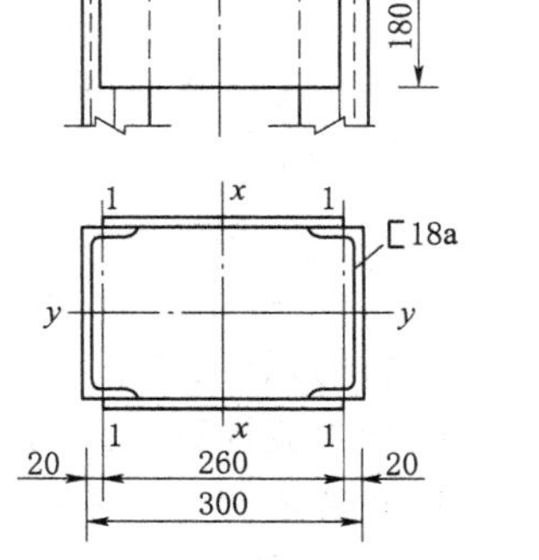

图4.27 ［例4.2］缀板柱

取46cm。

$$\lambda_1=\frac{46}{1.96}=24。$$

$$I_x=2\times(98.6+25.7\times13^2)=8884(\text{cm}^4)$$

$$i_x=\sqrt{\frac{I_x}{A}}=\sqrt{\frac{88884}{51.4}}=13.15(\text{cm})$$

$$\lambda_x=\frac{l_{0x}}{i_x}=\frac{560}{13.15}=42.6$$

$$\lambda_{0x}=\sqrt{\lambda_x^2+\lambda_1^2}=\sqrt{42.6^2+24^2}=48.9<[\lambda]=150 \quad (刚度满足)$$

由 $\lambda_{max}=\lambda_y=49.7$（按 $49.7/\varepsilon_k=60.2$），查附表4.2，得 $\varphi=0.806$（b类截面）。

$$\frac{N}{\varphi A}=\frac{1200\times10^3}{0.806\times51.4\times10^2}=289.7(\text{N/mm}^2)<f=310\text{N/mm}^2 \quad (满足)$$

$\lambda_{max}=49.7$，$\lambda_1=24<0.5\lambda_{max}=24.85$ 和40，满足规范规定。所以无须验算分肢刚度、强度和整体稳定；分肢采用型钢，也不必验算其局部稳定。至此可认为所选截面满意。

（4）缀板设计。

预估缀板宽度 $b_j\geqslant\frac{2}{3}b_1=\frac{2}{3}\times26=17.3(\text{cm})$，取18cm。

厚度 $t_j\geqslant\frac{1}{40}b_1=\frac{1}{40}\times26=0.65(\text{cm})$，取6mm。

而相邻缀板净距 $l_{01}=46\text{cm}$，则相邻缀板中心间距离 $l_0=l_{01}+b_j=46+18=64\text{cm}$

缀板线刚度之和与分肢线刚度比值为

$$\frac{\sum I_b/c}{I_1/l_1}=\frac{2(I_b/b_1)}{I_1/I_1}=\frac{2\times(0.6\times18^3/12)/28.32}{98.6/64}=14.6>6$$，满足缀板的刚度要求。

每个缀板面剪力 $V_1=11360\text{N}$

弯矩 $$M_j=\frac{V_1l_1}{2}=\frac{11360\times64}{2}=363500(\text{N}\cdot\text{cm})$$

剪力 $$V_j=\frac{V_1l_1}{b_1}=11360\times\frac{64}{26}=27960(\text{N})$$

$$\sigma=\frac{6M_j}{t_jb_j^2}=\frac{6\times363500\times10}{6\times180^2}=112(\text{N/mm}^2)<f=215\text{N/mm}^2$$

$$\tau=\frac{1.5V_j}{t_jb_j}=\frac{1.5\times27960}{6\times180}=39(\text{N/mm}^2)<f_v=125\text{N/mm}^2$$

满足缀板的强度要求。

（5）连接焊缝计算：采用三面围焊缝。计算时可偏于安全地仅考虑端部竖直焊缝，但不扣除考虑两端缺陷的 $2h_f$。按构造要求取焊脚尺寸 $h_f=6\text{mm}$，焊条E43型（按缀板Q235），则

$$A_f=0.7\times0.6\times18=7.56(\text{cm}^2)$$

$$W_f = \frac{1}{6} \times 0.7 \times 0.6 \times 18^2 = 22.68(\text{cm}^3)$$

在弯矩 M_j 和剪力 V_j 共同作用下焊缝的应力为：

$$\sqrt{\left(\frac{\sigma_f^M}{\beta_f}\right)^2 + (\tau_f^V)^2} = \sqrt{\left(\frac{363500 \times 10}{1.22 \times 22.68 \times 10^3}\right)^2 + \left(\frac{27960}{7.56 \times 10^2}\right)^2}$$

$$= 136.5(\text{N/mm}^2) < f_f^w = 160\text{N/mm}^2$$

（满足）

4.7 梁与柱的连接

本节内容见二维码。

4.7 梁与柱的连接

4.8 柱　　脚

柱脚的作用是将柱身内力传给基础，并与基础固定。由于柱脚的耗钢量大，且制造费工，因此设计时应使其构造简单，传力可靠，符合结构的计算简图，并便于安装固定。

柱脚按其与基础的连接形式可分为铰接和刚接两种。不论是轴心受压柱和框架柱，这两种形式均有采用。但轴心受压柱常采用铰接柱脚，而框架柱则多用刚接柱脚。

4.8.1 铰接柱脚

图 4.31 是几种常用的铰接柱脚形式，主要用于轴心受压柱。图 4.31（a）所示为铰接柱脚的最简单形式，柱子压力由焊缝传给底板，由底板扩散并传给基础。由于底板在各方向均为悬臂，在基础反力作用下，底板抗弯刚度较弱。所以这种柱脚形式只适用于柱子轴力较小的情况。当柱子轴力较大时，通常采用图 4.31（b）、(c)、(d）所示的柱脚形式。由于增设了一些辅助传力零件——靴梁、隔板和肋板，底板被分隔成若干小的区格。底板上的靴梁、隔板和肋板相当于这

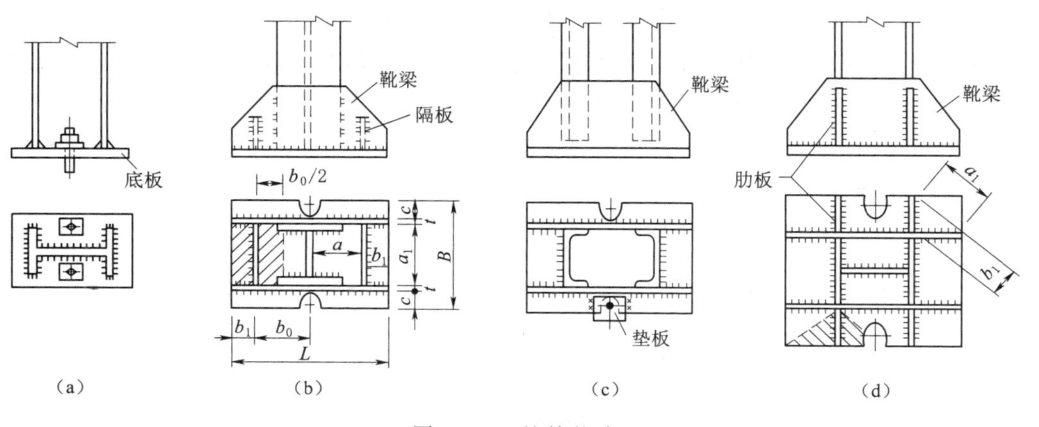

图 4.31　铰接柱脚

些小区格板块的边界支座，改变了底板的支承条件。在基础反力作用下，底板的最大弯矩值变小了。柱子轴力通过竖向角焊缝传给靴梁，靴梁再通过水平角焊缝传给底板。图4.31（b）中，靴梁焊在柱翼缘的两侧，在靴梁之间设置隔板，以增加靴梁的侧向刚度；同时，底板被进一步分成更小的区格，底板中的弯矩也因此而减小。图4.31（c）是格构柱仅采用靴梁的柱脚形式。图4.31（d）在靴梁外侧设置肋板，使柱子轴力向两个方向扩散，通常在柱的一个方向采用靴梁，另一方向设置肋板，底板宜做成正方形或接近正方形。此外，在设计柱脚中的连接焊缝时，要考虑施焊的方便与可能性。

底板上锚栓孔的孔径应比锚栓直径大1～1.5倍或做成U形缺口，以便于柱的安装和调整。最后固定时，应用孔径比锚栓直径大1～2mm的锚栓垫板套住锚栓并与底板焊固。

铰接柱脚一般只按承受轴心压力计算。当框架柱的铰接柱脚须承受剪力时，可由底板与基础表面的摩擦力传递，如不满足，可在底板下设置用方钢或其他型钢做成的抗剪键。

1. 底板的计算

底板的平面尺寸取决于基础材料的抗压能力，假设基础对底板的压应力是均匀分布的，则底板的面积按下式计算：

$$A=LB\geqslant\frac{N}{f_c}+A_0 \tag{4.41}$$

式中　L、B——底板的长度和宽度；

N——柱的轴心压力；

f_c——基础所用混凝土的抗压强度设计值；

A_0——锚栓孔的面积。

底板宜做成正方形，或做成$L\leqslant 2B$的长方形。若做成狭长形，底板下的压应力分布则不易均匀，且须设置较多隔板，同时长方向抗弯能力也可能过大，不符合铰接柱的假定。底板尺寸一般按构造要求先定出宽度，然后即可算出需要的长度。

2. 底板厚度

底板的厚度由板的抗弯强度决定。可以把底板看做是一块支承在靴梁、隔板、肋板和柱端的平板，承受从基础传来的均匀反力。靴梁、隔板、肋板和柱端面看做是底板的支承边，并将底板分成不同支承形式的区格，其中有四边支承、三边支承、两相邻边支承和一边支承。在均匀分布的基础反力作用下，各区格单位宽度上最大弯矩为

四边支承板：$$M=\alpha pa^2 \tag{4.42}$$

三边支承板及两相邻边支承板：$$M=\beta pa_1^2 \tag{4.43}$$

一边支承（悬臂）板：$$M=\frac{1}{2}pc^2 \tag{4.44}$$

式中　$p=\dfrac{N}{lB-A_0}$——作用于底板单位面积上的均匀压应力；

a——四边支承板中短边的长度；

α——系数，由板的长边 b 与短边 a 之比，查表 4.5；

a_1——三边支承板中自由边的长度；两相邻支承板中对角线的长度［图 4.31 (b)、(d)］；

β——系数，由 b_1/a_1，查表 4.6，b_1 为三边支承板中垂直于自由边方向的长度或两相邻边支承板中的内角顶点至对角线的垂直距离［图 4.31（b）、(d)］。当三边支承板 b_1/a_1 小于 0.3 时，可按悬臂长为 b_1 的悬臂板计算；

c——悬臂长度。

表 4.5　　四边支承板弯矩系数 α

b/a	1.0	1.1	1.2	1.3	1.4	1.5	1.6	1.7	1.8	1.9	2.0	3.0	≥4.0
α	0.048	0.055	0.063	0.069	0.075	0.081	0.086	0.091	0.095	0.099	0.101	0.119	0.125

表 4.6　　三边支承板及两相邻边支承板弯矩系数 β

b_1/a_1	0.3	0.4	0.5	0.6	0.7	0.8	0.9	1.0	1.2	≥1.4
β	0.027	0.044	0.060	0.075	0.087	0.097	0.105	0.112	0.121	0.125

经过计算，取各区格板中的最大弯矩 M_{max}，即可按下式来确定底板的厚度 t：

$$t=\sqrt{\frac{6M_{max}}{f}} \tag{4.45}$$

合理的设计应使各区格板的弯矩值基本相近；如果区格板的弯矩值相差很大，则应调整底板尺寸或重新划分区格。

为了使底板具有足够的刚度，以满足基础反力均匀分布的假设，底板厚度一般为 20～40mm，最小厚度不宜小于 14mm。

3. 靴梁、隔板和肋板的计算

在制造柱脚时，在柱身与底板之间仅采用构造焊缝相连。在底板均布反力作用下，靴梁按支承于柱侧边的双悬臂简支梁计算。可按柱的轴心压力 N 计算柱身与靴梁之间竖向连接焊缝，同时要求：每条竖向焊缝的计算长度不应大于 $60h_f$；靴梁的高度根据靴梁与柱身之间的竖向焊缝长度来确定，其厚度略小于柱翼缘板厚度，然后根据靴梁所承受的最大弯矩和最大剪力，验算其抗弯和抗剪强度。

隔板应具有一定的刚度，才能起支承底板和侧向支撑靴梁的作用。为此，隔板的厚度不得小于宽度的 1/50，且厚度不小于 10mm。隔板的高度由其与靴梁连接的焊缝长度决定。隔板承受的底板反力可按图 4.31（b）中的阴影面积计算。根据其承受的荷载，计算隔板与底板之间的连接焊缝（隔板内侧不易施焊，仅有外侧焊缝）、验算隔板强度、计算隔板与靴梁之间的焊缝。

肋板按悬臂梁计算，荷载按图 4.31（d）所示的阴影面积的底板反力计算。应计算肋板及其连接的强度。

4.8.2 刚接柱脚

4.8.2.1 形式和构造

刚接柱脚一般除承受轴心压力外，同时还承受弯矩和剪力。图 4.32 是常用的刚接柱脚形式，图 4.32（a）所示形式适用于压力和弯矩都较小，且在底板与基础间只产生压应力时，它类似于轴心受压柱柱脚。图 4.32（b）是整体式刚接柱脚，用于实腹柱和肢间距离小于 1.5m 的格构柱。当格构柱肢间距离较大时，采用整体式柱脚是不经济的，这时多采用分离式柱脚，如图 4.32（c）所示，每个分肢下的柱脚相当于一个轴心受力铰接柱脚，两柱脚之间用膈材联系起来。

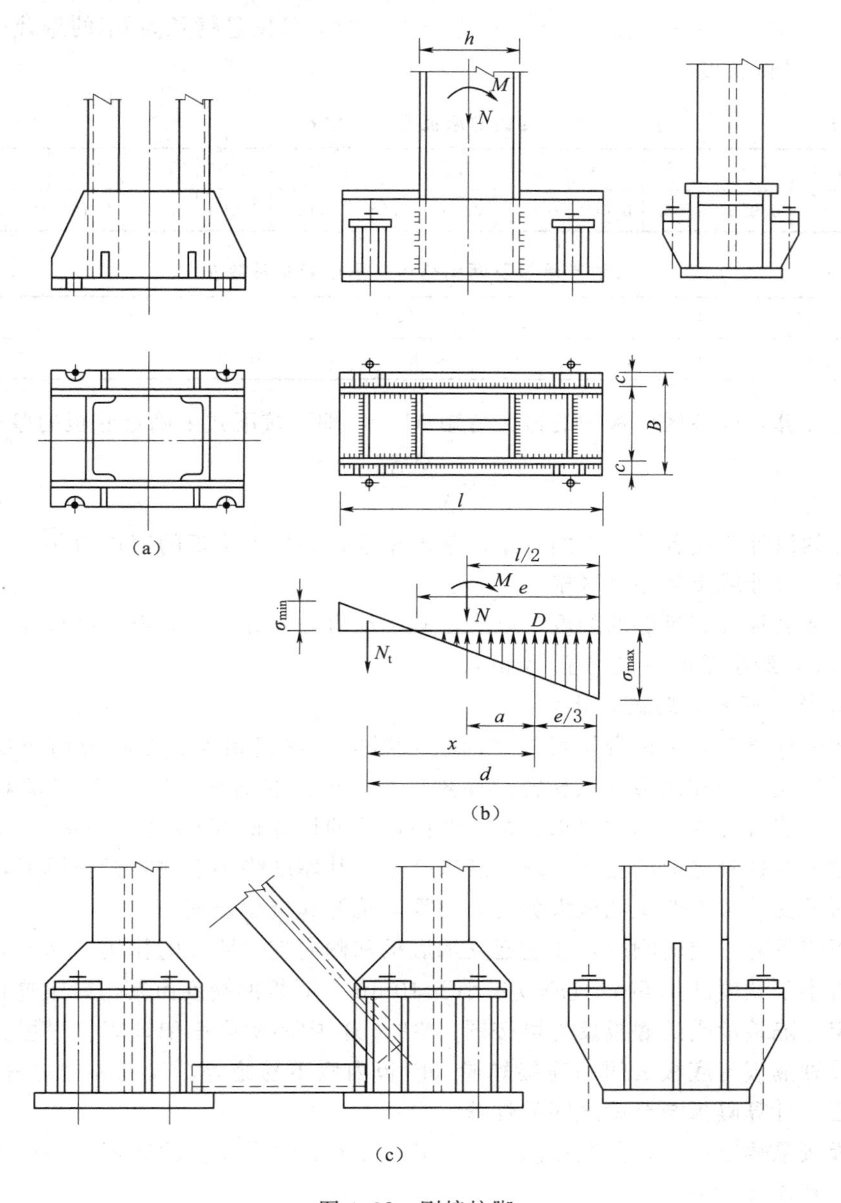

图 4.32　刚接柱脚

4.8.2.2　柱脚计算

柱脚的剪力主要依靠底板与基础之间的摩擦力来传递。当仅靠摩擦力不足以承受水平剪力时，应在柱脚底板下面设置抗剪键，不应将柱脚锚栓用来承受剪力。

1. 底板的计算

（1）底板面积。图 4.32（b）为整体式柱脚构造图。由于同时有弯矩和轴心压力作用，底板下的压力不是均匀分布的，并且可能出现拉力。如果底板下出现拉力，则此拉力由锚栓来承受。

假定柱脚底板与基础接触面的压应力成直线分布，底板下基础的最大压应力按下式计算：

$$\sigma_{max}=\frac{N}{BL}+\frac{6M}{BL^2}\leqslant f_c \tag{4.46}$$

式中 N、M——使基础一侧产生最大压应力的最不利内力组合值；

B、L——底板的宽度、长度；

f_c——混凝土的抗压强度设计值。

根据底板下基础的最大压应力不超过混凝土抗压强度设计值的条件，即可确定底板面积。一般先按构造要求决定底板宽度，其中悬伸宽度一般取 20～30mm，然后求出底板的长度 l。

（2）底板厚度。底板另一侧边缘的应力可由下式计算：

$$\sigma_{min}=\frac{N}{Bl}-\frac{6M}{Bl^2} \tag{4.47}$$

根据式（4.46）和式（4.47）即可得底板下压应力的分布图形，然后采用与铰接柱脚相同的方法，用式（4.42）～式（4.44）计算各区格底板单位宽度上的最大弯矩，再用式（4.45）确定底板厚度。计算弯矩时，可偏于安全地取各区格中的最大压应力作为作用于底板单位面积的均匀压应力 p 进行计算。底板的厚度一般不小于 20mm。

2. 靴梁、隔板、肋板及其连接焊缝的计算

柱身与靴梁连接焊缝承受的最大内力 N_1 按下式计算：

$$N_1=\frac{N}{2}+\frac{M}{h} \tag{4.48}$$

式中 h——柱截面高度。

靴梁的高度由靴梁与柱身之间的焊缝长度确定，其高度不宜小于 400mm。靴梁按双悬臂简支梁验算截面强度，荷载按底板上不均匀反力的最大值计算。

靴梁与底板之间的连接焊缝按承受底板下不均匀基础反力的最大值设计。在柱身范围内，靴梁内侧不易施焊，故仅在靴梁外侧布置焊缝。

隔板、肋板及其连接的设计与轴心受压柱脚相似，只是荷载按底板下不均匀反力相应受荷范围的最大值计算。

3. 锚栓的计算

当由式（4.47）计算出的最小应力 $\sigma_{min}\geqslant 0$ 时，表明底板与基础间全为压应力，此时锚栓可按构造要求设置，即将柱脚固定即可。若 $\sigma_{min}<0$，出现负值时，说明底板与基础之间产生拉应力。由于底板和基础之间不能承受拉应力，此时拉应力的合力由锚栓承担。根据对混凝土受压区压应力合力作用点的力矩平衡条件 $\sum M=0$，可得

锚栓拉力 N_t为

$$N_t = \frac{M - Na}{x} \tag{4.49}$$

式中　M、N ——使锚栓产生最大拉力的内力组合值；

a ——柱截面形心轴到基础受压区合力点间的距离，$a=\frac{l}{2}-\frac{e}{3}$；

x ——锚栓位置到基础受压区合力点间的距离，$x=d-\frac{e}{3}$；

e ——压应力的分布长度，$e=\frac{\sigma_{max}}{\sigma_{max}+|\sigma_{min}|}l$。

每个锚栓所需要的有效截面面积为

$$A_n = \frac{N_t}{nf_t^a} \tag{4.50}$$

式中　n ——柱脚受拉侧锚栓数；

f_t^a ——锚栓的抗拉强度设计值。

锚栓直径不小于 20mm。锚栓下端在混凝土基础中用弯钩或锚板等锚固，保证锚栓在拉力 Z 作用下不被拔出。锚栓承托肋板按悬臂梁设计，高度一般不小于 350～400mm。

另外，对柱脚的防腐蚀应特别加以重视，《标准》对此制定有强制性规定：柱脚在地面以下的部分应采用强度等级较低的混凝土包裹（保护层厚度不应小于 50mm），并应使包裹的混凝土高出地面不小于 150mm。当柱脚底面在地面以上时，柱脚底面应高出地面不小于 100mm。

思　考　题

4.1　理想轴心压杆与实际轴心压杆有何区别？

4.2　残余应力对压杆的稳定性有何影响？

4.3　轴心受压构件的稳定系数 φ 为什么要按截面形式和对应轴分类？举一种截面形式为例说明对两个主轴的稳定系数 φ_x 与 φ_y 分属不同的截面类别？

4.4　轴心受压构件整体失稳时有哪几种屈曲形式？双轴对称截面的屈曲形式是怎样的？

4.5　轴心受压构件的整体稳定承载力与哪些因素有关？其中哪些因素被称为初始缺陷？

4.6　轴心受压柱的整体稳定不满足时，若不增大截面面积，是否还可以采取其他措施提高其承载力？

4.7　实腹式轴心压杆须作哪几方面验算？计算公式是怎样的？

4.8　轴心受压格构式构件对虚轴的稳定性为什么要采用换算长细比？缀条式与缀板式双肢柱的换算长细比计算公式有何不同？

4.9　轴心受压实腹式与格构式构件的截面选择步骤？

4.10　梁与柱的铰接和刚接以及铰接和刚接柱脚各适用于哪些情况？它们的基本构造形式有哪些特点？

习　　题

习题答案

4.1　试验算图 4.33 所示焊接工字形截面柱（翼缘为焰切边）。轴心压力设计值 4500kN，柱的计算长度 $l_{0x}=l_{0y}=6\text{m}$ 。截面无削弱，钢材为 Q235。

4.2　试设计一工作平台柱。柱的轴心压力设计值为 4500kN（包括自重），柱高 3m，两端铰接，截面无削弱，钢材为 Q235，采用①轧制工字钢截面；②焊接工字形截面（翼缘为轧制边）；③H 型钢。

4.3　试计算习题图 4.34 所示两种焊接工字钢截面（截面面积相等）轴心受压柱所能承受的最大轴心压力设计值和局部稳定，并作比较说明。柱高 10m，两端铰接，翼缘为焰切边，钢材为 Q235。

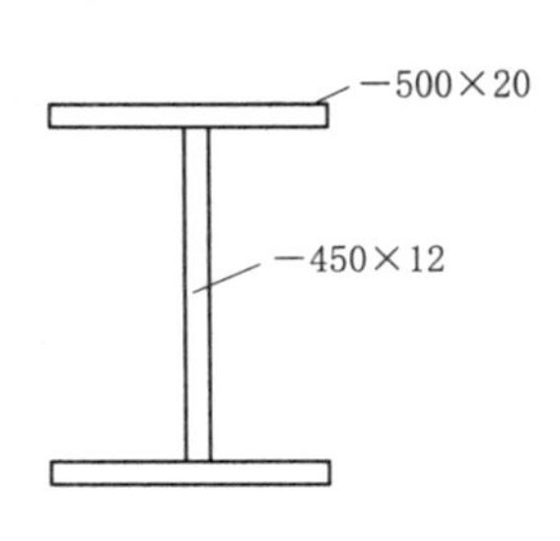

图 4.33　习题 4.1 图

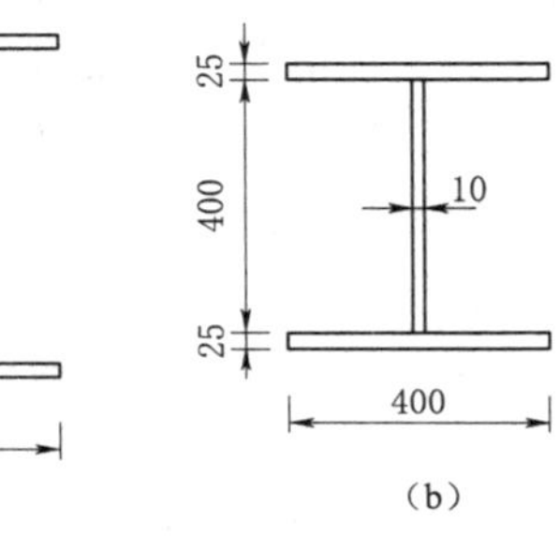

图 4.34　习题 4.3 图

4.4　试设计两槽钢组成的缀板柱。柱的轴心压力设计值为 1600kN（包括自重），柱高 7.5m，上端铰接，下端固定，钢材为 Q235。

4.5　条件与习题 4.4 相同，试设计成缀条柱。

4.6　试确定某轴心受压缀板柱所能承受的轴心压力设计值。柱高为 6m，两端铰接，单肢长细比为 35，截面如习题图 4.35 所示，钢材为 Q235。

图 4.35　习题 4.6 图

第5章

钢梁

5.1 概　　述

工程结构中，将承受横向荷载产生弯曲变形的构件称为受弯构件。受弯构件是应用较广的一种基本构件，也称之为钢梁。

钢梁应用比较广泛，比如多层和高层房屋中的楼盖梁、工厂中的工作平台梁、吊车梁、墙梁以及屋盖体系中的檩条等。再比如水工结构中的钢闸门等。

根据梁的支承情况，钢梁可制作成简支梁、悬臂梁和多跨连续梁等。其中简支梁在制造、安装、修理和拆换等方面均较方便，而且不受温度变化或支座沉陷等的影响，因而使用最为广泛。

根据荷载作用情况，钢梁可分为单向弯曲梁和双向弯曲梁。单向弯曲梁是只有在一个主平面内受弯的梁，如楼盖梁、工作平台梁等。弯矩同时作用在两个主轴平面内的梁称为双向受弯曲梁，如吊车梁、檩条、墙梁等。

根据制作方法的不同，钢梁可分为型钢梁和组合梁两种类型。其中型钢梁又分为热轧型钢梁和冷轧薄壁型钢梁。热轧型钢梁由热轧型钢制成，主要包括热轧 H 型钢、热轧普通工字钢和热轧普通槽钢。热轧型钢由于轧制条件的限制，其腹板厚度一般偏大，用钢量可能较多，但制造省工，构造简单，因而当可用型钢梁时应尽量采用之。组合钢梁其截面由钢板焊接组合而成，焊接组合钢梁有工字形梁和箱形梁两大类。目前绝大多数组合钢梁是焊接而成，荷载特重或抵抗动力荷载作用要求较高的少数梁也可采用摩擦型高强度螺栓连接而成，如图 5.1 所示。

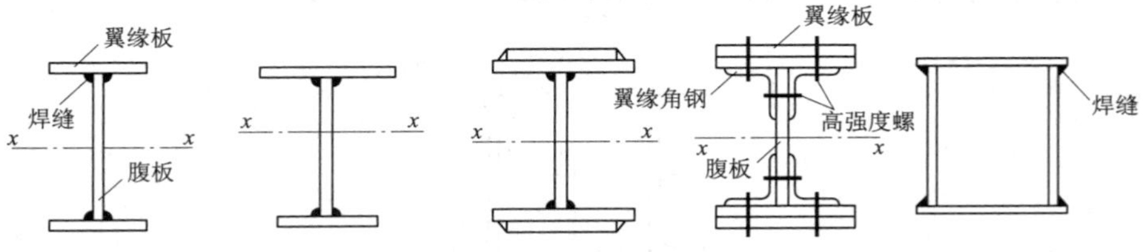

(a) 双轴对称焊接组合梁　(b) 加强受压翼缘的焊接组合梁　(c) 双层翼缘板焊接组合梁　(d) 高强度螺栓连接的工字形组合梁　(e) 焊接箱型组合梁

图 5.1　工字形组合梁和箱型组合梁

由于工字形焊接组合钢梁的腹板厚度可以选得较薄，可减少用钢量，因此中型和重型钢梁除采用热轧 H 型钢外常采用焊接工字形焊接组合钢梁。当荷载较大且梁的截面高度受到限制或梁的抗扭性能要求较高时，可采用箱形截面板梁。

梁主要用以承受横向荷载，梁截面必须具有较大的抗弯刚度 I_x，因而其最经济的截面形式是工字形（含 H 形）或箱形，某些次要构件如墙梁和檩条等一般采用槽形或 Z 形截面。

除了上述广泛采用的型钢梁和组合钢梁外，目前还有一些特殊形式的钢梁。例如，为了充分利用钢材的强度，在板梁中对受力较大的翼缘板采用强度等级较高的钢材，而对受力较小的腹板则采用强度较低的钢材，形成异钢种组合钢梁。又如为了增加梁的高度使其有较大的截面惯性矩，可将型钢梁按锯齿形割开，然后把上、下两个半工字形左右错动并焊接成为腹板上有一系列六角形孔的所谓蜂窝梁，如图 5.2（a）所示。蜂窝梁截面中的孔可使房屋中的各种管道顺利通过，在高层房屋中的楼盖梁中多有应用。又如为了利用混凝土结构的优良抗压性能和钢结构的优良抗拉性能，可制成钢与混凝土组合梁，如图 5.2（b）所示。楼面系中的钢筋混凝土楼板可兼用作组合梁的受压翼缘板，支承混凝土板的钢梁可用作组合梁的受拉翼缘而取得良好的经济效果。此外，施工中还可以利用已架设的钢梁支承浇捣混凝土时的模板，节省了施工费用。

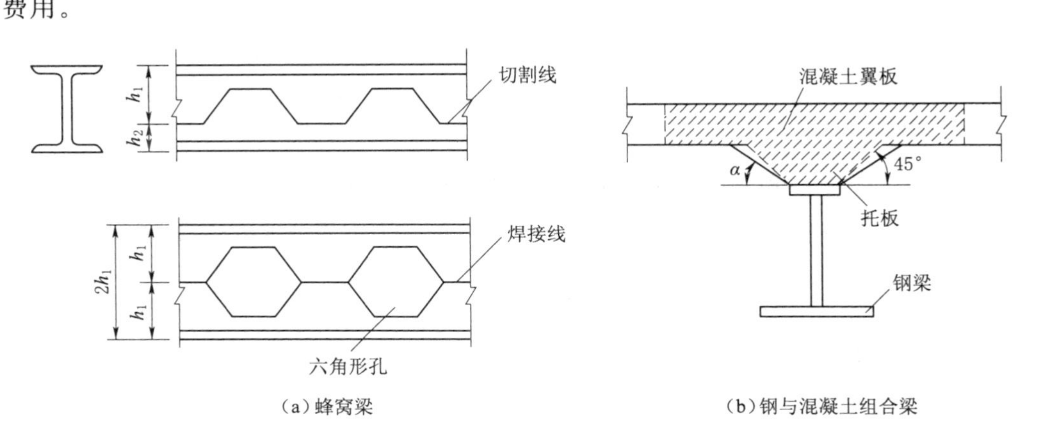

图 5.2　蜂窝梁和钢与混凝土组合梁

对于受弯构件的钢梁，其设计及计算主要包括：强度、刚度和稳定性，其中稳定性计算包含整体稳定和局部稳定。强度和稳定性属于钢梁的承载能力极限状态，需用荷载的设计值进行内力计算。刚度计算按正常使用极限状态，计算挠度时需按荷载标准值进行计算。

5.2　钢梁的强度和刚度计算

5.2.1　钢梁的强度计算

常用的钢梁有两个正交的形心主轴。一般地，绕主轴的 $I_x \gg I_y$，与其所对应的 x 轴称为强轴，y 轴称为弱轴。钢梁在横向荷载作用下，截面上将产生弯矩和剪力，有时局部还有集中压力作用。因此，钢梁的强度计算应包括抗弯强度和抗剪强度，必要时还有局部承压强度及上述几种应力共同作用下的折算应力强度，其中抗弯强度的计算是首要的。

5.2.1.1 钢梁的抗弯强度

1. 纯弯时梁的工作阶段

梁在纯弯情况下，根据平面假定，梁横截面上的正应力分布随着荷载的增加而分为弹性工作阶段、弹塑性工作阶段和塑性工作阶段。

（1）弹性工作阶段。当荷载较小时，梁的边缘纤维应力 σ 不大于钢材的屈服点 f_y，梁处于弹性工作阶段，截面上应力呈直线变化，如图 5.3（c）所示。

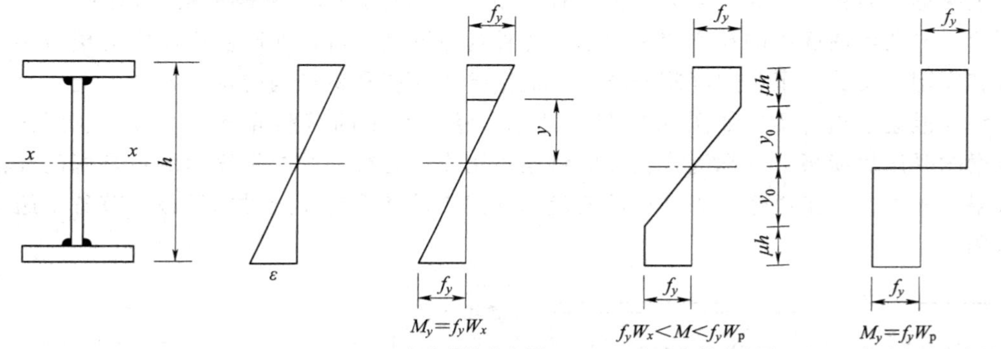

图 5.3 双曲对称工字形截面在纯弯曲下的正应力

根据材料力学中的推导，梁截面上任意一点的应力可用公式（5.1）表示：

$$\sigma=\frac{M_x y}{I_{nx}} \tag{5.1}$$

该阶段最大边缘纤维应力为

$$\sigma_{max}=\frac{M_x y_{max}}{I_{nx}}=\frac{M_x}{W_{nx}}=f_y \tag{5.2}$$

式中 $W_{nx}=\frac{I_{nx}}{y_{max}}$——梁截面的弹性截面模量。

当 $\sigma_{max}=f_y$ 时的弯矩称为边缘纤维屈服弯矩，或简称屈服弯矩，记作 M_x

$$M_x=f_y W_{nx} \tag{5.3}$$

（2）弹塑性工作阶段。如继续增加荷载，截面边缘部分纤维进入塑性，截面分成弹性区和塑性区，弹性区的高度在图 5.3 中记作 $2y_0$，应力分布如图 5.3（d）所示，此时梁处于弹塑性工作阶段。

（3）塑性工作阶段。再继续增加荷载，理论上截面的塑性区发展至全截面，应力图形呈两块矩形，如图 5.3（e）所示。此时梁处于全塑性工作阶段，截面上的弯矩记作 M_p。

对截面的中和轴求力矩，可得全塑性弯矩为

$$M_p=f_yA_1y_1+f_yA_2y_2=f_yS_1+S_2=f_yW_p \tag{5.4}$$

其中

$$W_p=S_1+S_2 \tag{5.5}$$

W_p 称为截面的塑性截面模量。S_1 和 S_2 分别等于 A_1y_1 和 A_2y_2，分别为截面受压区和受拉区对中和轴的面积矩，其 y_1 和 y_2 不记正负号。

2. 截面形状系数和塑性发展系数

（1）截面形状系数。由式（5.2）和式（5.4）可知，梁的全塑性弯矩与边缘屈服弯矩的比值仅与截面几何性质有关。塑性截面模量 W_p 与弹性截面模量 W 的比值称为截面形状系数，用 η 表示。

$$\eta=\frac{W_p}{W_n} \tag{5.6}$$

η 值只与截面的几何形状有关，对于矩形截面，截面形状系数 $\eta=1.5$，工字型截面绕强轴（x 轴）时，$\eta=1.10\sim1.17$（随截面尺寸不同而变化）。

（2）截面塑性发展系数。通过上面的叙述可见，梁截面的边缘屈服弯矩 M_y 最小，全塑性弯矩 M_p 最大，弹塑性弯矩则介乎两者之间。

$$M_y < M < M_p$$

$$f_yW_{nx} < M < f_yW_p$$

若记弹塑性弯矩 M 为 $f_y\gamma W_{nx}$，则得：$1.0<\gamma<\eta$，γ 为截面塑性发展系数。γ 值与截面上塑性发展深度有关，截面上塑性区的高度越大，γ 越大。当全截面塑性时，$\gamma=\eta$。

3. 钢梁的抗弯强度计算

梁按塑性工作状态设计具有一定的经济效益，但截面上塑性过分发展不仅会导致梁的挠度过大，而且还会对梁的稳定等方面带来不利。对直接承受动力荷载的梁，塑性发展使钢材硬化则容易导致疲劳破坏。因此，规范只考虑部分截面发展塑性，以限制截面的塑性发展深度。

我国钢结构设计规范中规定：在主平面内受弯的实腹构件，对于双向弯曲梁，其抗弯强度应按下式计算：

$$\frac{M_x}{\gamma_xW_{nx}}+\frac{M_y}{\gamma_yW_{ny}}\leqslant f \tag{5.7}$$

当梁单向弯曲时，即当 $M_y=0$ 时，式（5.7）成为

$$\frac{M_x}{\gamma_xW_{nx}}\leqslant f \tag{5.8}$$

式中 M_x、M_y ——绕 x 轴和 y 轴（对工字型截面 x 轴为强轴，y 轴为弱轴）同一截面相同荷载产生的弯矩设计值；

W_{nx}、W_{ny} ——对 x 轴和 y 轴的净截面弹性截面模量；

γ_x、γ_y ——截面塑性发展系数，对工字型截面 $\gamma_x=1.05$，$\gamma_y=1.20$；其他截面见二维码；

截面塑性发展系数

规范中规定，当梁受压翼缘的自由外伸宽度与其厚度之比大于 $13\varepsilon_k$（$\varepsilon_k=\sqrt{\frac{235}{f_y}}$，同第 4 章），而不超过 $15\varepsilon_k$ 时，应取 $\gamma_x=1.0$；对需要计算疲劳强度的梁，宜取 $\gamma_x=$

$\gamma_y=1.0$。

f 为钢材的抗弯强度设计值，见附录 1.1。

5.2.1.2　钢梁的抗剪强度

一般情况下，梁既承受弯矩又承受剪力，对于常用的工字型、槽型截面，其最大剪应力分布（图 5.4）在腹板的中和轴上的各点。

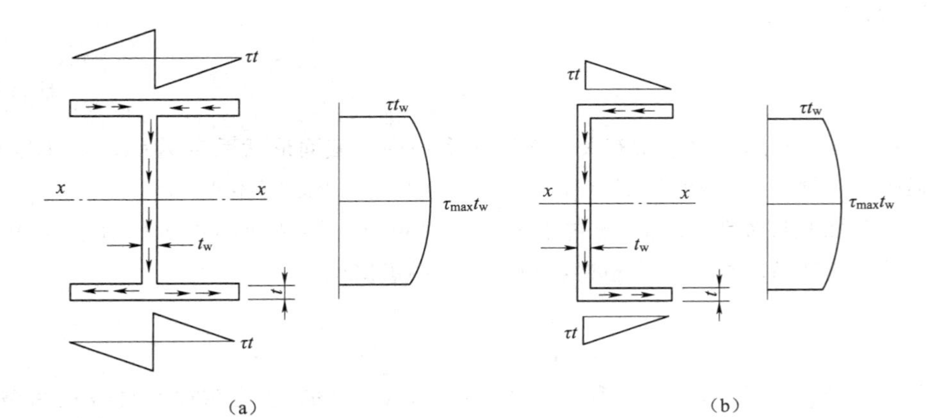

图 5.4　工字形截面和槽形截面上的剪应力分布

我国设计规范中对在主平面内受弯实腹构件抗剪强度的计算，规定为

$$\tau=\frac{VS_x}{I_x t_w}\leqslant f_v \tag{5.9}$$

式中　V——计算截面沿腹板平面作用的剪力；

I_x——计算截面对主轴 x 的毛截面惯性矩；

S_x——计算剪应力处以上或以下毛截面对中和轴 x 的面积矩；

t——计算剪应力处的截面厚度；

f_v——钢材的抗剪强度计算值。

一般强度验算均应采用净截面。我国设计规范中规定式（5.9）中的 S_x 和 I_x 均用毛截面进行简化计算。一般情况下，梁的抗剪强度不是确定梁截面积的主要因素，因而常采用近似公式计算梁腹板上的剪应力并不会影响梁的可靠性。

上述钢梁的抗弯强度和抗剪强度，这两者在受弯构件的计算中通常都需进行。下面介绍只在规定情况下才需进行计算梁的另两种强度。

5.2.1.3　钢梁的局部承压强度

当梁的翼缘受有沿腹板平面作用的固定集中荷载（包括支座反力），且该荷载处又未设置支撑加劲肋时或受有移动的集中荷载（如吊车的轮压）时，集中荷载通过翼缘传给腹板，腹板受力端边缘局部范围的压应力最大，可能达到钢材的抗压屈服极限，并沿纵向向两边传递，应验算腹板计算高度边缘的局部承压强度。实际上压力在钢梁纵向上的分布并不均匀，但在设计中为了简化计算，假定局部压力均匀分布在腹板边缘的一小段范围内。

腹板计算高度边缘的局部承压强度可按式（5.10）计算

$$\sigma_c = \frac{\psi F}{l_z t_w} \leqslant f \tag{5.10}$$

式中　F ——集中荷载（图 5.5），对动力荷载应乘以动力系数；

ψ ——用于重级工作制吊车梁时的集中荷载增大系数，取 $\psi=1.35$；对其他梁，$\psi=1.0$；

l_z ——集中荷载在腹板计算高度上的假定分布长度。

如果跨中集中荷载：

$$l_z = a + 5h_y + 2h_R \tag{5.11}$$

如果梁端支反力：

$$l_z = a + 5h_y + 2h_R \tag{5.12}$$

式中　a ——集中荷载沿梁跨度方向的支承长度，对吊车梁的轮压，可取 $a=50\text{mm}$；

h_y ——梁顶面至所计算的腹板计算高度边缘的距离；

h_R ——轨道的高度，当无轨道时，$h_R=0$。

当验算支座处腹板计算高度下边缘处的局部承压强度时，应取 $F=R$ 和 $\psi=1.0$。集中反力 R 的假定分布长度应根据支座的具体位置确定，如图 5.5 所示的支座布置，可取 $l_z=a+2.5h_y$。

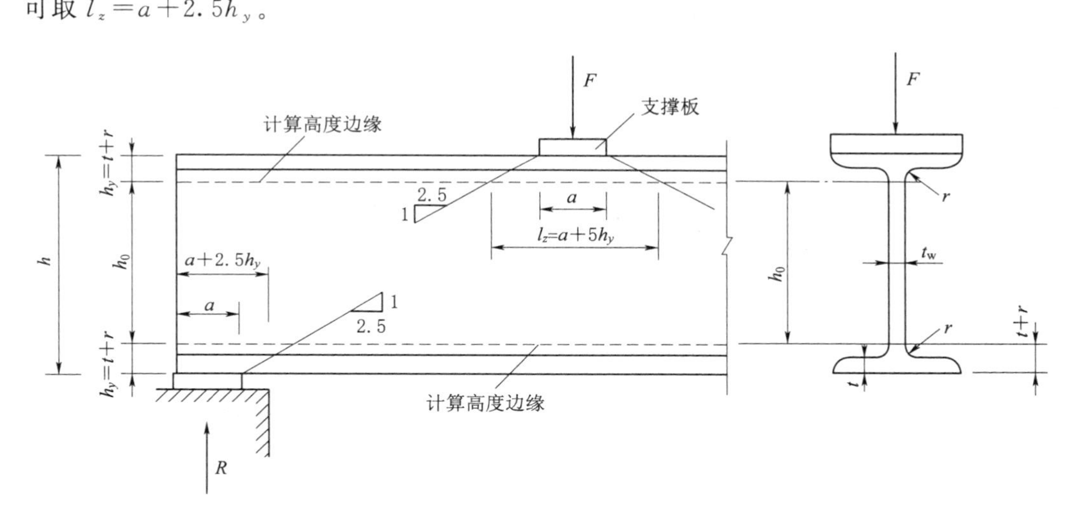

图 5.5　型钢梁在集中荷载作用下腹板计算高度边缘的局部承压假定分布长度

关于腹板计算高度，对轧制型钢梁，为腹板与上、下翼缘相接处两内弧起点间的距离（图 5.5）；如以 h_0 代表计算高度，h 代表梁的全高，t 代表型钢梁翼缘的“平均”厚度，r 代表腹板与翼缘相交处的圆弧半径，则 $h_0=h-2t+r$，式中的 t 和 r 在型钢表中均可查到。对焊接板梁，计算高度即为腹板高度，即 $h_0=h_w$。对用高强度螺栓连接的板梁，h_0 是上、下翼缘与腹板连接的最近两螺栓线间的距离。

5.2.1.4　钢梁的折算应力强度

在连续板梁的支座处或简支梁翼缘截面改变处，腹板计算高度边缘常同时受到较大的正应力、剪应力和局部压应力，或同时受到较大的正应力和剪应力（图 5.6），使该点处在复杂应力状态。为此应按下式验算该点的折算应力：

$$\sqrt{\sigma^2+\sigma_c^2-\sigma\sigma_c+3\tau^2}\leqslant\beta_1 f \tag{5.13}$$

式中　σ、τ 和 σ_c——腹板计算高度同一点上同时产生的正应力、剪应力和局部压应力。σ 和 σ_c 以拉应力为正值，压应力为负值。考虑到需要验算折算应力的部位只是梁的局部区域，故式（5.13）中引入了大于1的强度设计值增大系数 β_1。当 σ 与 σ_c 为异号时，其塑性变形能力高于 σ 与 σ_c 同号，故 β_1 规定为：当 σ 与 σ_c 异号时，取 $\beta_1=1.20$；当 σ 与 σ_c 同号或 $\sigma_c=0$ 时，取 $\beta_1=1.10$。

图5.6所示为某连续板梁的中间支座，在支座截面上负弯矩 M 和剪力 V 均是梁整跨上的最大值。在图中支座处腹板计算高度下边缘的 a 点，其正应力 σ 虽略小于边缘纤维处的 σ_{max}，但 a 处 τ 值较大。在支座集中反力 R 作用下，a 点又有较大的局部压应力 σ_c，且 σ_c 和 σ 同属压应力，因而 a 点属上文所指同时受到较大正应力、剪应力和局部压应力而应验算折算应力的点。

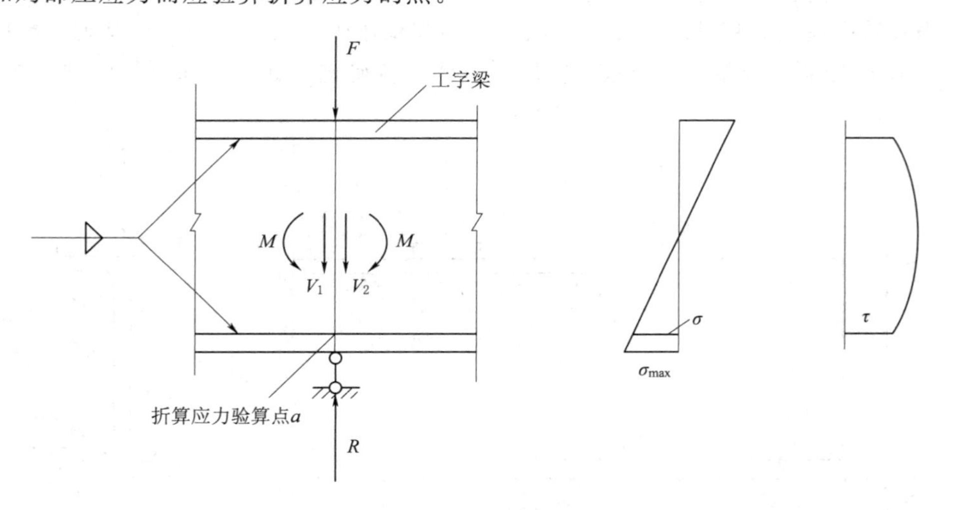

图5.6　连续板梁中间支座处截面上 a 点的正应力和剪应力

5.2.2　刚度计算

梁的截面一般由抗弯强度决定，但大截面小跨度的可能由抗剪强度控制，而细长的梁可能由刚度条件控制，因此刚度的计算一般在强度计算之后进行。梁的刚度用荷载作用下的挠度的大小来衡量。要求就是限制其在荷载标准值作用下的挠度不超过容许值（见附录2）。

梁的刚度计算公式为

$$v_T\leqslant[v_T] \tag{5.14}$$

$$v_Q\leqslant[v_Q] \tag{5.15}$$

式中　v_T、v_Q——全部荷载、可变荷载的标准值产生的最大挠度；

$[v_T]$、$[v_Q]$——全部荷载、可变荷载的标准值产生的挠度容许值（见附录2）。

5.3 钢梁的整体稳定性

5.3.1 概述

对于单向弯曲梁，其截面常设计的高而窄，可以提高梁的抗弯强度，节约钢材，可以更有效的发挥材料的作用。但受荷载方向刚度大，侧向刚度较小。理想状态下，认为荷载作用于梁的纵向对称面内（最大刚度平面内），梁基本上在其纵向对称面内弯曲，但实际上荷载不可能准确作用于纵向对称面内，同时不可避免地会有各种偶然因素所产生的横向作用力的影响，所以梁不但产生沿受荷载方向刚度大的垂直变形，同时会产生侧向刚度较小方向的水平位移。对于截面高而窄的单向弯曲梁，因受荷方向刚度大而侧向刚度较小使得水平位移虽然很小，但对其影响很大。

当荷载还不大时，梁基本上在其最大刚度平面内弯曲，但当荷载增大到一定数值后，梁将同时产生较大的侧向弯曲和扭转变形，最后很快地使梁丧失继续承载的能力。出现这种现象时，就称梁发生了侧扭屈曲，丧失了整体稳定性。梁维持其稳定平衡状态所能承受的最大荷载或最大弯矩，称为临界荷载或临界弯矩。

梁的整体失稳是突发的，并无明显预兆，因此比强度破坏更危险，设计、施工中要特别注意。

对于跨中无侧向支承的中等或较大跨度的梁，其丧失整体稳定性的承载能力往往低于按其抗弯强度确定的承载能力。因此，这些梁的截面大小也就往往由整体稳定性所控制。

5.3.2 梁整体稳定性的计算

5.3.2.1 梁整体稳定性的保证

一般情况下，在实际工程中，梁通常与其他构件相互连接，有利于梁的整体稳定或增强梁抗整体失稳的能力。当符合下列情况之一时，梁的整体稳定可以得到保证，不必计算。

（1）有刚性铺板密铺在梁的受压翼缘上并与其牢固连接，能阻止梁受压翼缘的侧向位移时。

（2）H 型钢或等截面工字形简支梁受压翼缘的自由长度 l_1 与其宽度 b_1 之比不超过表 5.1 所规定的数值。对跨中无侧向支承点的梁，l_1 为其跨度；对跨中有侧向支承点的梁，l_1 等于受压翼缘侧向支承点间的距离（梁的支座处视为有侧向支承），对主梁，则 l_1 等于次梁间距。

（3）箱形截面简支梁，其截面尺寸满足 $h/b_0 \leqslant 6$，且 $l_1/b_0 \leqslant 95\varepsilon_k^2$ 时（箱形截面的此条件很容易满足）。

5.3.2.2 梁整体稳定性的计算

当不满足前述不必计算整体稳定性的条件时，应对梁进行整体稳定性计算。要保证梁满足整体稳定性要求，应使梁受压翼缘的最大应力不超过临界应力。

表5.1　　工字形截面简支梁不需计算整体稳定性的最大 l_1/b_1 值

钢号	跨中无侧向支承点的梁		跨中受压翼缘有侧向支承点的梁，不论荷载作用在何处
	荷载作用上翼缘	荷载作用在下翼缘	
Q235	13.0	20.0	16.0
Q345	10.5	16.5	13.0
Q390	10.0	15.5	12.5
Q420	9.5	15.0	12.0

注　其他钢号的梁不需计算整体稳定性的最大 l_1/b_1 值，应取Q235钢的数值乘以 ε_k。

1. 梁整体稳定计算公式

对于在最大刚度主平面内的单向受弯的构件，其整体稳定性按下式计算

$$\frac{M_x}{\varphi_b W_x} \leqslant f \tag{5.16}$$

式中　M_x ——绕强轴 x 作用的最大弯矩设计值，N·mm；

W_x ——按受压翼缘确定的截面对 x 轴的毛截面模量，mm³；

φ_b ——梁的整体稳定系数（下角标 b 是 beam 的简写）。

对于在两个主平面受弯的H型钢或工字型截面的构件，其整体稳定性按下式计算

$$\frac{M_x}{\varphi_b W_x} + \frac{M_y}{\gamma_y W_y} \leqslant f \tag{5.17}$$

式中　M_x、M_y ——绕强轴 x 和弱轴 y 作用的最大弯矩设计值，N·mm；

W_x、W_x ——按受压翼缘确定的截面对 x 轴和对 y 轴的毛截面模量，mm³；

φ_b ——梁的整体稳定系数；

γ_y ——绕 y 轴弯曲的截面塑性发展系数。

2. 整体稳定系数的确定

要进行梁的整体稳定性的计算，需首先确定梁的整体稳定系数，整体稳定系数为临界应力和钢材屈服点的比值。即

$$\varphi_b = \frac{\sigma_{cr}}{f_y} = \frac{M_{cr}}{M_x} \tag{5.18}$$

临界弯矩的确定

由公式可知，整体稳定系数反映了临界弯矩和边缘纤维屈服弯矩比值的大小，只要找到了临界弯矩 M_{cr}（临界弯矩的确定，见二维码），即可由式（5.18）得到整体稳定系数 φ_b。

（1）轧制普通工字钢简支梁的 φ_b。轧制普通工字钢简支梁整体稳定系数 φ_b 根据梁的自由长度、荷载情况和工字钢型号查附录3采用，当查得的 φ_b 值大于0.60时，应按式（5.19）算得相应的 φ_b' 代替 φ_b 值。

$$\varphi_b' = 1.07 - \frac{0.282}{\varphi_b} \leqslant 1.0 \tag{5.19}$$

（2）轧制槽钢简支梁的 φ_b。轧制槽钢简支梁的整体稳定系数，不论荷载形式和

荷载作用点在截面高度上的位置均可按下式计算：

$$\varphi_b=\frac{570bt}{l_1h}\cdot\varepsilon_k^2 \tag{5.20}$$

式中 h、b、t——槽钢截面的高度、翼缘宽度和平均厚度。当按（5.20）算得的 φ_b 值大于 0.60 时，应按式（5.19）算得相应的 φ_b' 代替 φ_b 值。

5.4 钢梁的局部稳定性

对于型钢梁，比如工字型、槽型等截面梁，在制作时使其翼缘和腹板的尺寸自然满足局部稳定的要求，不需进行局部稳定性的计算或验算。对于组合钢梁，在设计时为了获得较为经济的组合钢梁截面，常使用比较薄的板件作为梁腹板和翼缘，容易导致翼缘或腹板局部失稳，必须进行局部稳定性计算。

对于焊接组合钢梁，使用比较薄的腹板和翼缘使得梁腹板的高厚比、翼缘的宽厚比均较大，有可能在弯曲压应力 σ、剪应力 τ 和局部压应力 σ_c 作用下，翼缘和腹板常会在梁发生强度破坏或丧失整体稳定性之前出现偏离其平面的波状屈曲（图 5.7），这种现象称为梁的局部失稳。虽然梁丧失局部稳定性的后果没有丧失整体稳定性那样严重，但梁丧失局部稳定性后局部屈曲的板退出工作，会降低梁的整体稳定性和刚度。因而对局部稳定性问题仍需认真对待。

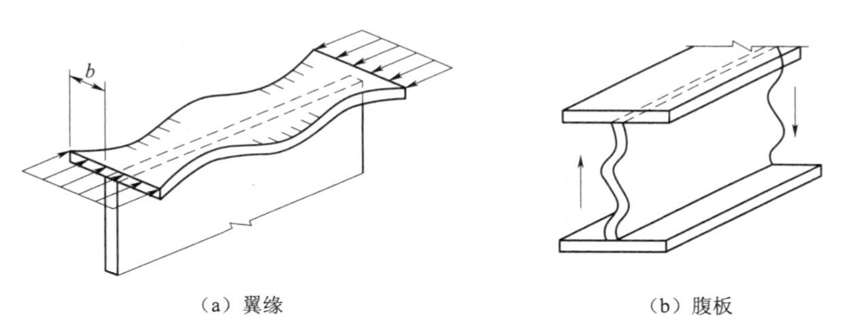

图 5.7 梁局部稳定

对于焊接组合钢梁，为避免其翼缘和腹板局部失稳，常采用两种方法处理：一是限制梁翼缘板件的宽厚比；二是在梁腹板两侧设置加劲肋。

5.4.1 梁翼缘的局部稳定性

工字形截面组合梁的受压翼缘，可看作在板平面均匀受压的两块三边支承一边自由的矩形板条。板两端可看作简支于横向加劲肋或支撑加劲肋的顶部，由于腹板的厚度常小于翼缘板的厚度，腹板对翼缘板的转动约束较小，与腹板相连的纵向边可视为简支边。板条的平面尺寸为 $a\times b_1$，a 是腹板横向加劲肋的间距，b_1 是受压翼缘板自由外伸尺寸，如图 5.9 所示。我国设计规范中对焊接组合钢梁取 $b_1=\frac{b-t_w}{2}$，在轴心压杆的局部稳定中已得到矩形薄板的弹性稳定临界应力公式为

$$\sigma_{cr}=\frac{\chi K\pi^2 E}{12(1-v^2)}\left(\frac{t}{b_1}\right)^2 \tag{5.21}$$

式中　χ ——弹性嵌固系数，对简支边取 $\chi=1.0$；

b_1 ——矩形板的宽度，mm，当三边简支一边自由在纵向均匀受压时，屈服系数 K 近似取 0.425。

（1）在弹性阶段弯曲时，梁的最大边缘纤维应力为 f_y，若不考虑翼缘板厚度上应力的变化，近似取 $\sigma_{cr}=f_y$，并取 $E=206\times10^3\text{N/mm}^2$ 和 $v=0.3$，则可得

$$\frac{b_1}{t}\leqslant\sqrt{\frac{0.425\times\pi^2\times206\times10^3}{12\ (1-0.3)^2\times235}\cdot\frac{235}{f_y}}=18.35\varepsilon_k \tag{5.22}$$

公式中未考虑板件中可能存在残余应力等初始缺陷，残余应力能使板件提前进入弹塑性状态。《标准》中在确定弹性状态下梁的受压翼缘自由外伸宽度 b_1 与其厚度 t 之容许比值时考虑了初始缺陷的影响，对上述式（5.21）中的弹性模量 E 采用了修正系数，取修正系数为 2/3，则得

$$\frac{b_1}{t}\leqslant\sqrt{\frac{2}{3}}\times18.35\varepsilon_k=15\varepsilon_k \tag{5.23}$$

满足式（5.23）时，翼缘板在屈服以前不会局部失稳。

（2）当考虑截面部分发展塑性时，截面上形成了塑性区和弹性区，翼缘板整个厚度上的应力均可达到屈服点 f_y。《标准》中规定取截面塑性发展系数 $\gamma_x=1.05$，相当于限制每边塑性变形发展深度为梁截面高度的$\frac{1}{8}$，如图 5.8 所示，此时边缘纤维的应变为$\frac{4}{3}\varepsilon_y$。考虑到截面进入弹塑性工作，用相当于边缘应变为$\frac{4}{3}\varepsilon_y$ 时的割线模量 E_{sec} 代替临界应力公式（5.22）中的弹性模量 E，得到考虑截面部分发展塑性时受压缘自由外伸宽度 b_1 与其厚度 t 比值的近似限值为

$$\frac{b_1}{t}\leqslant13\varepsilon_k \tag{5.24}$$

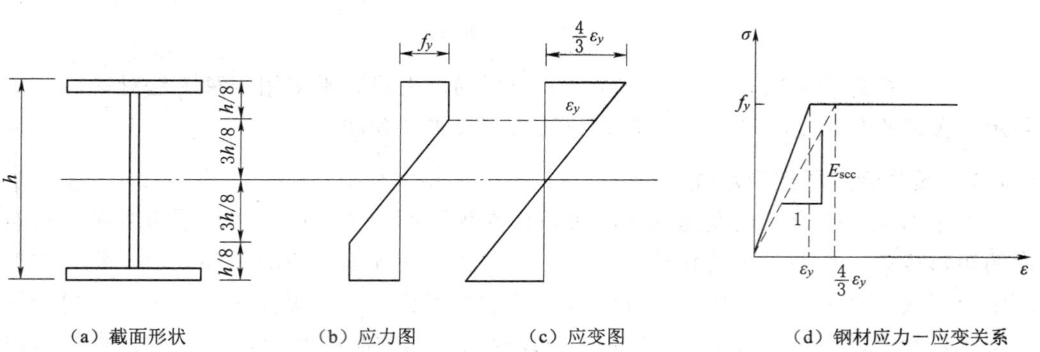

图 5.8　弹性工作阶段工字形截面梁的应力与应变图

（3）对箱形截面梁受压翼缘板的宽厚比：取两腹板间的宽度 b_0 与其厚度 t 的比值。此时翼缘板为四边简支纵向均匀受压，与工字型截面的公式类似，规范中的宽厚

比要求为

$$\frac{b_0}{t} \leqslant 40\varepsilon_k \tag{5.25}$$

5.4.2　梁腹板的局部稳定性及加劲肋设置

梁腹板以承受剪力为主，抗剪所需的厚度一般很小，为了使梁截面设计更加经济合理，梁的腹板常做得高而薄。但是稳定性问题较为突出，通过限制高厚比而加厚腹板或降低梁高都是不经济的，因此常用的方法是在腹板上设置加劲肋，如图 5.9（c）所示。根据腹板的高厚比 h_0/t_w 的大小（h_0 为腹板的计算高度）和所受荷载的情况，将腹板加劲肋分为横向加劲肋、支承加劲肋、纵向加劲肋和短加劲肋 4 种，如图 5.9 所示。横向加劲肋主要防止由剪应力和局部压应力可能引起的腹板失稳，支承加劲肋设于固定集中荷载处（如梁端支座反力），纵向加劲肋主要防止由弯曲压应力可能引起的腹板失稳，短加劲肋主要防止由局部压应力可能引起的腹板失稳。

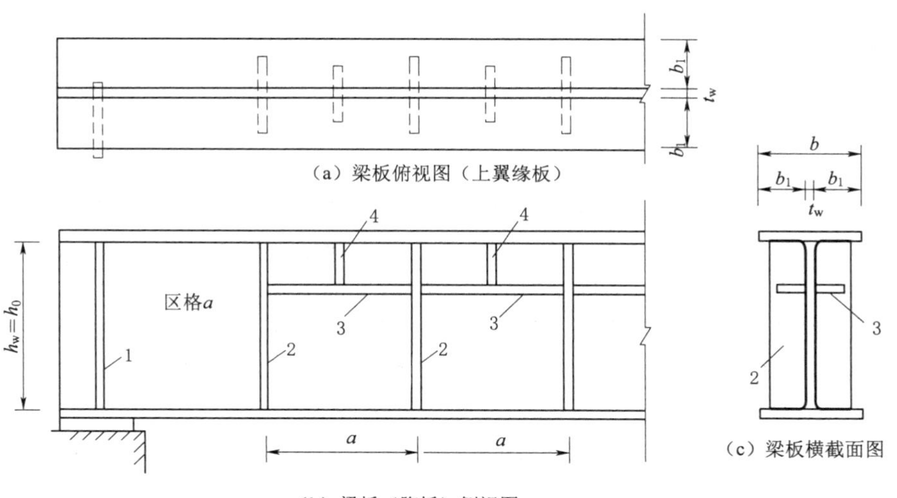

图 5.9　焊接工字形板梁的加劲肋

1—支承加劲肋；2—横向加劲肋；3—纵向加劲肋；4—短加劲肋

设置加劲肋的腹板被分成许多大小不同的区格，因梁的位置、作用荷载不同，腹板各区格的受力情况也不一样。就简支梁而言，一般梁端板段以承受剪应力 τ 为主，跨中板段以承受弯曲压应力 σ 为主，有较大集中荷载的部位还同时承受局部压应力 σ_c 的作用。为了验算各腹板区格的局部稳定性，应先求出各种应力单独作用下各区格保持稳定的临界应力，然后利用各种应力同时作用下的临界条件验算各区格的局部稳定性。

5.4.2.1　各种应力单独作用下腹板的局部稳定

1. 腹板区格在纯弯曲应力作用下的临界应力

图 5.10 是四边简支板在纯弯曲下的屈曲情况。仅有横向加劲肋的工字形板梁腹板区格在弯曲应力作用下的临界应力。

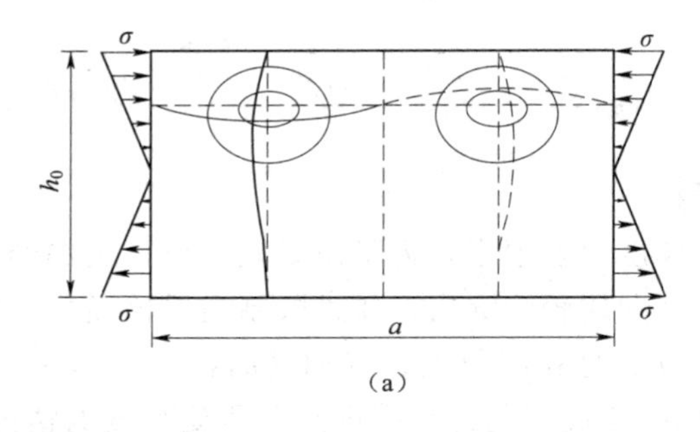

(a)

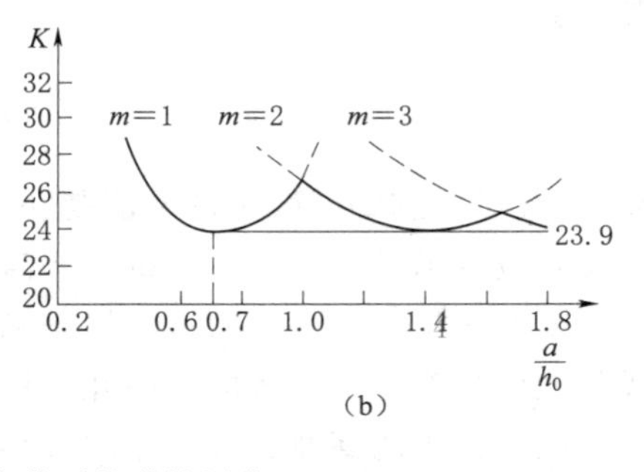

(b)

图 5.10　四边简支板在纯弯曲时的弹性屈曲

在板的横向屈曲成一个半波；在板的纵向，根据板的长宽比 a/h_0 不同，可能屈曲成一个半波或多个半波。其临界应力为

$$\sigma_{cr}=\frac{\chi K\pi^2 E}{12(1-v^2)}\left(\frac{t_w}{h_0}\right)^2=18.6\chi K\left(\frac{100t_w}{h_0}\right)^2 \tag{5.26}$$

式中　t_w——腹板厚度；

h_0——腹板计算高度；

K——屈曲系数。

$E=2.06\times10^3\ \mathrm{N/m^2}$，$v=0.3$。

适用于四边简支 $a/h_0>0.7$，不论屈曲成一个或若干个半波时，如图 5.10 所示。对工字板梁的腹板，其下边缘与受拉翼缘相连，因而接近于固定边；其上边缘与受压翼缘的连接，不能笼统的视为固定边。一般按两个情况来确定：当梁的受压翼缘连有刚性铺板、制动板或焊有钢轨时，受压翼缘的扭转变形受到约束，其上边缘可视为完全固定，取 $\chi=1.66$；当受压翼缘扭转未受到约束或约束较弱时，只能视上边缘为简支，取 $\chi=1.23$。

式（5.26）是理想情况下弹性工作阶段的临界应力，腹板实际屈曲时可能已处于非弹性阶段，同时腹板中可能存在各种初始缺陷。因此应与研究轴心受压构件整体稳定性一样，必须引进新的参数即通用高厚比以考虑非弹性工作和初始缺陷的影响。

腹板通用高厚比是：钢材受弯、受剪或受压的屈服强度除以相应的腹板区格抗弯、抗剪或局部承压弹性屈曲临界应力之商的平方根。以受弯区格为例，其通用高厚比为

$$\lambda_b=\sqrt{\frac{f_y}{\sigma_{cr}}}=\frac{h_0/t_w}{28.1\sqrt{\chi K}}\frac{1}{\varepsilon_k} \tag{5.27}$$

当梁受压翼缘扭转受到约束时，取 $\chi=1.66$，$K=23.9$，得

$$\lambda_b=\frac{h_0/t_w}{177}\frac{1}{\varepsilon_k} \tag{5.28a}$$

当梁受压翼缘扭转未受到约束时，取 $\chi=1.23$，$K=23.9$，得

$$\lambda_b=\frac{h_0/t_w}{153}\frac{1}{\varepsilon_k} \tag{5.28b}$$

由通用高厚比的定义可得弹性阶段临界应力 σ_{cr} 与 λ_b 的关系必然是

$$\sigma_{cr}=\frac{f_y}{\lambda_b^2} 或 \frac{\sigma_{cr}}{f_y}=\frac{1}{\lambda_b^2}$$

其曲线见图 5.11 中的 $ABEG$ 线，此线与 $\sigma_{cr}=f_y$ 的水平线相交于 E 点，相应的 $\lambda_b=1.0$。$ABEF$ 线是理想情况下的 $\sigma_{cr}-\lambda_b$ 曲线。考虑初始缺陷后，我国钢结构设计规范中对纯弯曲下腹板区格的临界应力曲线采用如图 5.11 中的 $ABCD$ 线所示。该曲线由 3 段组成：AB 线为一双曲线，表示弹性工作时的临界应力；CD 段为一水平直线，表示 $\sigma_{cr}=f$；BC 线为一直线，是由弹性阶段过渡到临界应力等于钢材的强度设计值 $f(f=f_y/\gamma_R)$ 的临界应力曲线。上、下分界点 C 点和 B 点的 λ_b 分别取为 0.85 和 1.25。

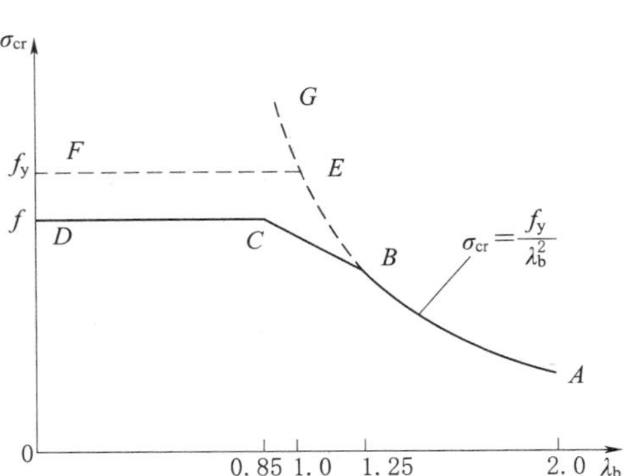

图 5.11　纯弯曲时矩形腹板区格的临界应力曲线

《规范》规定：在弯曲应力作用下的临界应力 σ_{cr} 按下列公式计算

当 $\lambda_b\leqslant 0.85$ 时　　$\sigma_{cr}=f$　　(5.29a)

当 $0.85<\lambda_b\leqslant 1.25$ 时　　$\sigma_{cr}=[1-0.75(\lambda_b-0.85)]f$　　(5.29b)

当 $\lambda_b>1.25$ 时　　$\sigma_{cr}=1.1f/\lambda_b^2$　　(5.29c)

式中

$$\lambda_b=\frac{2h_c/t_w}{177}\frac{1}{\varepsilon_k} \tag{5.30a}$$

或

$$\lambda_b=\frac{2h_c/t_w}{153}\frac{1}{\varepsilon_k} \tag{5.30b}$$

式（5.30a）和式（5.30b）分别为受压翼缘扭转受到约束和不受约束时的腹板通用高厚比。h_c 是梁弯曲时腹板的受压区高度。当梁截面为双轴对称时，$h_0=2h_c$；当为加强上翼缘的单轴对称截面时，$h_0>2h_c$，以 $2h_c$ 代替式（5.28）中的 h_0，可提高腹板屈曲临界应力。由于腹板区格局部失稳的主导因素是弯曲受压区，因此用 $2h_c$ 代替 h_0 是合理的。同时应注意公式（5.29）中，(a) 式已考虑了抗力分项系数 γ_R，因而 (a) 式中原来的 $\sigma_{cr}=f_y$ 改为 $\sigma_{cr}=f$，而 (c) 式中原为 $\sigma_{cr}=f_y/\lambda_b^2$ 改为 $\sigma_{cr}=1.1f/\lambda_b^2$，相当于未考虑抗力分项系数，这是由于当板处于弹性状态时存在较大的屈曲后强度，安全系数可小一些，只保留荷载分项系数就够了。下面将介绍的 τ_{cr} 和 $\sigma_{c,cr}$ 亦均如此，以后不再说明。图 5.11 中用 C 线代替理论上的 B 线，既考虑了非弹性工作，也适当考虑了缺陷的影响。

2. 腹板区格在纯剪切应力作用下的临界应力

四边支承腹板区格在均匀剪应力作用下的屈曲弹性如图 5.12 所示。屈曲时板面沿大致为 45°方向发生凹凸，与纯剪切作用下的主应力方向大致接近。

弹性屈曲时的剪切临界应力公式为

$$\sigma_{cr}=\frac{\chi K\pi^2E}{12(1-v^2)}\left(\frac{t_w}{h_0}\right)^2=18.6\chi K\left(\frac{100t_w}{h_0}\right)^2$$

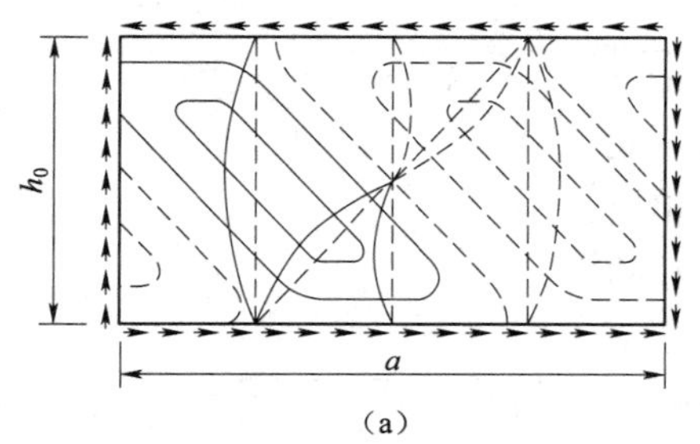

(a)

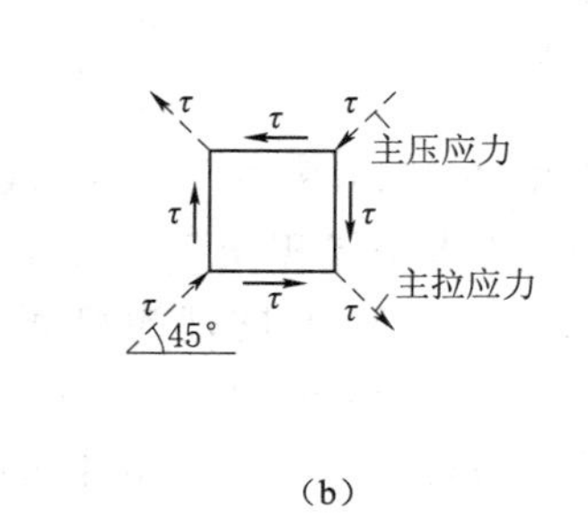

(b)

图 5.12　四边简支板在均匀剪应力作用下的弹性屈曲

引入通用高厚比为

$$\lambda_s=\sqrt{\frac{f_v}{\tau_{cr}}}=\sqrt{\frac{f_y}{\sqrt{3}\tau_{cr}}}=\frac{h_0/t_w}{37\sqrt{\chi K}}\frac{1}{\varepsilon_k} \tag{5.31}$$

式中　χ ——嵌固系数，$\chi=1.23$；

K ——屈曲系数，可以近似取：

当 $\frac{a}{h_0}\leqslant 1.0$ 时　　$K=4+5.34\left(\frac{h_0}{a}\right)^2$　　(5.32a)

当 $\frac{a}{h_0}> 1.0$ 时　　$K=5.34+4\left(\frac{h_0}{a}\right)^2$　　(5.32b)

当 $\frac{a}{h_0}\leqslant 1.0$ 时　　$K=4+5.34\left(\frac{h_0}{a}\right)^2$　　(5.33)

$$\lambda_s=\sqrt{\frac{f_v}{\tau_{cr}}}=\sqrt{\frac{f_y}{\sqrt{3}\tau_{cr}}}=\frac{h_0/t_w}{37\sqrt{\chi K}}\frac{1}{\varepsilon_k} \tag{5.34}$$

《钢结构设计规范》（GB 50017—2017）对工字形板梁的腹板取嵌固系数 $\chi=1.23$，代入式（5.34）得：

当 $a/h_0\leqslant 1.0$ 时　　$\lambda_s=\frac{h_0/t_w}{41\sqrt{4+5.34\ (h_0/a)^2}}\frac{1}{\varepsilon_k}$　　(5.35a)

当 $a/h_0> 1.0$ 时　　$\lambda_s=\frac{h_0/t_w}{41\sqrt{5.34+4\ (h_0/a)^2}}\frac{1}{\varepsilon_k}$　　(5.35b)

式中　a——横向加劲肋的间距。当跨中无中间横向加劲肋时，对公式（5.35b），可取 $a/h_0=\infty$。

临界应力公式也分成 3 段，即：

当 $\lambda_s\leqslant 0.8$ 时　　$\tau_{cr}=f$　　(5.36a)

当 $0.8<\lambda_s\leqslant 1.2$ 时　$\tau_{cr}=[1-0.59(\lambda_s-0.8)]f_v$　　(5.36b)

当 $\lambda_s>1.2$ 时　　$\tau_{cr}=1.1f_v/\lambda_s^2$　　(5.36c)

其曲线与图 5.11 相似，仅中间过渡段直线的上、下分界点分别改为 $\lambda_s=0.8$ 和 $\lambda_s=1.2$。

3. 腹板区格在局部压应力作用下的临界应力

当梁上承受比较大的集中荷载而无支承加劲肋时，腹板的屈曲情况如图 5.13

所示。

屈曲时在板的纵向和横向都只出现一个半波，临界应力为

$$\sigma_{c,cr}=\frac{\chi K\pi^2 E}{12(1-v^2)}\left(\frac{t_w}{h_0}\right)^2=18.6\chi K\left(\frac{100t_w}{h_0}\right)^2$$

屈曲系数 K 与 a/h_0 的比值有关，可近似取为：

当 $0.5\leqslant a/h_0\leqslant 1.5$ 时 $\quad K=\left(7.4+4.5\frac{h_0}{a}\right)\frac{h_0}{a}$ (5.37)

当 $1.5\leqslant a/h_0\leqslant 2.0$ 时 $\quad K=\left(11-0.9\frac{h_0}{a}\right)\frac{h_0}{a}$ (5.38)

对局部压应力作用下的腹板，《规范》采用弹性嵌固系数

$$\chi=1.81-0.255\frac{h_0}{a} \tag{5.39}$$

局部承压时的通用高厚比为

$$\lambda_c=\sqrt{\frac{f_y}{\sigma_{c,cr}}}=\frac{h_0/t_w}{28.1\sqrt{\chi K}}\frac{1}{\varepsilon_k} \tag{5.40}$$

把式（5.37）～式（5.39）代入式（5.40）即可求得 λ_c，但不难发现此公式极其烦琐。为了简化公式，《钢结构设计规范》（GB 50017—2017）中把 λ_c 式（5.40）规定如下：

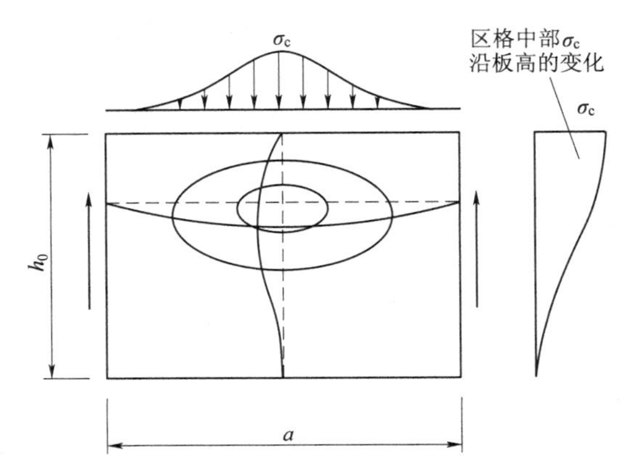

图 5.13 局部压应力作用下简支腹板的弹性屈曲

当 $0.5\leqslant a/h_0\leqslant 1.5$ 时

$$\lambda_c=\frac{h_0/t_w}{28\sqrt{10.9+13.4(1.83-a/h_0)^3}}\frac{1}{\varepsilon_k} \tag{5.41a}$$

当 $1.5\leqslant a/h_0\leqslant 2.0$ 时

$$\lambda_c=\frac{h_0/t_w}{28\sqrt{18.9-5a/h_0}}\frac{1}{\varepsilon_k} \tag{5.41b}$$

公式（5.41）中分母根号内的函数即分别替代相应式（5.37）～式（5.39）中的 χK。

《钢结构设计规范》（GB 50017—2017）中采用的临界应力 $\sigma_{c,cr}$ 与 σ_{cr}、τ_{cr} 相似，也分为 3 段，即：

当 $\lambda_c\leqslant 0.9$ 时 $\quad \sigma_{c,cr}=f$ (5.42a)

当 $0.9<\lambda_c\leqslant 1.2$ 时 $\sigma_{c,cr}=[1-0.79(\lambda_c-0.9)]f$ (5.42b)

当 $\lambda_c>1.20$ 时 $\quad \sigma_{c,cr}=1.1f/\lambda^2$ (5.42c)

同时，规定局部承压时，应满足 $a/h_0\leqslant 2.0$。

5.4.2.2 各种应力共同作用下腹板的局部稳定验算

腹板区格的受力情况是比较复杂的，为了研究它的局部稳定性，常作某些简化。

当梁的腹板高厚比 $\frac{h_0}{t_w} > 80\varepsilon_k$ 时，对于配置加劲肋的腹板进行局部稳定性计算。

（1）对于只配置横向加劲肋的腹板区格，局部稳定的验算按式（5.43）计算：

$$\left(\frac{\sigma}{\sigma_{cr}}\right)^2 + \left(\frac{\tau}{\tau_{cr}}\right)^2 + \frac{\sigma_c}{\sigma_{c,cr}} \leqslant 1 \quad (5.43)$$

式中　σ——所计算腹板区格内由平均弯矩产生的腹板计算高度边缘的弯曲压应力，N/mm^2；

τ——所计算腹板区格内由平均剪力产生的平均剪应力，N/mm^2，应按 $\tau = V/(h_w t_w)$ 计算，h_w 为腹板的高度，mm；

σ_c——腹板计算高度边缘的局部压应力，N/mm^2，应按 $\sigma_c = F/t_w t_z$ 计算，该式见式（5.10），取 $\psi = 1.0$；

σ_{cr}、τ_{cr} 和 $\sigma_{c,cr}$——各种应力单独作用下的临界应力，N/mm^2。

（2）对于同时配置横向和纵向加劲肋的腹板区格，被纵向加劲肋分成Ⅰ和Ⅱ两种区格，如图5.14所示。

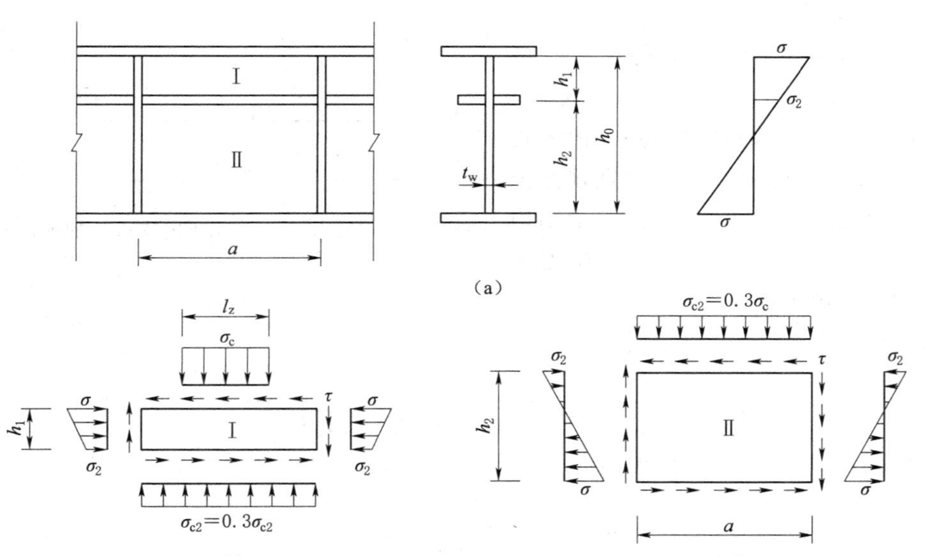

图5.14　同时用横向加劲肋和纵向加劲肋加强的腹板

局部稳定的验算公式为

$$\frac{\sigma}{\sigma_{cr1}} + \left(\frac{\tau}{\tau_{cr1}}\right)^2 + \left(\frac{\sigma_c}{\sigma_{c,cr1}}\right)^2 \leqslant 1.0 \quad (5.44)$$

式中　σ、τ 和 σ_c——腹板区格Ⅰ所受弯曲压应力、均布剪应力和局部承压应力，临界应力 σ_{cr1}、τ_{cr1} 和 $\sigma_{c,cr1}$ 分别按下列规定计算。

1）区格Ⅰ的弯曲临界应力 σ_{cr1}。σ_{cr1} 按式（5.29）计算，但式中的 λ_b 改用 λ_{b1} 替代。λ_{b1} 的计算如下：

当受压翼缘扭转受到约束时

$$\lambda_{b1}=\frac{h_1/t_w}{75}\frac{1}{\varepsilon_k} \tag{5.45a}$$

当受压翼缘扭转不受到约束时

$$\lambda_{b1}=\frac{h_1/t_w}{64}\frac{1}{\varepsilon_k} \tag{5.45b}$$

式中　h_1——纵向加劲肋至腹板计算高度受压翼缘的距离。

2）区格Ⅰ的剪切临界应力 τ_{cr1}。τ_{cr1} 仍按式（5.29）计算，但 λ_s 中的 h_0 用 h_1 替代。

3）区格Ⅰ的局部承压临界应力 $\sigma_{c,cr1}$。上、下受压与1）中的左右受压相似，因此 $\sigma_{c,cr1}$ 也用式（5.42）计算，但公式中的 λ_b 应改用下列 λ_{c1} 替代。

当受压翼缘扭转受到约束时

$$\lambda_{c1}=\frac{h_1/t_w}{56}\frac{1}{\varepsilon_k} \tag{5.46a}$$

当受压翼缘扭转未受到约束时

$$\lambda_{c1}=\frac{h_1/t_w}{40}\frac{1}{\varepsilon_k} \tag{5.46b}$$

由于图5.14所示区格Ⅰ为一狭长形板条，在上端局部承压时，可近似地把该区格看作竖向中心受压的板条，宽度近似取板条中间截面宽度 $l_z+h_1\approx 2h_1$（按45°分布传至区格Ⅰ半高处的宽度并设板条顶端截面的承压宽度为 $l_z\approx h_1$）。当上翼缘扭转受到约束时，把该板条上端视为固定端，下端为简支端；当上翼缘扭转未受到约束时，假定上、下端均为简支。于是由欧拉公式可得两种情况下的临界应力分别为

$$\sigma_{c,cr1}=\frac{\pi^2E(2h_1t_w^3)}{12(1-v^2)(0.7h_1)^2}\frac{1}{h_1t_w}=\frac{4\pi^2E}{12(1-v^2)}\left(\frac{t_w}{h_1}\right)^2$$

和

$$\sigma_{c,cr1}=\frac{2\pi^2E}{12(1-v^2)}\left(\frac{t_w}{h_1}\right)^2$$

由 $\lambda_{c1}=\sqrt{\dfrac{f_y}{\sigma_{c,cr}}}$ 即得式（5.46a）和式（5.46b）。

（3）受拉翼缘与纵向加劲肋间的区格Ⅱ的局部稳定验算［图5.14（c）］。我国设计规范中规定的验算条件为

$$\left(\frac{\sigma_2}{\sigma_{cr2}}\right)^2+\left(\frac{\tau}{\tau_{cr2}}\right)^2+\frac{\sigma_{c2}}{\sigma_{c,cr2}}\leqslant 1 \tag{5.47}$$

式中　σ_2——所计算区格由平均弯矩产生的腹板在纵向加劲肋处的弯曲压应力；

σ_{c2}——腹板在纵向加劲肋处的横向压应力，取为 $\sigma_{c2}=0.3\sigma_c$［图5.14（c）］。

临界应力分别按下列公式计算。

1）σ_{cr2} 按式（5.29）计算，但式中的 λ_b 改用下列 λ_{b2} 代替：

$$\lambda_{b2}=\frac{h_2/t_w}{194}\frac{1}{\varepsilon_k} \tag{5.48}$$

式（5.48）仍来自式（5.27），但取 $\chi=1.0$，$K=42.5$，因而得 $(28.1\sqrt{\chi K})=194$。

2）τ_{cr2}仍按公式（5.36）计算，但式中的 h_1 应改为 h_2。

3）$\sigma_{c,cr2}$ 仍按公式（5.42）计算，但式中的 h_0 改为 h_2，当 $a/h_2>2$ 时，取 $a/h_2=2$。

（4）在受压翼缘与纵向加劲肋之间设有短加劲肋的区格局部稳定性的验算

如图 5.15 所示为同时用横向加劲肋、纵向加劲肋和短加劲肋加强的腹板区格受力图。区格Ⅱ的稳定计算与（3）叙述的完全相同，其验算稳定的条件见式（5.43），式中的 σ_{cr1} 按式（5.45）计算；τ_{cr1} 按式（5.45）计算，但将 h_0 和 a 改为 h_1 和 a_1，a_1 为短加劲肋的间距；$\sigma_{c,cr1}$ 按式（5.29）计算，但式中的 λ_b 改用下列 λ_{c1} 代替。

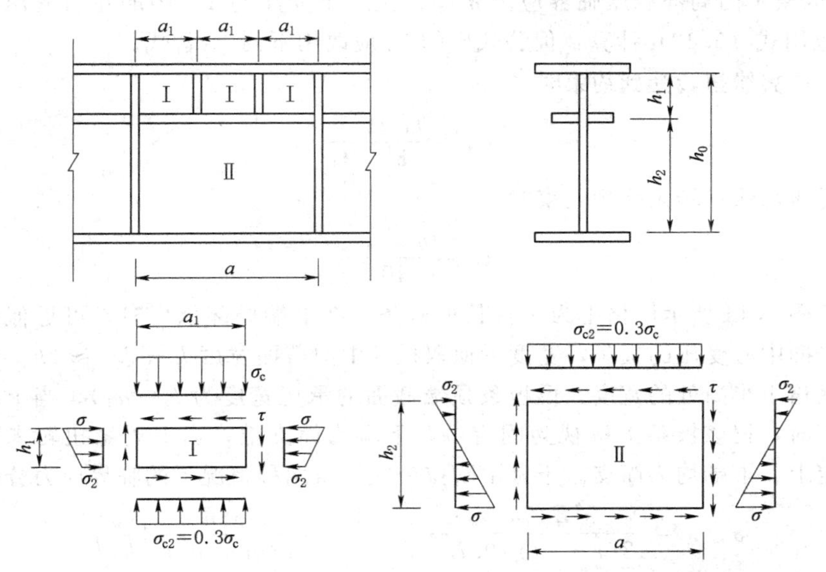

图 5.15　同时用横向加劲肋和纵向加劲肋及短加劲肋加强的腹板

对 $a_1/h_1\leqslant 1.2$ 的区格

当受压翼缘扭转受到约束时　$\lambda_{c1}=\dfrac{a_1/t_w}{87}\dfrac{1}{\varepsilon_k}$　（5.49a）

当受压翼缘扭转不受到约束时　$\lambda_{c1}=\dfrac{a_1/t_w}{73}\dfrac{1}{\varepsilon_k}$　（5.49b）

对 $a_1/h_1>1.2$ 的区格，仍用上述公式（5.49），但公式右侧应乘以 $1/\sqrt{0.4+0.5a_1/h_1}$。

5.4.3　梁腹板加劲肋的设计

承受静力荷载和间接承受动力荷载的组合梁，宜考虑腹板屈曲后强度，布置加劲肋并计算其抗弯和抗剪承载力。而直接承受动力荷载的梁及类似构件或其他不考虑屈曲后强度的组合梁，则按下列规定配置加劲肋，并计算各区格腹板的稳定性。

5.4.3.1　梁腹板加劲肋的配置

（1）当 $h_0/t_w\leqslant 80\varepsilon_k$ 时，对有局部压应力（即 $\sigma_c\neq 0$）的梁，应按构造要求配置横向加劲肋；但对无局部压应力（即 $\sigma_c=0$）的梁，可不配置加劲肋。

（2）当 $h_0/t_w > 80\varepsilon_k$ 时，应配置横向加劲肋；其中，当 $h_0/t_w > 170\varepsilon_k$（受压翼缘扭转受到约束时）或 $h_0/t_w > 150\varepsilon_k$（受压翼缘扭转未受到约束时），或按计算需要时，应在弯曲应力较大区格的受压区配置纵向加劲肋。对局部压应力 σ_c 很大的梁，必要时宜在受压区配置短加劲肋。h_0 为腹板的计算高度，t_w 为腹板的厚度。对单轴对称梁，h_0 应取为腹板受压区高度 h_c 的 2 倍。任何情况下，h_0/t_w 均不应超过 250。

（3）梁的支座处和上翼缘受有较大固定集中荷载处，宜设置支承加劲肋。以上所述，对 4 种加劲肋的设置均作了明确规定，保证腹板局部稳定的做法通常是：先根据上述规定配置加劲肋，把整块腹板分成若干区格；然后对每块区格按 5.4.2.2 中的介绍进行稳定验算，不满足要求时应重新布置加劲肋，再进行稳定计算。可以通过缩小横向加劲肋的间距，提高腹板区格在剪切和局部承压作用下的局部稳定性。通过在区格受压区设置纵向加劲肋，解决弯曲应力作用下区格稳定性不足问题。由于设置短加劲肋增加制造工作量和影响腹板的工作条件，通常不予应用，只有在局部压应力 σ_c 很大的梁中采用。

当腹板的高厚比 h_0/t_w 满足一定要求时，腹板不需配置横向加劲肋。此时板梁两端支座处的支承加劲肋间距 a 就等于梁的跨度，通常可取 $a/h_0=10$，抗剪屈曲系数 $K\approx5.34$。由剪切临界应力式（5.40a）可知，当 $\lambda_s=0.8$ 时，$\tau_{cr}=f_v$，由式（5.39b）得

$$\lambda_s=\frac{h_0/t_w}{41\sqrt{5.34}}\frac{1}{\varepsilon_k}\leqslant0.8$$

解得

$$\frac{h_0}{t_w}\leqslant0.8\times41\sqrt{5.34}\varepsilon_k=76\varepsilon_k\approx80\varepsilon_k$$

说明若满足上述条件，不设横向加劲肋时腹板剪应力在到达抗剪强度设计值 f_V 以前不会发生剪切屈曲。

当腹板区格承受弯曲应力时，受压翼缘扭转受到约束时

$$\frac{h_0}{t_w}\leqslant150\varepsilon_k$$

受压翼缘扭转不受到约束时

$$\frac{h_0}{t_w}\leqslant130\varepsilon_k$$

若满足上述 h_0/t_w 的条件，腹板不设纵向加劲肋，当腹板上边缘的弯曲应力在到达钢材抗弯强度设计值 f 时不会发生因弯曲屈曲而失稳。但要注意到《规范》中的 h_0/t_w 限值是 $170\varepsilon_k$ 和 $150\varepsilon_k$，而不是 $150\varepsilon_k$ 和 $130\varepsilon_k$。这是因为考虑到需验算腹板局部稳定的梁通常是吊车梁，吊车梁在竖向轮压作用下的腹板弯曲压应力在设计时通常控制在（0.8～0.85）f 左右，因而把需设置纵向加劲肋的 h_0/t_w 限值提高了。为了照顾到不是吊车梁的情况，《标准》规定的第 2 点中对设置纵向加劲肋的条件还加了一句“或根据计算需要时”。此时的 h_0/t_w 就可能低于 $170\varepsilon_k$ 或 $150\varepsilon_k$。

《规范》规定任何情况下腹板的 h_0/t_w 均不应超过 250，这是为了避免产生过大的焊接翘曲变形。因而这个限值与钢材的牌号无关。

5.4.3.2　梁腹板中间加劲肋的配置计算

腹板中间加劲肋是指为提高腹板局部稳定性而设置的横向加劲肋、纵向加劲肋以及短加劲肋。中间加劲肋应具有足够的弯曲刚度，以保证腹板屈曲时基本无离开纵向对称平面的侧向位移。

（1）中间横向加劲肋通常宜在腹板两侧成对配置，除重级工作制吊车梁的加劲肋外，也可单侧配置。多数采用钢板，也可用角钢等型钢，如图 5.16 所示。钢材常采用 Q235，高强度钢用于此处并不经济，因此不宜使用。

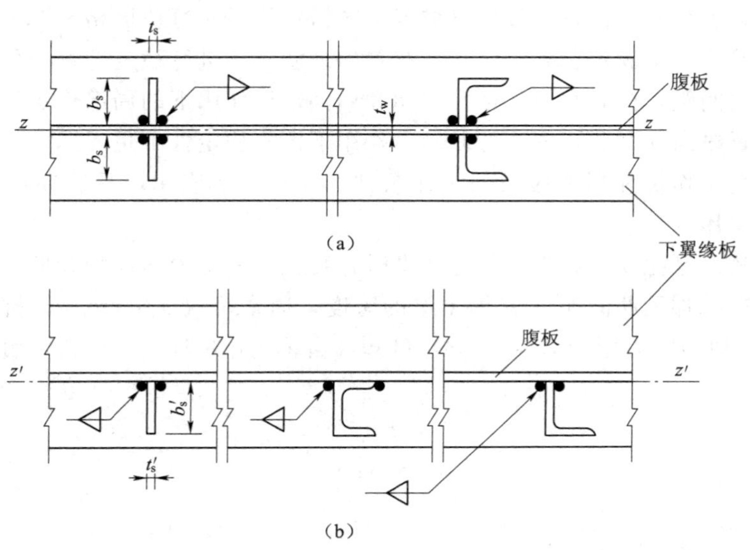

图 5.16　腹板的中间横向加劲肋

（2）横向加劲肋的截面。我国规范规定，在腹板两侧成对配置的钢板横向加劲肋，其宽度和厚度应按下列条件选用［图 5.16（a）］

$$\begin{cases} b_s \geqslant \dfrac{h_0}{30} + 40\text{mm} \\ t_s \geqslant \dfrac{b_s}{15} \end{cases} \tag{5.50}$$

当为单侧配置时［图 5.16（b）］

$$\begin{cases} b'_s > 1.2\left(\dfrac{h_0}{30} + 40\text{mm}\right) \\ t'_s \geqslant \dfrac{b'_s}{15} \end{cases} \tag{5.51}$$

$b'_s = 1.2b_s$ 是为了与两侧配置时有基本相同的刚度。用型钢（H 型钢、工字钢、槽钢、肢尖焊于腹板的角钢）做成的加劲肋，其截面惯性矩不得小于相应钢板加劲肋的惯性矩。在腹板两侧成对配置的加劲肋，其截面惯性矩应按梁腹板中心线为轴线进行计算。在腹板一侧配置的加劲肋，其截面惯性矩应按与加劲肋相连的腹板边缘为轴线进行计算。

横向加劲肋的最小间距应为 $0.5h_0$，最大间距应为 $2h_0$（对无局部压应力的梁，当 $h_0/t_w \leqslant 100$ 时，可采用 $2.5h_0$）。

（3）同时采用横向加劲肋和纵向加劲肋时，应在其相交处将纵向加劲肋断开。因此，横向加劲肋的截面尺寸除应符合上述规定外，还应满足下述惯性矩要求

$$I_z \geqslant 3h_0 t_w^3 \tag{5.52}$$

纵向加劲肋的惯性矩应符合下述要求：

当 $a/h_0 \leqslant 0.85$ 时 $\quad I_y \geqslant 1.5h_0 t_w^3 \quad (5.53)$

当 $a/h_0 > 0.85$ 时 $\quad I_y \geqslant \left(2.5 - 0.45\dfrac{a}{h_0}\right)\left(\dfrac{a}{h_0}\right)^2 h_0 t_w^3 \quad (5.54)$

y 轴是板梁腹板竖向中线，如图 5.17（a）所示。

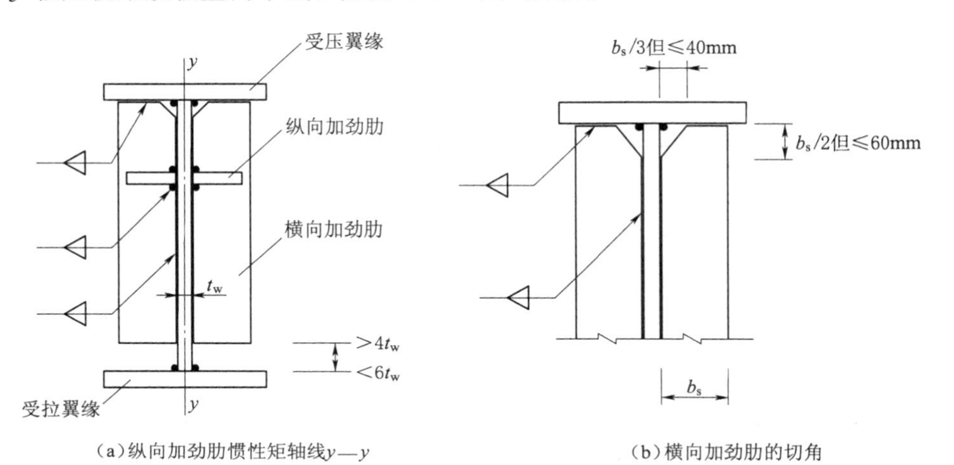

图 5.17 板的加劲肋

纵向加劲肋至腹板计算高度受压翼缘的距离应在 $h_c/2.5 \sim h_c/2$ 范围内。

（4）当采用短加劲肋时，短加劲肋的最小间距为 $0.75h_1$。短加劲肋的外伸宽度应取为横向加劲肋外伸宽度的 0.7～1.0 倍，厚度不应小于短加劲肋外伸宽度的 1/15。

（5）焊接梁的横向加劲肋与翼缘板相接处应切角以避开梁的翼缘焊缝。当切成斜角时，其宽约为 $b_s/3$（但不大于 40mm），高约 $b_s/2$（但不大于 60mm），如图 5.17（b）所示，b_s 为加劲肋的宽度。

（6）横向加劲肋的端部与梁受压翼缘须用角焊缝连接，如图 5.14 所示，以增加加劲肋的稳定性，同时还可增加对板梁受压翼缘的转动约束；与梁受拉翼缘一般不用连接，且容许横向加劲肋在受拉翼缘处提前切断，如图 5.17（a）所示，特别是对承受动力荷载的梁，横向加劲肋更不能与受拉翼缘焊接，以防止受拉翼缘连接处的应力集中，增加疲劳应力。横向加劲肋与板梁腹板用角焊缝连接，其焊脚尺寸 h_f 按构造要求确定。

5.4.3.3 腹板的支承加劲肋的配置

在板梁承受较大的固定集中荷载处（包括梁的支座处），常需设置支承加劲肋，把集中荷载传递到梁的腹板上。支承加劲肋应在腹板两侧成对配置，如图 5.18 所示。

支承加劲肋同时又具有横向加劲肋的作用，因此，它必须符合横向加劲肋的截面尺寸要求。

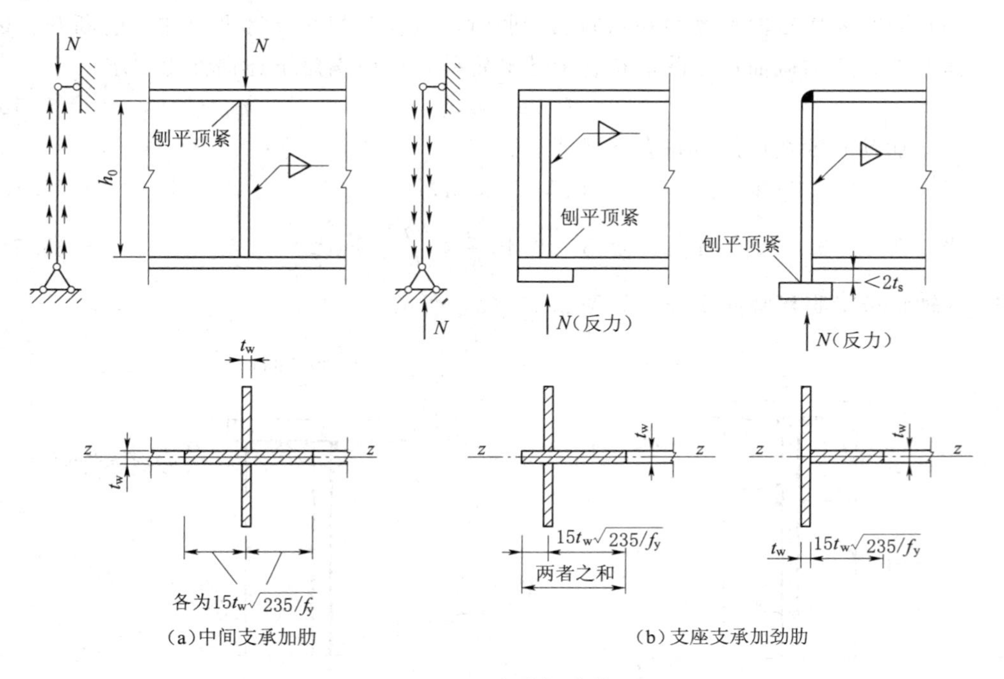

图 5.18　支承加劲肋

支承加劲肋截面的计算主要包含两个内容：①按轴心受压构件计算其在腹板平面外的稳定性；②进行加劲肋端部承压截面或连接的计算，若加劲肋端部为刨平顶紧于翼缘或柱顶时，应计算其端部承压应力；若加劲肋端部为焊接，则应计算其焊缝应力。同时还需计算加劲肋与腹板的角焊缝连接，但通常算得的焊脚尺寸很小，往往由构造要求 h_{fmin} 控制。

1. 按轴心受压构件计算腹板平面外的稳定性

当支承加劲肋在腹板平面外屈曲时，必带动部分腹板一起屈曲。因而计算截面除加劲肋本身截面外还需计入与其相邻的部分腹板的截面。《规范》中规定，取加劲肋每侧 $15t_w\varepsilon_k$ 范围内的腹板（图 5.18），当加劲肋一侧的腹板实际宽度小于 $15t_w\varepsilon_k$ 时，取实际宽度。中心受压构件的计算简图如图 5.18（a）和（b）所示，在集中力 N 作用下，其反力分布于杆长范围内，其计算长度理论上可小于腹板的高度 h_0，《规范》中偏安全地规定取为 h_0，验算公式为

$$\frac{N}{\varphi A_s}\leqslant f$$

2. 端部承压应力的计算

验算条件为

$$\frac{N}{A_{ce}}\leqslant f_{ce} \tag{5.55}$$

A_{ce}为加劲肋端面净承压面积，即扣除加劲肋端面切角后的面积，如图 5.17（b）

的上端。钢材的端面承压强度设计值 f_{ce} 见附录 1。

3. 支承加劲肋与钢梁腹板的角焊缝连接

计算公式为

$$\frac{N}{0.7h_f \sum l_w} \leqslant f_f^w \tag{5.56}$$

在确定每条焊缝长度 l_w 时，要扣除加劲肋端部的切角长度。因焊缝所受内力可看作沿焊缝通长均布，故不必考虑 l_w 是否大于限值 $60h_f$。

5.5 轧成梁的设计

轧成梁也称型钢梁，包括热轧 H 型钢、热轧普通工字钢和热轧普通槽钢等截面形式的梁，其设计包括截面选择和承载能力验算两个内容。下面仅考虑单向弯曲梁进行截面设计，可按下列步骤进行。

(1) 初选截面。根据梁的抗弯强度和整体稳定性求得其必需的截面模量。

抗弯强度需要的截面模量为

$$W_x \geqslant \frac{M_x}{\gamma_x f} \tag{5.57}$$

整体稳定性需要的截面模量为

$$W_x \geqslant \frac{M_x}{\varphi_b f} \tag{5.58}$$

两者中选其较大值，两式中的 M_x 是梁所承受的最大弯矩设计值。式 (5.58) 中的整体稳定性系数 φ_b 需预先假定，因而由其求出的 W_x 是一个估算值，不是一个确切的需要值。

初选截面也可以根据刚度求得其必需的截面惯性矩，然后按需要的截面模量和截面惯性矩综合考虑。

(2) 截面验算。就选取的截面进行强度、刚性（挠度）和整体稳定性验算。热轧型钢的组成板件宽厚比不大，故不存在局部稳定性问题，不必验算。

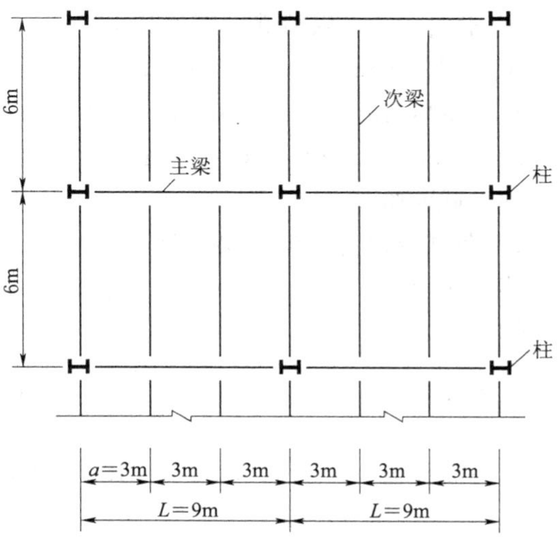

梁截面的设计是在结构布置就绪后进行。结构布置适当与否对整个结构设计是否经济合理起主导作用。以图 5.19 厂房平台为例，可看出其平面柱网和梁格布置是否合理最为重要。柱网的纵横尺寸确定了主梁和次梁的跨度 L 和 l。增大跨度，在一定的平

图 5.19 [例 5.1] 厂房平台布置

台面积下可减少柱子和基础的数目，增大平面空间，但同时也必增大了梁的截面尺寸。而一个优良结构布置的形成，需要必要的设计经验积累和方案比较。下面以型钢梁的截面设计举例说明。

【例5.1】 某工作平台的布置如图5.19所示。平台板为预制钢筋混凝土板，焊接于次梁。已知平台永久荷载标准值（包括平台板自重）$q_{Gk}=4.5kN/m^2$，平台可变荷载标准值 $q_{Qk}=7.5kN/m^2$（为静力荷载）。钢材为Q235－B。试设计此工作平台次梁和主梁的截面。

解： 1. 次梁（跨度 $l=6m$ 的两端简支梁）设计

（1）荷载及内力（暂不计梁自重）。

荷载标准值　$q_k=(q_{Gk}+q_{Qk})a=(4.5+7.5)\times 3=36(kN/m)$

荷载设计值　$q=(1.2q_{Gk}+1.3q_{Qk})=(1.2\times 4.5+1.3\times 7.5)=45.45(kN/m)$

最大弯矩标准值　$M_{xk}=\frac{1}{8}q_k l^2=\frac{1}{8}\times 36\times 6^2=162(kN\cdot m)$

最大弯矩设计值　$M_x=\frac{1}{8}ql^2=\frac{1}{8}\times 45.45\times 6^2=204.5(kN\cdot m)$

最大剪力设计值　$V=\frac{1}{2}ql=\frac{1}{2}\times 45.45\times 6=136.4(kN)$

（2）初选截面。设次梁自重引起的弯矩为 $0.02M_x$（估计值）。次梁上铺钢筋混凝土平台板并与之焊接，故对次梁不必计算整体稳定性。截面将由抗弯强度决定，需要的截面模量为

$$W_x\geqslant\frac{M_x}{\gamma_x f}=\frac{1.02\times 204.5\times 10^6}{1.05\times 215}\times 10^{-3}=924(cm^3)$$

次梁截面常采用热轧普通工字钢，按需要的 W_x，查附录8，质量最轻的热轧普通工字钢为[40a，供给截面特性如下：

$W_x=1090cm^3$　　$I_x=21700cm^4>12533cm^4$

$S_x=636cm^3$　　$t_w=10.5m$　　$t=16.5m$

$g=67.60\times 9.81=663(N/m)=0.663(kN/m)$

（3）截面验算（计入次梁自重）。

1）荷载及内力（计入梁自重）。

荷载标准值　$q_k=(q_{Gk}+q_{Qk})a+0.663=(4.5+7.5)\times 3+0.663=36.663(kN/m)$

弯矩设计值　$M_x=204.5+\frac{1}{8}(1.2\times 0.663)\times 6^2=208.1(kN\cdot m)$

剪力设计值　$V=136.4+\frac{1}{2}(1.2\times 0.663)\times 6=138.8(kN)$

2）强度验算。

抗弯强度　$\frac{M_x}{\gamma_x W_x}=\frac{208.1\times 10^6}{1.05\times 1090\times 10^3}=181.8(N/mm^2)<f=205(N/mm^2)$，

安全。

（因所选普通工字钢翼缘厚度 $t_w>16mm$，故取 $f_v=205N/mm^2$）

抗剪强度 $\tau=\dfrac{138.8\times10^3\times636\times10^3}{21700\times10^4\times10.5}=38.7(N/mm^2)<f_V=125(N/mm^2)$，

安全。

（因所选普通工字钢腹板厚度 $t_w<16mm$，故取 $f_V=125N/mm^2$）

（一般地，在型钢梁的设计中，抗剪强度可不计算）

3）刚度验算。

$$\frac{v_T}{L}=\frac{5}{384}\cdot\frac{q_k l^3}{EI_x}=\frac{5}{384}\times\frac{36.663\times6000^3}{206\times10^3\times21700\times10^4}=0.0023<\left[\frac{v_T}{L}\right]=\frac{1}{250}=0.004,$$

安全。

【提示】 读者可在附录 8 中自选型钢梁的截面，看是否能选出质量更轻的截面型号，从而得出选取热轧普通工字钢作为受弯构件时应选取其中的 a 号，不能选其中的 b 号和 c 号的一般性结论。

2. 中间列主梁设计

（1）内力计算。中间梁为跨度 $L=9m$ 的简支梁。承受由两侧次梁传来的集中荷载（反力），各力作用在跨度的三分点处。

集中荷载（次梁传来的反力）：$P_k=q_k l=36\times6=216(kN)$

$$P=ql=45.45\times6=272.7(kN)$$

弯矩：
$$M_{xk}=\frac{1}{3}P_k L=\frac{1}{2}\times216\times9=648(kN\cdot m)$$

$$M=\frac{1}{3}PL=\frac{1}{3}\times272.7\times9=818.1(kN\cdot m)$$

剪力：
$$V=P=272.7(kN)$$

（2）初选截面。设主梁自重引起的弯矩为 $0.02M_x$（估计值）。需要的截面模量为

$$W_x\geqslant\frac{M_x}{\gamma_x f}=\frac{1.02\times818.1\times10^6}{1.05\times205\times10^3}=3876.7(cm^3)$$

由附录 8 选用热轧 H 型钢为 HM $600\times300\times12\times20$（中翼缘 H 型钢），供给截面特性为

$$W_x=4020cm^3,\ I_x=11800cm^4$$

$$g=151\times9.81\times10^{-3}=1.48(kN/m)$$

$$h=588mm$$

（3）截面验算（计入主梁自重）。

1）荷载及内力（计入梁自重）。

弯矩标准值
$$M_{xk}=648+\frac{1}{8}\times1.48\times9^2=663(kN\cdot m)$$

弯矩设计值
$$M_x=818.1+\frac{1}{8}\times1.48\times1.2\times9^2=836.1(kN\cdot m)$$

剪力设计值　　$V = 272.7 + \frac{1}{2} \times 1.48 \times 1.2 \times 9 = 280.7(\text{kN})$

2）强度验算。

抗弯强度　　$\frac{M_x}{\gamma_x W_x} = \frac{836.1 \times 10^6}{1.05 \times 4020 \times 10^3} = 198.1(\text{N/mm}^2) < f = 205(\text{N/mm}^2)$，安全

抗剪强度　　$\tau = \frac{V}{ht} = \frac{280.7 \times 10^3}{588 \times 12} = 39.8(\text{N/mm}^2) < f_v = 125(\text{N/mm}^2)$，安全

3）刚度验算。

$$\frac{v_T}{L} = \frac{1}{10} \cdot \frac{M_{xk}}{EI_x} = \frac{1}{10} \times \frac{663 \times 10 \times 9000}{206 \times 10^3 \times 118000 \times 10^4} = \frac{1}{407} < \left[\frac{v_T}{L}\right] = \frac{1}{400}$$，安全

4）整体稳定验算。

因 $\frac{l_1}{b_1} = \frac{3 \times 10^3}{300} = 10 < 16$，不需验算整体稳定性。

双向弯曲梁的设计见二维码。

5.6　焊接组合梁的截面设计

焊接组合梁的截面设计包括两部分内容：一是如何初选截面尺寸；二是对初选的截面进行验算，包括强度验算、刚度（挠度）验算、整体稳定性和局部稳定性验算等。

本节以一双轴对称焊接工字形板梁截面的设计为例，介绍截面设计的一般步骤和方法。由于这些内容在前面几节中都已介绍，因而本节的重点是说明截面尺寸的初选，包括梁截面的高度（腹板高度）、腹板厚度、翼缘板的宽度与厚度的确定方法。

5.6.1　初选截面

1. 梁的截面高度

要确定焊接截面的尺寸，首先要确定梁截面的高度，这是初选板梁截面时首先要确定的一个主要尺寸。其高度根据建筑条件、刚度条件和经济性条件 3 方面来确定。

（1）梁的最大高度 h_{max}。梁的最大高度 h_{max}，是由建筑设计或工艺要求的梁底空间所需的最小净空高度决定的。

（2）梁的最小高度 h_{min}。梁的最小高度是由刚度条件决定的，根据正常使用极限状态的要求，梁在标准荷载作用下的挠度不得超过受弯构件的挠度容许值。

简支梁的最大挠度 v 一般可近似的取为

$$v = \frac{1}{10} \frac{M_{xk} l^2}{EI_x}$$

即

$$\frac{v}{l} = \frac{1}{10} \frac{M_{xk} l^2}{EI_x} \tag{5.59a}$$

单向弯曲的梁，抗弯强度的验算条件是

$$\frac{M_x}{\gamma_x W_x} \leqslant f \tag{5.59b}$$

式中 M_x——弯矩的设计值，若把 M_x 改作弯矩的标准值，取 $M_x = 1.3M_{xk}$，则式（5.59b）应改为

$$\frac{M_{xk}}{\gamma_x W_x} \leqslant \frac{f}{1.3} \tag{5.59c}$$

其中，数字 1.3 是取永久荷载分项系数 1.2 和可变荷载分项系数 1.4 的平均值。当实际梁中可变荷载为主时，数字 1.3 就还要加大，否则应减小。

因 $I_x = W_x \cdot \frac{h}{2}$，再把式（5.59c）改写为

$$\frac{M_{xk}}{I_x} \leqslant \frac{2\gamma_x f}{1.3h}$$

代入式（5.59a）并使 $\frac{v}{l} \leqslant \frac{[v]}{l} = \frac{1}{n}$ 和取 $E = 206 \times 10^3 \text{N/mm}^2$，则得

$$\left(\frac{h}{l}\right)_{\min} = \frac{\gamma_x n f}{6.5E} = \frac{\gamma_x n f}{1340 \times 10^3} \tag{5.60}$$

式（5.60）就是由挠度要求估算最小梁高的近似式。式中 n 可由附录 2 梁的容许挠度得到，例如对楼盖主梁，$n = 400$。f 是钢材的抗弯强度设计值，γ_x 是截面塑性发展系数。

对式（5.60）的应用，还必须考虑实际条件。例如所设计梁需考虑整体稳定性，则应预先估计整体稳定性系数 φ_b 以取代式（5.60）中的 γ_x。因 φ_b 恒小于 γ_x，有整体稳定性的梁的截面最小高度就可以小一些。

（3）梁的经济高度 h_e。在荷载一定的情况下，梁的截面高度大，翼缘板的面积可减小，而腹板以及加劲肋的用钢量将增加，反之亦然。因此理论上可推导出一个使整个梁的用钢梁为最少的截面高度，这个高度就称为经济高度 h_e。目前设计实践中经常采用的经济高度公式为

$$h_e = 7\sqrt[3]{W_x} - 30(\text{cm}) \tag{5.61}$$

根据上述 3 个条件，实际所取用的梁高一般应满足以下条件：

$$h_{\min} < h < h_{\max} \quad \text{及} \quad h \approx h_e \tag{5.62}$$

2. 腹板尺寸

（1）腹板高度。选定梁的高度后，可以确定腹板高度，h_w 应略小于梁高 h，为了便于备料，h_w 宜取 50mm 的倍数。

（2）腹板厚度。梁的腹板主要承受剪力，因此腹板厚度 t_w 应保证梁应有的抗剪强度，试选截面时可取

$$t_w \geqslant \alpha \frac{V}{h_w f_v} \tag{5.63}$$

当梁端翼缘截面无削弱时，式中的系数 α 宜取 1.2；当梁端翼缘截面有削弱时，α 宜取 1.5。

由于抗剪强度通常不是控制梁截面尺寸的条件，按式（5.63）求得的 t_w 一般偏小而不宜照用。初选腹板厚度时用得较多的是利用已有的一些经验公式，例如取

$$t_w = \frac{2}{7}\sqrt{h_w} \tag{5.64}$$

或

$$t_w = 7 + 0.003h_w \tag{5.65}$$

其中，h_w 和 t_w 的单位均为 mm。

腹板厚度一般不宜过小，常不小于 6mm，并取 2mm 的倍数。

3. 翼缘板的尺寸

确定翼缘板的尺寸时，常先估算每个翼缘所需的截面积 A_f。已知腹板尺寸，就可以根据需要的截面抵抗矩得出翼缘板的尺寸。

梁截面的惯性矩：

$$I_x = \frac{1}{12}t_w h_w^3 + 2A_f\left(\frac{h_1}{2}\right)^2$$

式中　h_1——上下两翼缘形心间的距离，在推导估算公式时，可近似取 $h_1 \approx h_w \approx h$，因而可得梁截面弹性截面模量 W_x 为

$$W_x = \frac{I_x}{h/2} \approx \frac{1}{6}t_w h_w^2 + A_f h_w$$

即

$$A_f = \frac{W_x}{h_w} - \frac{1}{6}t_w h_w \tag{5.66}$$

此近似公式常用以估算每个翼缘所需截面积。对焊接梁板，$A_f = b_f t_f$，因而在求得 A_f 后，设定 b_f（或 t_f）即可求得 t_f（或 b_f）。在确定翼缘板尺寸时常需注意以下几点。

（1）为了保证受压翼缘板的局部稳定性，必须满足

$$\frac{b_f}{t_f} \leqslant 30\varepsilon_k \tag{5.67a}$$

若在估算 W_x 时采用了截面塑性发展系数 $\gamma_x = 1.05$，即取 $W_x = M_x/(1.05f)$ 时，则式（5.67a）应改为

$$\frac{b_f}{t_f} \leqslant 26\varepsilon_k \tag{5.67b}$$

为了简化，符号 b_f 和 t_f 可简写作 b 和 t。

（2）梁翼缘宽度 b 与梁高 h 间的关系通常取

$$\frac{h}{2.5} > b > \frac{h}{6}$$

（3）翼缘板宽度宜取为 cm 的整数倍，厚度宜取为 mm 的偶数倍，以便备料。

（4）焊接板梁的翼缘板一般用一层钢板作成。当采用两层钢板时，外层钢板与内层钢板厚度之比宜为 0.5～1.0。外层钢板宽度宜小于内层钢板，以便敷设角焊缝，如图 5.20（a）所示。

5.6.2　截面验算

在试选了板梁截面的尺寸后，即可进行正式验算。验算时先求出梁的截面几何参

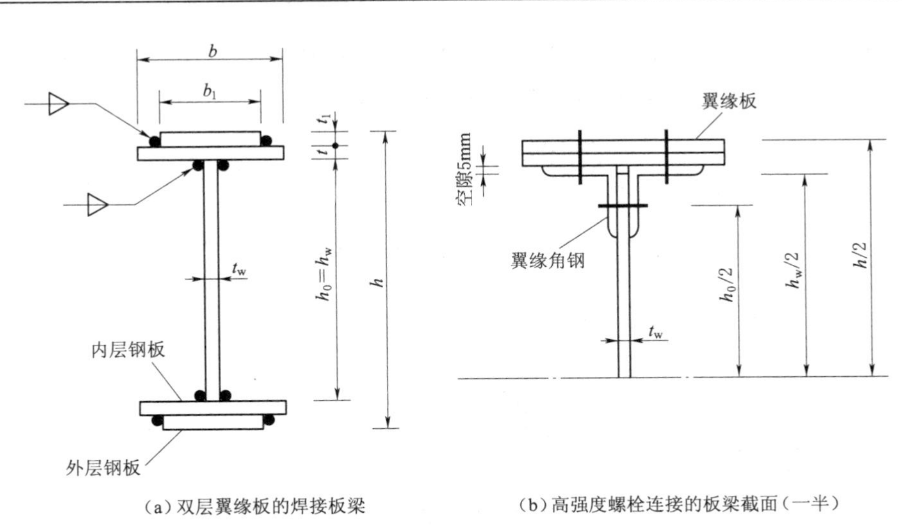

(a) 双层翼缘板的焊接板梁　　(b) 高强度螺栓连接的板梁截面（一半）

图 5.20　板梁截面

数，如惯性矩、截面模量等，然后进行强度、刚度、整体稳定性和局部稳定性的验算。其中，腹板的局部稳定性通常是采用配置加劲肋来保证的。如验算中某些项不符合要求，应对试选的截面进行修改后而重新验算，直至全部满足设计要求。

【例 5.2】 例 5.1 所示工作平台中主梁若改用焊接工字型截面（图 5.19），建筑要求主梁高度不得大于 100cm。已知跨度 $L=9\text{m}$，其计算简图如图 5.21（a）所示，试设计此截面。

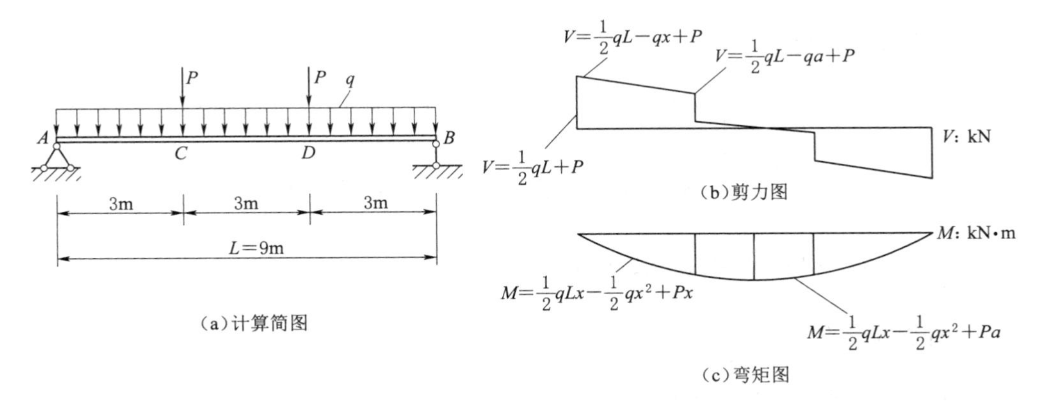

(a) 计算简图　　(b) 剪力图　　(c) 弯矩图

图 5.21　[例 5.2] 中的主梁

解： 1. *初选截面*

(1) 梁中最大弯矩和所需截面模量。由主梁两侧次梁传来的集中荷载设计值

$$P=2\times138.8=277.6(\text{kN})$$

按图 5.21（a）所示计算简图，得梁的最大弯矩

$$M_x=1.02Pa=1.02\times277.6\times3=849.5(\text{kN}\cdot\text{m})$$

式中　1.02——估计主梁自重引起的弯矩增大系数。

本主梁因有次梁作为侧向支点，估计不致因整体稳定性而破坏，初选截面时可按梁的抗弯强度计算所需截面模量 W_x。考虑到翼缘板厚不致大于 16mm，取 $f=215\text{N/mm}^2$。梁承受静力荷载，故取 $\gamma_x=1.05$。于是得

$$W_x \geqslant \frac{M_x}{\gamma_x f}=\frac{849.5\times10^6}{1.05\times215}\times10^{-3}=3763(\text{cm}^3)$$

（2）梁的高度和腹板截面尺寸。最小梁高度由挠度 $\frac{v}{L}\leqslant\frac{1}{400}$ 控制（附录 2）。

$$\left(\frac{h}{L}\right)_{\min}=\frac{\gamma_x n f}{1340\times10^3}=\frac{1.05\times400\times215}{1340\times10^3}=\frac{1}{14.84}$$

$$h_{\min}=\frac{1}{14.84}\times900=60.6(\text{cm})$$

梁的经济高度为

$$h_e=7\sqrt[3]{W_x}-30=7\sqrt[3]{3763}-30=78.9(\text{cm})$$

采用腹板高度 $h_w=800\text{mm}$，考虑翼缘板厚度后梁高 h 将满足

$$h<h_{\max}=100\text{cm} \text{ 和 } h>h_{\min}=60.6\text{cm}$$

腹板厚度由经验公式估定

$$t_w=\frac{2}{7}\sqrt{h_w}=\frac{2}{7}\sqrt{800}=8.08(\text{mm})$$

或
$$t_w=7+0.00h_w=7+0.003\times800=9.4(\text{mm})$$

采用 $t_w=8\text{mm}$，试用腹板截面尺寸为（-8×800）mm。

2. 翼缘板的截面尺寸

由式（5.66）得

$$A_f=\frac{W_x}{h_x}-\frac{1}{6}t_w h_w=\frac{3763}{80}-\frac{1}{6}\times0.8\times80=36.37(\text{cm}^2)$$

当 $\frac{l_1}{b_1}=\frac{a}{b}=\frac{3000}{b}\leqslant16$ 时，可不计算梁的整体稳定性（表 5.2）。

当 $\frac{b}{t}\leqslant26\varepsilon_k$ 时，翼缘板不会局部失稳。

$\frac{b}{h}$ 的范围宜在 $\frac{1}{6}\sim\frac{1}{2.5}$。

据此，可能采用的翼缘板截面尺寸见表 5.2。

表 5.2　　翼缘板截面尺寸

b/mm	需要的 t/mm	采用 t/mm	$A_f=bt/\text{cm}^2$	$\frac{3000}{b}$	$\frac{b}{t}$	$\frac{b}{h}$
260	14.04	14	36.4	11.54	17.9	0.31
280	13.04	14	39.2	10.71	20	0.34
300	12.17	14	42.0	10	21.4	0.36
320	11.41	14	38.4	9.38	26.7	0.39

决定采用：$b=280\text{mm}$，$t=14\text{mm}$，$A_f=39.2\text{cm}^2$。

梁截面如图 5.22 所示。

$1-8\times800 \qquad 1\times0.8\times80=64(\text{cm}^2)$

$2-14\times280 \qquad 2\times1.4\times28=78.4(\text{cm}^2)$

$A=142.4(\text{cm}^2)$

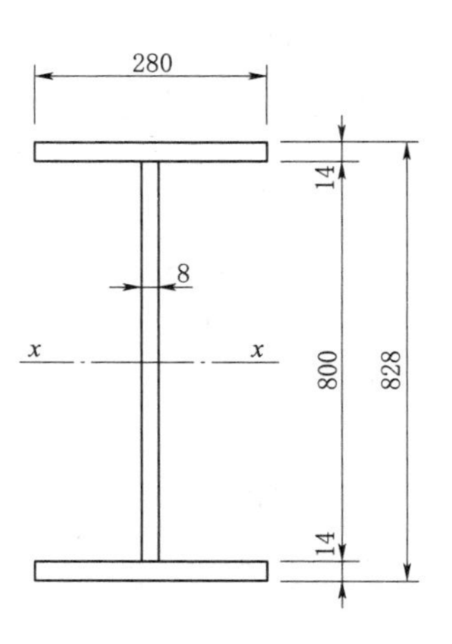

图 5.22 主梁截面

主梁自重设计值为

$$q=1.2\times142.4\times10^{-4}\times7.85\times9.81=1.32(\text{kN/m})$$

3. 内力计算

$$M_{\max}=\frac{1}{8}qL^2+Pa=\frac{1}{8}\times1.32\times9+277.6\times3=846.2(\text{kN}\cdot\text{m})$$

此处组合梁重量使弯矩增大的系数为

$$846.2/(277.6\times3)=1.016$$

$$V_{\max}=\frac{1}{2}qL+P=\frac{1}{2}\times1.32\times9+277.6=283.5(\text{kN})$$

4. 验算

(1) $\frac{l_1}{b_1}=\frac{a}{b}=\frac{3000}{280}=10.71<16$，可不验算整体稳定性。

(2) 抗弯强度。

$$I_x=\frac{1}{12}\times28\times82.8^3-\frac{1}{12}\times(28-0.8)\times80^3=164015(\text{cm}^4)$$

$$W_x=\frac{I_x}{h/2}=\frac{164015}{41.4}=3962(\text{cm}^3)$$

$$\frac{M_{\max}}{\gamma_x W_x}=\frac{846.2\times10^6}{1.05\times3962\times10^3}=203.4(\text{N/mm}^2)<f=215(\text{N/mm}^2)$$，安全

(3) 抗剪强度。

$$S_x=28\times1.4\times40.7+\frac{1}{2}\times80\times0.8\times\frac{80}{4}=2235(\text{cm}^3)$$

$$\tau_{\max}=\frac{V_{\max}S_x}{I_x t_w}=\frac{283.5\times10^3\times2235\times10^3}{164015\times10^4\times8}=48.3(\text{N/mm}^2)<f_v=215(\text{N/mm}^2)$$，安全

(4) 次梁与主梁平接，不是跌接，因而不需要验算腹板计算高度上边缘的局部承压强度。

(5) 次梁作用点外侧主梁截面腹板顶端处的折算应力（图 5.21）。

该截面的弯矩和剪力分别为

$$M_x=\frac{1}{2}qla-\frac{1}{2}qa^2+Pa$$

$$=\frac{1}{2}\times1.32\times9\times3-\frac{1}{2}\times1.32\times3^2+277.6\times3=844.7(\text{kN}\cdot\text{m})$$

$$V_x = V_{max} - qa = 283.5 - 1.32 \times 3 = 279.5(\text{kN})$$

腹板顶端的应力：

$$\sigma = \frac{M_x}{I_x}\frac{h_w}{2} = \frac{847.1 \times 10^6}{164015 \times 10^4} \times \frac{800}{2} = 206.6(\text{N/mm}^2)$$

$$\tau = \frac{V_x S_{x1}}{I_x t_w} = \frac{279.5 \times 10^3 \times (280 \times 14 \times 407)}{164015 \times 10^4 \times 8} = 34.0(\text{N/mm}^2)$$

折算应力

$$\sqrt{\sigma^2 + 3\tau^2} = \sqrt{206.6^2 + 3 \times 34.1^2} = 241.8(\text{N/mm}^2)$$

(6) 挠度。

验算条件

$$\frac{\upsilon}{L} = \frac{M_{xk}}{10EI_x} \leqslant \frac{[\upsilon]}{L} = \frac{1}{400}$$

弯矩标准值

$$M_{xk} = \frac{1}{8} \times \frac{1.32}{1.2} \times 9^2 + [(36 + 0.663) \times 6] \times 3 = 659.1(\text{kN} \cdot \text{m})$$

式中　$[(36+0.663)\times 6]$——由次梁传来的集中力标准值，见例 5.1。

$$\frac{\upsilon_T}{L} = \frac{659.1 \times 10^6 \times 9000}{10 \times 206 \times 10^3 \times 164015 \times 10^4} = \frac{1}{570} < \frac{1}{400}\text{，安全}$$

$\frac{\upsilon_Q}{L} \leqslant \frac{1}{500}$，不起控制作用，计算从略。

以上验算全部符合要求，所选板梁截面合适。

例 5.1 中主梁若采用中翼缘 H 型钢 HM600 × 300 × 12 × 20，截面积为 $A = 192.5\text{cm}^2$。本例题中对该主梁采用焊接工工字型截面（图 5.22），$A = 142.4\text{cm}^2$，截面节省 35%，但制造工作量将加大，因腹板厚度较薄，加劲肋费用也将增加。

5.6.3　组合钢梁截面沿跨度方向的改变

梁的弯矩通常是沿着跨度方向变化的，梁的截面如果能随着弯矩变化，则可以节省钢材。如果只从弯曲正应力来考虑，梁截面的抵抗矩随弯矩的大小而改变将是最好的设计。但由于受其他强度和加工方面的限制，对于焊接截面梁沿长度的改变常采用改变翼缘板的面积和改变腹板高度两种方式，其中，改变腹板高度的方法通常不采用，因为改变腹板高度比改变翼缘面积制造工作量大。

5.6.3.1　组合钢梁截面的改变

对跨度较大的简支组合钢梁，可在离跨度中点弯矩最大截面一定距离处改变截面的尺寸。梁截面的改变一般宜采用改变翼缘的宽度，改变翼缘的厚度会在截面变更处产生较大的应力集中，且上翼缘不平不利于搁置吊车轨道或其他构件。组合钢梁截面的改变分 3 种情况：当为单层翼缘板的焊接工字形截面时，可改变翼缘板的宽度，改变截面宽度后的钢板又需与原翼缘板焊接，增加了制造工作量，因此一般情况下一根梁的每端只宜改变一次；当为两层翼缘板的焊接工字形截面时，可把外层翼缘板在支座附近切断，不使其延伸到梁支座处；当为三层（或两层）翼缘板用高强度螺栓连接的工字形截面时，可把外面两层（或一层）翼缘板在支座附近分别切断，最内层翼缘板延伸到梁端。

截面的改变也可采用改变腹板高度的方法，但该方法通常不采用，因为改变腹板高度比改变翼缘面积制造工作量大。

下面只介绍改变翼缘截面积时的计算和构造要求。

5.6.3.2 单层翼缘板焊接工字形梁翼缘板宽度的改变（腹板保持不变）

首先，应确定改变翼缘宽度的位置，确定的依据是使节省的翼缘钢材为最多。如图 5.24 所示为一在均布荷载作用下的简支梁。在理论改变点距支座为 x 处，上、下翼缘板宽度由 b 改变为 b_1，每一翼缘板的截面积由 A_f 改变为 A_{f1}。梁左右两端，上、下翼缘板改变截面后理论上共节约钢材体积为

$$V_s = 4(A_f - A_{f1})x = 4(A_f - A_{f1})al \tag{5.68a}$$

其中，$x = al$。

跨度中点的最大弯矩和截面模量为

$$M_{max} = \frac{1}{8}ql^2$$

$$W_x = \frac{M_{max}}{\gamma_x f} = \frac{\frac{1}{8}ql^2}{\gamma_x f}$$

理论改变截面处的弯矩和截面模量为

$$M_1 = \frac{1}{2}qlx - \frac{1}{2}qx^2 = \frac{1}{2}ql^2(a - a^2)$$

$$W_{x1} = \frac{M_1}{\gamma_x f} = \frac{\frac{1}{2}ql^2(a - a^2)}{\gamma_x f}$$

利用近似公式（5.29），可得

$$A_f = \frac{W_x}{h_w} - \frac{1}{6}t_w h_w = \frac{ql^2}{8\gamma_x f h_w} - \frac{1}{6}t_w h_w^2 \tag{5.68b}$$

和

$$A_{f1} = \frac{ql^2(a - a^2)}{2\gamma_x f h_w} - \frac{1}{6}t_w h_w^2 \tag{5.68c}$$

故

$$A_f - A_{f1} = \frac{ql^2}{8\gamma_x f h_w}(1 - 4a + 4a^2) \tag{5.68d}$$

代入式（5.68a），得节省的钢板体积为

$$V_s = \frac{ql^3}{2\gamma_x f h_w}(a - 4a^2 + 4a^3)$$

由 $\frac{dV_s}{d\alpha} = 0$，得

$$1 - 8\alpha + 12\alpha^2 = 0$$

解得 $\alpha = \frac{1}{6}$ 或 $\frac{1}{2}$，后者无意义，故得简支梁翼缘截面改变的理论地点应在距支座 $\frac{l}{6}$ 处。此值虽导自均布荷载作用下，设计中对其他荷载（如吊车荷载等）作用下

也可采用 $x=\frac{l}{6}$。

其次，应确定改变后的翼缘面积 A_{f1} 或翼缘板宽度 b_1。通常可先求出理论改变处截面上的最大弯矩，然后由式（5.29）求出 A_{f1} 的近似值。因式（5.29）是近似的，所以确定 A_{f1} 或 b_1 后，还要对其进行抗弯强度和折算应力的验算。

为了避免在理论改变点因突然改变截面而产生严重的应力集中，《标准》规定：应在宽度方向从两侧做成不大于1∶2.5的斜坡，逐渐由 b 过渡到 b_1，如图5.23（a）所示（对直接承受动力荷载还需验算疲劳的梁，斜角坡度不应大于1∶4）。

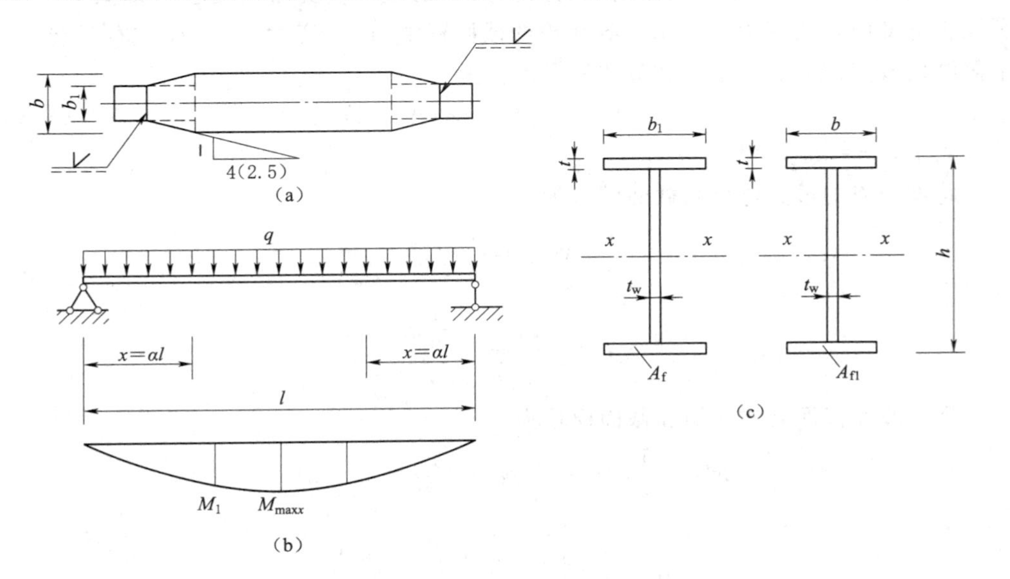

图5.23 组合钢梁翼缘板宽度的改变

5.6.3.3 双层翼缘板焊接工字形梁外层翼缘板的切断（腹板保持不变）

这里包含两个内容：求外层翼缘板（盖板）的理论切断点位置和实际切断点的位置。

图5.24（a）所示为一双层翼缘板的焊接工字形截面简支梁。在外层盖板（翼缘板）理论切断点 x 处，组合钢梁截面由图5.24（b）转变成图5.24（c），按图5.24（c）所示单层翼缘板截面的抗弯强度可得此截面能承受的弯矩 M_1，然后由 M_1 即可求得理论切断点 x。

由于 x 右侧截面的外层盖板需立即参加工作而受力，因此该盖板必需向左延伸一段距离至 x_1 才可切断。《标准》规定，理论切断点的延伸长度 l_1 应符合下列要求：

（1）外层盖板端部有正面角焊缝：

当焊脚尺寸 $h_f \geqslant 0.75t_1$ 时　$l_1 \geqslant b_1$

$h_f < 0.75t_1$ 时　$l_1 \geqslant 1.5b_1$

（2）外层盖板端部无正面角焊缝时，$l_1 \geqslant 2b_1$。

目的是确保延伸部分的所有角焊缝能传递的内力大于外层盖板的强度，即大于 $A_1 f = b_1 t_1 f$，b_1 和 t_1 是外层盖板的宽度和厚度。

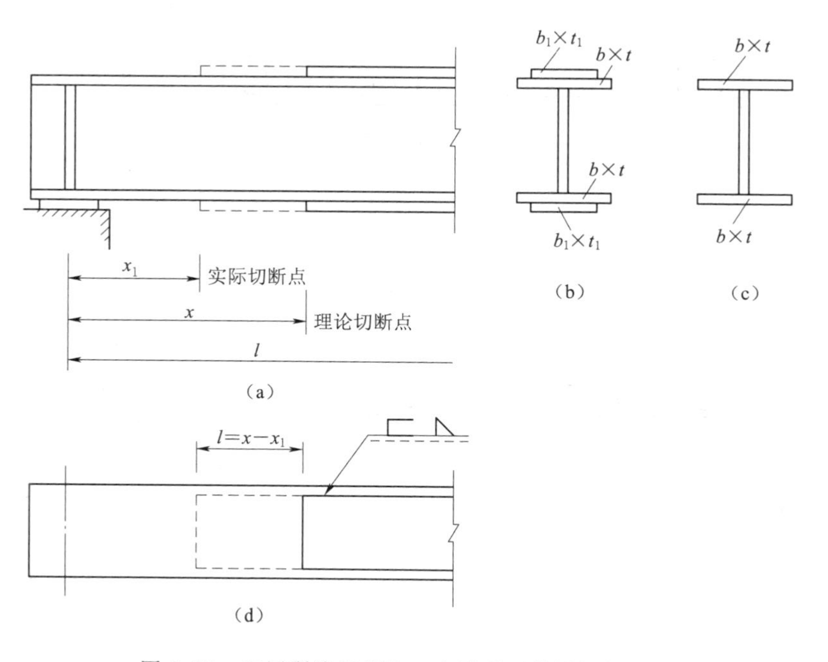

图 5.24　双层翼缘板焊接工字形截面外层板的切断

思　考　题

思考题答案

5.1　钢梁的强度计算包括哪些内容、计算公式中的符号代表什么意义，如何进行计算？各计算点（危险点）均指何处？σ、τ 在截面上是如何分布的？

5.2　截面塑性发展系数的意义是什么？与截面形状系数有何联系？

5.3　梁的强度破坏与失去整体稳定破坏有何不同？整体失稳与局部失稳又有何不同？

5.4　为了提高梁的整体稳定性，设计时可采用哪些措施？其中哪种最有效？

5.5　腹板加劲肋有哪几种形式？主要是针对哪些失稳形式的？

习　　题

5.1　某工作平台工字钢简支梁如图 5.25 所示，跨中无侧向支承。现选用 40 号钢，上翼缘受永久荷载标准值（包括平台板自重）$q_{Gk}=10\text{kN/m}$，可变荷载标准值 $q_{Qk}=30\text{kN/m}$（为静力荷载），钢材为 Q235－B。平台梁的整体稳定可以得到保证。试验算梁的强度和刚度。

习题答案

5.2　一简支梁跨度 9m，中间无侧向支承，采用焊接双轴对称工字形截面，截面尺寸如图 5.26 所示，梁上翼缘受满跨均布荷载和跨中集中荷载，设计值 $q=20\text{kN/m}$（包括自重），$F=200\text{kN}$，集中荷载沿跨度方向的支承长度 $a=50\text{mm}$，钢材为 Q345 钢。试验算此梁的强度。

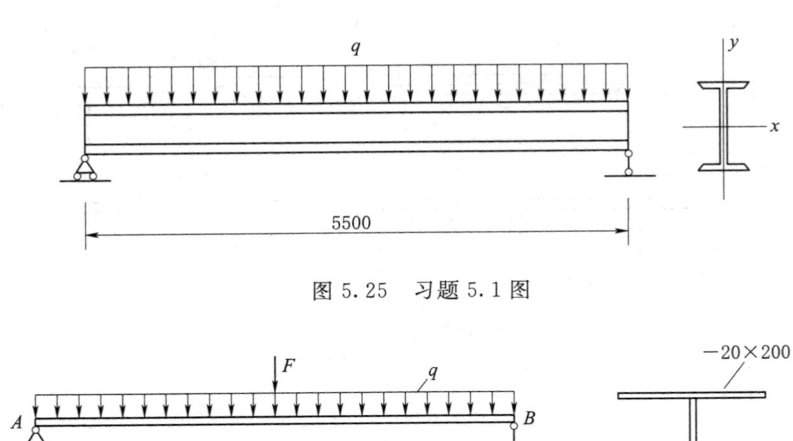

图 5.25　习题 5.1 图

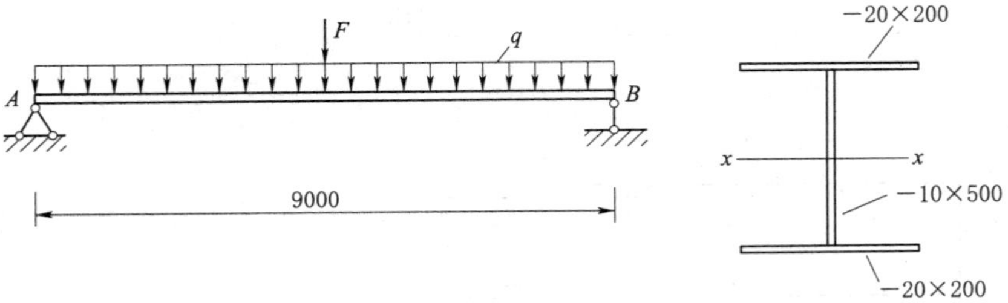

图 5.26　习题 5.2 图

5.3　一简支梁跨度 18m，跨中三分点处各有一侧向支承。采用焊接双轴对称工字形截面，截面尺寸如图 5.27 所示，梁上翼缘受满跨均布荷载 $q=20\text{kN/m}$（包括自重），钢材为 Q235－B。试验算此梁的整体稳定性。

5.4　一工作平台的梁格布置如图 5.28 所示，铺板为预制钢筋混凝土板，并与次梁焊牢，次梁与主梁采用齐平连接。若平台恒荷载的标准值（不包括次梁自重）为 3.00kN/m^2，活荷载的标准值为 20kN/m^2，钢材为 Q345 钢。试按热轧工字钢和 H 型钢两种形式，选择次梁截面。

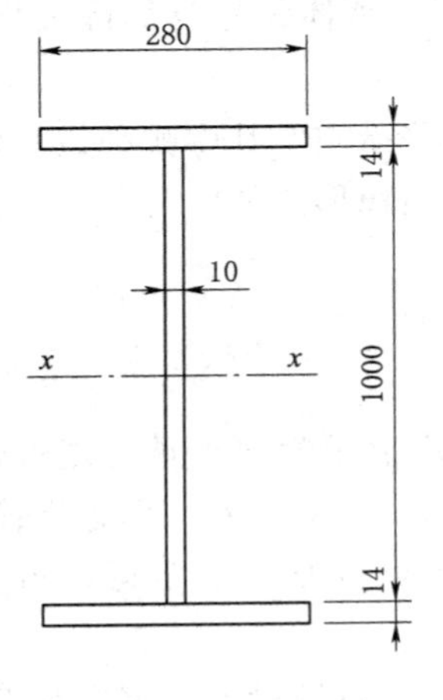

图 5.27　习题 5.3 图

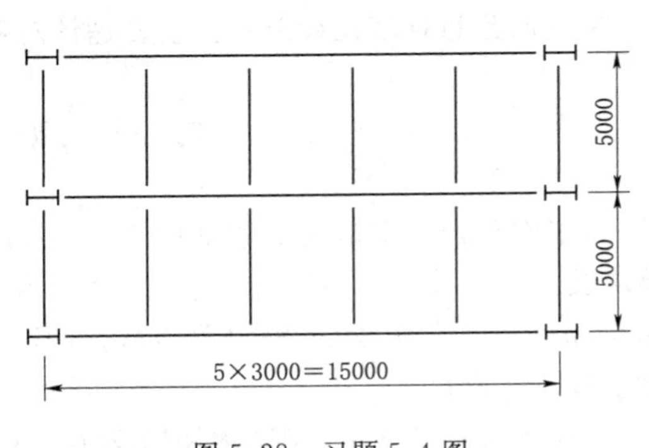

图 5.28　习题 5.4 图

5.5　设计一焊接工字形钢简支主梁，跨度 9m，承受次梁传递的集中荷载标准值为 $P_k=219.98\text{kN}$，设计值为 $P=278.4\text{kN}$，如图 5.29 所示。次梁与主梁是侧面连接，不是叠接，因而不需要验算腹板计算高度上边缘的局部承压强度。建筑要求主梁高度不得大于 100cm，钢材为 Q235 钢，梁的整体稳定有保证。

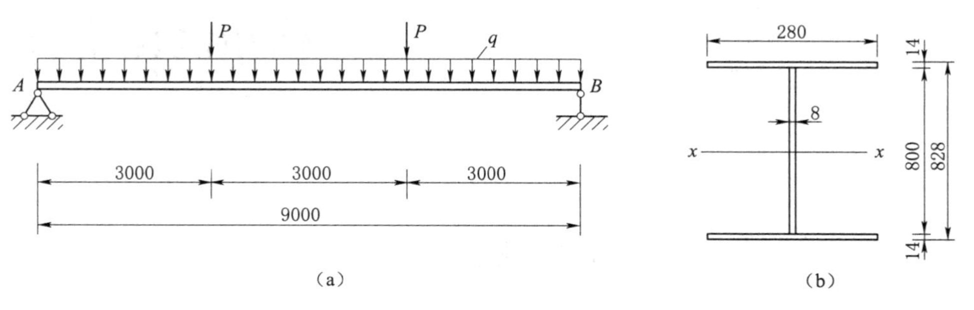

图 5.29 习题 5.5 图

第6章 平面钢闸门

6.1 概　　述

闸门是用来关闭、开启或局部开启水工建筑物中过水孔口的活动结构，其主要作用是控制水位、调节流量。闸门是水工建筑物的重要组成部分，它的安全和适用，在很大程度上影响着整个水工建筑物的运用效果。

闸门的类型很多，主要划分如下：

(1) 按闸门的功用可分为工作闸门、事故闸门、检修闸门和施工闸门。工作闸门系指经常用来调节孔口流量的闸门，这种闸门是在动水中启闭的。事故闸门系指上、下游水道或其设备发生事故时，能在动水中关闭的闸门，当需要并且能够快速关闭时，则称为快速事故闸门，这种闸门一般是在静水中开启。检修闸门是在工作闸门或水工建筑物的某一部位或设备需要检修时用以挡水的闸门，这种闸门一般是在静水中启闭。施工闸门是用来封闭施工导流孔口并在动水中关闭的闸门。

按闸门孔口的位置分为露顶闸门和潜孔闸门（图 6.1）。露顶闸门的门顶是露出水面的，而潜孔闸门的门顶是潜没于水面以下的，其多数为深孔闸门。深孔闸门按其承受的水头大小又可分为：低水头闸门（水头一般小于 25m）、中水头闸门（水头一般在 25～50m）、高水头闸门（水头超过 50m）。目前我国闸门水头最高的是龙羊峡水电站的深孔闸门，其水头高达 120m。瑞士的莫瓦赞水电站底孔平面闸门水头高达 200m。

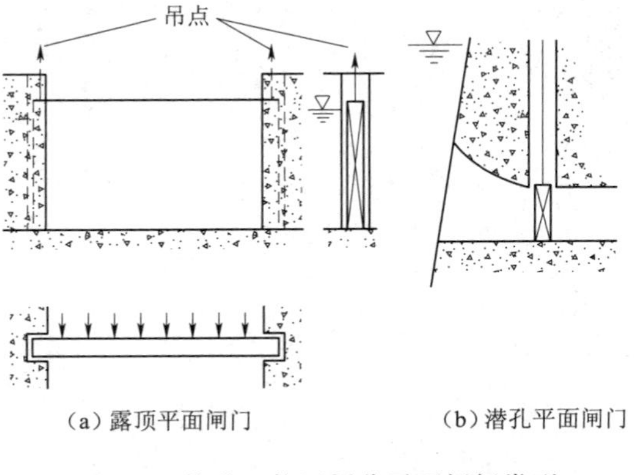

图 6.1　按孔口拉置划分平面闸门类型

(2) 按闸门结构形式可分为平面闸门、弧形闸门以及船闸上常采用的人字闸门等。

闸门形式和尺寸的选择主要考虑建筑物的运用要求、水力条件、设计、制造、安装和启闭条件、经济合理性要求以及材料供应等条件。单扇门叶所承受的总水压力表征闸门综合尺度，反映了闸门材料、设计、制造和安装等技术水平。80 年代国外的水工钢闸门其单扇门叶上的总水压力超过 50000kN 者已有 10 余座，最大载荷如巴西、巴拉圭的伊泰普水电站的导流底孔平面闸门为 190000kN，其挡水面积为 6.7m×22m，水头为 140m。我国已建的白山水电站导流隧洞闸门，其挡水面积为 9m×21m，水头近 80m，总水压力达 140000kN。

闸门结构实际上是一个比较复杂的空间结构体系，可以使用计算机和结构优化理论进行闸门选型和结构设计。但我国目前仍较普遍地采用结构力学按平面体系的设计方法，这种方法简单，对于中小型闸门按平面体系与按空间体系设计其实际状况与经济效果相差不大，故本章仍按平面体系的设计方法进行讲述。

设计闸门时，应按具体情况，分别提供下列有关资料：闸门用途及其在水工建筑物中的位置，孔口尺寸和孔口数量，闸门上、下游的设计水位和校核水位，风荷载和波浪压力，泥沙情况，温度变化和地震烈度，材料供应和启闭方式，制造、运输和安装等条件。

进行闸门结构设计，除掌握上述必要的资料和设计方法外，还应清晰地了解闸门的结构组成和荷载在结构上的传递途径。要使所设计的闸门具有使用方便、技术先进和经济合理的特点，对结构进行合理的布置和选型确实是十分关键的。

6.2 平面钢闸门的组成和结构布置

6.2.1 平面钢闸门的组成

平面钢闸门一般是由可以上下移动的门叶结构、埋固构件和启闭闸门的机械设备三大部分所组成。

6.2.1.1 门叶结构的组成

门叶结构是用来封闭和开启孔口的活动挡水结构。图 6.2 所示。为平面钢闸门门叶结构立体示意图。图 6.3 所示为平面钢闸门的门叶结构总图。由图可见，门叶结构是由面板、梁格、横向和纵向连接系（即横向和纵向支撑）、行走支承（滚轮或滑块）以及止水等部件所组成。

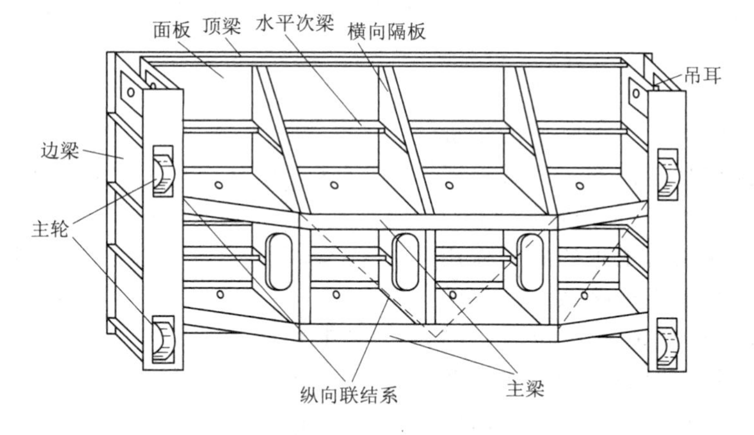

图 6.2　平面钢闸门门页结构立体示意图

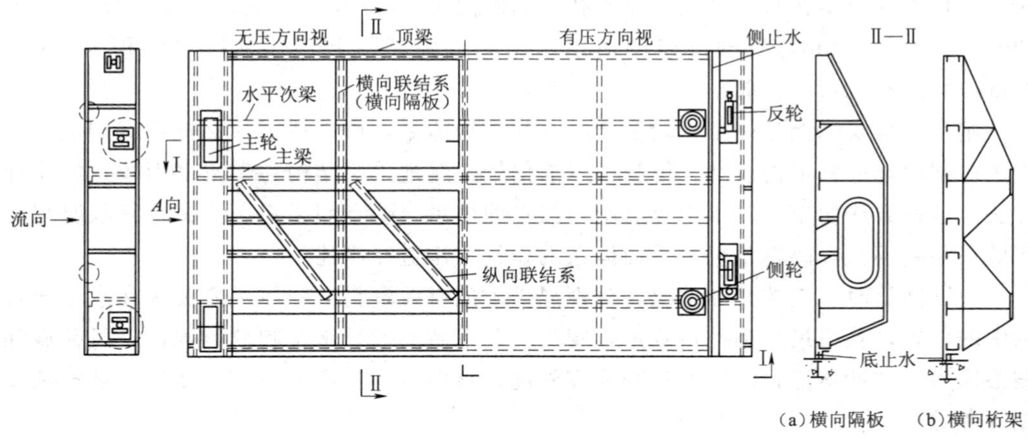

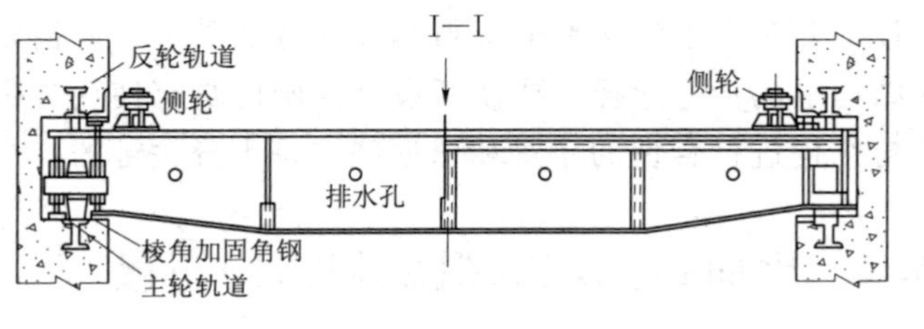

图 6.3　平面钢闸门门叶结构总图

1. 面板

用面板直接挡水，将承受的水压力传给梁格。面板通常设在闸门上游面，这样可以避免梁格和行走支承浸没于水中而聚积污物，也可以减少因门底过水而产生的振动。仅对静水启闭的闸门或当启闭闸门时门底流速较小的闸门，为了设置止水的方便，面板可设在闸门的下游面。

2. 梁格

梁格用来支承面板，以减少面板跨度而达到减少面板厚度的目的。由图 6.2 和图 6.3 可见，梁格一般包括主梁、次梁（包括水平次梁、竖直次梁、顶梁和底梁）和边梁。他们共同支承着面板，并将面板传来的水压力依次通过次梁、主梁、边梁而后传给扎恩的行走支承。

3. 空间连接系（空间支承）

由于门叶结构是一个竖放的梁板结构，梁格自重是竖向的，而梁格所承受的水压力是水平的，因此，要使每根梁都能处在它所承担的外力作用的平面内，就必须用连接系来保证整个梁格在闸门空间的相对位置。同时，连接系还起到增加门叶结构在横向竖平面内和纵向竖平面内刚度的作用（图 6.4）。

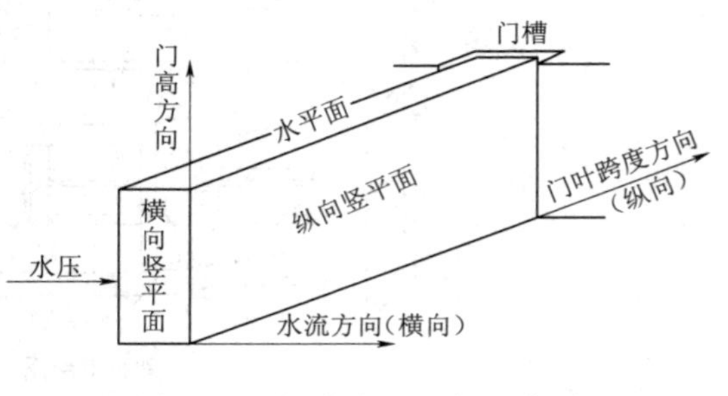

图 6.4　平面闸门的坐标示意图

横向连接系位于闸门横向竖平面内（图 6.4），其形式一般为实腹隔板式，如图 6.3 剖面Ⅱ—Ⅱ（a），也有桁架式，见图 6.3 剖面Ⅱ—Ⅱ（b）。横向连接系用来支承顶梁、底梁和水平次梁，并将所承受的力传给主梁。同时，横向连接系能够保证门叶结构在横向竖平面内的刚度，使门顶和门底不致产生过大的变形。

纵向连接系一般采用桁架式或刚架式。桁架式结构的杆件由横向连接系的下弦，主梁的下翼缘和另设的斜杆所组成（图 6.3）。这个桁架支承在边梁上，其主要作用是承受门叶自重及其他可能产生的竖向荷载，并配合横向连接系保证整个门叶结构在空间的刚度。

4. 行走支承

为保证门叶结构上下移动的灵活性，需要在边梁上设置滚轮或滑块，这些行走支承还将闸门上所承受的水压力传递到埋设在门槽内的轨道上。

5. 吊具

用来连接启闭机的牵引构件。

6. 止水

为了防止闸门漏水，在门叶结构与孔口周围之间的所有缝隙里需要设置止水（也称水封）。最常用的止水是固定在门叶结构上的定型橡皮止水。

6.2.1.2 埋设构件

如图 6.3 剖面 1－1 所示，门槽的埋设构件主要有：行走支承的轨道、与止水橡皮相接触的型钢、为保护门槽和孔口边棱处的混凝土免遭破坏所设置的加固角钢等。

由上述的结构组成可以知道，在挡水时闸门所承受的水压力是沿着下列途径传递到闸墩上去的，即

水压力→面板→水平次梁 / 竖直次梁→主梁→边梁→主轮（或滑道）→轨道→闸墩

了解闸门结构的传力途径，对于掌握各种构件的受力情况和闸门的设计程序是有帮助的。

6.2.1.3 闸门的启闭机械

对于小型闸门，常用螺杆式启闭机，对于大、中型闸门常采用卷扬式启闭机或油压式启闭机。对于如何选用闸门启闭机械的问题，可参考有关资料，本章不予叙述。

6.2.2 平面闸门的结构布置

平面闸门结构布置的主要内容是：确定闸门上需要的构件，每种构件需要的数目以及确定每个构件的所在位置等。结构布置是否合理，直接牵涉到闸门能否满足运行可靠灵活、安全耐久、节约材料、构造简便和便于制造等方面的要求。下面具体阐述结构布置的原则和方法。

6.2.2.1 主梁的布置

1. 主梁的数目

主梁是闸门的主要受力构件，其数目主要取决于闸门的尺寸。当闸门的跨度 L 不大于门高 H 时（$L \leqslant H$），主梁的数目一般应多于两根，则称为多主梁式。反之，

当闸门的跨度较大，而门高较小时（如 $L\geqslant 1.5H$），主梁的数目应减少到两根，则称为双主梁式。为什么跨度大而主梁的数目反而减少呢？我们知道：简支梁在均布荷载作用下的最大弯矩（$M_{max}=qL^2/8$）与相对挠度 $\left(\omega/L=\dfrac{5qL^3}{384EI}\right)$ 分别与梁跨 L 的平方和和立方成正比，当跨度增大时，弯矩和挠度增加得更快。为了抵抗增大的弯矩和挠度，有效的措施是把多个主梁的材料集中在少数梁上使用，因为抗弯截面模量 W 与梁高的平方成正比，且抗挠曲变形的惯性矩与梁高的平方成正比，所以减少主梁的数目，增大主梁的高度，可以充分发挥材料的作用来抵抗增大的弯矩和挠度。这一观点，也可以从刚度要求的最小梁高与经济梁高的关系来说明：为了满足经济要求，主梁的间距应随其跨度的增大而加大，否则会出现按刚度要求而决定的最小梁高 h_{min} 反而大于经济梁高 h_{ec} 的不合理情况。这是因为最小梁高 $\left[h_{min}=0.208\dfrac{[\sigma]L}{E[\omega/L]}\right]$ 只是与跨度 L 成正比，而与荷载大小无关。但是经济梁高 $\left[h_{ec}=3.1W^{2/5}=3.1\left(\dfrac{M}{[\sigma]}\right)^{2/5}\right]$ 不仅随跨度增减而增减，并且也随荷载的增减而增减。若主梁的间距相对较小时，则主梁所受的荷载也随之减小，那么经济高度就可能小于最小梁高。这时，主梁截面的高度就必须由刚度条件控制而不能满足经济的要求。因此，在大跨度的露顶闸门中多采用双主梁式。

2. 主梁的位置

主梁沿闸门高度的位置，一般是根据每个主梁承受相等水压力的原则来确定的，这样每个主梁所需的截面尺寸相同，便于制造。

根据等荷载的原则来确定多主梁式闸门的主梁位置方法，其思路是：有几个主梁，就将闸门所承受的水压分布图分成面积相等的几等份。每块等分面积的形心高程，就是主梁应在的位置，其具体计算如下。

假定水面至门底的距离为 H，主梁个数为 n，第 K 根主梁至水面的距离为 y_k，则对于露顶闸门［图 6.5（a）］

$$y_k=\frac{2H}{3\sqrt{n}}[K^{1.5}-(K-1)^{1.5}] \tag{6.1}$$

对于潜孔闸门［图 6.5（b）］

$$y_k=\frac{2H}{3\sqrt{n+\beta}}[(K+\beta)^{1.5}-(K+\beta-1)^{1.5}] \tag{6.2}$$

其中
$$\beta=\frac{na^2}{H^2-a^2}$$

式中　a——水面至门顶止水的距离。

对于高水头的深孔闸门，一般孔口尺寸较小，门顶与门底的水压强度差值相对较小，此时，主梁的位置也可按等间距来布置。设计时按最下面的那根受力最大的主梁来设计。各主梁采用相同的截面尺寸。这样主梁的用钢量虽然稍有增加，但加工制造方便许多。

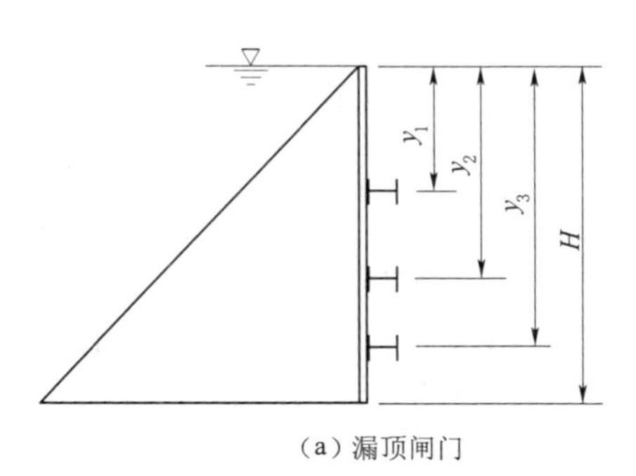

（a）漏顶闸门

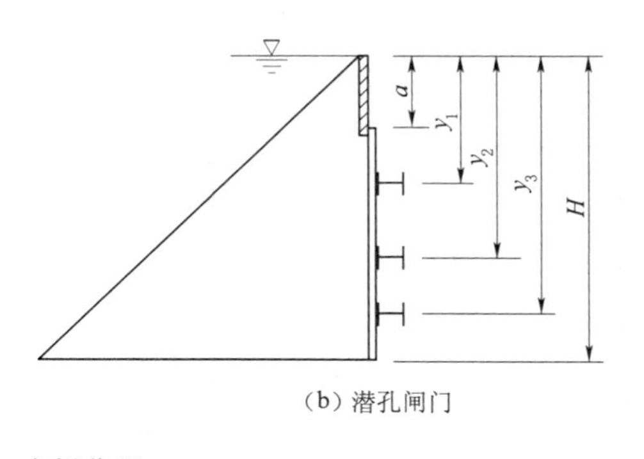

（b）潜孔闸门

图 6.5　主梁位置

对于双主梁式闸门的主梁位置，显然应该对称于水压力的合力 P（图 6.6），两个主梁的间距 b 应适当大些，使闸门上悬臂 c 不宜过长，通常要求 $c \leqslant 0.45H$，且不宜大于 3.6m，以保证门顶悬臂部分有足够的刚度。对于实腹式主梁的工作闸门和事故闸门，即对于动水启闭的闸门，下主梁到门底的距离 a 还应符合图 6.7 所示的底缘布置的要求。即底缘的下游倾角不小于 30°。同时，在利用水柱降门的事故闸门中，为减小水柱压力，而将面板下部向下游倾斜，其上游倾角应为 45°～60°。这也是为了保证门底水的射流不至于冲击主梁腹板而形成真空进而引起振动的措施之一。

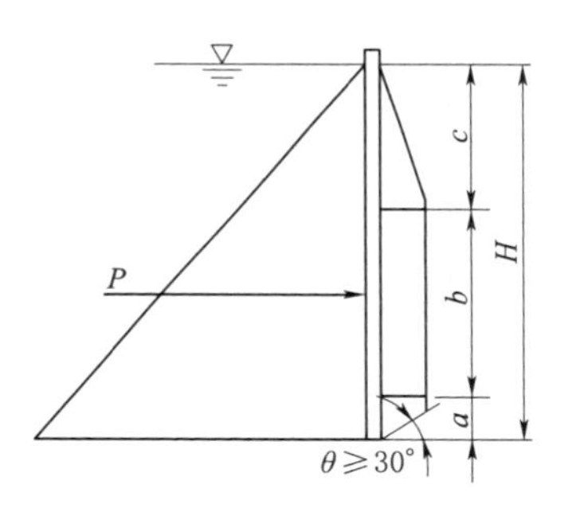

图 6.6　双主梁闸门的主梁布置图

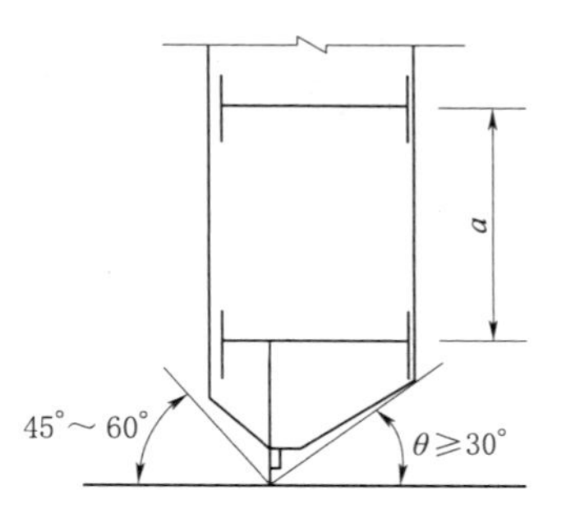

图 6.7　闸门底缘的布置要求

在确定主梁位置时，还要注意到主梁间距需满足滚轮嵌设的要求，有时也要考虑到制造、运输和安装的需要。

6.2.2.2　梁格的布置

梁格是用来支承面板的。在钢闸门中，面板的用钢量占整个闸门重量的比例较大，而且钢板也较贵，为了使面板的厚度经济合理，同时也能使梁格材料的用量合理，根据闸门跨度的大小，可以将梁格的布置分为以下 3 种情况。

（1）简式（纯主梁式）。如图 6.8（a）所示，对于跨度较小而门高较大的闸门，可不设次梁，面板直接支承在多根主梁上。

（2）普通式。如图 6.8（b）所示，适用于中等跨度的闸门。

（3）复式。如图 6.8（c）所示，适用于露顶式大跨度闸门。

布置梁格时，竖直次梁的间距一般为 1～2m。当主梁为桁架时，竖直次梁的间距

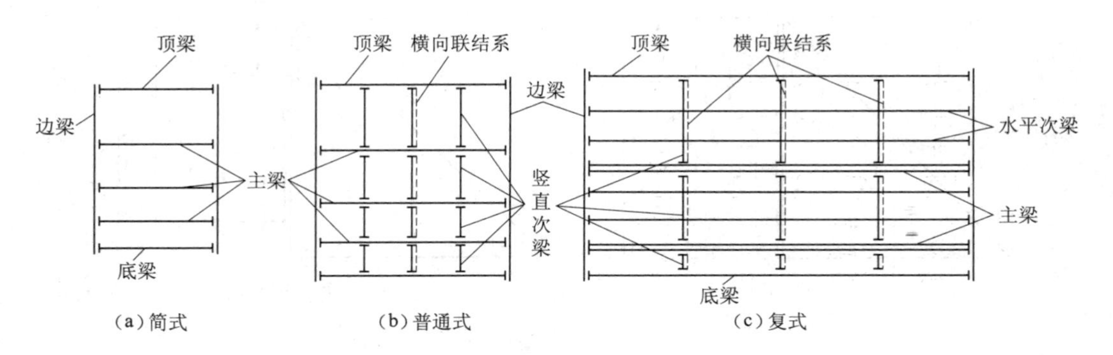

图 6.8　梁格布置图

应与桁架节间相配合。水平次梁的间距一般为 40～120cm。根据水压力的变化应上疏下密。

6.2.2.3　梁格连接形式

梁格的连接形式如图 6.9 所示。有齐平连接和降低连接两种。

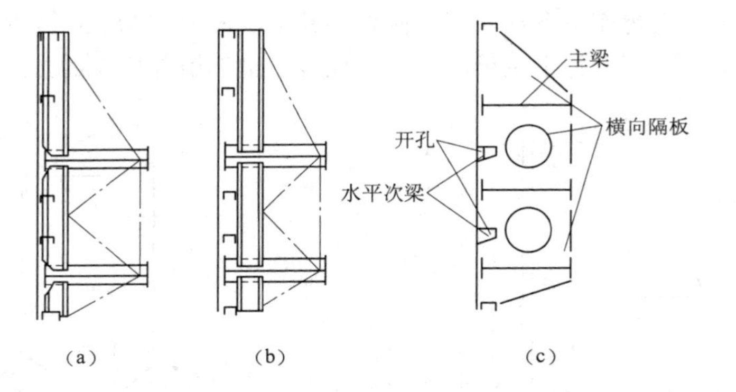

图 6.9　梁格连接的形式

(1) 齐平连接如图 6.9 (a) 所示，即水平次梁、竖直次梁与主梁的上翼缘表面齐平于面板且与面板直接相连。这种连接形式的优点是：梁格与面板形成刚强的整体；可以把部分面板作为梁截面的一部分，以减少梁格的用钢量；面板为四边支承，其受力条件好。这种连接形式的缺点是：水平次梁遇到竖直次梁时，水平次梁需要切断再与竖直次梁连接。因此，这种连接构件多、接头多、制造费工。所以现在较多用横隔板兼作竖直次梁，如图 6.9 (c) 所示。由于隔板截面尺寸较大且强度富裕较多，故可以在隔板上预留开孔，使水平次梁直接从孔中穿过并连接于孔壁而成为连接梁，从而改善了水平次梁的受力条件，也简化了接头的构造。

(2) 降低连接如图 6.9 (b) 所示，即主梁与水平次梁直接与面板相连，而竖直次梁则离开面板降低到水平次梁下游，使水平次梁可以在面板与竖直次梁之间穿过而成为连续梁。此时面板为两边支承，面板和水平次梁都可以看作主梁截面板的一部分，参加主梁的抗弯工作。

6.2.2.4 边梁的布置

边梁的截面形式有单腹式和双腹式两种，如图 6.10（a）、（b）所示。

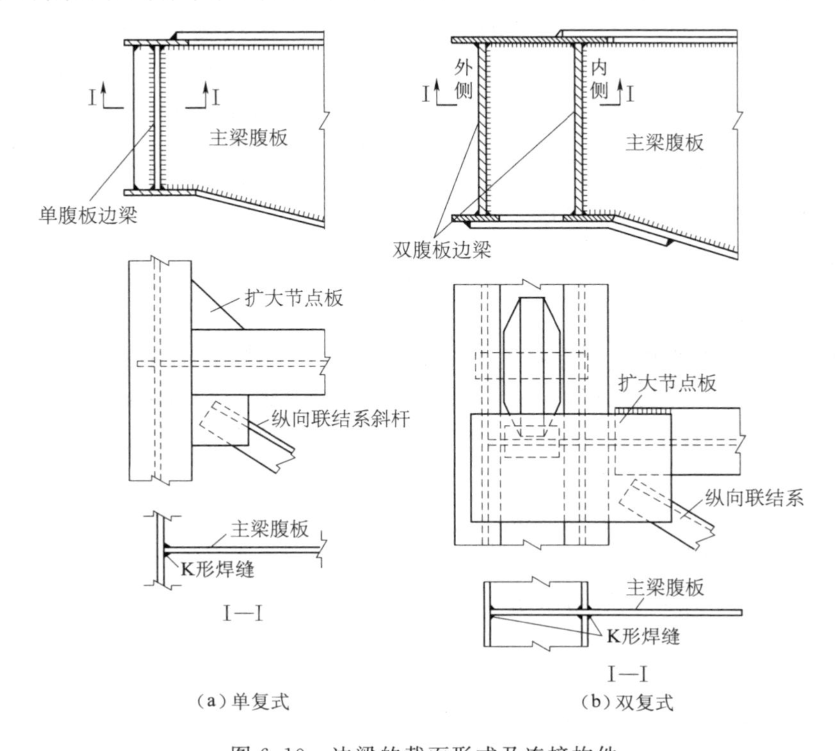

（a）单复式　　（b）双复式

图 6.10　边梁的截面形式及连接构件

单腹式边梁构造简单，便于与主梁连接，但抗扭刚度差，这对于因闸门弯曲变形、温度变化引起的胀缩及其他偶然力作用而在边梁中产生扭矩的情况是不利的。单腹式截面的边柱主要适用于滑道式支承的闸门，对于悬臂轮式的小型定轮闸门也可以采用单腹板式边梁，但必须在边梁腹板内侧的两主梁之间增加一道轮轴支承板。

双腹式边梁抗扭刚度大，也便于设置滚轮和吊轴，但构造复杂且用钢量较多。双腹式边梁广泛用于定轮闸门。

综上所述，可以看出结构布置是结构设计的重要环节，也是一件比较复杂的工作，必须进行综合的分析比较，才能选定合理的方案，为优秀的设计奠定基础。

6.3 面板和次梁的设计

6.3.1 面板的设计

对于四边固定的面板（图 6.11），根据理论分析和实验结果可知，在均布荷载作用下最大弯矩发生在面板支承边的长边中点 A 处，但是当该点的应力达到所用钢材的屈服强度时，面板的承载能力还远远没有耗尽。随着荷载的增加，支承边上其他点的弯矩都随之增加而使面板上下游面逐步达到屈服强度。这时，面板仍然能够继续承

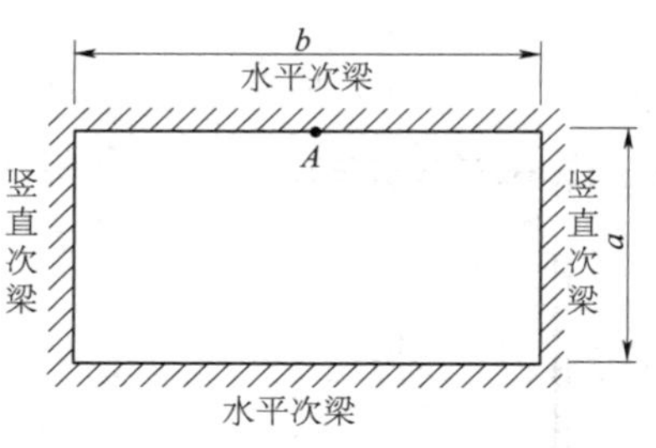

图 6.11　四边固结板在均匀水压力作用下最大弯矩点示意图

受增大的荷载。根据试验的结果，当荷载增加到设计荷载的三倍半时，面板跨中部分才开始出现局部的塑性变形。这就说明面板的强度储备是很大的。因此在设计面板厚度时，可以将承载能力提高60%左右而仍有足够的安全度。容许应力的提高是通过将其乘以大于1的所谓的弹塑性调整系数 α 来实现的。

关于面板厚度的计算和面板参加主梁整体抗弯的强度验算应按下列步骤进行。

6.3.1.1　初选面板厚度 t

作用在面板上的水压力强度是上面小下面大，计算时可以近似地去面板区格中心处的水压强度作为该面板区格的均布荷载。由于四边固定板在均布荷载作用能够下，在长边中点 A 处（图 6.11）的局部弯应力最大，根据理论分析其值为

$$\sigma_{\max}=kpa^2/t^2 \tag{6.3}$$

式中　k——四边固定矩形弹性薄板在支承长边中点的弯应力系数，可按附录9查得；

p——面板计算区格中心的水压强度（$p=\gamma hg=0.0098h\text{N/mm}^2$）；

γ——水的密度，一般对淡水可取 10kN/m^3；对海水可取 10.4kN/m^3；含沙水按试验确定；

h——区格中心的水头，m；

a、b——面板区格的短边和长边的长度，从面板与主（次）梁的连接焊缝算起，mm。

根据强度条件 $\sigma_{\max}\leqslant 0.9\alpha[\sigma]$，可得面板厚度

$$t\geqslant a\sqrt{\frac{kp}{0.9\alpha[\sigma]}} \tag{6.4}$$

式中　0.9——面板参加主梁工作需要保留一定的强度储备系数；

α——弹塑性调整系数，当 $b/a\leqslant 3$ 时，$\alpha=1.5$，当 $b/a>3$ 时，$\alpha=1.4$；

$[\sigma]$——钢材的抗弯容许应力，N/mm^2。

把闸门的面板从上到下每个区格的厚度初选之后，如各个区格之间的板厚度相差较大，应当调整区格竖向间距再次试选，使各区格所需的板厚度大致相等，这样既节约材料，又便于订货与制造。常用的面板厚度为8～16mm，一般不小于6mm。

6.3.1.2　面板参加主（次）梁整体弯曲时的强度验算

为充分利用面板的强度，梁格布置时宜使面板的长短边比 $b/a>1.5$，并将长边布置在沿主梁轴线方向。

在按式（6.4）选出面板厚度并选顶族梁截面后，考虑到面板本身在局部弯曲的同时，还最者主（次）梁受整体弯曲的作用，则面板为双向受力状态，故应按强度理论对折算应力进行验算。

（1）当面板的边长比 $b/a>1.5$，且长边沿主梁轴线方向时（图 6.12），只需按下式验算面板 A 点在上游面的折算应力，其算式为

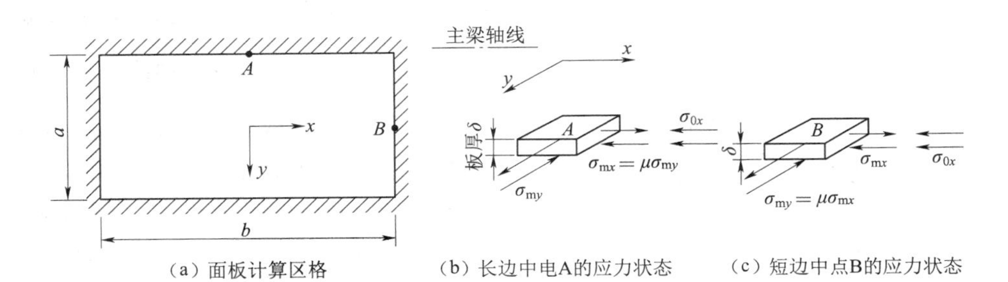

图 6.12　当面板的边长比 $b/a>1.5$ 且长边沿主梁轴线方向时的面板应力状态

$$\sigma_{zh}=\sqrt{\sigma_{my}^{2}+(\sigma_{my}+\sigma_{0x})-\sigma_{my}(\sigma_{mx}+\sigma_{0x})}\leqslant 1.12[\sigma] \tag{6.5}$$

式中　σ_{my}——垂直于主（次）梁轴线防线、面板区格的支惩长边中点的局部弯曲应力［图 6.12（b）］，$\sigma_{my}=k_y pa^2/t^2$；

σ_{mx}——面板区格烟主（次）梁轴线方向的局部弯曲应力，其中 μ 为泊松比，取 $\mu=0.3$，$\sigma_{mx}=\mu\sigma_{my}$；

σ_{0x}——对应于面板验算点的主（次）梁上翼缘的整体弯曲应力；

k_y——支承长边中点弯曲应力系数，可按附录 9 查得；

σ_{my}、σ_{mx}、σ_{0x}——均以拉应力为正号，压应力为负号；

其他符号意义同前。

（2）当面板的边长比 $b/a\leqslant 1.5$ 或面板长边方向与主（次）梁轴线垂直时（图 6.13），面板在 B 点下游面的应力值 $\sigma_{my}+\sigma_{0xB}$ 较大，这时虽然 A 点下游面的双向应力为同号，但还是可能比 B 点上游面更早地进入塑性状态，故还需按式（6.5）验算 B 点下游面在同号平面应力状态下的折算应力。但这时式中的 $\sigma_{my}=k_y pa^2/t^2$ 为面板在 B 点沿主梁轴线方向的局部弯曲应力，k 值对图 6.13（a）取附录 9 中 k_x，对图 6.13（b）取附录 9 中的 k_y、$\sigma_{max}=\mu(\sigma_{mx}+\sigma_{0xB})$，其中 σ_{0xB} 为面板随主梁整体弯曲时在 B 点引起的应力。虽然当梁整体弯曲时在梁轴线上的弯应力为 $\dfrac{M}{W}$，但 B 点远离主梁轴线，由于剪力滞后，所以 B 点实际的弯应力 σ_{0xB} 有较大的衰减。根据试验和理论分

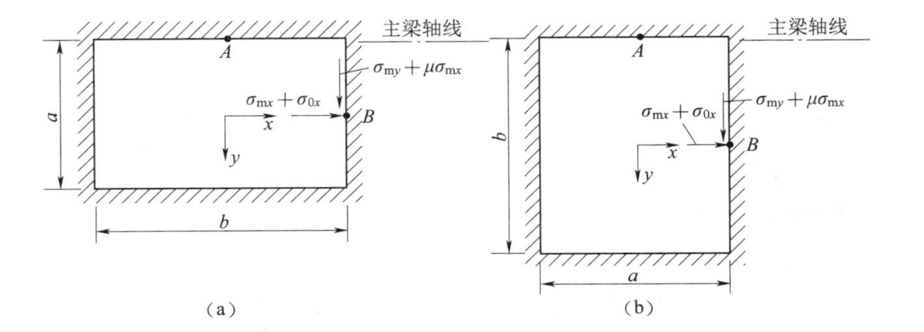

图 6.13　当面板的边长比 $b/a\leqslant 1.5$ 或面板长边方向与主梁轴线垂直时的面板应力状态

析，σ_{0X} 沿面板宽度呈二次抛物线分布如图6.14所示。图中 $\xi_1 \frac{b}{2}$ 为主梁轴线一侧的面板兼作主梁上翼缘的有效宽度，其中 ξ_1 为有效宽度系数，它是根据梁跨 l 和梁的间距 b 由理论分析所确定，由表6.1可查得。当已知 ξ_1，可以根据有效宽度与主梁在上翼缘的弯应力 $\frac{M}{W}$ 的乘积以及抛物线与 AB 所围成的面积应相等的条件，来求得 B 点实际的整体弯曲应力 σ_{0xB}，即由

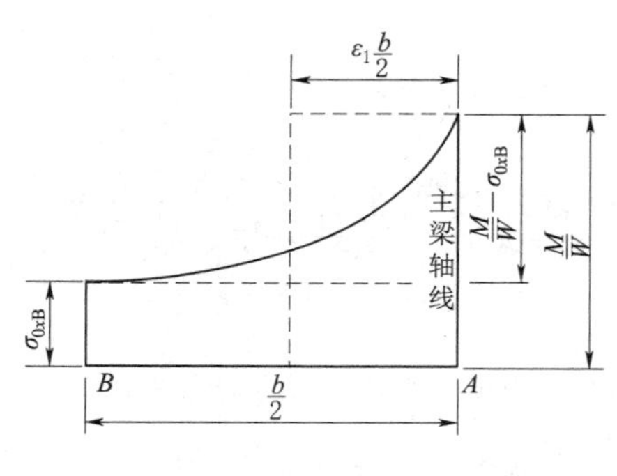

图6.14　主梁弯曲时宽翼缘弯应力的衰减曲线

$$\xi_1 \frac{b}{2} \frac{M}{W} = \frac{b}{2}\left[\sigma_{0xB} + \frac{1}{3}\left(\frac{M}{W} - \sigma_{0xB}\right)\right]$$

得

$$\sigma_{0xB} = (1.5\xi_1 - 0.5)\frac{M}{W} \tag{6.6}$$

式（6.6）的使用条件为 $\xi_1 \geqslant \frac{1}{3}$。

计算所得面板厚，尚应根据工作环境、放腐条件等因素，增加1～2mm腐蚀裕度。

6.3.1.3　面板与梁格的连接计算

当在水压力作用下，面板弯曲时，由于梁格之间互相移近受到约束，在面板与梁格之间的连接焊缝将昌盛垂直于缝方向的侧拉力。导出每单位焊缝长度上的侧拉力常按下面近似公式来计算，即

$$P = 0.07t\sigma_{max} \tag{6.7}$$

式中　σ_{max}——厚度 t(mm) 的面板中的最大弯应力，计算时可采用 $\sigma_{max}=[\sigma]$。

此外，由于面板作为主梁的翼缘，当主梁弯曲时，面板与主梁之间的连接焊缝还受沿焊缝长度方向作用的水平剪力，主梁轴线一侧的焊缝每单位长度内的剪力为 T，则

$$T = \frac{VS}{2I}$$

已知角焊缝容许剪力为 $[\tau_f^w]$，则面板与梁格连接焊缝厚度 h_f 可近似地按下式确定

$$h_f \geqslant \sqrt{P^2 + T^2}/(0.7[\tau_f^w])\text{mm} \tag{6.8}$$

面板与梁格的连接焊缝应采用连接焊缝，并且焊缝厚度 h_f 不应小于6mm。

6.3.2　次梁的设计

6.3.2.1　次梁的荷载与计算简图

1. 梁格的荷载与计算简图

如图6.15（b）所示的降低连接，水平次梁是支撑在竖直次梁上的连接梁，由面板传给水平次梁的水压力，其作用范围是按面板跨度的中心线来划分的，如图6.15（a）、（b）所示，水平次梁所承受的均布荷载由下式计算：

$$q = p\frac{a_{上} + a_{下}}{2} \tag{6.9}$$

式中　p——次梁轴线处的水压强度，N/cm^2；

$a_{上}$、$a_{下}$——水平次梁轴线到上、下相邻梁之间的距离，如图 6.15（b）所示。

水平次梁的计算简图为图 6.15（a）所示的连续梁。

竖直次梁为支承在主梁上的简支梁，承受由水平次梁传来的集中荷载 R，R 为水平次梁边跨内侧支座反力，其计算简图如图 6.15（c）所示。

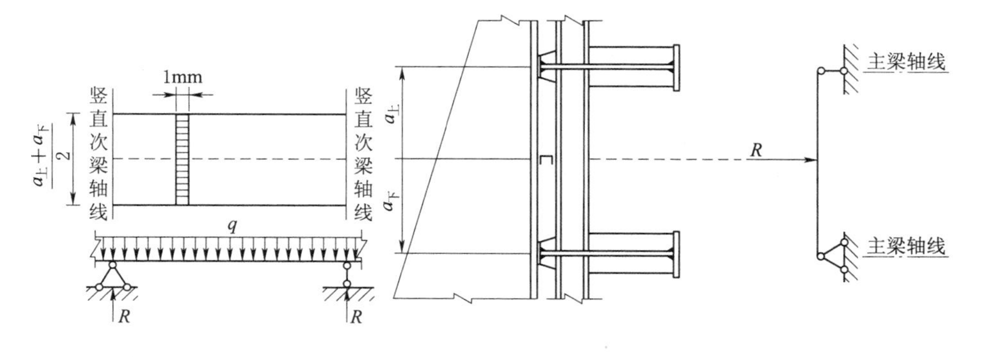

（a）水平次梁计算简图　（b）面板承受水压力的作用图　（c）竖直次梁计算简图

图 6.15　梁格为降低连接时次梁的计算简图

2. 梁格为齐平连接时次梁的荷载和计算简图

水平次梁和竖直梁同时支承着面板，面板上的水压力是按梁格夹角的平分线来划分各梁所负担水压力作用的范围。例如：当水平次梁的跨度大于竖直次梁的跨度时，水平次梁（如 AB 梁）所负担水压力作用面积为六边形，如图 6.16（a）中的阴影部分。该六边形面积上作用的水压力化算到水平次梁上的荷载分布图为梯形，如图 6.16（c）、（d）所示，其中跨中的荷载集度为 $q = p\frac{a_{上} + a_{下}}{2}$，式中 p 为六边形面积中心处的水压强度。当水平次梁是在竖直次梁处断开后再连接于竖直次梁上时，水平次梁应按简支梁计算，其计算简图如图 6.16（d）所示。当采用实腹隔板时，这时，水平次梁应按连续计算，如图 6.16（e）所示。

竖直次梁为支承在主梁以及顶、底梁上的简支梁，如图 6.16（b）所示。它们除承受由水平次梁传来的集中荷载外，还承受由面板直接传来的分布压力，由图 6.16（a）知道这个水压力作用面积为有一个对角线与梁轴垂直的正方形。因此，作用到竖直次梁上的荷载是三角形分布的荷载，其上、下两个三角形顶点处的荷载集度 $q_{上}$、$q_{下}$ 分别为

$$\begin{cases} q_{上} = a_{上}\ p_{下} \\ q_{下} = a_{下}\ p_{下} \end{cases} \tag{6.10}$$

式中　$a_{上}$、$a_{下}$——如图 6.16（a）所示，分别为水平次梁的上、下间距，cm；

$p_{上}$、$p_{下}$——上、下两个正方形的平均压强度，N/cm。

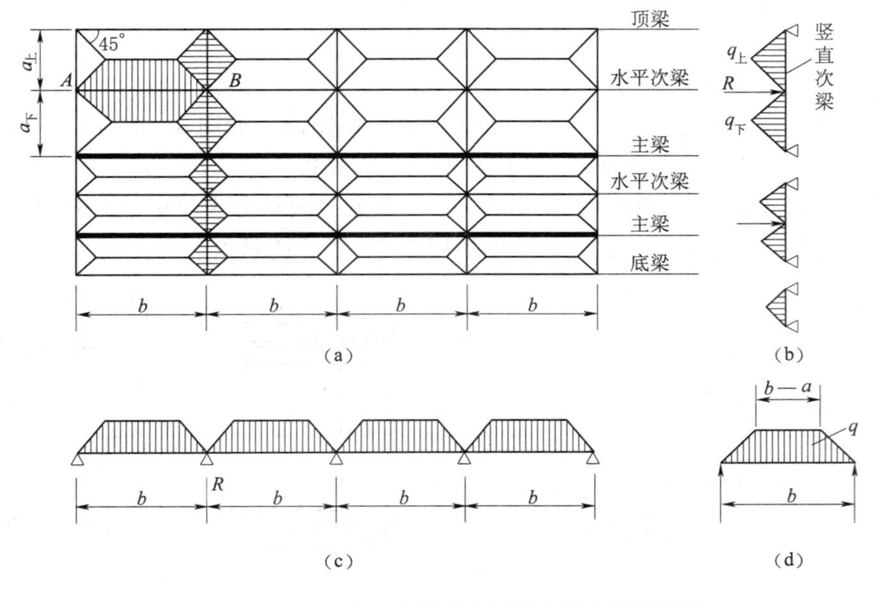

图 6.16　梁格为齐平连接时次梁的荷载和计算简图

6.3.2.2　次梁的截面设计

当次梁的计算简图确定以后，就可以求其内力。根据最大弯矩可以求出次梁所需要的截面模量为

$$W \geqslant \frac{M_{max}}{[\sigma]} \tag{6.11}$$

再根据 W 和满足刚度要求的最小梁高从型钢表（附录 8）中选取型钢截面的规格。在一个闸门中型刚规格不宜过多，以便订货与加工制造。

闸门中的水平次梁，一般是采用角钢或槽钢，它们宜肢尖朝下与面板相连，如图 6.17（a）所示，以免因上部形成凹槽积水积淤而加速钢材腐蚀。竖直次梁常用工字钢［图 6.17（b）］或实腹隔板。

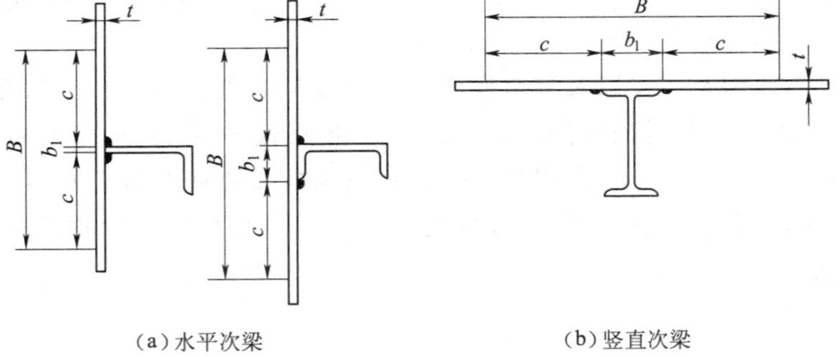

图 6.17　次梁截面形式及面板兼做梁翼的有效宽度

当次梁直接焊于面板时，焊缝两侧的面板在一定的宽度（称有效宽度）内可以兼作次梁的翼缘参加次梁的抗弯工作。面板参加次梁工作的有效宽度 B 可按下列两式

计算，然后取两式算得的较小值。

考虑面板兼作梁翼缘在受压时不致丧失稳定而限制的有效宽度（图 6.17）

$$B \leqslant b_t + 2c \tag{6.12}$$

式中 c——对 Q235 钢，$c=30t$（t 为面板厚度），对 Q345、Q390 钢 $c=25t$；

b_t——如图 6.17 所示。

考虑面板沿宽度上应力分布不均而折算的有效宽度（图 6.18）。

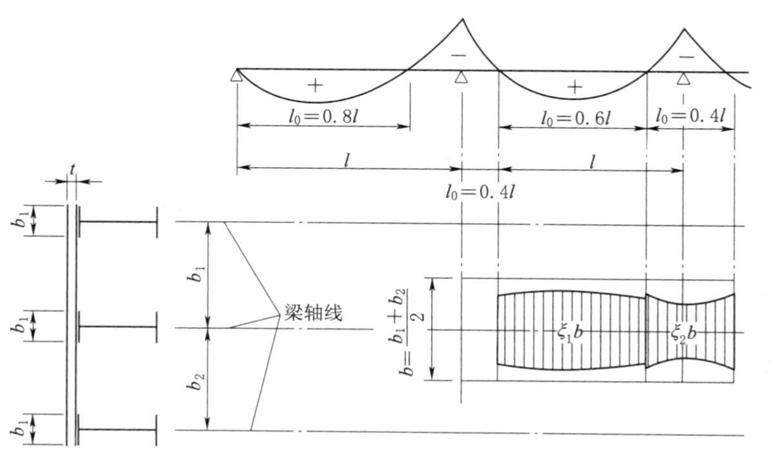

图 6.18 面板因沿宽度上的力分布不均，在参加次梁工作时的折算有效宽度示意图

$$B=\xi_1 b \quad 或 \quad B=\xi_2 b \tag{6.13}$$

其中

$$b=\frac{b_1+b_2}{2}$$

式中 ξ_1、ξ_2——有效宽度系数，可按表 6.1 查用，ξ_1 适用于梁的正弯矩图为抛物线的梁段，如在均布荷载作用下的简支梁或连续梁的跨中部分，ξ_2 适用于副弯矩图可近似地去为三角形的梁段，如连续梁的支座部分或悬臂梁的悬臂部分；

b_1、b_2——次梁与两侧相邻梁的间距。

表 6.1　面板的有效宽度系数 ξ_1 和 ξ_2

L_0/b	0.5	1.0	1.5	2.0	2.5	3	4	5	6	8	10	12
ξ_1	0.20	0.40	0.58	0.70	0.78	0.84	0.90	0.94	0.95	0.97	0.98	1.00
$\xi 2$	0.16	0.30	0.42	0.51	0.58	0.64	0.71	0.77	0.78	0.83	0.86	0.92

注 l_0为主（次）梁弯矩零点之间的距离，对于简支梁 $l_0=l$［l 为主（次）梁的跨度（图（6.18）］；对于连续梁的边跨和中间跨的正弯矩段，可近似地分别取 $l_0=0.8l$ 和 $l_0=0.6l$；对于连续梁的负弯矩段可近似地取$l_0=0.4l$。

6.4 主 梁 设 计

6.4.1 主梁的形式

主梁是平面闸门中的主要受力构件，根据闸门的跨度和水头大小，主梁的形式有轧成梁、组合梁和桁架。轧成梁用于小跨度低水头的闸门。对于中等跨度（5～10m）的闸门常采用组合梁，为缩小门槽宽度和节约钢材，常采用变高度的主梁（图 6.19）。对于大跨度的露顶闸门，主梁可采用桁架形式（图 6.20）。桁架节间应取偶数，以便闸门所有杆件都对称于跨中，并便于布置桁架之间的连接系。为了避免弦杆承受节间集中荷载，宜使竖直次梁的间距与桁架节间尺寸相一致，一般为 1～2m。桁架的高度一般为桁架跨度的 1/5～1/8。

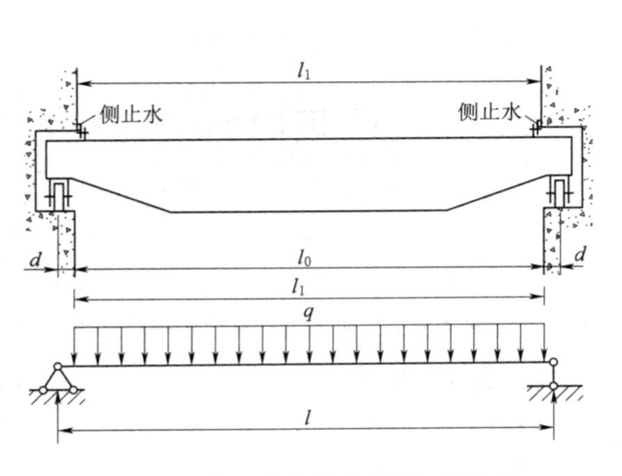

图 6.19　侧止水布置在闸门上游面时主梁的计算简图

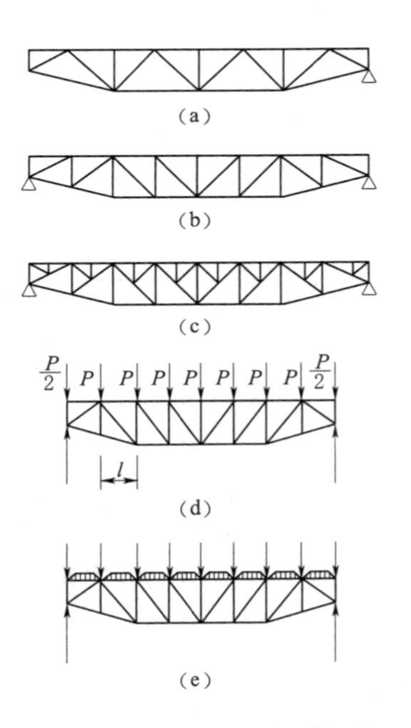

图 6.20　平面闸门主桁架形式及其计算简图

6.4.2　主梁的荷载

主梁除承受竖直次梁传来的集中荷载外，还承受面板直接传来的分布荷载。然后，为了简化计算，可近似地将作用在主梁上的荷载换算为均布荷载。当主梁按等荷载的原则布置时，只需把每根主梁单位长度上的荷载 $q=P/n$。如果主梁不是按等荷载布置，各主梁所受的荷载可按杠杆原理分配确定，最后按承受荷载的最大的主梁进行设计。

主梁的计算简图如图 6.20 所示。其计算跨度 l 为闸门行走支承中心线之间的距离，即

$$l=l_0+2d$$

式中　l_0——闸门孔口宽度；

d——行走支承中心线到闸墩侧壁的距离，根据跨度和水头的大小，一般取 $d=0.15$～0.4m。

主梁的荷载跨度等于两侧止水之间的距离。

当侧止水布置在闸门的下游边而面板设在上游边时，还应考虑闸门侧向水压力对

主梁引起的轴向压力。其计算简图如图 6.21 所示，应按压弯构件设计。

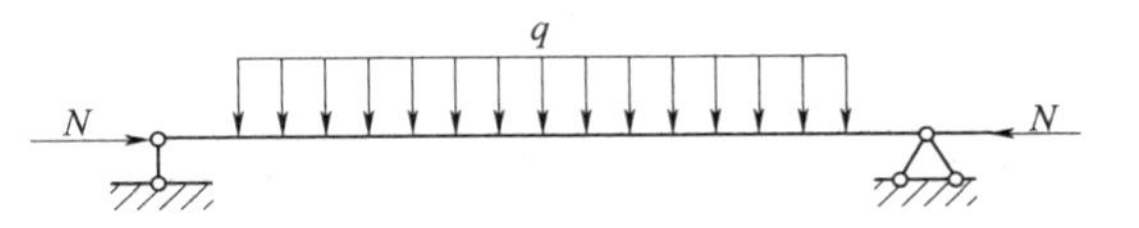

图 6.21　闸门受侧向水压力时主梁的计算简图

挡主梁为桁架时，应将图 6.19 所示的均布荷载化算为结点荷载，若桁架的节间长度为 l，侧结点荷载 $p=ql$，如图 6.20（d）所示，然后即可计算杆件内力并进行截面选择。但是对于直接与面板相连的上弦杆，在选择截面时，还必须考虑面板传来的水压力对上弦杆引起的局部弯曲，如图 6.20（e）所示。

6.4.3　主梁设计特点

（1）部分面板可以兼作主梁的上翼缘。面板可被利用的有效宽度与水平次梁中的规定基本相同。只是式（6.13）中的 b 应取为每根主梁承受荷载面的宽度。例如多主梁式闸门为主梁的平均间距。

（2）由图 6.2 可见，主梁的下翼缘（或主桁架的下弦）同时兼作纵向连接系的杆件将承受闸门的部分自重，当设计主梁或桁架时可将容许应力降低为 0.9 $[\sigma]$。待纵向连接系的杆件内力算出以后，再将分别由水压力与门重产生的两种应力相叠加而后按 $[\sigma]$ 验算强度。

（3）为了防止主梁变形过大影响闸门的正常使用，应限制主梁的挠度不超过最大相对挠度限值：

对露顶式工作闸门、事故闸门，$\left[\dfrac{\omega}{l}\right]=\dfrac{1}{600}$；

对潜孔式工作闸门、事故闸门，$\left[\dfrac{\omega}{l}\right]=\dfrac{1}{750}$；

对检修闸门，$\left[\dfrac{\omega}{l}\right]=\dfrac{1}{500}$。

（4）次梁最大挠度与跨度之比的限值为 $\left[\dfrac{\omega}{l}\right]=\dfrac{1}{250}$。

（5）为保证腹板局部稳定而设置的横向加劲肋，其间距应与横向连接系相配合。当横向连接系采用实腹隔板时，见图 6.3 剖面Ⅱ-Ⅱ（a），则隔板可代替横向加劲肋。

（6）由于主梁与面板焊牢，所以主梁的整体稳定性得到了保证，设计时不必对此验算。

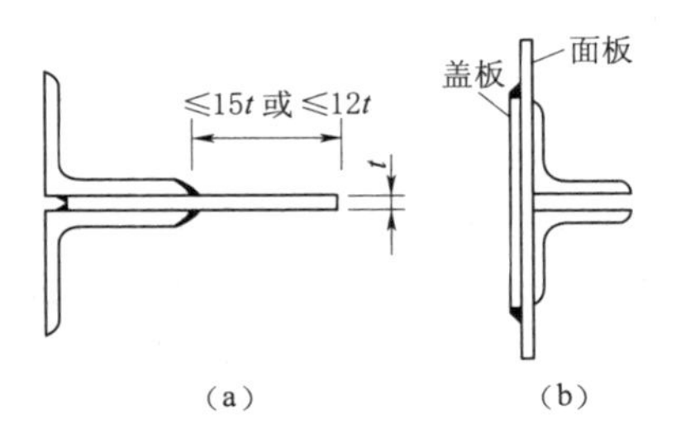

图 6.22　主桁架上弦的加强图

（7）对于主桁架的受压上弦杆，由于承受面板直接传来的水压力而引起局部弯曲，则上弦杆的截面可以采用在两个角钢之间放置钢板的办法来进行加强，加强钢板伸出角钢肢以外的宽度，对 Q235 号钢不得超过 15 倍的板厚，如图 6.22（a）所示；对 Q345 号钢不得超过 12 倍的板厚。对于大跨度的主桁架，为了节约钢材，可以采用变截面的弦杆，在内力较大的跨中部分，可采用焊在面板外侧的辅助盖板来增加跨中部分的弦杆截面，如图 6.22（b）所示。

6.5　横向连接系（横向支撑）和纵向连接系（纵向支撑）

6.5.1　横向连接系

横向连接系（图 6.3 剖面Ⅱ—Ⅱ）的作用是：承受次梁（包括顶、底梁）传来的水压力，并将它传给主梁，当由于水位变更等原因而引起各主梁的受力不均时，横向连接系可以均衡主梁的受力并且保证闸门横截面的刚度。

横向连接系可布置在每根竖直次梁所在的竖平面内，或每隔一根竖直次梁布置一个。横向连接系的数目宜取单数，其间距一般不大于 4m。

横向连接系的形式有隔板式和桁架式两种（图 6.23）。它们的截面高度均与主梁的截面高度相同。对于隔板厚度，通常不大于 8～10mm。因为有面板的存在，横隔板可不另设上翼缘，其下翼缘一般用宽度为 100～200mm、厚度为 10～20mm 的扁钢做成。这种由构造要求确定的尺寸，使横隔板的应力很小，可不进行强度验算。为了减轻闸门重量，可在隔板中部开孔，并在孔边周围焊上一圈扁钢以加强其强度，如图 6.23（a）所示。

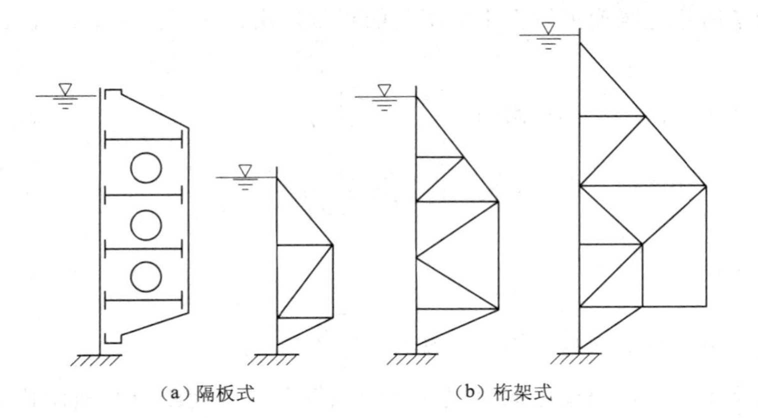

图 6.23　横向联结系的形式

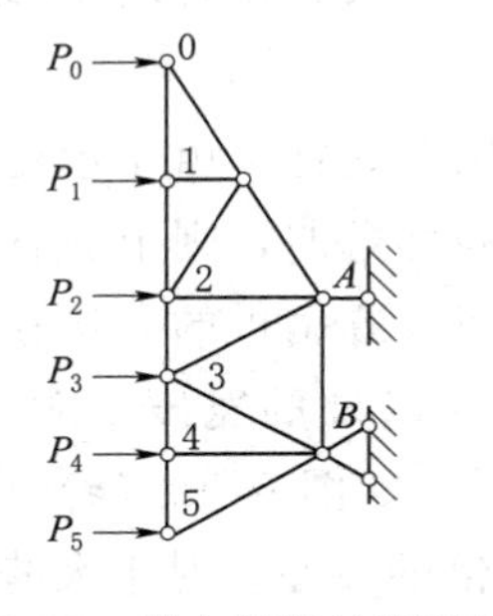

图 6.24　横向桁架计算简图

在主梁截面高度和间距都较大的双主梁闸门中，为节约钢材，常采用桁架式的横向连接系——称为横向桁架，如图 6.23（b）、(c)、(d) 所示。横向桁架可以看做是支撑在主梁上具有上、下悬臂的桁架（图 6.24）。其上弦为竖直次梁，在上弦结点承受了由顶梁、底梁和水平次梁传来的集中力，在上弦杆直接与面板接触时，其上弦节间还承受面板传来的分布力，计算时可按杠杆原理先将节间荷载分配到结点上，并与直接作用在结点上的荷载相加，最后得到如图 6.24 所示的计算简图。

6.5.2 纵向连接系

纵向连接系位于闸门各主梁下翼缘之间的竖平面内（图 6.2 和图 6.25）。它的主要作用是：承受闸门的各部分自重和其他竖向荷载；保证闸门在竖平面内的刚度；另外与主梁构成封闭的空间体系以承受偶然的作用力对闸门引起的扭矩。纵向连接多为桁架式（图 6.25）。它的弦杆即为上、下主梁的下翼缘或主桁架的下弦杆。它的竖杆即为横向桁架的下弦或横隔板的下翼缘，只有斜杆是另设的。该桁架被支撑在闸门两侧的边梁上。计算它承受闸门的自重时，首先由附录 10 的公式算出闸门自重，然后根据闸门重心位置偏向面板一侧（图 6.25 剖面Ⅱ—Ⅱ中 $C_1 \approx 0.4h$）当吊起闸门时，面板负担 $0.6G$，而该桁架负担 $0.4G$。若该桁架的节数为 n，则每个结点荷载为 $0.4G/n$。然后即可对该桁架进行内力分析。若桁架的弦杆为折线形时（图 6.25），可近似地将弦杆所在的折面展开为平面，其中的斜杆应按实际杆长计算。对于兼用的杆件，如弦杆和竖杆，由于双重受力的作用，若出现同号内力，应叠加验算，若出现异号应力时，应分别验算。当选择斜杆截面时，考虑闸门可能因偶然扭转使斜杆出现压力，建议按压杆容许长细比 [λ] ＝150 来校核。

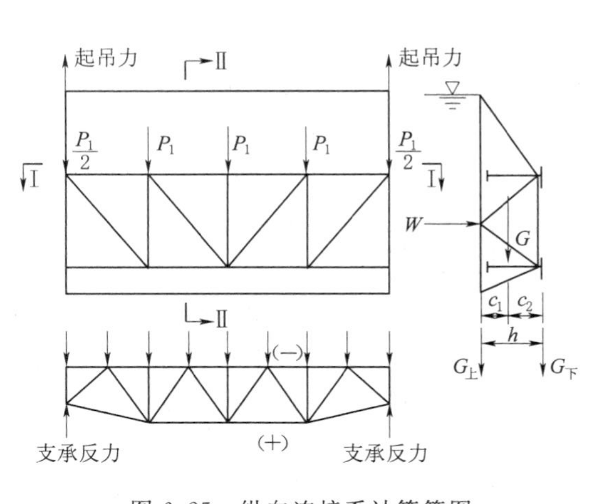

图 6.25 纵向连接系计算简图

在跨度小、主梁数目较多的闸门时，纵向连接系可采用人字形斜杆或交叉斜杆以及刚架的形式（图 6.26）。

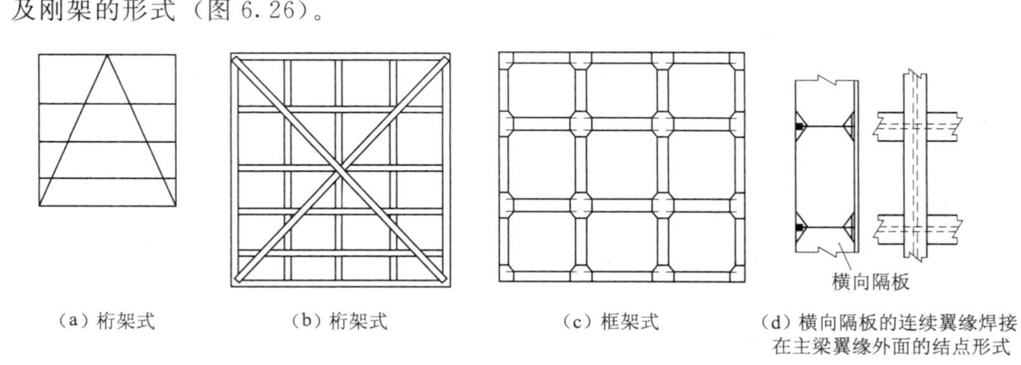

图 6.26 纵向连接系形式

6.6 边 梁 设 计

边梁是设计在闸门两侧的竖直构件，主要用来支撑和边跨的顶梁、底梁、水平次梁以及纵向连接系，并在边梁上设置边走支承（滚轮或滑块）和吊耳。从图 6.27 可见，作用在边梁山的外力有：梁系传来的水平压力 P_1、P_2、…、P_8 和行走支承的反

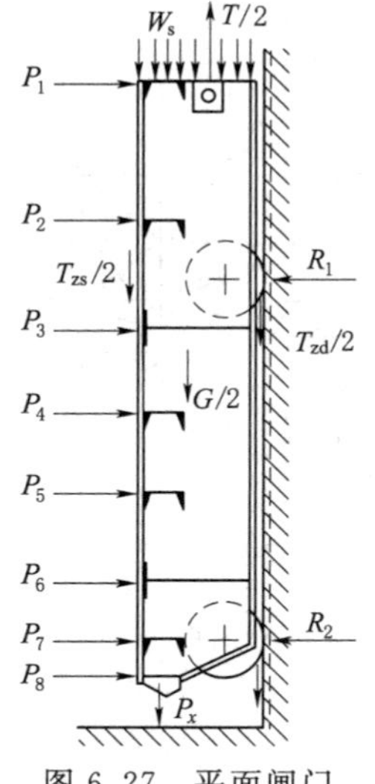

图 6.27　平面闸门边梁荷载图

力 R_1、R_2，在竖直方向有闸门自重 $G/2$、启闭闸门时行走支承和止水与埋固构件之间的摩擦阻力 $T_{zd}/2$ 和 $T_{zs}/2$，门底过水时的下吸力 P_x，有时还有门顶水柱压力 W_s 以及作用在边梁顶端吊耳上的启门力 $T/2$ 等。由此可见，边梁是平面闸门中重要的受力构件。其截面尺寸一般是按构件要求确定（图 6.10）。截面高度应与主梁端部高度相等，腹板厚度宜等于主梁端部腹板厚度，翼缘厚度则应大于腹板厚度，可用面板兼作上翼缘，也可另设单独的翼缘板。单腹式边梁的翼缘宽度不宜小于 300mm，以便于安装行走支承。双腹式边梁的两个下翼缘通常用宽度为 100～200mm 的扁钢做成，如图 6.10（b）所示，为便于在两块腹板之间焊接，其间距不应小于 300～400mm。

计算边梁时可按图 6.27 绘出弯矩、剪力和轴力图，在弯矩图内应力包括各轴向荷载因偏心作用而在边梁中引起的偏心弯矩。当闸门处于开启过程时，应按拉弯构件校核截面的强度，当闸门关闭时应按压弯构件校核截面的强度，边梁需要验算的危险截面一般是上、下轮轴支承处或与主梁连接处。如果边梁的翼缘或腹板直接承受水压，还应验算由于板的局部弯应力和上述的边梁所引起的应力按折算应力校核。

6.7　行　走　支　承

闸门的行走支承有滑道式和滚轮式两种类型（图 6.28）。行走支承承受闸门全部的水压力并将之传给轨道。为了使闸门在闸槽中移动方便，还需在门叶上设置导向的反轮和测轮（图 6.3）。

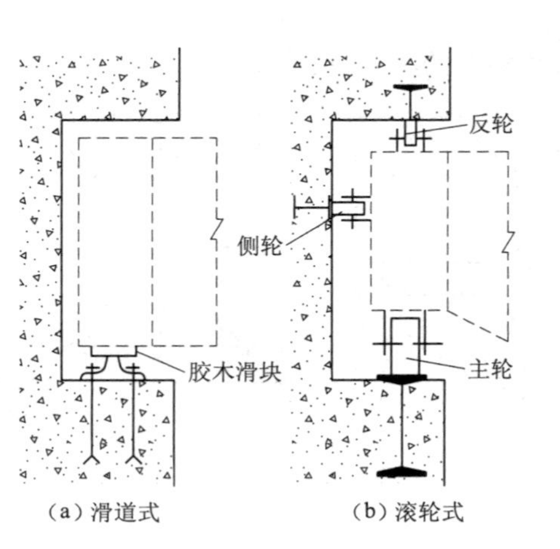

图 6.28　行走支承类型

6.7.1　胶木滑道

滑道式支承目前最采用广泛的是压和胶木滑道。胶木是一种用多层桦木片浸渍酚醛树脂后，经过加热压制的胶合层压木。它具有较高的机械性能、较低的摩擦系数和良好的加工性能。压和胶木当有一定量的横向压紧力时，其顺纹承压极限强度可以达到 160N/mm²。它与光滑的不锈钢轨道之间的摩擦系数仅为 0.09～0.13。如果在压合胶木中掺进 15％的聚四氟乙烯，其摩擦系数还可以进一步降低。

压合胶木滑块是将总宽度为 100～150mm 的三条胶木压入宽度较小的铸钢夹槽中，如图 6.29（a）、（b）所示。三条胶木的总宽度应比夹槽的宽度大 1.3％～1.7％，

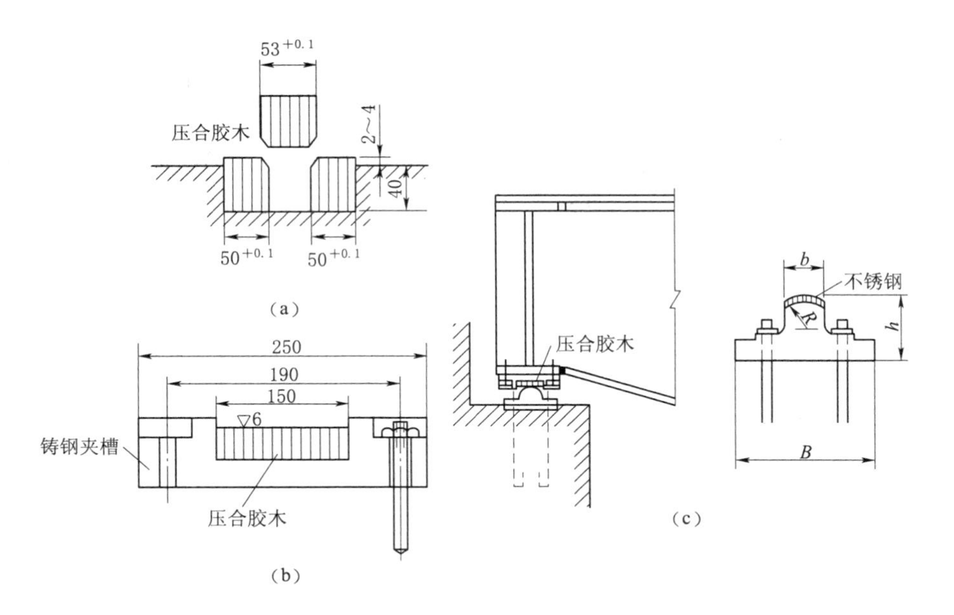

图 6.29 胶木滑道构造图

这样可以使胶木受到足够的横向加紧力以提高横向加紧面的强度。在压入夹槽以前的胶木含水率不应大于 5%，压入后的胶木表面应高于槽顶，如图 6.29（a）所示，然后将其加工粗糙度 R_a 达到 3.2μm，如图 6.29（b）所示，使胶木表面比槽面低 2～4mm，用螺栓将刚夹槽固定到边梁上。

支承胶木滑块的钢轨表面通常做成圆弧形，如图 6.29（c）所示。为了减少摩擦力在钢轨表面上堆焊一层 3～5mm 厚的不锈钢，然后加工到粗糙度 R_a 为 3.2μm，加工后的不锈钢厚度应不小于 2～3mm。轨头设计宽度 b 和轨顶圆弧半径 R 应按胶木与轨道之间单位长度上的支承压力由表 6.2 来决定。

表 6.2 钢轨工作表面宽度与圆弧半径

支承压力 q/(N/mm)	<1000	1000～2000	2000～3000	3000～4000
轨道圆弧半径 R/mm	100	150	200	300
轨头设计宽度 b/mm	25	35	40	50

注 b 值不得与滑块中间的一条胶木同宽。

钢轨底面 B［图 6.29（c）］应根据混凝土的容许承压强度（见附录 10）决定。钢轨高度 h 不应小于 $B/3$。

胶木滑块与轨道弧面之间的最大接触应力可按下式计算

$$\sigma_{max}=104\sqrt{\frac{q}{R}}\leqslant[\sigma_j] \tag{6.14}$$

式中 q——滑块单位长度上的计算荷载，N/mm；

R——轨道工作表面的曲率半径，mm；

$[\sigma_j]$——胶木容许接触应力，$[\sigma_j]=500N/mm^2$。

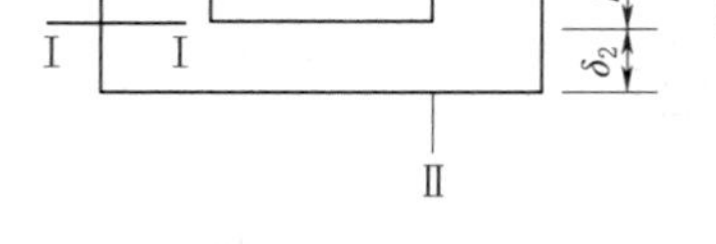

图 6.30　胶木滑道之铸钢夹槽

如图 6.30 所示的夹槽，当胶木以公盈尺寸压入夹槽以后，在槽壁产生的测压力 P 按下式计算：

$$P = E_c \varepsilon h \tag{6.15}$$

式中　E_c——胶木沿层压方向的弹性模量，E=2500～3500N/mm；

ε——胶木宽度公盈量与夹槽宽度之比值，一般为 1.3%～1.7%；

h——夹槽深度，mm。

求出 P 值后，即可对夹槽断面Ⅰ—Ⅰ和断面Ⅱ—Ⅱ（图 6.30）进行强度验算。

6.7.2　滚轮支承

滚轮支承的形式如图 6.31 所示。轮子的位置应按等高荷载布置，在闸门的每个边梁上最好只布置两个支承点，使轮子受力明确。当采用滚柱轴承滚轮或采用弧形轨道的升卧式闸门时，应将轮子装设在双在双复式边梁的外侧，如图 6.31（a）所示。当然，对于滑动轴承的滚动也可以采用悬臂轴（图 6.32）。悬臂轴滚轮的优点是轮子安装和检修比较方便，所需门槽深度较小。但悬臂轴增大了边梁外测腹板的支承压力并使边梁受扭，悬臂轴的弯矩也较大，因此，一般情况只用于水头和孔口都较小的闸门。

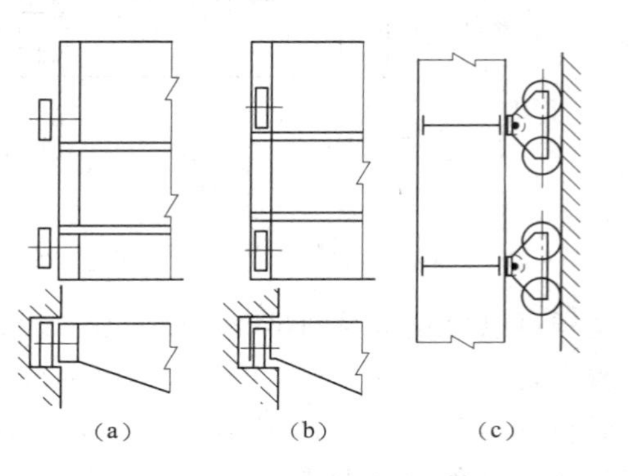

图 6.31　滚轮支承的形式

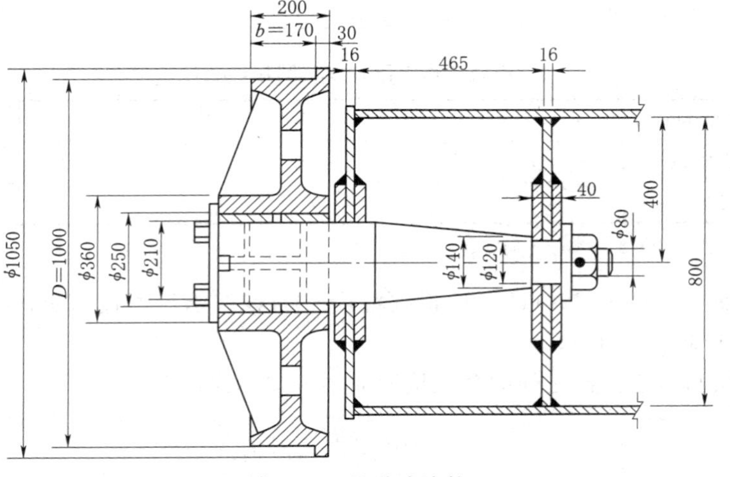

图 6.32　悬臂式滚轮

当闸门的水头和孔口都比较大时，宜将轮子装设在边梁的两块腹板之间，如图 6.31（b）和图 6.33 所示。这种简支轴避免了上述悬臂的缺点，在工程上用得较多。

我国目前最大轮压力以达 3200kN。

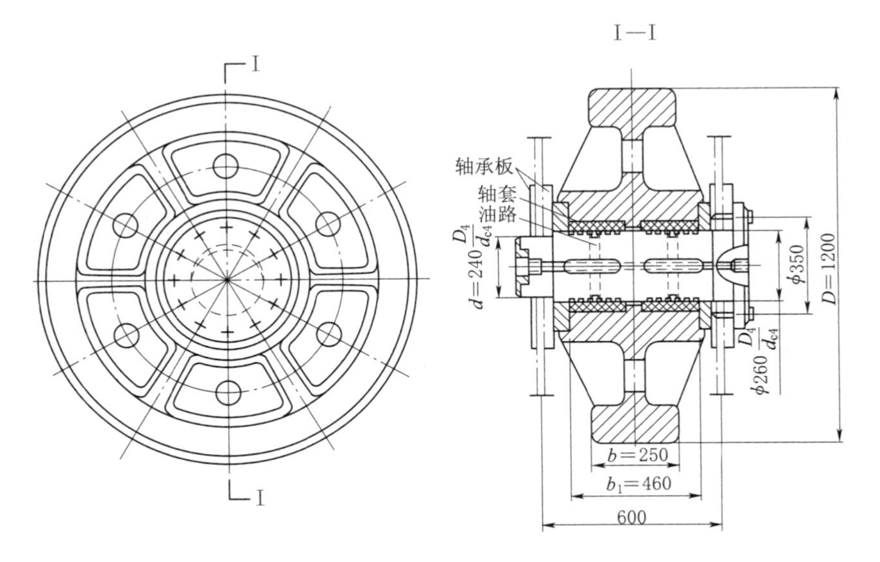

图 6.33 简支轴滚轮

滚轮的材料，对小型闸门采用铸铁。当轮压较大（超过 200kN）时，铸铁轮子的尺寸就显得太大，必须采用碳钢或合金钢。轮压在 1200kN 以下时，可选用普通碳素铸铁钢；超过 1200kN 则可选用合金铸铁，如 $ZG_{50}Mn_2$，$ZG_{35}CrMo$，$ZG_{34}Cr_2Ni_2Mo$ 等。轮子的表面还可以根据需要进行硬化处理，以提高表面硬度。表面硬化深度，一般取为发生最大接触应力处深度的 2 倍（约等于接触面半径）。

轮子的主要尺寸是轮子 D 和轮缘宽度 b（图 6.33）。这些尺寸是根据轮缘与轨道之间接触应力的强度条件来确定的。对于圆柱形滚轮与平面轨道之间接触应力的强度条件来确定的。对于圆柱形滚轮与平面轨道之的接触情况是线接触，其接触应力可按下式计算：

$$\sigma_{max}=0.418\sqrt{\frac{P_tE}{bR}}\leqslant 3f_y \qquad (6.16)$$

式中 P_t——一个轮子的计算压力，N；

b、R——轮缘宽度和轮半径（$R=D/2$），mm；

E——材料的弹性模量，当互相接触的两种材料其弹性模量不同时，应采用合成弹性模量$\left(E'=\frac{2E_1E_2}{E_1+E_2}\right)$来计算，N/mm^2；

f_y——互相接触两种材料的屈服强度中之较小者，N/mm^2。

轮子直径 D 通常为 300～1000mm，轮缘宽度 b 通常为 80～150mm。$D/b\approx 4$～6。

为了减少滚轮转动时的摩擦阻力，在滚轮的轴孔内还要装社滑动轴承或滚动轴承。滑动轴承也叫轴衬或轴套，轴套要有足够的耐压耐磨性能，并能保持润滑，其材料有铜合金胶木及复合材料等。

轴和轴套间压力的传递也是接触应力的形式，可按下式计算：

$$\sigma_{cg}=\frac{P_t}{db_1}\leqslant[\sigma_{cg}] \tag{6.17}$$

式中　P_t——滚轮的计算压力，N；

d——轴的直径，mm；

b_1——轴套的工作长度，mm；

σ_{cg}——轴套的工作长度滑动轴套的容许应力，N/mm^2，见附录 10。

轮轴常用 45 号优质碳素钢或 Q275 号钢做成，轮轴的直径与轮径 D 之比一般为 0.15～0.30。在决定轴径 d 时，应根据轮轴的布置（悬臂式或简支式）来验算弯曲应力和剪应力。轴在轴承板（也称浮动板）连接处（图 6.32 或图 6.33），还应按下式验算轮轴与轴承之间的紧密接触局部承压力：

$$\sigma_{cj}=\frac{N}{d\sum t}\leqslant[\sigma_{cj}] \tag{6.18}$$

式中　N——轴承板所受的压力（$N=P_l/2$）；

$\sum t$——轴承板叠总厚度，mm；

$[\sigma_{cj}]$——紧密接触局部承压容许应力。

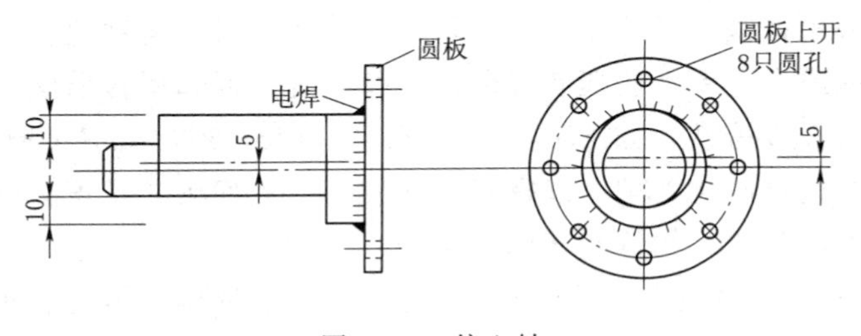

图 6.34　偏心轴

为了使滚轮安装位置正确，轮轴可采偏心轴的办法（图 6.34），它是一根两端支承中心在同一轴线上而与滚轮接触的中段轴线偏离 5mm（可得调整幅度 10mm）的偏心轴，安装时利用偏心轴的转动，可以调整轮子到正确的位置，然后再将轮轴固定在边梁腹板上。

6.7.3　平面钢闸门的导向装置——侧轮与反轮

闸门启闭时，为了防止闸门在闸槽中因左右倾斜而被卡住或前后碰撞，并减少门下过水时的振动，需设置导向装置——反轮（图 6.35）。

侧门设在闸门的两侧，每测上下各一个，测轮的间距应尽量大些，以承受因闸门左右倾斜时引起的反力，如图 6.35（a）所示。在深孔闸门中，由于孔口上部有胸墙的影响，如图 6.35（a）所示，在露顶闸门中侧轮可以设在孔口之间闸门边部的构件上，如图 6.35（b）所示。侧轮与其轨道间的空隙为 10～20mm。

反轮设在与主轮相反的一面，承受在偏心拉力作用下闸门发生前后倾斜时的反力 R，如图 6.35（c）所示。反轮与其轨道间的空隙为 15～30mm。对于高压闸门，为了减少振动，常把反轮安装在板式弹簧上或吧反轮安装在具有橡皮垫块的缓冲车架上，使反轮紧贴在轨道上。在小型闸门中，常利用悬臂式主轮兼作反轮，可不另设反轮。

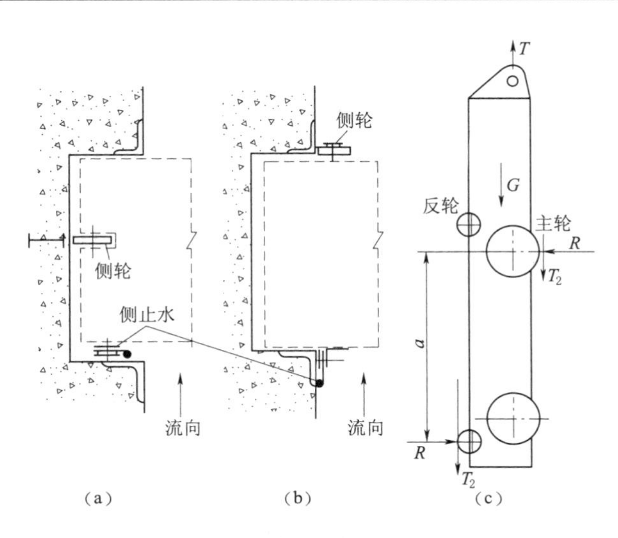

图 6.35 平面闸门的侧轮及反轮

6.8 轨道及其他埋件

6.8.1 轨道

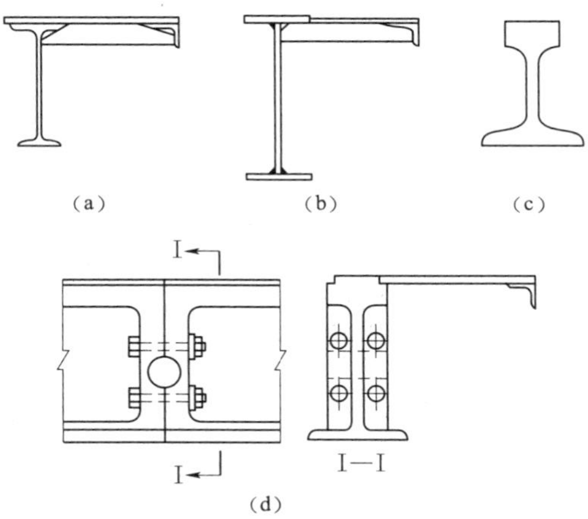

根据轮压力大小可以采用如图 6.36 所示的不同形式。轮压在 200kN 以下时，可以采用如图 6.36（a）所示的轧成工字钢；轮压在 200～500kN 时，轨道可由三块钢板焊成如图 6.36（b）所示的截面或有重型钢轨、起重钢轨［图 6.36（c）］；压轮在 500kN 以上时，需采用铸钢轨。为了提高钢轨的侧向刚度，常把主轮轨道与门槽的护角钢连接起来（图 6.36）。

铸造轨道的表面一般应按粗糙度不大于 4.5μm 加工。铸造轨道的长度一般在 2～3m 左右，各段之间的连接如图 6.36（d）所示。

图 6.36 轨道形式

轨道的计算主要是核算规定与腹板之间的承压应力以及轨道与混凝土之间的承压应力。

在轮压力 P 的作用下，轨道底部研轨长方向的压应力分布可当做三角形（图 6.37）。其三角形底边长度之半的 a 值可按下式求得

$$a = 3.3\sqrt[3]{\frac{EI_x}{E_h b}} \tag{6.19}$$

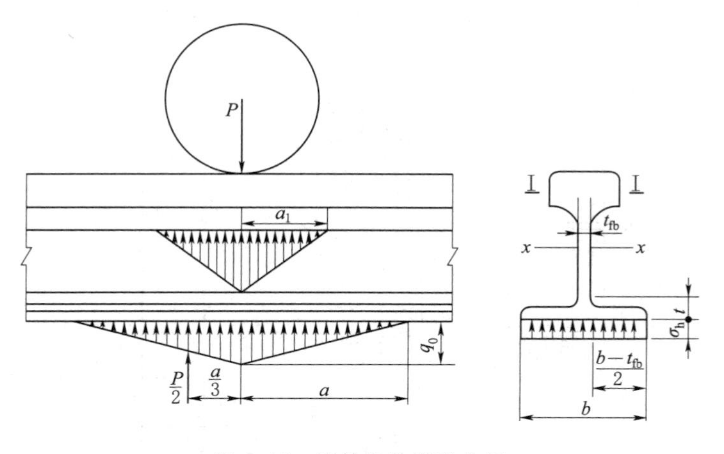

图 6.37　滚轮的轨道受力图

式中　EI_x——轨道的抗弯刚度，其中 E 为钢材的弹性模量，I_x 为轨道对自身中和轴 x 的截面惯性矩；

B——轨道底部宽度；

E_h——轨底混凝土的弹性模量，一般为 $(2.5\sim3)\times10^4\text{N/mm}^2$。

从图 6.37 知，根据力的平衡条件有 $ab\sigma_h=P$，因此，轨底与混凝土之间的最大承压应力 σ_h 可按下式验算

$$\sigma_h=\frac{P}{ab}\leqslant[\sigma_h] \tag{6.20}$$

式中　$[\sigma_h]$——混凝土的容许承压应力（见附表 10.2）。

轨底颈部的局部承压应力分布情况和计算与上述方法相同。由于轨底的上翼缘与其腹板的弹性模量相同，并且取代式（6.19）中的 b 为腹板厚度 t_{fb}，所以式（6.19）应改为

$$a_1=\sqrt[3]{\frac{I_1}{t_{fb}}} \tag{6.21}$$

式中　a_1——轮压在轨头与腹板交接处的分布长度之半（图 6.37）；

I_1——轨头对其自身中和轴Ⅰ—Ⅰ的截面惯性矩（图 6.37）。

求出 a_1 之后，即可类似于是式（6.20）写出轨道颈部的承压应力 σ_{cd} 的验算公式为

$$\sigma_{cd}=\frac{P}{a_1t_{fb}}\leqslant[\sigma_{cd}] \tag{6.22}$$

式中　$[\sigma_{cd}]$——钢材的局部承压应力（见第 2 章表 2.8）。

轨道的抗弯强度可按倒置的悬臂梁验算，由图 6.37 知，抗弯条件为

$$M=\frac{Pa}{6}\leqslant[\sigma]W \tag{6.23}$$

式中　$[\sigma]$——钢轨的容许弯应力（见第 2 章表 2.8）；

W——钢轨的截面模量。

同样，轨道的底板厚度 t 也可安倒置的悬臂梁验算，即沿轨道长度方向去单位长度的板条当做脱离体来验算其固定端（腹板处）的抗弯强度，即

$$M=\frac{\sigma_h(b-t_{fb})^2}{8}\leqslant[\sigma]\frac{t^2}{6} \qquad (6.24)$$

为了便于把闸门引入闸槽，常将轨道的上端做成斜坡形（图 6.38）。即把轨道上端的腹板切割去一个三角形部分，再将轨道的翼缘弯到剩下的部分上焊接起来。

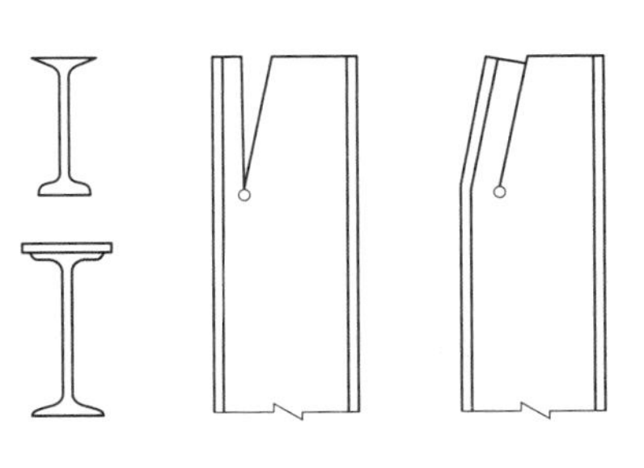

图 6.38 轨道上端构造

6.8.2 止水座

在门体止水橡皮紧贴与混凝土的部位，应埋设表面光滑平整的钢质止水座，以满足止水橡皮与之贴紧后不漏水，并减少在橡皮滑动时的磨损。对于重要的工程，在钢质止水座的表面在焊接一条不锈钢条（图 6.39）。对于中、小型工程也可采用非金属材料如水磨石等。

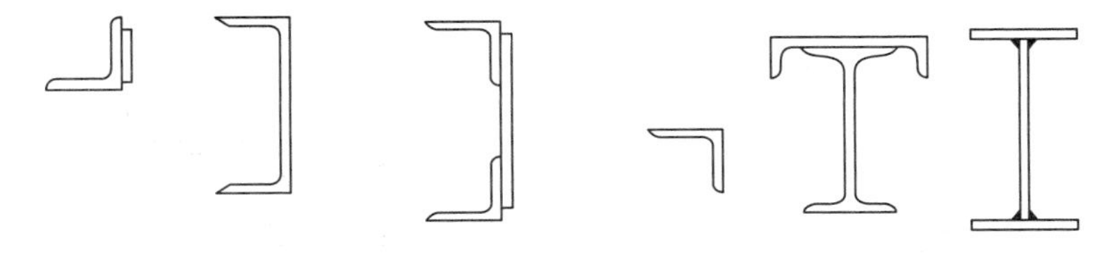

图 6.39 止水座形式

在潜孔闸门中，与顶止水座相接处的胸墙护面板如图 6.40 所示。当闸门需要借助门顶水柱压力才能关闭时，护面板的竖直段需适当加高，如图 6.41 所示。因为只有当闸门的顶止水与护面板的竖直段紧贴不漏水时才能产生完全的门顶水柱压力。为了避免护面板耗费刚才过多，根据试验成果表明，只要闸门的上游边留有足够的供水净空 S_0（图 6.42），闸门下游边的净空（$S_1+\Delta$）适当地小（如图 6.41 中的 $S_0\geqslant5S_1$，$\Delta=100$mm 或 $\Delta\approx S_1$ $S_0\geqslant5S_1$，$\Delta=100$mm 或 $\Delta\approx S_1$），则关闭闸门时，闸门顶部的水位就可以得到及时的补充，这是护面板的竖直段高度 h 仅需为孔口高度 H 的 5%～10%，但不得少于 300mm。这样就可以利用水柱压力迅速关闭闸门。

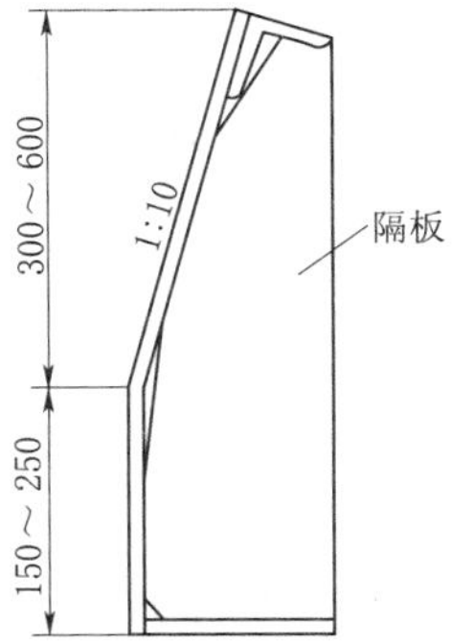

图 6.40 潜孔闸门胸墙护面板形式

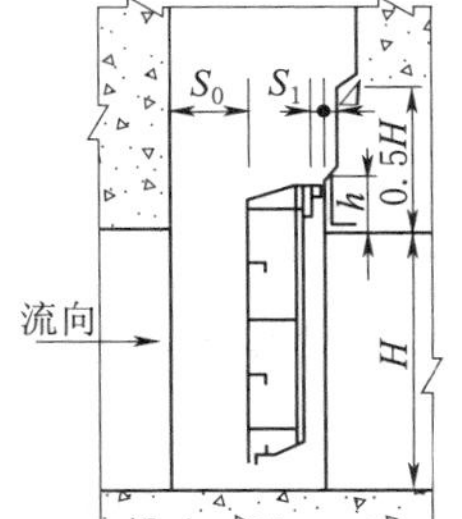

图 6.41 形成门顶水柱压力时的门槽布置图

6.9　止水、启闭力和吊耳

6.9.1　止水

为了防止闸门和门槽之间的缝隙中漏水，虚设置止水。露顶闸门上有侧止水和底止水，潜孔闸门上还有顶止水。当闸门孔口较高需要采用分段闸门时，尚须在各段闸门之间另设中间止水。

止水的材料主要是橡皮。底止水为条型橡皮，侧止水和顶止水（图 6.42）为 P 形橡皮。它们用垫板和压板压紧再用螺栓固定到门叶上。螺栓直径一般为 14～20mm，间距为 150～200mm。

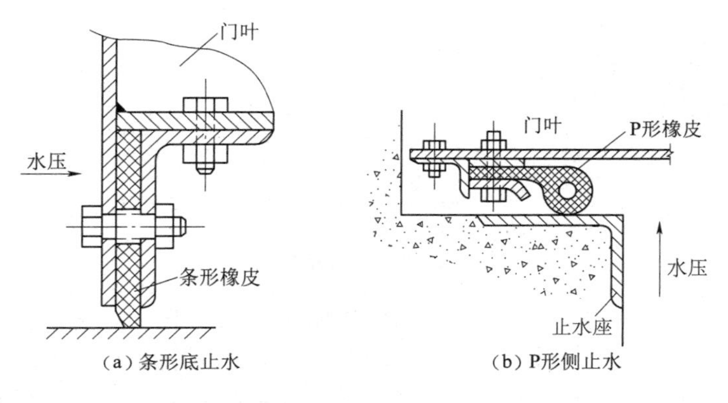

图 6.42　橡皮止水构造图

露顶闸门的侧止水与底止水通常随面板的位置来设置，例如当面板设在上游面时，这些止水也都设在上游面（图 6.43）。

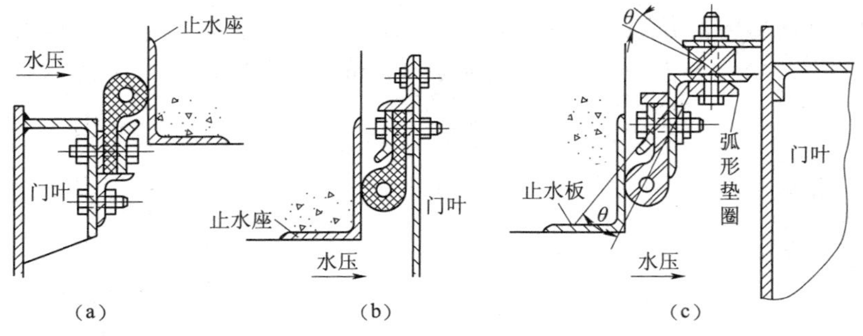

图 6.43　顶止水

潜孔止水的布置主要根据胸墙的位置和操作的要求。当胸墙在闸门的上游面时，止水位置应布置在闸槽内，顶止水布置在上游面，如图 6.43（b）、（c）所示。考虑到门叶受力的挠曲，变形会使顶止水脱离止水座，故设计时应使顶止水和止水座之间有一定的预压值，压缩量可取 3～10mm。当闸门的跨度较大时，还可选用图 6.43（c）的形式，使顶止水转动产生较大的变形以适应门叶挠曲变形的要求。

在深孔闸门中，若因摩阻力较大而不能靠闸门自重关闭闸门时，为使闸门顶部形成水柱压力促使闸门关闭，这时，侧止水和顶止水均需布置在下游面，而底止水布设在靠近上游面（图 6.43）。

6.9.2 启闭力

闸门启闭力的计算，对于确定启闭机械的容量、牵引构件的尺寸以及对闸门吊耳的设计等都是必要的。

1. 动水中启闭的闸门

此类闸门特别是深孔闸门，在水压力作用下，由于摩阻力大，有时仅靠自重还不能关闭，因此，必须分别计算启门力和启闭力。在确定闸门启闭力时，除考虑闸门自重 G 外，还要考虑由于水压力作用而在滚轮或滑道支承处产生的摩擦阻力 T_{zd}、止水摩擦阻力 T_{zs}、启门时门底的上托力 P_t，启门时由于门底水流形成部分真空而产生的下吸力 P_x（根据实验资料表明下吸力大约为 20kN/m²）。有时还有门顶水柱压力 W_s 等（图 6.27）。现将平面闸门的启门力和启闭力分述如下。

启门力按下式计算

$$T_{闭} = 1.2(T_{zd} + T_{zs}) - n_G G + P_t \tag{6.25}$$

其中支承摩阻力 T_{zd} 按支承形式作如下计算。

对于滑动轴承的滚轮：

$$T_{zd} = \frac{W}{R}(f_1 r + f_k)$$

对于滚动轴承的滚轮：

$$T_{zd} = \frac{W f_k}{R}\left(\frac{R_1}{d} + 1\right)$$

对于滑动支承：　　$T_{zd} = f_2 W$

止水摩阻力 ：　　$T_{zs} = f_3 W$

上托力：　　$P_t = \gamma HDB$

上 6 式中　1.2——摩阻力超载系数；

n_G——门重修正系数，闭门时选用 0.9～1.0；

G——闸门自重，kN，见附录 10；

W——作用在闸门上的总水压力，kN；

r——轮轴半径，cm；

R——滚轮半径，cm；

d——滚动轴承的滚柱半径，cm；

R_1——滚动轴承的平均半径，cm；

f_k——滚动摩擦系数，钢对钢 f_k=0.1cm；

f_1、f_2、f_3——滑动摩擦系数（附录 11）力，计算闭门力和启门力时取最大值；

P_{zs}——作用在止水上的总水压力，kN；

γ——水的密度，kN/m³，可采用 10kN/m³；

H——门底水头，m；

D——底止水到上游的距离，m；

B——两侧止水间距，m。

当计算结果 $T_{闭}$ 为“正”值时，需要加重闸门才能下落，加重方式有加重块、利用水柱压力或机械下压力等。当 $T_{闭}$ 为“负”值时，说明闸门依靠自重可以关闭孔口。

启门力按下式计算

$$T_{启} = 1.2(T_{zd} + T_{zs}) + n'_G G + P_x + G_j + W_s \quad (6.26)$$

其中

$$P_x = pD_2 B$$

式中　n'_G——门重修正系数，启门时采用 1.0～1.1；

G_j——加重块重量，kN；

W_s——作用在闸门上的水柱压力，kN；

P_x——下吸力，kN；

D_2——闸门底止水至主梁下翼缘的距离，m；

p——闸门底缘 D_2 部分的平均下吸强度，一般按 20kN/m² 计算，对溢流坝顶闸门、水闸闸门和坝内明流底孔闸门，当下游流态良好、通气充分时，可以不计下吸力；

其他符号同上。

2. 静水中启闭闸门

启闭力的计算除计入闸门的自重外，尚应考虑一定的水位差引起闸门的摩阻力，露顶闸门和电站尾水闸门可采用不大于 1m 的水位差；潜孔闸门可根据水头的大小采用 1～5m 的水头差。

6.9.3 吊耳

吊耳是连接闸门与启闭机的部件。至于吊具则有柔性钢索、劲性拉杆和劲性压杆等。吊具与设在门叶上的吊耳相连（图 6.44）。吊耳应设在闸门重心与行走支撑之间的闸门顶部。根据闸门的高宽比和启闭机的要求等因素，闸门可采用单吊点和双吊点。一般当闸门高宽比小于 1 时宜采用双吊点。吊耳多数是用一块或两块钢板做成，设轴孔于吊轴相连接（图 6.44）。

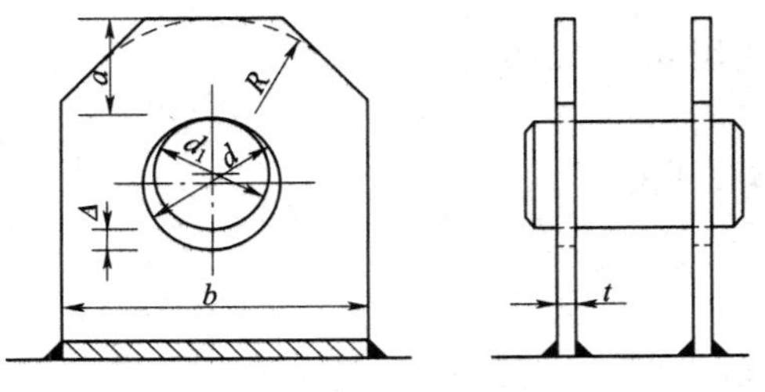

图 6.44　吊耳的构造

吊轴的强度验算与前述的轮轴相同，也需要按机械零件的容许应力验算其弯应力和剪应力。当吊轴直径为 d 时，则吊耳板的尺寸可按下列各式初选

$$b = (2.4 \sim 2.6)d$$

$$t \geqslant \frac{b}{20}$$

$$a = (0.9 \sim 1.05)d$$

$$\Delta = d - d_1 \leqslant 0.02d$$

吊耳板孔壁的强度应按下列两式验算。

1. 孔壁的局部紧接承压应力

孔壁的局部紧接承压应力为

$$\sigma_{cj} = \frac{N}{dt} \leqslant [\sigma_{cj}] \sigma_{cj} = \frac{N}{dt} \leqslant [\sigma_{cj}] \tag{6.27}$$

式中 N——一块吊耳板上所受的荷载，该荷载按启门力计算时应乘以 1.1～1.2 的因受力不均匀而引起的超载系数；

d——吊轴直径；

t——吊耳板的厚度（当有轴承板时，应为轴承板厚度）；

$[\sigma_{cj}]$——局部紧接承压容许应力（第 2 章表 2.8）。

2. 孔壁拉应力

孔壁拉引力可近似地按下列弹性力学中的拉美公式验算

$$\sigma_K = \sigma_{cj} \frac{R^2 + r^2}{R^2 - r^2} \leqslant [\sigma_K] \tag{6.28}$$

式中 R、r——吊耳板孔心到板边的最近距离和轴孔半径（$r = d/2$），如图 6.44 所示；

$[\sigma_K]$——孔壁容许拉应力，如对 Q235 钢，则 $[\sigma_K] = 120N/mm^2$，对于可以自由转动或能抽出的轴，应将 $[\sigma_K]$ 再乘以 0.8 的系数。

6.10 设计例题——露顶式平面钢闸门设计

6.10.1 设计资料

闸门形式：溢洪道露顶式平面钢闸门；

孔口净宽：10.00m；

设计水头：6.00m；

结构材料：Q235；

焊条：E43；

止水橡皮：侧止水用 P 形橡皮；

行走支承：采用胶木滑道，压合胶木为 MCS－2；

混凝土强度等级：C20。

6.10.2 闸门结构的形式及布置

1. 闸门尺寸的确定（图 6.45）

（1）闸门高度：考虑风浪所产生的水位超高为 0.2m，故闸门高度＝6＋0.2＝6.2(m)；

（2）闸门的荷载跨度为两侧止水的间距：$L_1 = 10m$；

（3）闸门计算跨度：$L = L_0 + 2d = 10 + 2 \times 0.2 = 10.40(m)$ 。

2. 主梁的形式

主梁的形式应根据水头的大小和跨度大小而定，本闸门属于中等跨度，为了方便

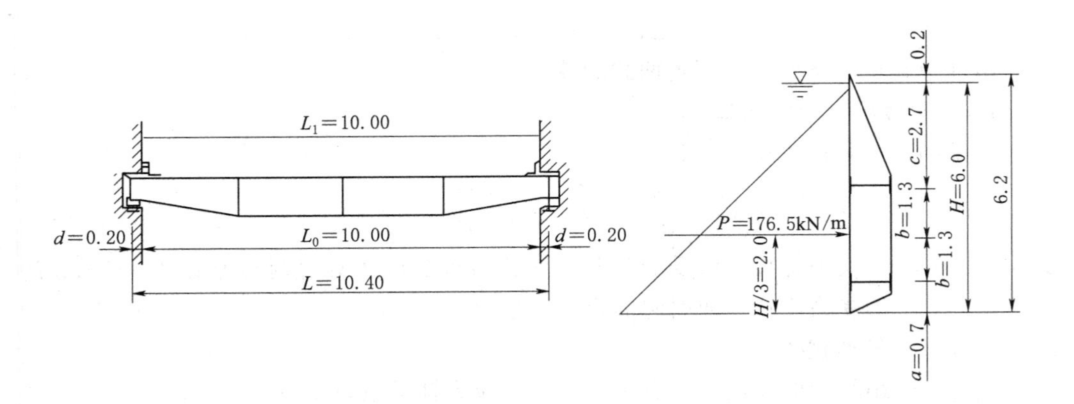

图 6.45　闸门主要尺寸图（单位：m）

制造和维护，决定采用实腹式组合梁。

3. 主梁的布置

根据闸门的高跨比，决定采用双主梁。为使两个主梁设计水位时所受的水压力相等，两个主梁的位置应对称于水压力合力的作用线 $\overline{y}=H/3=2.0$m（图 6.45），并要求下悬臂和 $a\geqslant 0.12H$ 和 $a\geqslant 0.4$m 、上悬臂 $c\leqslant 0.45H$， 今取

$$a=0.7\approx 0.12H=0.72(\text{m})$$

主梁间距：$2b=2(\overline{y}-a)=2\times 1.3=2.6(\text{m})$

则 $c=H-2b-a=6-2.6-0.7=2.7(\text{m})=0.45H$（满足要求）

4. 梁格的布置和形式

梁格采用复式布置和等高连接，水平次梁穿过横隔板上的预留孔并被横隔板所支承。水平次梁为连续梁，其间距应上疏下密，使面板各区格需要的厚度大致相等，梁格布置具体尺寸如图 6.46 所示。

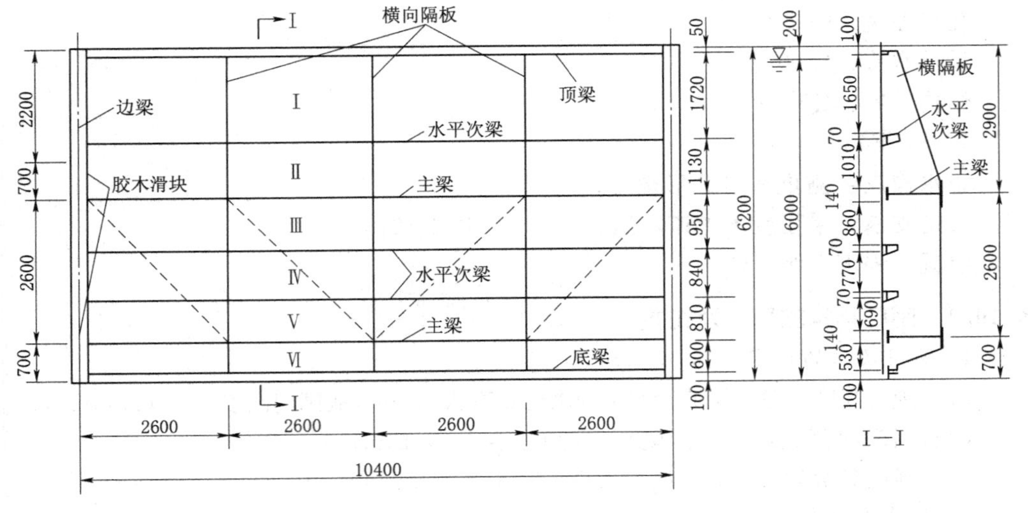

图 6.46　梁格布置尺寸图

5. 连接系的布置和形式

（1）横向连接系，根据主梁的跨度，决定布置3道横隔板，其间距为2.6m，横隔板兼作竖直次梁。

（2）纵向连接系，设在两个主梁下翼缘的竖平面内，采用斜杆式桁架。

6. 边梁与行走支承

边梁采用单腹式，行走支承采用胶木滑道。

6.10.3　面板设计

根据《水利水电工程钢闸门设计规范》（SL 74—95）修订送审稿，关于面板的计算，先估算面板厚度，在主梁截面选择之后再验算面板的局部弯曲与主梁整体弯曲的折算应力。

1. 估算面板厚度

假定梁格布置尺寸如图6.46所示。面板厚度按式（6.4）计算

$$t = a\sqrt{\frac{kp}{0.9a[\sigma]}}$$

当 $b/a \leqslant 3$ 时，$a = 1.5$，则 $t = a\sqrt{\frac{kp}{0.9 \times 1.5 \times 160}} = 0.068a\sqrt{kp}$

当 $b/a > 3$ 时，$a = 1.4$ 则 $t = a\sqrt{\frac{kp}{0.9 \times 1.4 \times 160}} = 0.07a\sqrt{kp}$

现列例表6.3计算如下。

表6.3　面板厚度的估算

区格	a/mm	b/mm	b/a	k	p/(N/mm²)	$\sqrt{kp}$	t/mm
Ⅰ	1650	2590	1.57	0.584	0.007	0.064	7.18
Ⅱ	1010	2590	2.57	0.500	0.021	0.102	7.01
Ⅲ	860	2590	3.01	0.500	0.031	0.125	7.50
Ⅳ	770	2590	3.37	0.500	0.040	0.142	7.65
Ⅴ	690	2590	3.75	0.500	0.048	0.155	7.48
Ⅵ	530	2590	4.89	0.750	0.055	0.203	7.53

注　1. 面板边长 a、b 都从面板与梁格的连接焊缝算起，主梁上翼缘宽为140mm。
2. 区格Ⅰ、Ⅵ中系数 k 由三边固定一边简支板查得。

根据上表计算，选用面板厚度 $t=8$mm。

2. 面板与梁格的连接计算

面板局部挠曲时产生的垂直于焊缝长度方向的横向拉力 P 按式（6.7）计算，已知面板厚度 $t=8$mm，并且近似地取板中最大弯应力 $\sigma_{max} = [\sigma] = 160\text{N/mm}^2$，则

$$P = 0.07t\sigma_{max} = 0.07 \times 8 \times 160 = 89.6(\text{N/mm})$$

面板与主梁连接焊缝方向单位长度内的剪力

$$T = \frac{VS}{2I_0} = \frac{441000 \times 620 \times 8 \times 306}{2 \times 1617000000} = 207(\text{N/mm})$$

由式（6.8）计算面板与主梁连接的焊缝厚度

$$h_f = \sqrt{P^2 + T^2}/(0.7[\tau_t^\omega])$$

$$= \sqrt{89.6^2 + 207^2}/(0.7 \times 113) = 2.9(\mathrm{mm})$$

面板与梁格连接焊缝取其最小厚度 $h_f = 6\mathrm{mm}$。

6.10.4　水平次梁、顶梁和底梁的设计

1. 荷载与内力计算

水平次梁和顶、底梁都是支承在横隔板上的连续梁，作用在它们上面的水平压力可按式（6.9）计算，即

$$q = p\frac{a_上 + a_下}{2}$$

列表 6.4 计算后得 $\sum q = 181.24\mathrm{kN/m}$。

表 6.4　　水平次梁、顶梁和底梁均布荷载的计算

梁号	梁轴线处水压强度 $p/(\mathrm{kN/m^3})$	梁间距/m	$\frac{a_上 + a_下}{2}$ /m	$q = p\frac{a_上 + a_下}{2}$ /(kN/m)	备　注
1（顶梁）					顶梁荷载按下图计算 $R_1 = \frac{\frac{1.57 \times 15.4}{2} \times \frac{1.57}{3}}{1.72} = 3.68\ (\mathrm{kN/m})$ 15.4kN/m²　0.15m　1.57m　1.72m　R_1　R_2
		1.72			
2	15.4		1.425	21.95	
		1.13			
3（上主梁）	26.5		1.040	27.56	
		0.95			
4	35.8		0.895	32.04	
		0.84			
5	44.0		0.825	36.30	
		0.81			
6（下主梁）	51.9		0.705	36.59	
		0.60			
7（底梁）	57.8		0.400	23.12	

根据表 6.4 计算，水平次梁计算荷载取 36.30kN/m，水平次梁为四跨连续梁，跨度为 2.6m（图 6.47）。水平次梁弯曲时的边跨中弯矩为

$$M_{次中} = 0.077ql^2 = 0.077 \times 36.3 \times 2.6^2 = 18.9(\mathrm{kN \cdot m})$$

支座 B 处的弯矩为

$$M_{次B} = 0.107ql^2 = 0.107 \times 36.3 \times 2.6^2 = 26.26(\mathrm{kN \cdot m})$$

2. 截面选择

$$W = \frac{M}{[\sigma]} = \frac{26.26 \times 10^6}{160} = 164125(\mathrm{mm^3})$$

考虑利用面板作为次梁截面的一部分，初选 [18a 由附录 8 查得：

$A = 2569\ \mathrm{mm^2}$；$W_x = 141400\ \mathrm{mm^3}$；$I_x = 12727000\ \mathrm{mm^4}$；$b = 68\mathrm{mm}$；$d = 7\mathrm{mm}$。

面板参加次梁工作有效宽度分别按式（6.12）及式（6.13）计算，然后取其中较

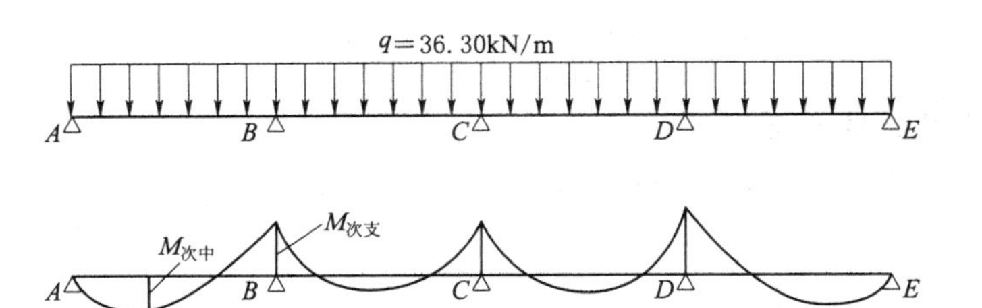

图 6.47 水平次梁计算简图和弯矩图

小值。

式（6.11） $B \leqslant b_1 = 60t = 68 + 60 \times 8 = 548(\mathrm{mm})$

式（6.12） $B = \xi_1 b$（对跨间正弯矩段）

$B = \xi_2 b$（对支座负弯矩段）

按 5 号梁计算，设梁间距 $b = \dfrac{b_1 + b_2}{2} = \dfrac{840 + 810}{2} = 825(\mathrm{mm})$。确定式（6.13）中面板的有效宽度系数 ξ 时，需要知道梁弯矩零点之间的距离 l_0 与梁间距 b 比值。对于第一跨中正弯矩段取 $l_0 = 0.8l = 0.8 \times 2600 = 2080(\mathrm{mm})$。对于支座负弯矩段取 $l_0 = 0.4l = 0.4 \times 2600 = 1040(\mathrm{mm})$。根据 l_0/b 查表 6.1：

对于 $l_0/b = 2080/825 = 2.521$，得 $\xi_1 = 0.78$，则 $B = \xi_1 b = 0.78 \times 825 = 644(\mathrm{mm})$；

对于 $l_0/b = 1040/825 = 1.261$，得 $\xi_1 = 0.364$，则 $B = \xi_1 b = 0.364 \times 825 = 300(\mathrm{mm})$。

对第一跨中选用 $B = 548(\mathrm{mm})$，则水平次梁组合截面面积（图 6.48）为

$$A = 2569 + 548 \times 8 = 6953(\mathrm{mm}^2)$$

组合截面形心到槽钢中心线的距离为

$$e = \frac{548 \times 8 \times 94}{6953} = 59(\mathrm{mm})$$

跨中组合截面的惯性矩及截面模量为

$$I_{次中} = 127270000 + 2569 \times 59^2 + 548 \times 8 \times 35^2 = 27040000(\mathrm{mm}^4)$$

$$W_{\min} = \frac{27040000}{149} = 181500(\mathrm{mm}^2)$$

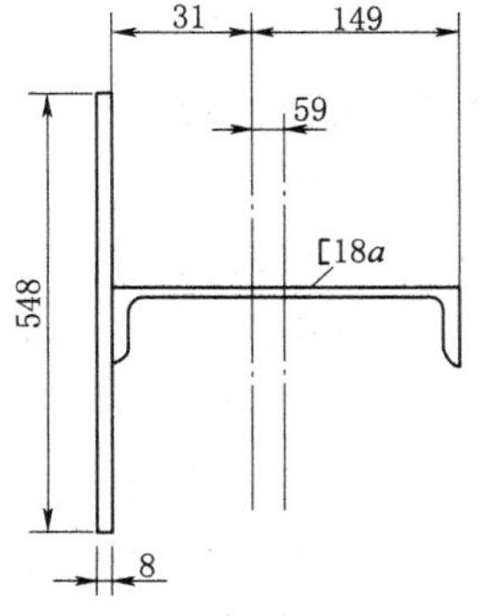

图 6.48 面板参加水平次梁工作后的组合截面

对支座段选用 $B = 300(\mathrm{mm})$，则组合截面面积

$$A = 2569 + 300 \times 8 = 4969(\mathrm{mm}^2)$$

组合截面形心到槽钢中心线距离

$$e = \frac{300 \times 8 \times 94}{4969} = 45(\mathrm{mm})$$

支座处组合截面的惯性矩及截面模量

$$I_{次B} = 12727000 + 2569 \times 45^2 + 300 \times 8 \times 49^2 = 23691625(\mathrm{mm}^4)$$

$$W_{min}=\frac{23691625}{135}=175493(mm^2)$$

3. 水平次梁的强度验算

由支座 B（图 6.47）处弯矩最大，而截面模量最小，故只需验算支座 B 处截面的抗弯强度，即

$$\sigma_{次}=\frac{M_{次B}}{W_{min}}=\frac{26.26\times10^6}{175493}=149.6(N/mm^2)<[\sigma]=160N/mm^2$$

说明水平次梁选用［18a 满足要求。

轧成梁的剪应力一般很小，可不必验算。

4. 水平次梁的挠度验算

受均布荷载的等跨连续梁，最大挠度发生在边跨，由于水平次梁在 B 支座处截面的弯矩已经求得 $M_{次B}=26.26kN\cdot m$，则边跨挠度可近似地按下式计算

$$\frac{\omega}{l}=\frac{5}{384}\frac{ql^3}{EI_{次}}-\frac{M_{次B}l}{16EI_{次}}$$

$$=\frac{5\times36.3\times(2.6\times10^3)^3}{384\times2.06\times10^5\times2704\times10^4}-\frac{26.26\times10^6\times2.6\times10^3}{16\times2.06\times10^5\times2704\times10^4}$$

$$=0.000725\leqslant\left[\frac{\omega}{l}\right]=\frac{1}{250}=0.004$$

故水平次梁选用［18a 满足强度和刚度要求。

5. 顶梁和底梁

顶梁所受的荷载较小，但考虑水面漂浮物的撞击等影响，必须加强顶梁的刚度，所以也采用［18a。

6.10.5　主梁设计

1. 设计资料

（1）主梁跨度（图 6.49）：净跨（孔口宽度）$l_0=10(m)$，计算跨度 $L_0=10.4(m)$，荷载跨度 $L_1=10(m)$。

（2）主梁荷载：$q=88.2kN/m$。

（3）横向隔板间距：2.6m。

（4）主梁容许挠度 $[\omega]=L/600$。

2. 主梁设计

主梁设计包括：①截面选择；②梁高改变；③翼缘焊缝；④腹板局部稳定验算；⑤面板局部弯曲与主梁整体弯曲的折算应力验算。

（1）截面选择。

1）弯矩与剪力。弯矩与剪力计算如下：

$$M_{max}=\frac{88.2\times10}{2}\times\left(\frac{10.4}{2}-\frac{10}{4}\right)=1191(kN\cdot m)$$

$$V_{max}=\frac{qL_1}{2}=\frac{1}{2}\times88.2\times10.0=441(kN)$$

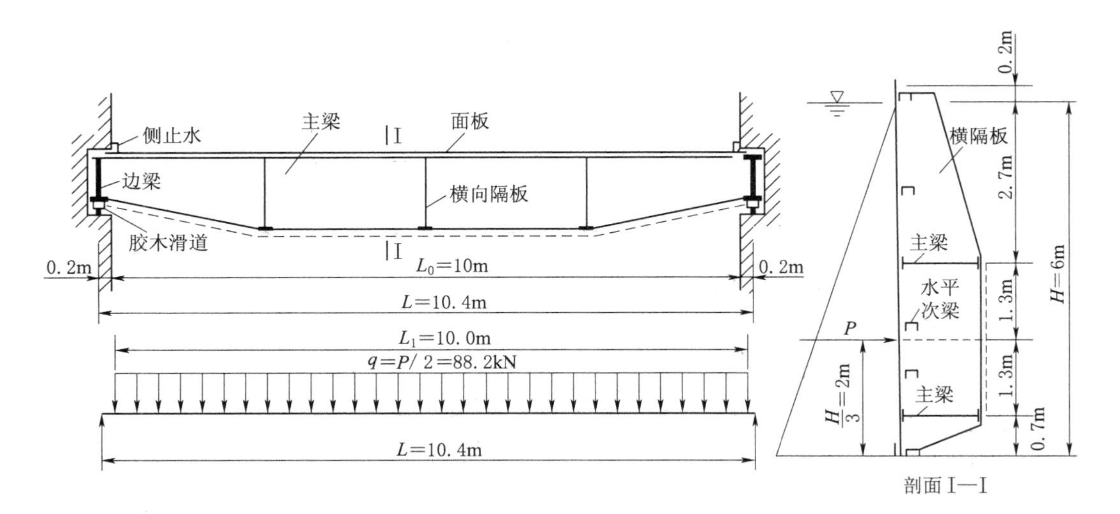

图 6.49　平面钢闸门的次梁位置和计算简图

2）需要的截面模量。已知 Q235 钢的容许应力 $[\sigma]=160\text{N/mm}^2$，考虑钢闸门自重引起的附加应力作用，取容许应力为 $[\sigma]=0.9\times160=144\text{N/mm}^2$，则需要的截面模量为

$$W=\frac{M_{\max}}{[\sigma]}=\frac{1191\times100}{144\times0.1}8271(\text{cm}^3)$$

3）腹板高度选择。按刚度要求的最小高梁（变截面梁）为

$$h_{\min}=0.96\times0.23\frac{[\sigma]L}{E[\omega/L]}=0.96\times0.23\times\frac{144\times10^2\times10.4\times10^2}{2.06\times10^7\times(1/600)}=96.3(\text{cm})$$

经济梁高　　$h_{ec}=3.1W^{2/5}=3.1\times8271^{2/5}=114(\text{cm})$

由于钢闸门中的横向隔板重量将随主梁增高而增加，故主梁高度宜选得比 h_{ec} 小，但不小于 $h_{\min}$。现选用腹板高度 $h_0=100\text{cm}$。

4）腹板厚度选择。按经验公式计算：$t_\omega=\sqrt{h}/11=\sqrt{100}/11=0.91(\text{cm})$，选用 $t_\omega=1.0\text{cm}$。

5）翼缘截面选择。每个翼缘需要截面为

$$A_1=\frac{W}{h_0}-\frac{t_\omega h_0}{6}=\frac{8271}{100}-\frac{1.0\times100}{6}=66(\text{cm}^2)$$

下翼缘选用 $t_1=2.0\text{cm}$（符合钢板规格）

需要 $b_1=\frac{A_1}{t_1}=\frac{66}{2.0}=33(\text{cm})$，选用 $b_1=34\text{cm}$（在 $\frac{h}{2.5}\sim\frac{h}{5}=40\sim20\text{cm}$ 之间）。

上翼缘的部分截面积可利用面板，故只需设置较小的上翼缘板同面板相连，选用 $t_1=2.0\text{cm}$，$b_1=14\text{cm}$。

面板兼作主梁上翼缘的有效宽度取为

$$B=b_1+60\delta=14+60\times0.8=62(\text{cm})$$

上翼缘截面积

$$A_1 = 14 \times 2.0 + 62 \times 0.8 = 77.6(\mathrm{cm}^2)$$

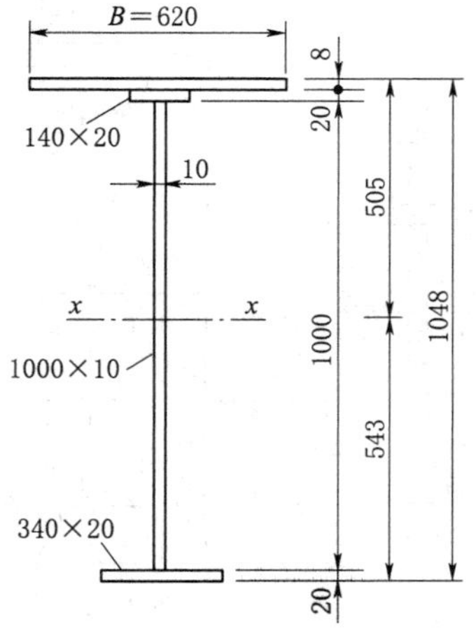

6）弯应力强度验算。主梁跨中截面（图 6.50）的几何特性见表 6.5。

图 6.50　主梁跨中截面

截面形心矩：

$$y_1 = \frac{\sum A_{y'}}{\sum A} = \frac{12408}{245.6} \approx 50.5(\mathrm{cm})$$

截面惯性矩：$I = \frac{t_\omega h_0^3}{12} + \sum A_{y^2} = \frac{1 \times 100^2}{12} + 384230 = 467600(\mathrm{cm}^4)$

截面模量：

上翼缘顶边　$W_{\min} = \frac{1}{y_1} = \frac{467600}{50.5} \approx 9259(\mathrm{cm}^3)$

下翼缘底边　$W_{\min} = \frac{1}{y_2} = \frac{467600}{54.3} \approx 8611(\mathrm{cm}^3)$

弯应力：$\sigma = \frac{M_{\max}}{W_{\min}} = \frac{1191 \times 100}{8620} = 13.8(\mathrm{kN/cm^2}) < 0.9 \times 16 = 14.4(\mathrm{kN/cm^2})$（安全）

表 6.5　主梁跨中截面的几何特性

部位	截面尺寸 /(cm×cm)	截面面积 A /cm²	各形心离面板表面距离 y'/cm	Ay'/cm³	各形心离中和轴距离 $y = y' - y_1$ /cm	Ay^2/cm⁴
面板部分	62×0.8	49.6	0.4	19.8	−50.1	124300
上翼缘板	14×2.0	28.0	1.8	50.3	−48.7	66200
腹　板	100×1.0	100.0	52.8	5280	2.3	530
下 翼 缘	34×2.0	68.0	103.8	7058	53.3	193200
合　计		245.6		12408		384230

7）整体稳定性与挠度验算。因主梁上翼缘直接同钢面板相连，按规范规定可不必验算整体稳定性。又因梁高大于按刚度要求的最小梁高，故梁的挠度也不必验算。

（2）截面改变。因主梁跨度较大，为减小门槽宽度和支承边梁高度（节省钢材），有必要将主梁支承端腹板高度减小为 $h_o^s = 0.6h_0 = 60\mathrm{cm}$（图 6.51）。

梁高开始改变的位置取在邻近支承端的横向隔板下翼缘的外侧（图 6.52），离开支承端的距离为 $260 - 10 = 250\mathrm{cm}$。

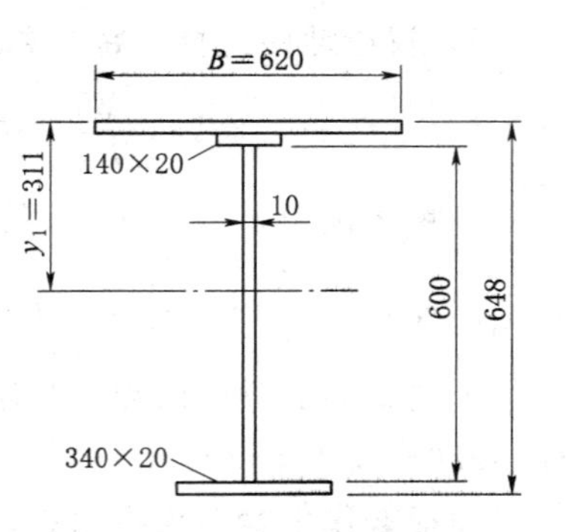

图 6.51　主梁支承端截面

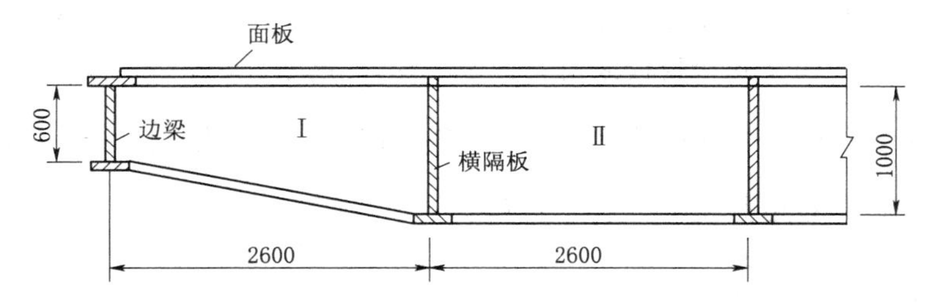

图 6.52 主梁变截面位置图

剪切强度验算：考虑到主梁端部的腹板及翼缘都分别同支承边梁的腹板及翼缘相焊接，故可按工字形截面来验算剪应力强度。主梁支承端截面的几何性质见表 6.6。

表 6.6　　主梁端部截面的几何特性

部位	截面尺寸 /(cm×cm)	A /cm²	y' /cm	Ay' /cm³	$y=y'-y_1$ /cm	Ay_2 /cm⁴
面板部分	62×0.8	49.6	0.4	19.8	−30.6	46443
上翼缘板	14×2.0	28.0	1.8	50.3	−29.2	23874
腹板	60×1.0	60.0	32.8	1968	1.8	194
下翼缘	34×2.0	68.0	63.8	4338	32.8	73157
合计		205.6		6376		143668

截面形心距：$$y_1=\frac{6376}{205.6}=31(\text{cm})$$

截面惯性矩：$$I_0=\frac{1\times 60^3}{12}+143668=161668(\text{cm}^4)$$

截面下半部对中和轴的面积矩：

$$S=68\times 32.8+31.8\times 1.0\times\frac{31.8}{2}=2736(\text{cm}^2)$$

剪应力：

$$\tau=\frac{V_{\max}S}{I_0t_\omega}=\frac{441\times 2736}{161668\times 1.0}=7.46(\text{kN/cm}^2)<[\tau]=9.5\text{kN/cm}^2\ (\text{安全})$$

(3) 翼缘焊缝。翼缘焊缝厚度 h_f 按受力最大的支承端截面计算。最大剪应力 $V_{\max}=441\text{kN}$，截面惯性矩 $I_0=161668\text{cm}^4$。

上翼缘对中和轴的面积矩：$S_1=49.6\times 30.6+28\times 29.2=2335(\text{cm}^3)$

下翼缘对中和轴的面积矩：$S_2=68\times 232.7=2220(\text{cm}^3)<S_1$

需要 $$h_f=\frac{VS_1}{1.4I_0[\tau_f^\omega]}=\frac{441\times 2335}{1.4\times 161668\times 11.3}=0.403(\text{cm})$$

角焊缝最小厚度 $h_f\geqslant 1.5\sqrt{t}=1.5\times\sqrt{20}=6.7(\text{mm})$

全梁的上、下翼缘焊缝都采用 $h_f=8\text{mm}$。

(4) 腹板的加劲肋和局部稳定验算。加劲肋的布置：因为 $\frac{h_0}{t_\omega}=\frac{100}{1.0}=100>80$，

故需设置横加劲肋，以保证腹板的局部稳定性。因闸门上已布置横向隔板可兼做横加劲肋，其间距 $a=260\text{cm}$。腹板区格划分如图 6.52 所示。

梁高与弯矩都较大的区格Ⅱ可按式（4.66）即 $\left(\frac{\sigma}{\sigma_{cr}}\right)^2+\left(\frac{\tau}{\tau_{cr}}\right)^2+\frac{\sigma_c}{\sigma_{c.cr}}\leqslant 1$ 验算：

区格Ⅱ左边及右边截面的剪力分别为

$$V_{Ⅱ左}=441-88.2\times(5-2.6)=229(\text{kN})\ ;\ V_{Ⅱ右}=0$$

区格Ⅱ截面的平均剪应力为

$$\tau=\frac{(V_{Ⅱ左}+V_{Ⅱ右})/2}{h_0 t_\omega}=\frac{229/2}{100\times1.0}=1.15(\text{kN/cm}^2)=11.5\text{N/mm}^2$$

区格Ⅱ左边及右边截面上的弯矩分别为

$$M_{Ⅱ左}=441\times2.6-88.2\times\frac{(5-2.6)^2}{2}=893(\text{kN}\cdot\text{m})$$

$$M_{Ⅱ右}=M_{max}=1191\text{kN}\cdot\text{m}$$

区格Ⅱ的平均弯矩为

$$M_{Ⅱ}=\frac{M_{Ⅱ左}+M_{Ⅱ右}}{2}=\frac{893+1191}{2}=1042(\text{kN}\cdot\text{m})$$

区格Ⅱ的平均弯应力为

$$\sigma_{Ⅱ}=\frac{M_{Ⅱ}y_0}{I}=\frac{1042\times477\times10^6}{467600\times10^4}106.3(\text{N/mm}^2)$$

计算 σ_{cr}：

$$\lambda_b=\frac{h_0/t_\omega}{177}\sqrt{\frac{f_y}{235}}=\frac{100/1.0}{177}\times\sqrt{\frac{235}{235}}=0.56<0.85$$

$$\sigma_{cr}=[\sigma]=160\text{N/mm}^2$$

计算 τ_{cr}，由于区格长短边之比为 2.6/1.0 > 1.0，则

$$\lambda_s=\frac{h_0/t_\omega}{41\times\sqrt{5.34+4(h_0/a)^2}}\sqrt{\frac{f_y}{235}}=\frac{100/1.0}{41\times\sqrt{5.34+4(100/260)^2}}\times\sqrt{\frac{235}{235}}=1.0$$

则 $\tau_{cr}=[1-0.59(\lambda_s-0.8)][\tau]=[1-0.59(1-0.8)]\times95=83.8(\text{N/mm}^2)$

$$\sigma_c=0$$

将以上数据代入公式 $\left(\frac{\sigma}{\sigma_{cr}}\right)^2+\left(\frac{\tau}{\tau_{cr}}\right)^2+\frac{\sigma_c}{\sigma_{ccr}}\leqslant1.0$ 有 $\left(\frac{106.3}{160}\right)^2+\left(\frac{11.5}{83.8}\right)^2=0.44+0.02=0.46<1.0$

满足局部要求（这里无局部压应力）。故在横隔板之间（区格Ⅱ）不必增设横加劲肋。

再从剪力最大的区格Ⅰ来考虑：该区格的腹板平均高度 $\overline{h_0}=\frac{1}{2}(100+60)=80(\text{cm})$，因 $\overline{h_0}/t_\omega=80$，不必验算，故在梁高减小的区格Ⅰ内也不必另设横向加劲肋。

（5）面板局部弯曲与主梁整体弯曲的折算应力的验算。从上述的面板计算可见，直接与主梁相邻的面板区格，只有区格Ⅳ所需要的板厚较大，这意味着该区格的长边

中点应力也较大，所以选取区格Ⅳ（图 6.46）按式（6.5）验算其长边中点的折算应力。

面板区格Ⅳ在长边中点的局部弯曲应力

$$\sigma_{my}=\frac{kpa^2}{l^2}=\frac{0.5\times0.04\times770^2}{8^2}=\pm185(\mathrm{N/mm^2})$$

$$\sigma_{my}=\mu\sigma_{my}=\pm0.3\times185=\pm56(\mathrm{N/mm^2})$$

对应于面板区格Ⅳ在长边中点的主梁弯矩（图 6.49）和弯应力

$$M=88.2\times5\times3.9-\frac{88.2\times3.7^2}{2}=1116(\mathrm{kN\cdot m})$$

$$\sigma_{0x}=\frac{M}{W}=\frac{116\times10^6}{2}120(\mathrm{N/mm^2})$$

面板区格Ⅳ的长边中点的折算应力

$$\sigma_{zh}=\sqrt{\sigma_{my}^2+(\sigma_{mx}+\sigma_{0x})^2-\sigma_{my}(\sigma_{mx}+\sigma_{0x})}$$
$$=\sqrt{185^2+(56-120)^2-185\times(56-120)}$$
$$=224(\mathrm{N/mm^2})<\alpha[\sigma]=1.55\times160=248(\mathrm{N/mm^2})$$

上式中 σ_{my}、σ_{mx} 和 σ_{0x} 的取值均以拉应力为正号，压应力为负号。

故面板厚度选用 8mm，满足强度要求。

6.10.6 横隔板设计

1. *荷载和内力计算*

横隔板同时兼作竖直次梁，它主要承受水平次梁、顶梁和底梁传来的集中荷载以及面板传来的分布荷载，计算时可把这些荷载用以三角形分布的水压力来代替（图 6.53），并且把横隔板作为支撑在主梁上的双悬臂梁。则每片横隔板在上悬臂的最大负弯矩为

$$M=\frac{2.7\times26.5}{2}\times2.60\times\frac{2.7}{3}=83.7(\mathrm{kN\cdot m})$$

2. *横隔板截面选择和强度计算*

其腹板选用于主梁腹板同高，采用 1000mm×8mm，上翼缘利用面板，下翼缘采用 200mm×8mm 的扁钢。上翼缘可利用面板的宽度按 $B=\xi_2 b$ 确定，其中 $b=2600\mathrm{mm}$，按 $\frac{l_0}{b}=\frac{2\times2700}{2600}=2.077$，从表 6.1 查的有效宽度系数 $\xi_2=0.51$，则 $B=0.51\times2600=1326(\mathrm{mm})$，取 $B=1300\mathrm{mm}$。

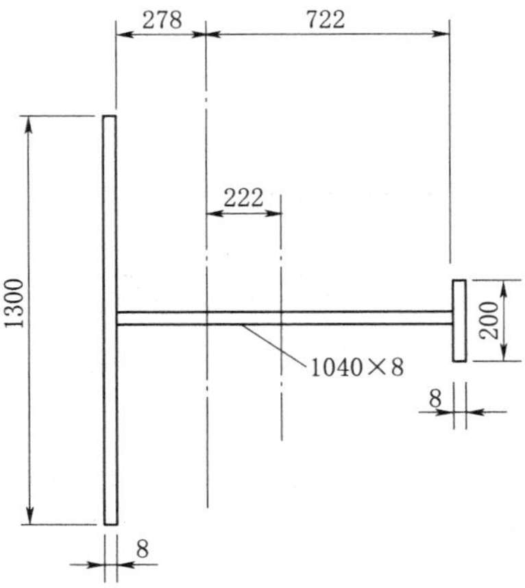

图 6.53 横隔板截面

计算如图 6.53 所示的截面几何特性。

截面形心到腹板中心线的距离：

$$e=\frac{1300\times8\times504-200\times8\times504}{1300\times8+200\times8+1000\times8}=222(\mathrm{mm})$$

截面惯矩：

$$I=\frac{8\times 1000^3}{12}+8\times 1000\times 222^2+8\times 200\times 726^2+8\times 1300\times 282^2=273131$$

截面模量：

$$W_{min}=\frac{273131\times 10^4}{730}=3741500(\mathrm{mm}^3)$$

验算弯应力

$$\sigma=\frac{M}{W_{min}}=\frac{83.71\times 10^6}{3741500}=22.4(\mathrm{N/mm}^2)<[\sigma]$$

由于横隔板截面高度较大，剪切强度更不必验算。横隔板翼缘焊缝采用最小焊缝厚度 $h_f=6\mathrm{mm}$。

6.10.7　纵向连接系设计

1. 荷载和内力计算

纵向连接系承受闸门自重。露顶式平面钢闸门门叶自重 G 按附录 10 计算：

$$G=K_zK_cK_gH^{1.43}B^{0.88}\times 9.8$$
$$=0.81\times 1.0\times 0.13\times 6.0^{1.43}\times 10^{0.88}\times 9.8=101.5(\mathrm{kN})$$

下游纵向连接系承受　$0.4G=0.4\times 101.5=40.6(\mathrm{kN})$

纵向连接系视作简支的平面桁架，其桁架腹板杆布置如图 6.54 所示。

其结点荷载为

$$\frac{40.6}{4}=10.15(\mathrm{kN})$$

杆件内力计算结果如图 6.54 所示。

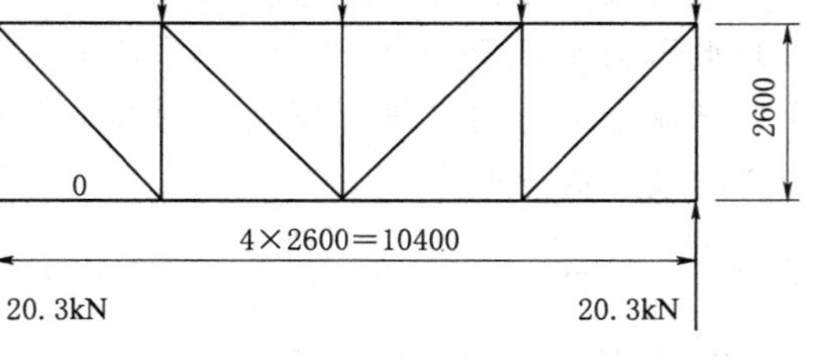

图 6.54　纵向联结系计算图

2. 斜杆截面计算

斜杆承受最大拉力 $N=21.53\mathrm{kN}$，同时考虑闸门偶然扭曲时可能承受压力，故长细比的限制值应与压杆相同，即 $\lambda\leqslant[\lambda]=200$。

选用单角钢 ∟100×8，由附录 8 查得：

截面面积　$A=15.6\mathrm{cm}^2=1560\mathrm{mm}^2$

回转半径　$i_{y0}=1.98\mathrm{cm}=19.8\mathrm{mm}$

斜杆计算长度　$l_0=0.9\times\sqrt{2.6^2+2.6^2+0.4^2}=3.33(\mathrm{m})$

长细比　$\lambda=\frac{l_0}{i_{y0}}=\frac{3.33\times 10^3}{19.8}=168.2<[\lambda]=200$

验算拉杆强度：

$$\sigma=\frac{21.53\times 10^3}{1560}=13.8(\mathrm{N/mm}^2)<0.85[\sigma]=133(\mathrm{N/mm}^2)$$

考虑单角钢受力偏心的影响，将容许应力降低 15%进行强度验算。

3. 斜杆与结点板的连接计算（略）

6.10.8 边梁设计

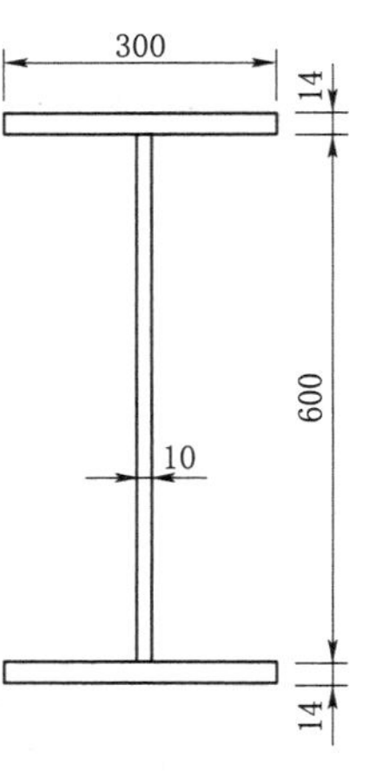

图 6.55 边梁截面

边梁的截面形式采用单腹式（图 6.55），边梁的截面尺寸按构造要求确定，即截面高度与主梁端部高度相同，腹板厚度与主梁腹板厚度相同，为了便于安装压和胶木滑块，下翼缘宽度不宜小于 300mm。

边梁是闸门的重要受力构件，由于受力情况复杂，故在设计时可将容许应力值降低 20%作为考虑受扭影响的安全储备。

1. 荷载和内力计算

在闸门每侧边梁上各设两个胶木滑块。其布置尺寸如图 6.56 所示。

（1）水平荷载。主要是主梁传来的水平荷载，还有水平次梁和顶、底梁传来的水平荷载。为了简化起见，可假定这些荷载由主梁传给边梁。每个主梁作用于边梁的荷载为 $R=441\text{kN}$。

（2）竖向荷载。有闸门自重、滑道摩阻力、止水摩阻力、起吊力等。

上滑块所受的压力 $R_1=\dfrac{441\times 2.6}{3.3}=348(\text{kN})$

下滑块所受的压力 $R_2=882-348=534(\text{kN})$

最大弯矩 $M_{max}=348\times 0.7=243.6(\text{kN}\cdot\text{m})$

最大剪力 $V_{max}=R_1=348(\text{kN})$

最大轴向力为作用在一个边梁上的起吊力，估计为 200kN（详细计算见后）。在最大弯矩作用截面上的轴向力，等于起吊力减去上滑块的摩阻力，该轴向力

$$N=200-R_1 f=200-348\times 0.12=158.24(\text{kN})$$

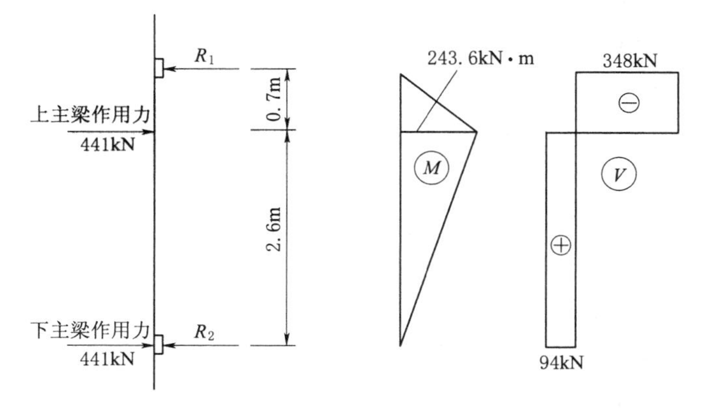

图 6.56 边梁计算图

2. 边梁的强度验算

截面面积 $A=600\times 10+2\times 300\times 14=14400(\text{mm}^2)$

面积矩 $S_{max}=14\times 300\times 307+10\times 300\times 150=1739400(\text{mm}^3)$

截面惯性矩　$I=\frac{10\times 600^3}{12}+2\times 300\times 14\times 307^2=971691600(\text{mm}^4)$

截面模量　$W=\frac{971691600}{314}=3094600(\text{mm}^2)$

截面边缘最大应力验算：

$$\sigma_{max}=\frac{N}{A}+\frac{M_{max}}{W}=\frac{158.24\times 10^3}{14400}+\frac{243.6\times 10^6}{3094600}=11+79$$
$$=90(\text{N/mm}^2)<0.8[\sigma]=0.8\times 157=126(\text{N/mm}^2)$$

腹板最大剪应力验算：

$$\tau=\frac{V_{max}S_{max}}{It_{\omega}}=\frac{348\times 10^2\times 1739400}{971691600\times 10}$$
$$=62(\text{N/mm}^2)<0.8[\sigma]=0.8\times 157=126(\text{N/mm}^2)$$

腹板与下翼缘连接处折算应力验算：

$$\sigma=\frac{N}{A}+\frac{M_{max}}{W}\frac{y'}{y}=11+79\times\frac{300}{314}=85.5(\text{N/mm}^2)$$
$$\tau=\frac{V_{max}S_i}{It_{\omega}}=\frac{348\times 10^3\times 300\times 14\times 307}{97.16916\times 10^7\times 10}=46.2(\text{N/mm}^2)$$
$$\sigma_{2h}=\sqrt{\sigma^2+3\tau^2}=\sqrt{85.5^2+3\times 46.2^2}$$
$$=117(\text{N/mm}^2)<0.8[\sigma]=0.8\times 160=128(\text{N/mm}^2)$$

以上验算均满足强度要求。

6.10.9　行走支承设计

胶木滑块计算：滑块位置如图 6.57 所示，下滑块受力最大，其值为 $R_2=534\text{kN}$。设滑块长度为 350mm，则滑块单位长度的承压力为

$$q=\frac{534\times 10^2}{350}=1526(\text{N/mm})$$

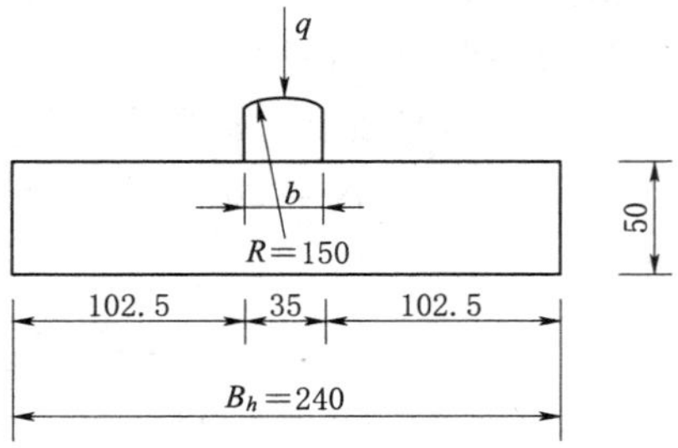

图 6.57　胶木滑块支承轨道截面

根据上述 q 值由表 6.2 查得轨顶弧面半径 $R=150\text{mm}$，轨头设计宽度为 $b=35\text{mm}$。

胶木滑道与轨顶弧面的接触应力按式（6.14）进行验算

$$\sigma_{max}=104\sqrt{\frac{q}{R}}=104\times\sqrt{\frac{1526}{150}}$$
$$=332(\text{N/mm}^2)\leqslant[\sigma_j]=500\text{N/mm}^2$$

选定胶木高 30mm，宽 120mm，长 350mm。

6.10.10　胶木滑块轨道设计

胶木滑块轨道设计如图 6.58 所示。

1. 确定轨道底板宽度

轨道底板宽度按混凝土承压强度决定。根据 C20 混凝土由附录 2 查得混凝土的容

许承压应力为$[\sigma_h]=7\text{N/mm}^2$，则所需要的轨道底板宽度为

$$B_h=\frac{q}{[\sigma_h]}=\frac{1526}{7}=218\ (\text{mm})，取\ B_h=240\text{mm}$$

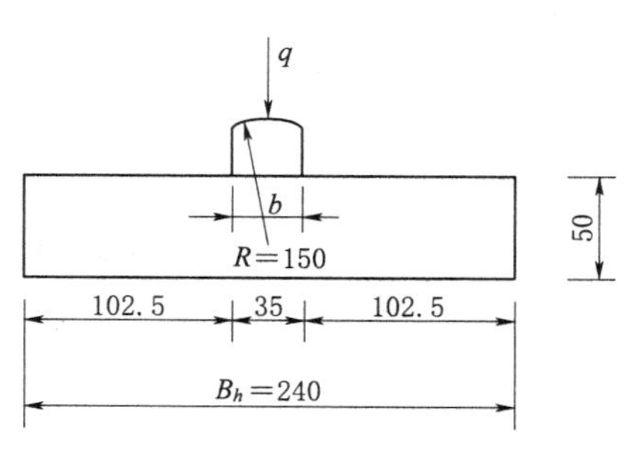

图 6.58 胶木滑块支承轨道截面

故轨道底面压应力

$$\sigma_h=\frac{1526}{240}=6.4(\text{N/mm}^2)$$

2. 确定轨道底板厚度

轨道底板厚度δ按其弯曲强度确定。轨道底板的最大弯应力

$$\sigma=3\sigma_h\frac{c^2}{t^2}\leqslant[\sigma]$$

式中轨道底板的悬臂长度$c=102.5\text{mm}$，对于Q235由第2章表2.3查得$[\sigma]=100\text{N/mm}^2$。

故所需轨道底板厚度

$$t=\sqrt{\frac{3\sigma_h c^2}{[\sigma]}}=\sqrt{\frac{3\times6.4\times102.5^2}{100}}=44.9(\text{mm})，取\ t=50\text{mm}$$

6.10.11 闸门启闭力和吊座计算

（1）启门力按式（6.26）计算。

$$T_{启}=1.1G+1.2(T_{zd}+T_{zs})+P_x$$

其中闸门自重 $G=101.5\text{kN}$

滑道摩阻力 $T_{zd}=fP=0.12\times1764=212(\text{kN})$

止水摩阻力 $T_{zs}=2fbHp$

因橡皮止水与钢板间摩擦系数 $f=0.65$

橡皮止水受压宽度取为 $b=0.06\text{m}$

每边侧止水受水压长度 $H=6.0\text{m}$

侧止水平均压强 $p=29.4\text{kN/m}^2$

故 $T_{zs}=2\times0.65\times0.06\times6\times29.4=13.8(\text{kN})$

下吸力P_x底止水橡皮采用I110-16型，其规格为宽16mm，长110mm。底止水沿门跨长10.4m。根据SL 74-95修订稿：启门时闸门底缘平均下吸强度一般按20kN/m^2计算，则下吸力

$$P_x=20\times10.4\times0.016=3.3(\text{kN})$$

故闸门启门力

$$T_{启}=1.1\times101.5+1.2\times(212+13.8)+3.3=386(\text{kN})$$

（2）闭门力按式（6.25）计算。

$$T_{闭}=1.2(T_{zd}+T_{zs})-0.9G=1.2\times(212+13.8)-0.9\times101.5=179.6(\text{kN})$$

显然仅靠闸门自重是不能关闭闸门的。由于该溢洪道闸门孔口较多，若把闸门行

走支承改为滚轮，则边梁需由单腹式改为双腹式，加上增设滚轮等设备，则总造价增加较多。为此，宜考虑采用一个重量为 200kN 的加载梁，在关闭时可以依次对需要关闭的闸门加载下压关闭。加载梁的设计本章不予详述。

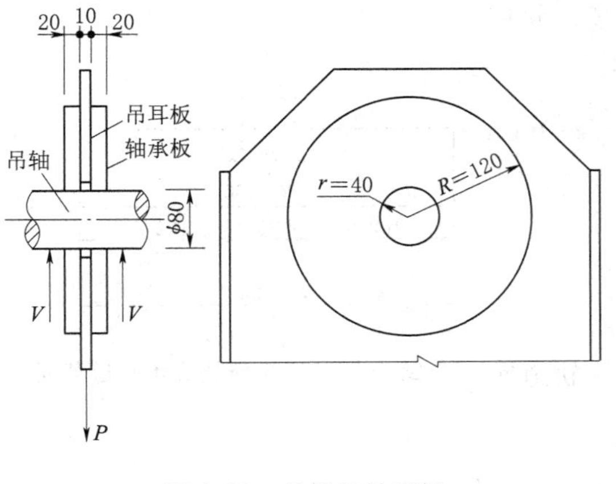

图 6.59　吊轴和吊耳板

（3）吊轴和吊耳板验算（图 6.59）。

1）吊轴。采用 Q235 钢，由第 2 章表 2.8 查得 $[\tau]=65\text{kN/mm}^2$，采用双吊点，每边起吊力为

$$P=1.2\times\frac{T_{启}}{2}=1.2\times\frac{386}{2}=231.6(\text{kN})$$

吊轴每边剪力　$$V=\frac{P}{2}=\frac{231.6}{2}=115.8(\text{kN})$$

需要吊轴截面积　$$A=\frac{V}{[\tau]}=\frac{115.8\times10^3}{65}=1782(\text{mm}^2)$$

又　$$A=\frac{\pi d^2}{4}=0.785d^2$$

故吊轴直径　$d\geqslant\sqrt{\dfrac{A}{0.785}}=\sqrt{\dfrac{1782}{0.785}}=47.6(\text{mm})$，取 $d=80\text{mm}$

2）吊耳板强度验算。按局部紧接承压条件，吊耳板需要厚度按式（6.27）计算，由第 2 章表 2.8 查得 Q235 钢的 $[\sigma_{cj}]=80\text{N/mm}^2$，故

$$t=\frac{P}{d[\sigma_{cj}]}=\frac{231.6\times10^3}{80\times80}=36(\text{mm})$$

因此在边梁腹板上端部的两侧各焊一块厚度为 20mm 的轴承板。轴承板采用圆形，其直径取为 $3d=3\times80=240(\text{mm})$。

吊耳孔壁拉应力按式（6.28）计算

$$\sigma_k=\sigma_{cj}\frac{R^2+r^2}{R^2-r^2}\leqslant0.8[\sigma_k]$$

其中 $\sigma_{cj}=\dfrac{P}{td}=\dfrac{231.6\times10^3}{40\times80}=72.4(\text{N/mm}^2)$，吊耳板半径 $R=120\text{mm}$，轴孔半径 $r=40\text{mm}$，查附录 2 得 $[\sigma_k]=120\text{N/mm}^2$，所以孔壁拉应力：

$$\sigma_k=72.4\times\frac{120^2+40^2}{120^2-40^2}=90.5(\text{N/mm}^2)<0.8\times120=96(\text{N/mm}^2)$$

故满足要求。

思 考 题

6.1　根据平面钢闸门的功用分有几种？它们之间的启闭方式有何不同？由于启闭方式不同，在设计上有何区别？

6.2　门叶结构由哪些部件和构件组成？它们的作用是什么？水压力是通过什么途径传至闸墩的？

思考题答案

6.3　主梁一般按什么原则布置？这种布置的优点是什么？试推证式（6.1）和式（6.2）。

6.4　梁格齐平连接和降低连接各有何优缺点？

6.5　为什么梁的跨度越大，梁的数目宜越少？大跨度平面闸门的主梁数为何又不宜少于2格？

6.6　怎样确定面板的厚度？又怎样演算它的强度？

6.7　面板参与梁截面的宽度是根据什么条件确定的？

6.8　试画出梁格降低连接何齐平连接时的次梁计算简图。

6.9　平面闸门的主梁设计特点是什么？

6.10　单腹式边梁何双腹式边梁各适用于什么情况？

6.11　行走支撑有哪两大类？它们的计算特点式什么？

6.12　平面闸门的主轨如何计算？

6.13　为什么要分别计算闸门的启门力和闭门力？若闭门力大于闸门自重时。可采用哪些措施使闸门关闭？

6.14　试画出几种止水的构造图。

参 考 文 献

［1］ 中华人民共和国水利部．水利水电工程钢闸门设计规范：SL 74—2013［S］．北京：中国水利水电出版社，1995.

［2］ 中华人民共和国住房和城乡建设部，中华人民共和国质量监督检验检疫总局．钢结构设计规范：GB 50017—2017［S］．北京：中国建筑工业出版社，2017.

［3］ 中华人民共和国住房和城乡建设部，中华人民共和国质量监督检验检疫总局．冷弯薄壁型钢结构技术规范：GB 50018—2002［S］．北京：中国计划出版社，2002.

［4］ 中华人民共和国住房和城乡建设部．建筑结构荷载规范：GB 50009—2012［S］．北京：中国建筑工业出版社，2012.

［5］ 中华人民共和国住房和城乡建设部，中华人民共和国质量监督检验检疫总局．钢结构工程施工质量验收规范：GB 50205—2001［S］．北京：中国计划出版社，2001.

［6］ 中华人民共和国住房和城乡建设部，中华人民共和国质量监督检验检疫总局．建筑结构设计术语和符号标准：GB/T 50083—97［S］．北京：中国建筑工业出版社，1998.

［7］ 武汉大学，大连理工大学，河海大学．水工钢结构［M］．3版．北京：中国水利水电出版社，2007.

［8］ 赵占彪，段绪胜．钢结构［M］．北京：中国水利水电出版社，2009.

［9］ 赵占彪，刘丽霞．水工钢结构［M］．北京：中国水利水电出版社，2009.

［10］ 载国欣，等．钢结构［M］．3版．武汉：武汉理工大学出版社，2007.

［11］ 魏明钟，等．钢结构［M］．2版．武汉：武汉理工大学出版社，2005.

［12］ 张耀春，等．钢结构设计原理［M］．2版．北京：高等教育出版社，2004.

附　　录

附录 1　钢材和连接的强度设计值

附表 1.1　　钢材的强度设计值

钢材		抗拉、抗压和抗弯	抗剪	端面承压（刨平顶紧）
牌号	厚度或直径/mm	f/(N/mm^2)	f_v/(N/mm^2)	f_{ce}/(N/mm^2)
Q235 钢	≤16	215	125	325
	>16～40	205	120	
	>40～60	200	115	
	>60～100	190	110	
Q345 钢	≤16	310	180	400
	>16～40	295	170	
	>40～60	265	155	
	>60～100	250	145	
Q390 钢	≤16	350	205	415
	>16～40	335	190	
	>40～60	315	180	
	>60～100	295	170	
Q420 钢	≤16	380	220	440
	>16～40	360	210	
	>40～60	340	195	
	>60～100	325	185	

注　厚度系指计算点的钢材厚度，对轴心受拉和轴心受压构件系指截面中较厚板件的厚度。

附表 1.2　　铸铁件的强度设计值

钢号	抗拉、抗压和抗弯 f/(N/mm^2)	抗剪 f_v/(N/mm^2)	端面承压（刨平顶紧） f_{ce}/(N/mm^2)
ZG200－400	155	90	260
ZG230－450	180	105	290
ZG270－500	210	120	325
ZG310－570	240	140	370

附表 1.3　　焊缝的强度设计值

焊接方法和焊条型号	构件钢材		对接焊缝				角焊缝
	牌号	厚度或直径/mm	抗压 f_c^w/(N/mm²)	焊接质量为下列等级时，抗拉 f_t^w/(N/mm²)		抗剪 f_v^w/(N/mm²)	抗拉、抗压和抗剪 f_f^w/(N/mm²)
				一级、二级	三级		
自动焊、半自动焊和 E43 型焊条的手工焊	Q235 钢	≤16	215	215	185	125	160
		>16～40	205	205	175	120	
		>40～60	200	200	170	115	
		>60～100	190	190	160	110	
自动焊、半自动焊和 E50 型焊条的手工焊	Q345 钢	≤16	310	310	265	180	200
		>16～35	295	295	250	170	
		>35～50	265	265	225	155	
		>50～100	250	250	210	145	
自动焊、半自动焊和 E55 型焊条的手工焊	Q390 钢	≤16	350	350	300	205	220
		>16～35	335	335	285	190	
		>35～50	315	315	270	180	
		>50～100	295	295	250	170	
	Q420 钢	≤16	380	380	320	220	220
		>16～35	360	360	305	210	
		>35～50	340	340	290	195	
		>50～100	325	325	275	185	

注　1. 自动焊和半自动焊所采用的焊丝和焊剂，应保证其熔敷金属的力学性能不低于现行国家标准《埋弧焊用碳钢焊丝和焊剂》（GB/T 5293）和《低合金钢埋弧焊用焊剂》（GB/T 12470）中相关的规定。

2. 焊缝质量等级应符合现行国家标准《钢结构工程施工质量验收规范》（GB 50205）的规定。其中厚度小于 8mm 钢材的对接焊缝，不应采用超声波探伤确定焊缝质量等级。

3. 对接焊缝在受压区的抗弯强度设计值取 f_c^w，在受拉区的抗弯强度设计值取 f_t^w。

4. 附表中厚度系指计算点的钢材厚度，对轴心受拉和轴心受压构件系指截面中较厚板件的厚度。

附表 1.4　　螺栓连接的强度设计值

螺栓的性能等级、锚栓和构件钢材的牌号		普通螺栓						锚栓	承压型连接高强度螺栓		
		C 级螺栓			A 级、B 级螺栓						
		抗拉 f_t^b/(N/mm²)	抗剪 f_v^b/(N/mm²)	承压 f_c^b/(N/mm²)	抗拉 f_t^b/(N/mm²)	抗剪 f_v^b/(N/mm²)	承压 f_c^b/(N/mm²)	抗拉 f_t^b/(N/mm²)	抗拉 f_t^b/(N/mm²)	抗剪 f_v^b/(N/mm²)	承压 f_c^b/(N/mm²)
普通螺栓	4.6 级、4.8 级	170	140	—	—	—	—	—	—	—	—
	5.6 级	—	—	—	210	190	—	—	—	—	—
	8.8 级	—	—	—	400	320	—	—	—	—	—

续表

螺栓的性能等级、锚栓和构件钢材的牌号		普通螺栓						锚栓	承压型连接高强度螺栓		
		C 级螺栓			A 级、B 级螺栓						
		抗拉 f_t^b/(N/mm²)	抗剪 f_v^b/(N/mm²)	承压 f_c^b/(N/mm²)	抗拉 f_t^b/(N/mm²)	抗剪 f_v^b/(N/mm²)	承压 f_c^b/(N/mm²)	抗拉 f_t^b/(N/mm²)	抗拉 f_t^b/(N/mm²)	抗剪 f_v^b/(N/mm²)	承压 f_c^b/(N/mm²)
锚栓	Q235 钢	—	—	—	—	—	—	140	—	—	—
	Q345 钢	—	—	—	—	—	—	180	—	—	—
承压型连接高强度螺栓	8.8 级	—	—	—	—	—	—	—	400	250	—
	10.9 级	—	—	—	—	—	—	—	500	310	—
构件	Q235 钢	—	—	305	—	—	405	—	—	—	470
	Q345 钢	—	—	385	—	—	510	—	—	—	590
	Q390 钢	—	—	400	—	—	530	—	—	—	615
	Q420 钢	—	—	425	—	—	560	—	—	—	655

注　1. A 级螺栓用于 $d \leqslant 24$mm 和 $l \leqslant 10d$ 或 $l \leqslant 150$mm（按较小值）的螺栓；B 级螺栓用于 $d > 24$mm 和 $l > 10d$ 或 $l > 150$mm（按较小值）的螺栓。d 为公称直径，l 为螺杆公称长度。

2. A、B 级螺栓孔的精度和孔壁表面粗糙度，C 级螺栓孔的允许偏差和孔壁表面粗糙度，均应符合现行国家标准《钢结构工程施工质量验收规范》（GB 50205）的要求。

附表 1.5　　铆钉连接的强度设计值

铆钉钢号和构件钢材牌号		抗拉（钉头脱落）f_t^r/(N/mm²)	抗剪 f_v^r/(N/mm²)		承压 f_c^r/(N/mm²)	
			Ⅰ类孔	Ⅱ类孔	Ⅰ类孔	Ⅱ类孔
铆钉	BL2 或 BL3	120	185	155	—	—
构件	Q235 钢	—	—	—	450	365
	Q345 钢	—	—	—	565	460
	Q390 钢	—	—	—	590	480

注　1. 属于下列情况者为Ⅰ类孔：

（1）在装配好的构件上按设计孔径钻成的孔；

（2）在单个零件和构件上按设计孔径分别用钻模钻成的孔；

（3）在单个零件上先钻成或冲成较小的孔径，然后在装配好的构件上再扩钻至设计孔径的孔。

2. 在单个零件上一次冲成或不用钻模钻成设计孔径的孔属于Ⅱ类孔。

附录 2　结构或构件的变形容许值

2.1　受弯构件的挠度容许值

（1）吊车梁、楼盖梁、屋盖梁、工作平台梁以及墙架构件的挠度不宜超过附表 2.1 所列的容许值。

附表 2.1 受弯构件挠度容许值

项次	构件类别	挠度容许值	
		[v_T]	[v_Q]
1	吊车梁和吊车桁架（按自重和起重量最大的一台吊车计算挠度）：		
	（1）手动吊车和单梁吊车（含悬挂吊车）；	$l/500$	—
	（2）轻级工作制桥式吊车；	$l/800$	
	（3）中级工作制桥式吊车；	$l/1000$	
	（4）重级工作制桥式吊车	$l/1200$	
2	手动或电动葫芦的轨道梁	$l/400$	—
3	有重轨（重量等于或大于 38kg/m）轨道的工作平台梁；	$l/600$	—
	有轻轨（重量等于或小于 24kg/m）轨道的工作平台梁	$l/400$	
4	楼（屋）盖梁或桁架、工作平台梁（第 3 项除外）和平台板：		
	（1）主梁或桁架（包括设有悬挂起重设备的梁和桁架）；	$l/400$	$l/500$
	（2）抹灰顶棚的次梁；	$l/250$	$l/350$
	（3）除（1）、（2）款外的其他梁（包括楼梯梁）；	$l/250$	$l/300$
	（4）屋盖檩条：		
	支承无积灰的瓦楞铁和石棉瓦屋面者；	$l/150$	—
	支承压型金属板、有积灰的瓦楞铁和石棉瓦等屋面者；	$l/200$	—
	支承其他屋面材料者。	$l/200$	—
	（5）平台板	$l/150$	—
5	墙架构件（风荷载不考虑阵风系数）：		
	（1）支柱；	—	$l/400$
	（2）抗风桁架（作为连续支柱的支承时）；	—	$l/1000$
	（3）砌体墙的横梁（水平方向）；	—	$l/300$
	（4）支承压型金属板、瓦楞铁和石棉瓦墙面的横梁（水平方向）；	—	$l/200$
	（5）带有玻璃窗的横梁（竖直和水平方向）	$l/200$	$l/200$

注 1. l 为受弯构件的跨度（对悬臂梁和伸臂梁为悬伸长度的 2 倍）。
2. [v_T] 为永久和可变荷载标准值产生的挠度（如有起拱应减去拱度）的容许值；[v_Q] 为可变荷载标准值产生的挠度的容许值。

（2）冶金工厂或类似车间中设有工作级别为 A7、A8 级吊车的车间，其跨间每侧吊车梁或吊车桁架的制动结构，由一台最大吊车横向水平荷载（按荷载规范取值）所产生的挠度不宜超过制动结构跨度的 1/2200。

2.2 框架结构的水平位移容许值

（1）在风荷载标准值作用下，框架柱顶水平位移和层间相对位移不宜超过下列数值：

1）无桥式吊车的单层框架的柱顶位移：$H/150$。

2）有桥式吊车的单层框架的柱顶位移：$H/400$。

3）多层框架的柱顶位移：$H/500$。

4）多层框架的层加相对位移：$h/400$。

其中，H 为自基础顶面至柱顶的总高度；h 为层高。

注：①对室内装修要求较高的民用建筑多层框架结构，层间相对位移宜适当减小。无墙壁的多层框架结构，层间相对位移可适当放宽。②对轻型框架结构的柱顶水平位移和层间位移均可适当放宽。

（2）在冶金工厂或类似车间中设有 A7、A8 级吊车的厂房柱和设有中级和重级工作制吊车的露天栈桥柱，在吊车梁或吊车桁架的顶面标高处，由一台最大吊车水平荷载（按荷载规范取值）所产生的计算变形值，不宜超过附表 2.2 所列的容许值。

附表 2.2　　柱顶水平位移（计算值）的容许值

项次	位移的种类	按平面结构图形计算	按空间结构图形计算
1	厂房柱的横向位移	$H_c/1250$	$H_c/2000$
2	露天栈桥柱的横向位移	$H_c/2500$	—
3	厂房和露天栈桥柱的纵向位移	$H_c/4000$	—

注　1. H_c 为基础顶面至吊车梁或吊车桁架顶面的高度。
2. 计算厂房或露天栈桥柱的纵向位移时，可假设吊车的纵向水平制动力分配在温度区段内所有柱间支撑或纵向框架上。
3. 在设有 A8 级吊车的厂房中，厂房柱的水平位移容许值宜减小 10%。
4. 设有 A6 级吊车的厂房柱的纵向位移宜符合表中的要求。

附录 3　梁的整体稳定系数

3.1　等截面焊接工字形和轧制 H 型钢简支梁

等截面焊接工字形和轧制 H 型钢（附图 3.1）简支梁的整体稳定系数 φ_b 应按下式计算：

$$\varphi_b = \beta_b \frac{4320}{\lambda_y^2} \frac{Ah}{W_x} \left[\sqrt{1 + \left(\frac{\lambda_y t_1}{4.4h} \right)^2} + \eta_b \right] \frac{235}{f_y} \qquad (附 3.1)$$

式中　β_b——梁整体稳定的等效临界弯矩系数，按附表 3.1 采用；

λ_y——梁在侧向支撑点间对截面弱轴 $y-y$ 的长细比，$\lambda_y = l_1/i_y$，l_1 为侧向支承点间的距离，i_y 为梁毛截面对 y 轴的截面回转半径；

A——梁的毛截面面积；

h、t_1——梁截面的全高和受压翼缘厚度；

η_b——截面不对称影响系数；对双轴对称截面［附图 3.1（a）、（d）］：$\eta_b = 0$；对单轴对称工字形截面［附图 3.1（b）、（c）］：加强受压翼缘：$\eta_b = 0.8(2\alpha_b - 1)$；加强受拉翼缘：$\eta_b = 2\alpha_b - 1$；$\alpha_b = \dfrac{I_1}{I_1 + I_2}$，式中 I_1 和 I_2 分别为受压翼缘和受拉翼缘对 y 轴的惯性矩。

当按公式（附 3.1）算得的 φ_b 值大于 0.6 时，应用下式计算的 φ_b' 代替 φ_b 值

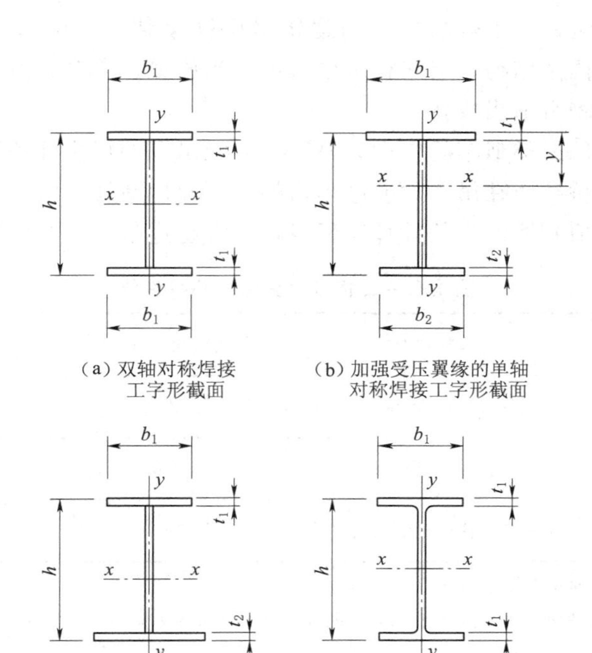

附图 3.1　焊接工字形和轧制 H 型钢截面

$$\varphi'_b = 1.07 - \frac{0.282}{\varphi_b} \leqslant 1.0 \quad (附\ 3.2)$$

注：公式（附 3.1）亦适用于等截面铆接（或高强度螺栓连接）简支梁，其受压翼缘厚度 t_1 包括翼缘角钢厚度在内。

附表 3.1　　H 型钢和等截面工字形简支梁的系数 β_b

项次	侧向支承	荷载		$\xi \leqslant 2.0$	$\xi > 2.0$	适用范围
1	跨中无侧向支承	均布荷载作用在	上翼缘	$0.69+0.13\xi$	0.95	附图 3.1（a）、（b）和（d）的截面
2			下翼缘	$1.73-0.20\xi$	1.33	
3		集中荷载作用在	上翼缘	$0.73+0.18\xi$	1.09	
4			下翼缘	$2.23-0.28\xi$	1.67	
5	跨度中点有一个侧向支承点	均布荷载作用在	上翼缘	1.15		附图 3.1 中的所有截面
6			下翼缘	1.40		
7		集中荷载作用在截面高度上任意位置		1.75		
8	跨中有不少于两个等距离侧向支承点	任意荷载作用在	上翼缘	1.20		
9			下翼缘	1.40		

续表

项次	侧向支承	荷　载	$\xi \leqslant 2.0$	$\xi > 2.0$	适用范围
10	梁端有弯矩，但跨中无荷载作用		$1.75-1.05\left(\frac{M_2}{M_1}\right)+0.3\left(\frac{M_2}{M_1}\right)^2$，但≤2.3		附图 3.1 中的所有截面

注　1. ξ 为参数，$\xi=\frac{l_1 t_1}{b_1 h}$，其中 l_1 和 b_1 分别为 H 型钢或等截面工字形简支梁受压翼缘的自由长度和宽度。

2. M_1、M_2 为梁的端弯矩，使梁产生同向曲率时 M_1 和 M_2 取同号，产生反向曲率时取异号，$|M_1| \geqslant |M_2|$。

3. 附表中项次 3、4 和 7 的集中荷载是指一个和少数几个集中荷载位于跨中央附近的情况，对其他情况的集中荷载，应按附表中项次 1、2、5、6 内的数值采用。

4. 附表中项次 8、9 的 β_b，当集中荷载作用在侧向支承点处时，取 $\beta_b=1.20$。

5. 荷载作用在上翼缘系指荷载作用点在翼缘表面，方向指向截面形心；荷载作用在下翼缘系指荷载作用点在翼缘表面，方向背向截面形心。

6. 对 $\alpha_b > 0.8$ 的加强受压翼缘工字形截面，下列情况的 β_b 值应乘以相应的系数：

项次 1：当 $\xi \leqslant 1.0$ 时，乘以 0.95；

项次 3：当 $\xi \leqslant 0.5$ 时，乘以 0.90；当 $0.5 < \xi \leqslant 1.0$ 时，乘以 0.95。

3.2　轧制普通工字钢简支梁

轧制普通工字钢简支梁的整体稳定系数 φ_b 应按附表 3.2 采用，当所得的 φ_b 值大于 0.6 时，应按公式附 3.2 算得相应的 φ_b' 代替 φ_b 值。

附表 3.2　　轧制普通工字钢简支梁的 φ_b

项次	荷载情况			工字钢型号	自由长度 l_1/m								
					2	3	4	5	6	7	8	9	10
1	跨中无侧向支承点的梁	集中荷载作用于	上翼缘	10～20	2.00	1.30	0.99	0.80	0.68	0.58	0.53	0.48	0.43
				22～32	2.40	1.48	1.09	0.86	0.72	0.62	0.54	0.49	0.45
				36～63	2.80	1.60	1.07	0.83	0.68	0.56	0.50	0.45	0.40
2			下翼缘	10～20	3.10	1.95	1.34	1.01	0.82	0.69	0.63	0.57	0.52
				22～40	5.50	2.80	1.84	1.37	1.07	0.86	0.73	0.64	0.56
				45～63	7.30	3.60	2.30	1.62	1.20	0.96	0.80	0.69	0.60
3		均布荷载作用于	上翼缘	10～20	1.70	1.12	0.84	0.68	0.57	0.50	0.45	0.41	0.37
				22～40	2.10	1.30	0.93	0.73	0.60	0.51	0.45	0.40	0.36
				45～63	2.60	1.45	0.97	0.73	0.59	0.50	0.44	0.38	0.35
4			下翼缘	10～20	2.50	1.55	1.08	0.83	0.68	0.56	0.52	0.47	0.42
				22～40	4.00	2.20	1.45	1.10	0.85	0.70	0.60	0.52	0.46
				45～63	5.60	2.80	1.80	1.25	0.95	0.78	0.65	0.55	0.49
5	跨中有侧向支承点的梁（不论荷载作用点在截面高度上的位置）			10～20	2.20	1.39	1.01	0.79	0.66	0.57	0.52	0.47	0.42
				22～40	3.00	1.80	1.24	0.96	0.76	0.65	0.56	0.49	0.43
				45～63	4.00	2.20	1.38	1.01	0.80	0.66	0.56	0.49	0.43

注　1. 同附表 3.1 的注 3、5。

2. 附表中的 φ_b 适用于 Q235 钢。对其他钢号，附表中数值应乘以 $235/f_y$。

3.3　轧制槽钢简支梁

轧制槽钢简支梁的整体稳定系数，不论荷载的形式和荷载作用点在截面高度上的位置，均可按下式计算

$$\varphi_b = \frac{570bt}{l_1 h}\varepsilon_k \quad (附 3.3)$$

式中 h、b、t ——分别为槽钢截面的高度、翼缘宽度和平均厚度。

按公式（附 3.3）算得的 φ_b 大于 0.6 时，应按公式（附 3.3）算得相应的 φ_b' 代替 φ_b 值。

3.4 双轴对称工字形等截面（含 H 型钢）悬臂梁

双轴对称工字形等截面（含 H 型钢）悬臂梁的整体稳定系数，可按公式（附 3.1）计算，但式中系数 β_b 应按附表 3.4 查得，$\lambda_y = l_1/i_y$（l_1 为悬臂梁的悬伸长度）。当求得的 φ_b 大于 0.6 时，应按公式（附 3.3）算得相应的 φ_b' 代替 φ_b 值。

附表 3.3　　双轴对称工字形等截面（含 H 型钢）悬臂梁的系数 β_b

项次	荷载形式		$0.60 \leqslant \xi \leqslant 1.24$	$1.24 < \xi \leqslant 1.96$	$1.96 < \xi \leqslant 3.10$
1	自由端一个集中荷载作用在	上翼缘	$0.21+0.67\xi$	$0.72+0.26\xi$	$1.17+0.03\xi$
2		下翼缘	$2.94-0.65\xi$	$2.64-0.40\xi$	$2.15-0.15\xi$
3	均布荷载作用在上翼缘		$0.62+0.82\xi$	$1.25+0.31\xi$	$1.66+0.10\xi$

注　1. 本附表是按支承端为固定的情况确定的，当用于由邻跨延伸出来的伸臂梁时，应在构造上采取措施加强支承处的抗扭能力。

2. 附表中 ξ 见附表 3.1 注 1。

3.5 受弯构件整体稳定系数的近似计算

均匀弯曲的受弯构件，当 $\lambda_y \leqslant 120\varepsilon_k$ 时，其整体稳定系数 φ_b 可按下列近似公式计算。

1. 工字形截面（含 H 型钢）

双轴对称时：

$$\varphi_b = 1.07 - \frac{\lambda_y^2}{44000}\frac{1}{\varepsilon_k^2} \quad (附 3.4)$$

单轴对称时：

$$\varphi_b = 1.07 - \frac{W_x}{(2\alpha_b + 0.1)Ah} \cdot \frac{\lambda_y^2}{14000} \cdot \frac{1}{\varepsilon_k^2} \quad (附 3.5)$$

2. T 形截面（弯矩作用在对称轴平面，绕 x 轴）

（1）弯矩使翼缘受压时：

双角钢 T 形截面

$$\varphi_b = 1 - 0.0017\lambda_y \frac{1}{\varepsilon_k} \quad (附 3.6)$$

部分 T 型钢和两板组合 T 形截面

$$\varphi_b = 1 - 0.0022\lambda_y \frac{1}{\varepsilon_k} \quad (附 3.7)$$

（2）弯矩使翼缘受拉且腹板宽厚比不大于 $18\varepsilon_k$ 时

$$\varphi_b = 1 - 0.0005\lambda_y \frac{1}{\varepsilon_k} \quad (附 3.8)$$

按式（附 3.4）～式（附 3.8）所得的 φ_b 值大于 0.6 时，不需按式（附 3.2）换算成 φ_b' 值；当按式（附 3.4）和式（附 3.5）算得的 φ_b 值大于 1.0 时，取 $\varphi_b=1.0$。

附录 4　轴心受压构件的稳定系数

附表 4.1　　a 类截面轴心受压构件的稳定系数 φ

λ/ε_k	0	1	2	3	4	5	6	7	8	9
0	1.000	1.000	1.000	1.000	0.999	0.999	0.998	0.998	0.997	0.996
10	0.995	0.994	0.993	0.992	0.991	0.989	0.988	0.986	0.985	0.983
20	0.981	0.979	0.977	0.976	0.974	0.972	0.970	0.968	0.966	0.964
30	0.963	0.961	0.959	0.957	0.955	0.952	0.950	0.948	0.946	0.944
40	0.941	0.939	0.937	0.934	0.932	0.929	0.927	0.924	0.921	0.919
50	0.916	0.913	0.910	0.907	0.904	0.900	0.897	0.894	0.890	0.886
60	0.883	0.879	0.875	0.871	0.867	0.863	0.858	0.854	0.849	0.844
70	0.839	0.834	0.829	0.824	0.818	0.813	0.807	0.801	0.795	0.789
80	0.783	0.776	0.770	0.763	0.757	0.750	0.743	0.736	0.728	0.721
90	0.714	0.706	0.699	0.691	0.684	0.676	0.668	0.661	0.653	0.645
100	0.638	0.630	0.622	0.615	0.607	0.600	0.592	0.585	0.577	0.570
110	0.563	0.555	0.548	0.541	0.534	0.527	0.520	0.514	0.507	0.500
120	0.494	0.488	0.481	0.475	0.469	0.463	0.457	0.451	0.445	0.440
130	0.434	0.429	0.423	0.418	0.412	0.407	0.402	0.397	0.392	0.387
140	0.383	0.378	0.373	0.369	0.364	0.360	0.356	0.351	0.347	0.343
150	0.339	0.335	0.331	0.327	0.323	0.320	0.316	0.312	0.309	0.305
160	0.302	0.298	0.295	0.292	0.289	0.285	0.282	0.279	0.276	0.273
170	0.270	0.267	0.264	0.262	0.259	0.256	0.253	0.251	0.248	0.246
180	0.243	0.241	0.238	0.236	0.233	0.231	0.229	0.226	0.224	0.222
190	0.220	0.218	0.215	0.213	0.211	0.209	0.207	0.205	0.203	0.201
200	0.199	0.198	0.196	0.194	0.192	0.190	0.189	0.187	0.185	0.183
210	0.182	0.180	0.179	0.177	0.175	0.174	0.172	0.171	0.169	0.168
220	0.166	0.165	0.164	0.162	0.161	0.159	0.158	0.157	0.155	0.154
230	0.153	0.152	0.150	0.149	0.148	0.147	0.146	0.144	0.143	0.142
240	0.141	0.140	0.139	0.138	0.136	0.135	0.134	0.133	0.132	0.131
250	0.130	—	—	—	—	—	—	—	—	—

注　见附表 4.4 注。

附表 4.2　　b 类截面轴心受压构件的稳定系数 φ

λ/ε_k	0	1	2	3	4	5	6	7	8	9
0	1.000	1.000	1.000	0.999	0.999	0.998	0.997	0.996	0.995	0.994
10	0.992	0.991	0.989	0.987	0.985	0.983	0.981	0.978	0.976	0.973
20	0.970	0.967	0.963	0.960	0.957	0.953	0.950	0.946	0.943	0.939
30	0.936	0.932	0.929	0.925	0.922	0.918	0.914	0.910	0.906	0.903
40	0.899	0.895	0.891	0.887	0.882	0.878	0.874	0.870	0.865	0.861
50	0.856	0.852	0.847	0.842	0.838	0.833	0.828	0.823	0.818	0.813

续表

λ/ε_k	0	1	2	3	4	5	6	7	8	9
60	0.807	0.802	0.797	0.791	0.786	0.780	0.774	0.769	0.763	0.757
70	0.751	0.745	0.739	0.732	0.726	0.720	0.714	0.707	0.701	0.694
80	0.688	0.681	0.675	0.668	0.661	0.655	0.648	0.641	0.635	0.628
90	0.621	0.614	0.608	0.601	0.594	0.588	0.581	0.575	0.568	0.561
100	0.555	0.549	0.542	0.536	0.529	0.523	0.517	0.511	0.505	0.499
110	0.493	0.487	0.481	0.475	0.470	0.464	0.458	0.453	0.447	0.442
120	0.437	0.432	0.426	0.421	0.416	0.411	0.406	0.402	0.397	0.392
130	0.387	0.383	0.378	0.374	0.370	0.365	0.361	0.357	0.353	0.349
140	0.345	0.341	0.337	0.333	0.329	0.326	0.322	0.318	0.315	0.311
150	0.308	0.304	0.301	0.298	0.295	0.291	0.288	0.285	0.282	0.279
160	0.276	0.273	0.270	0.267	0.265	0.262	0.259	0.256	0.254	0.251
170	0.249	0.246	0.244	0.241	0.239	0.236	0.234	0.232	0.229	0.227
180	0.225	0.223	0.220	0.218	0.216	0.214	0.212	0.210	0.208	0.206
190	0.204	0.202	0.200	0.198	0.197	0.195	0.193	0.191	0.190	0.188
200	0.186	0.184	0.183	0.181	0.180	0.178	0.176	0.175	0.173	0.172
210	0.170	0.169	0.167	0.166	0.165	0.163	0.162	0.160	0.159	0.158
220	0.156	0.155	0.154	0.153	0.151	0.150	0.149	0.148	0.146	0.145
230	0.144	0.143	0.142	0.141	0.140	0.138	0.137	0.136	0.135	0.134
240	0.133	0.132	0.131	0.130	0.129	0.128	0.127	0.126	0.125	0.124
250	0.123	—	—	—	—	—	—	—	—	—

注 见附表 4.4 注。

附表 4.3　　c 类截面轴心受压构件的稳定系数 φ

λ/ε_k	0	1	2	3	4	5	6	7	8	9
0	1.000	1.000	1.000	0.999	0.999	0.998	0.997	0.996	0.995	0.993
10	0.992	0.990	0.988	0.986	0.983	0.981	0.978	0.976	0.973	0.970
20	0.966	0.959	0.953	0.947	0.940	0.934	0.928	0.921	0.915	0.909
30	0.902	0.896	0.890	0.884	0.877	0.871	0.865	0.858	0.852	0.846
40	0.839	0.833	0.826	0.820	0.814	0.807	0.801	0.794	0.788	0.781
50	0.775	0.768	0.762	0.755	0.748	0.742	0.735	0.729	0.722	0.715
60	0.709	0.702	0.695	0.689	0.682	0.676	0.669	0.662	0.656	0.649
70	0.643	0.636	0.629	0.623	0.616	0.610	0.604	0.597	0.591	0.584
80	0.578	0.572	0.566	0.559	0.553	0.547	0.541	0.535	0.529	0.523
90	0.517	0.511	0.505	0.500	0.494	0.488	0.483	0.477	0.472	0.467
100	0.463	0.458	0.454	0.449	0.445	0.441	0.436	0.432	0.428	0.423
110	0.419	0.415	0.411	0.407	0.403	0.399	0.395	0.391	0.387	0.383
120	0.379	0.375	0.371	0.367	0.364	0.360	0.356	0.353	0.349	0.346
130	0.342	0.339	0.335	0.332	0.328	0.325	0.322	0.319	0.315	0.312
140	0.309	0.306	0.303	0.300	0.297	0.249	0.291	0.288	0.285	0.282
150	0.280	0.277	0.274	0.271	0.269	0.266	0.264	0.261	0.258	0.256
160	0.254	0.251	0.249	0.246	0.244	0.242	0.239	0.237	0.235	0.233
170	0.230	0.228	0.226	0.224	0.222	0.220	0.218	0.216	0.214	0.212
180	0.210	0.208	0.206	0.205	0.203	0.201	0.199	0.197	0.196	0.194
190	0.192	0.190	0.189	0.187	0.186	0.184	0.182	0.181	0.179	0.178
200	0.176	0.175	0.173	0.172	0.170	0.169	0.168	0.166	0.165	0.163
210	0.162	0.161	0.159	0.158	0.157	0.156	0.154	0.153	0.152	0.151
220	0.150	0.148	0.147	0.146	0.145	0.144	0.143	0.142	0.140	0.139
230	0.138	0.137	0.136	0.135	0.134	0.133	0.132	0.131	0.130	0.129
240	0.128	0.127	0.126	0.125	0.124	0.124	0.123	0.122	0.121	0.120
250	0.119	—	—	—	—	—	—	—	—	—

注 见附表 4.4 注。

附表 4.4　　d 类截面轴心受压构件的稳定系数 φ

λ/ε_k	0	1	2	3	4	5	6	7	8	9
0	1.000	1.000	0.999	0.999	0.998	0.996	0.994	0.992	0.990	0.987
10	0.984	0.981	0.978	0.974	0.969	0.965	0.960	0.955	0.949	0.944
20	0.937	0.927	0.918	0.909	0.900	0.891	0.883	0.874	0.865	0.857
30	0.848	0.840	0.831	0.823	0.815	0.807	0.799	0.790	0.782	0.774
40	0.766	0.759	0.751	0.743	0.735	0.728	0.720	0.712	0.705	0.697
50	0.690	0.683	0.675	0.668	0.661	0.654	0.646	0.639	0.632	0.625
60	0.618	0.612	0.605	0.598	0.591	0.585	0.578	0.572	0.565	0.559
70	0.552	0.546	0.540	0.534	0.528	0.522	0.516	0.510	0.504	0.498
80	0.493	0.487	0.481	0.476	0.470	0.465	0.460	0.454	0.449	0.444
90	0.439	0.434	0.429	0.424	0.419	0.414	0.410	0.405	0.401	0.397
100	0.394	0.390	0.387	0.383	0.380	0.376	0.373	0.370	0.366	0.363
110	0.359	0.356	0.353	0.350	0.346	0.343	0.340	0.337	0.334	0.331
120	0.328	0.325	0.322	0.319	0.316	0.313	0.310	0.307	0.304	0.301
130	0.299	0.296	0.293	0.290	0.288	0.285	0.282	0.280	0.277	0.275
140	0.272	0.270	0.267	0.265	0.262	0.260	0.258	0.255	0.253	0.251
150	0.248	0.246	0.244	0.242	0.240	0.237	0.235	0.233	0.231	0.229
160	0.227	0.225	0.223	0.221	0.219	0.217	0.215	0.213	0.212	0.210
170	0.208	0.206	0.204	0.203	0.201	0.199	0.197	0.196	0.194	0.192
180	0.191	0.189	0.188	0.186	0.184	0.183	0.181	0.180	0.178	0.177
190	0.176	0.174	0.173	0.171	0.170	0.168	0.167	0.166	0.164	0.163
200	0.162	—	—	—	—	—	—	—	—	—

注　当构件的 λ/ε_k 超出附表 4.1～附表 4.4 范围时，轴心受压构件的稳定系数应按下列公式计算：

当 $\lambda_n = \frac{\lambda}{\pi}\sqrt{f_y/E} \leqslant 0.215$ 时

$$\varphi = 1-\alpha_1\lambda_n^2$$

当 $\lambda_n > 0.215$ 时

$$\varphi = \frac{1}{2\lambda_n^2}\left[(\alpha_2+\alpha_3\lambda_n+\lambda_n^2)-\sqrt{(\alpha_2+\alpha_3\lambda_n+\lambda_n^2)^2-4\lambda_n^2}\right]$$

式中　α_1、α_2、α_3——系数，根据截面的分类，按附表 4.5 采用。

附表 4.5　　系数 α_1、α_2、α_3

截面类型		α_1	α_2	α_3
a 类		0.41	0.986	0.152
b 类		0.65	0.965	0.300
c 类	$\lambda_n \leqslant 1.05$	0.73	0.906	0.595
	$\lambda_n > 1.05$		1.216	0.302
d 类	$\lambda_n \leqslant 1.05$	1.35	0.868	0.915
	$\lambda_n > 1.05$		1.375	0.432

附录 5　各种截面回转半径的近似值

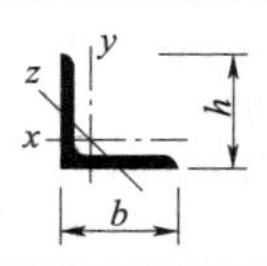	$i_x=0.30h$ $i_y=0.90b$ $i_z=0.195h$	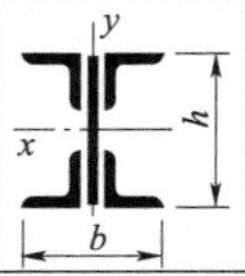	$i_x=0.40h$ $i_y=0.21b$	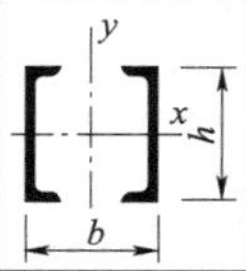	$i_x=0.38h$ $i_y=0.44b$	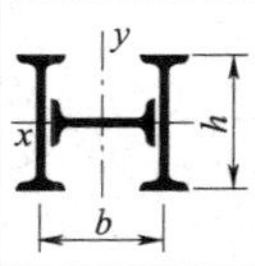	$i_x=0.32h$ $i_y=0.49b$
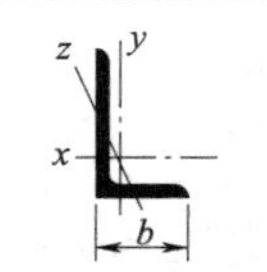	$i_x=0.32h$ $i_y=0.28b$ $i_z=0.09$ $(b+h)$	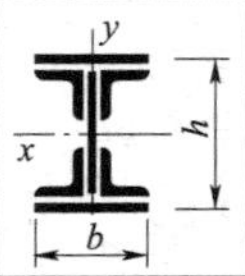	$i_x=0.45h$ $i_y=0.235b$	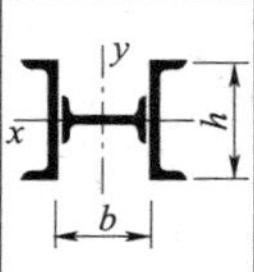	$i_x=0.32h$ $i_y=0.58b$	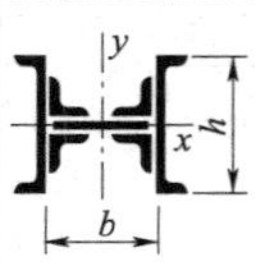	$i_x=0.29h$ $i_y=0.50b$
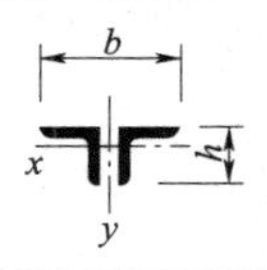	$i_x=0.30h$ $i_y=0.215b$	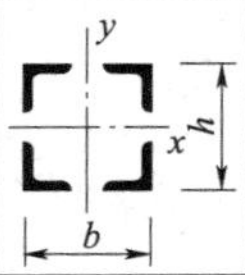	$i_x=0.43h$ $i_y=0.43b$	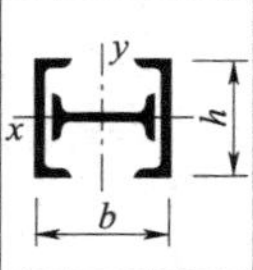	$i_x=0.32h$ $i_y=0.40b$	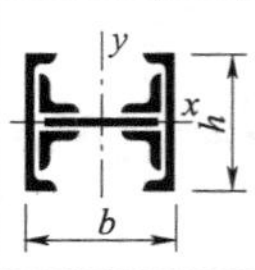	$i_x=0.29h$ $i_y=0.45b$
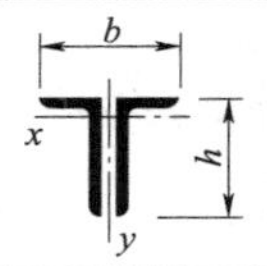	$i_x=0.30h$ $i_y=0.20b$	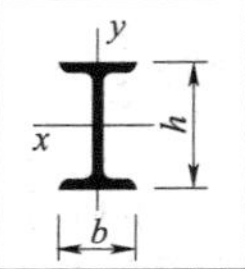	$i_x=0.39h$ $i_y=0.20b$	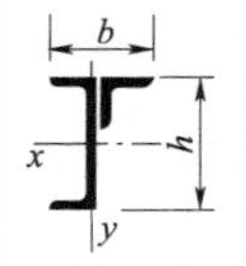	$i_x=0.38h$ $i_y=0.21b$	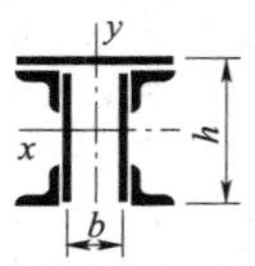	$i_x=0.39h$ $i_y=0.53b$
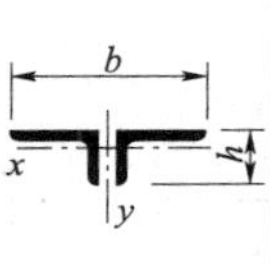	$i_x=0.28h$ $i_y=0.24b$	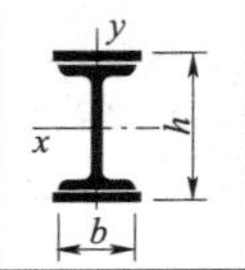	$i_x=0.42h$ $i_y=0.22b$	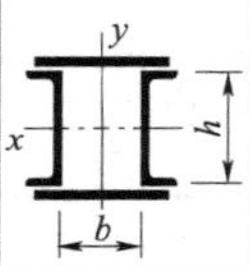	$i_x=0.44h$ $i_y=0.32b$	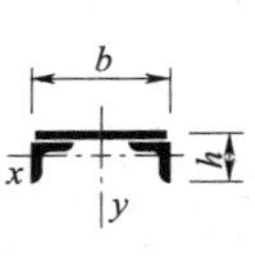	$i_x=0.28h$ $i_y=0.37b$
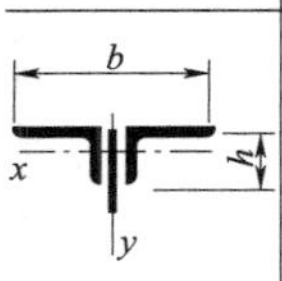	$i_x=0.30h$ $i_y=0.17b$	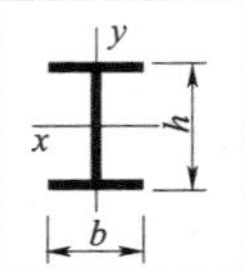	$i_x=0.43h$ $i_y=0.24b$	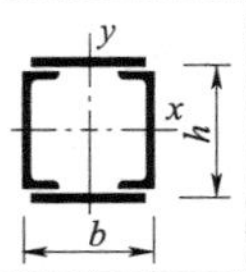	$i_x=0.44h$ $i_y=0.38b$	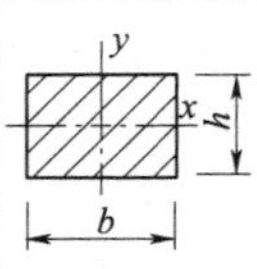	$i_x=0.29h$ $i_y=0.29b$
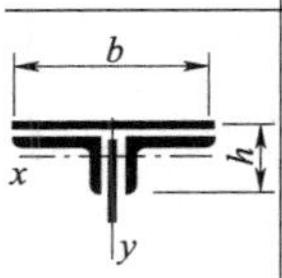	$i_x=0.28h$ $i_y=0.21b$	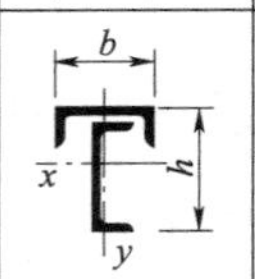	$i_x=0.365h$ $i_y=0.275b$	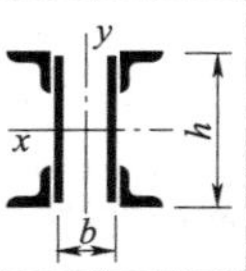	$i_x=0.37h$ $i_y=0.54b$	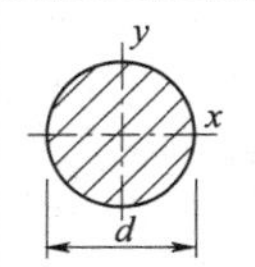	$i_x=0.25d$ $i_y=0.25b$
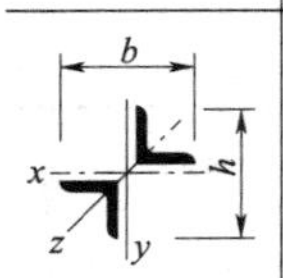	$i_x=0.21h$ $i_y=0.21b$ $i_z=0.185h$	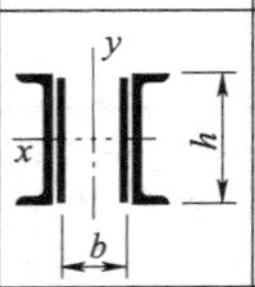	$i_x=0.35h$ $i_y=0.56b$	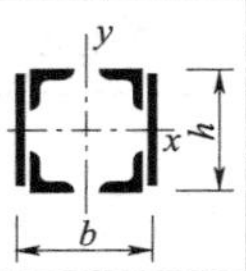	$i_x=0.37h$ $i_y=0.45b$	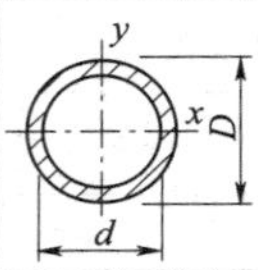	$i_x=i_y=$ 0.175 $(D+d)$
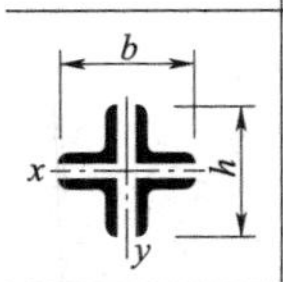	$i_x=0.21h$ $i_y=0.21b$	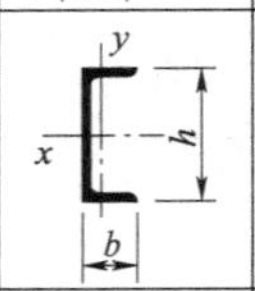	$i_x=0.39h$ $i_y=0.29b$	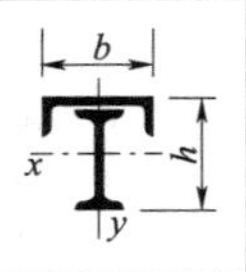	$i_x=0.40h$ $i_y=0.24b$	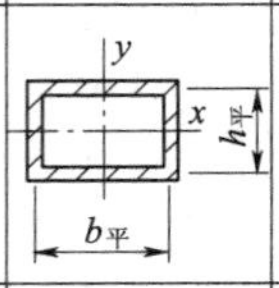	$i_x=0.40h_{平}$ $i_y=0.40b_{平}$
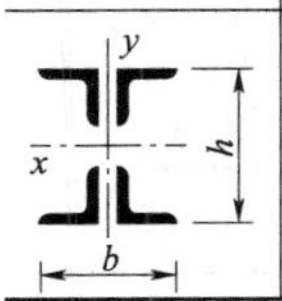	$i_x=0.45h$ $i_y=0.24b$	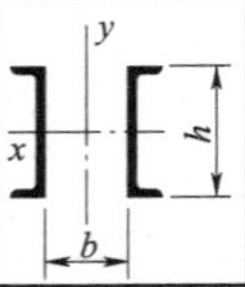	$i_x=0.38h$ $i_y=0.60b$	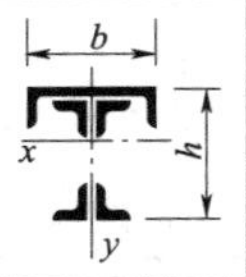	$i_x=0.41h$ $i_y=0.29b$	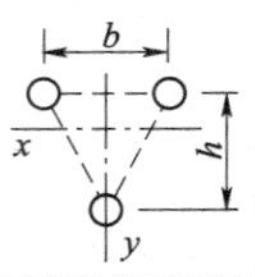	$i_x=0.47h$ $i_y=0.40b$

附录6　柱的计算长度系数

附表 6.1　　无侧移框架柱的计算长度系数 μ

K_2 \ K_1	0	0.05	0.1	0.2	0.3	0.4	0.5	1	2	3	4	5	≥10
0	1.000	0.990	0.981	0.964	0.949	0.935	0.922	0.875	0.820	0.791	0.773	0.760	0.732
0.05	0.990	0.981	0.971	0.955	0.940	0.926	0.914	0.867	0.814	0.784	0.766	0.754	0.726
0.1	0.981	0.971	0.962	0.946	0.931	0.918	0.906	0.860	0.807	0.778	0.760	0.748	0.721
0.2	0.964	0.955	0.946	0.930	0.916	0.903	0.891	0.846	0.795	0.767	0.749	0.737	0.711
0.3	0.949	0.940	0.931	0.916	0.902	0.889	0.878	0.834	0.784	0.756	0.739	0.728	0.701
0.4	0.935	0.926	0.918	0.903	0.889	0.877	0.866	0.823	0.774	0.747	0.730	0.719	0.693
0.5	0.922	0.914	0.906	0.891	0.878	0.866	0.855	0.813	0.765	0.738	0.721	0.710	0.685
1	0.875	0.867	0.860	0.846	0.834	0.823	0.813	0.774	0.729	0.704	0.688	0.677	0.654
2	0.820	0.814	0.807	0.795	0.784	0.774	0.765	0.729	0.686	0.663	0.648	0.638	0.615
3	0.791	0.784	0.778	0.767	0.756	0.747	0.738	0.704	0.663	0.640	0.625	0.616	0.593
4	0.773	0.766	0.760	0.749	0.739	0.730	0.721	0.688	0.648	0.625	0.611	0.601	0.580
5	0.760	0.754	0.748	0.737	0.728	0.719	0.710	0.677	0.638	0.616	0.601	0.592	0.570
≥10	0.732	0.726	0.721	0.711	0.701	0.693	0.685	0.654	0.615	0.593	0.580	0.570	0.549

注　1. 附表中的计算长度系数 μ 值系按下式所得

$$\left[\left(\frac{\pi}{\mu}\right)^2+2(K_1+K_2)-4K_1K_2\right]\frac{\pi}{\mu}\cdot\sin\frac{\pi}{\mu}-2\left[(K_1+K_2)\left(\frac{\pi}{\mu}\right)^2+4K_1K_2\right]\cos\frac{\pi}{\mu}+8K_1K_2=0$$

式中　K_1、K_2——相交于柱上端、柱下端的横梁线刚度之和与柱线刚度之和的比值。当横梁远端为铰接时，应将横梁线刚度乘以1.5；当横梁远端为嵌固时，则将横梁线刚度乘以2。

2. 当横梁与柱铰接时，取横梁线刚度为0。

3. 对底层框架柱：当柱与基础铰接时，取 $K_2=0$（对平板支座可取 $K_2=0.1$）；当柱与基础刚接时，取 $K_2=10$。

4. 当与柱刚性连接的横梁所受轴心压力 N_b 较大时，横梁线刚度应乘以折减系数 α_N；

横梁远端与柱刚接和横梁远端铰支时：

$$\alpha_N=1-N_b/N_{Eb}$$

横梁远端嵌固时

$$\alpha_N=1-N_b/(2N_{Eb})$$

式中　$N_{Eb}=\pi^2EI_b/l^2$；

I_b——横梁截面惯性矩；

l——横梁长度。

附表 6.2　　有侧移框架柱的计算长度系数 μ

K_2 \ K_1	0	0.05	0.1	0.2	0.3	0.4	0.5	1	2	3	4	5	≥10
0	∞	6.02	4.46	3.42	3.01	2.78	2.64	2.33	2.17	2.11	2.08	2.07	2.03
0.05	6.02	4.16	3.47	2.86	2.58	2.42	2.31	2.07	1.94	1.90	1.87	1.86	1.83
0.1	4.46	3.47	3.01	2.56	2.33	2.20	2.11	1.90	1.79	1.75	1.73	1.72	1.70

续表

K_2 \ K_1	0	0.05	0.1	0.2	0.3	0.4	0.5	1	2	3	4	5	≥10
0.2	3.42	2.86	2.56	2.23	2.05	1.94	1.87	1.70	1.60	1.57	1.55	1.54	1.52
0.3	3.01	2.58	2.33	2.05	1.90	1.80	1.74	1.58	1.49	1.46	1.45	1.44	1.42
0.4	2.78	2.42	2.20	1.94	1.80	1.71	1.65	1.50	1.42	1.39	1.37	1.37	1.35
0.5	2.64	2.31	2.11	1.87	1.74	1.65	1.59	1.45	1.37	1.34	1.32	1.32	1.30
1	2.33	2.07	1.90	1.70	1.58	1.50	1.45	1.32	1.24	1.21	1.20	1.19	1.17
2	2.17	1.94	1.79	1.60	1.49	1.42	1.37	1.24	1.16	1.14	1.12	1.12	1.10
3	2.11	1.90	1.75	1.57	1.46	1.39	1.34	1.21	1.14	1.11	1.10	1.09	1.07
4	2.08	1.87	1.73	1.55	1.45	1.37	1.32	1.20	1.12	1.10	1.08	1.08	1.06
5	2.07	1.86	1.72	1.54	1.44	1.37	1.32	1.19	1.12	1.09	1.08	1.07	1.05
≥10	2.03	1.83	1.70	1.52	1.42	1.35	1.30	1.17	1.10	1.07	1.06	1.05	1.03

注 1. 附表中的计算长度系数 μ 值系按下式所得

$$\left[36K_1K_2-\left(\frac{\pi}{\mu}\right)^2\right]\sin\frac{\pi}{\mu}+6(K_1+K_2)\frac{\pi}{\mu}\cdot\cos\frac{\pi}{\mu}=0$$

式中 K_1、K_2——相交于柱上端、柱下端的横梁线刚度之和与柱线刚度之和的比值。当横梁远端为铰接时，应将横梁线刚度乘以 0.5；当横梁远端为嵌固时，则应乘以 2/3。

2. 当横梁与柱铰接时，取横梁线刚度为 0。
3. 对底层框架柱：当柱与基础铰接时，取 $K_2=0$（对平板支座可取 $K_2=0.1$）；当柱与基础刚接时，取 $K_2=10$。
4. 当与柱刚性连接的横梁所受轴心压力 N_b 较大时，横梁线刚度应乘以折减系数 α_N：

横梁远端与柱刚接时：$\alpha_N=1-N_b/(4N_{Eb})$

横梁远端铰支时：$\alpha_N=1-N_b/N_{Eb}$

横梁远端嵌固时：$\alpha_N=1-N_b/(2N_{Eb})$

其中，N_{Eb} 的计算式见附表 6.1 注 4。

附表 6.3　　柱上端为自由的单阶柱下段的计算长度系数 μ_2

简图	η_1 \ K_1	0.06	0.08	0.10	0.12	0.14	0.16	0.18	0.20	0.22	0.24	0.26	0.28	0.3	0.4	0.5	0.6	0.7	0.8
I_1 H_1	0.2	2.00	2.01	2.01	2.01	2.01	2.01	2.01	2.02	2.02	2.02	2.02	2.02	2.02	2.03	2.04	2.05	2.06	2.07
	0.3	2.01	2.02	2.02	2.02	2.03	2.03	2.03	2.04	2.04	2.05	2.05	2.05	2.06	2.08	2.10	2.12	2.13	2.15
	0.4	2.02	2.03	2.04	2.04	2.05	2.06	2.07	2.07	2.08	2.09	2.09	2.10	2.11	2.14	2.18	2.21	2.25	2.28
	0.5	2.04	2.05	2.06	2.07	2.09	2.10	2.11	2.12	2.13	2.15	2.16	2.17	2.18	2.24	2.29	2.35	2.40	2.45
I_2 H_2	0.6	2.06	2.08	2.10	2.12	2.14	2.16	2.18	2.19	2.21	2.23	2.25	2.26	2.28	2.36	2.44	2.52	2.59	2.66
	0.7	2.10	2.13	2.16	2.18	2.21	2.24	2.26	2.29	2.31	2.34	2.36	2.38	2.41	2.52	2.62	2.72	2.81	2.90
	0.8	2.15	2.20	2.24	2.27	2.31	2.34	2.38	2.41	2.44	2.47	2.50	2.53	2.56	2.70	2.82	2.94	3.06	3.16
	0.9	2.24	2.29	2.35	2.39	2.44	2.48	2.52	2.56	2.60	2.63	2.67	2.71	2.74	2.90	3.05	3.19	3.32	3.44
	1.0	2.36	2.43	2.48	2.54	2.59	2.64	2.69	2.73	2.77	2.82	2.86	2.90	2.94	3.12	3.29	3.45	3.59	3.74
	1.2	2.69	2.76	2.83	2.89	2.95	3.01	3.07	3.12	3.17	3.22	3.27	3.32	3.37	3.59	3.80	3.99	4.17	4.34
	1.4	3.07	3.14	3.22	3.29	3.36	3.42	3.48	3.55	3.61	3.66	3.72	3.78	3.83	4.09	4.33	4.56	4.77	4.97
$K_1=\frac{I_1}{I_2}\frac{H_2}{H_1}$	1.6	3.47	3.55	3.63	3.71	3.78	3.85	3.92	3.99	4.07	4.12	4.18	4.25	4.31	4.61	4.88	5.14	5.38	5.62
	1.8	3.88	3.97	4.05	4.13	4.21	4.29	4.37	4.44	4.52	4.59	4.66	4.73	4.80	5.13	5.44	5.73	6.00	6.26
	2.0	4.29	4.39	4.48	4.57	4.65	4.74	4.82	4.90	4.99	5.07	5.14	5.22	5.30	5.66	6.00	6.32	6.63	6.92
$\eta_1=\frac{H_1}{H_2}\sqrt{\frac{N_1}{N_2}\cdot\frac{I_2}{I_1}}$	2.2	4.71	4.81	4.91	5.00	5.10	5.19	5.28	5.37	5.46	5.54	5.63	5.71	5.80	6.19	6.57	6.92	7.26	7.58
	2.4	5.13	5.24	5.34	5.44	5.54	5.64	5.74	5.84	5.93	6.03	6.12	6.21	6.30	6.73	7.14	7.52	7.89	8.24
N_1——上段柱轴心力	2.6	5.55	5.66	5.77	5.88	5.99	6.10	6.20	6.31	6.41	6.51	6.61	6.71	6.80	7.27	7.71	8.13	8.52	8.90
N_2——下段柱轴心力	2.8	5.97	6.09	6.21	6.33	6.44	6.55	6.67	6.78	6.89	6.99	7.10	7.21	7.31	7.81	8.28	8.73	9.16	9.57
	3.0	6.39	6.52	6.64	6.77	6.89	7.01	7.13	7.25	7.37	7.48	7.59	7.71	7.82	8.35	8.86	9.34	9.80	10.24

注 附表中的计算长度系数 μ_2 值系按下式计算得出：

$$\eta_1K_1\cdot\tan\frac{\pi}{\mu_2}\cdot\tan\frac{\pi\eta_1}{\mu_2}-1=0$$

附表 6.4　　柱上端可移动但不能转动的单阶柱下段的计算长度系数 μ_2

简　图	η_1 \ K_1	0.06	0.08	0.10	0.12	0.14	0.16	0.18	0.20	0.22	0.24	0.26	0.28	0.3	0.4	0.5	0.6	0.7	0.8
	0.2	1.96	1.94	1.93	1.91	1.90	1.89	1.88	1.86	1.85	1.84	1.83	1.82	1.81	1.76	1.72	1.68	1.65	1.62
	0.3	1.96	1.94	1.93	1.92	1.91	1.89	1.88	1.87	1.86	1.85	1.84	1.83	1.82	1.77	1.73	1.70	1.66	1.63
	0.4	1.96	1.95	1.94	1.92	1.91	1.90	1.89	1.88	1.87	1.86	1.85	1.84	1.83	1.79	1.75	1.72	1.68	1.66
	0.5	1.96	1.95	1.94	1.93	1.92	1.91	1.90	1.89	1.88	1.87	1.86	1.85	1.85	1.81	1.77	1.74	1.71	1.69
	0.6	1.97	1.96	1.95	1.94	1.93	1.92	1.91	1.90	1.90	1.89	1.88	1.87	1.87	1.83	1.80	1.78	1.75	1.73
	0.7	1.97	1.97	1.96	1.95	1.94	1.94	1.93	1.92	1.92	1.91	1.90	1.90	1.89	1.86	1.84	1.82	1.80	1.78
I_1　H_1	0.8	1.98	1.98	1.97	1.96	1.96	1.95	1.95	1.94	1.94	1.93	1.93	1.93	1.92	1.90	1.88	1.87	1.86	1.84
	0.9	1.99	1.99	1.98	1.98	1.98	1.97	1.97	1.97	1.97	1.96	1.96	1.96	1.96	1.95	1.94	1.93	1.92	1.92
I_2　H_2	1.0	2.00	2.00	2.00	2.00	2.00	2.00	2.00	2.00	2.00	2.00	2.00	2.00	2.00	2.00	2.00	2.00	2.00	2.00
	1.2	2.03	2.04	2.04	2.05	2.06	2.07	2.07	2.08	2.08	2.09	2.10	2.10	2.11	2.13	2.15	2.17	2.18	2.20
$K_1=\frac{I_1}{I_2}\cdot\frac{H_2}{H_1}$	1.4	2.07	2.09	2.11	2.12	2.14	2.16	2.17	2.18	2.20	2.21	2.22	2.23	2.24	2.29	2.33	2.37	2.40	2.42
$\eta_1=\frac{H_1}{H_2}\sqrt{\frac{N_1}{N_2}\cdot\frac{I_2}{I_1}}$	1.6	2.13	2.16	2.19	2.22	2.25	2.27	2.30	2.32	2.34	2.36	2.37	2.39	2.41	2.48	2.54	2.59	2.63	2.67
N_1——上段柱轴心力	1.8	2.22	2.27	2.31	2.35	2.39	2.42	2.45	2.48	2.50	2.53	2.55	2.57	2.59	2.69	2.76	2.83	2.88	2.93
N_2——下段柱轴心力	2.0	2.35	2.41	2.46	2.50	2.55	2.59	2.62	2.66	2.69	2.72	2.75	2.77	2.80	2.91	3.00	3.08	3.14	3.20
	2.2	2.51	2.57	2.63	2.68	2.73	2.77	2.81	2.85	2.89	2.92	2.95	2.98	3.01	3.14	3.25	3.33	3.41	3.47
	2.4	2.68	2.75	2.81	2.87	2.92	2.97	3.01	3.05	3.09	3.13	3.17	3.20	3.24	3.38	3.50	3.59	3.68	3.75
	2.6	2.87	2.94	3.00	3.06	3.12	3.17	3.22	3.27	3.31	3.35	3.39	3.43	3.46	3.62	3.75	3.86	3.95	4.03
	2.8	3.06	3.14	3.20	3.27	3.33	3.38	3.43	3.48	3.53	3.58	3.62	3.66	3.70	3.87	4.01	4.13	4.23	4.32
	3.0	3.26	3.34	3.41	3.47	3.54	3.60	3.65	3.70	3.75	3.80	3.85	3.89	3.93	4.12	4.27	4.40	4.51	4.61

注　附表中的计算长度系数 μ_2 值系按下式计算得出：

$$\tan\frac{\pi\eta_1}{\mu_2}+\eta_1K_1\cdot\tan\frac{\pi}{\mu_2}=0$$

附表 6.5　　柱上端为自由的双阶柱下段的计算长度系数 μ_3

简图：

I_1, I_2, I_3; H_1, H_2, H_3

$$K_1=\frac{I_1}{I_3}\cdot\frac{H_3}{H_1}$$

$$K_2=\frac{I_2}{I_3}\cdot\frac{H_3}{H_2}$$

$$\eta_1=\frac{H_1}{H_3}\sqrt{\frac{N_1}{N_3}\cdot\frac{I_3}{I_1}}$$

$$\eta_2=\frac{H_2}{H_3}\sqrt{\frac{N_2}{N_3}\cdot\frac{I_3}{I_2}}$$

N_1——上段柱轴心力

N_2——中段柱轴心力

N_3——下段柱轴心力

η_1	K_1	0.05											0.10										
	η_2 \ K_2	0.2	0.3	0.4	0.5	0.6	0.7	0.8	0.9	1.0	1.1	1.2	0.2	0.3	0.4	0.5	0.6	0.7	0.8	0.9	1.0	1.1	1.2
0.2	0.2	2.02	2.03	2.04	2.05	2.05	2.06	2.07	2.08	2.09	2.10	2.10	2.03	2.03	2.04	2.05	2.06	2.07	2.08	2.08	2.09	2.10	2.11
	0.4	2.08	2.11	2.15	2.19	2.22	2.25	2.29	2.32	2.35	2.39	2.42	2.09	2.12	2.16	2.19	2.23	2.26	2.29	2.33	2.36	2.39	2.42
	0.6	2.20	2.29	2.37	2.45	2.52	2.60	2.67	2.73	2.80	2.87	2.93	2.21	2.30	2.38	2.46	2.53	2.60	2.67	2.74	2.81	2.87	2.93
	0.8	2.42	2.57	2.71	2.83	2.95	3.06	3.17	3.27	3.37	3.47	3.56	2.44	2.58	2.71	2.84	2.96	3.07	3.17	3.28	3.37	3.47	3.56
	1.0	2.75	2.95	3.13	3.30	3.45	3.60	3.74	3.87	4.00	4.13	4.25	2.76	2.96	3.14	3.30	3.46	3.60	3.74	3.88	4.01	4.13	4.25
	1.2	3.13	3.38	3.60	3.80	4.00	4.18	4.35	4.51	4.67	4.82	4.97	3.15	3.39	3.61	3.81	4.00	4.18	4.35	4.52	4.68	4.83	4.98
0.4	0.2	2.04	2.05	2.05	2.06	2.07	2.08	2.09	2.09	2.10	2.11	2.12	2.07	2.07	2.08	2.08	2.09	2.10	2.11	2.12	2.12	2.13	2.14
	0.4	2.10	2.14	2.17	2.20	2.24	2.27	2.31	2.34	2.37	2.40	2.43	2.14	2.17	2.20	2.23	2.26	2.30	2.33	2.36	2.39	2.42	2.46
	0.6	2.24	2.32	2.40	2.47	2.54	2.62	2.68	2.75	2.82	2.88	2.94	2.28	2.36	2.43	2.50	2.57	2.64	2.71	2.77	2.84	2.90	2.96
	0.8	2.47	2.60	2.73	2.85	2.97	3.08	3.19	3.29	3.38	3.48	3.57	2.53	2.65	2.77	2.88	3.00	3.10	3.21	3.31	3.40	3.50	3.59
	1.0	2.79	2.98	3.15	3.32	3.47	3.62	3.75	3.89	4.02	4.14	4.26	2.85	3.02	3.19	3.34	3.49	3.64	3.77	3.91	4.03	4.16	4.28
	1.2	3.18	3.41	3.62	3.82	4.01	4.19	4.36	4.52	4.68	4.83	4.98	3.24	3.45	3.65	3.85	4.03	4.21	4.38	4.54	4.70	4.85	4.99
0.6	0.2	2.09	2.09	2.10	2.10	2.11	2.12	2.12	2.13	2.14	2.15	2.15	2.22	2.19	2.18	2.17	2.18	2.18	2.19	2.19	2.20	2.20	2.21
	0.4	2.17	2.19	2.22	2.25	2.28	2.31	2.34	2.38	2.41	2.44	2.47	2.31	2.30	2.31	2.33	2.35	2.38	2.41	2.44	2.47	2.49	2.52
	0.6	2.32	2.38	2.45	2.52	2.59	2.66	2.72	2.79	2.85	2.91	2.97	2.48	2.49	2.54	2.60	2.66	2.72	2.78	2.84	2.90	2.96	3.02
	0.8	2.56	2.67	2.79	2.90	3.01	3.11	3.22	3.32	3.41	3.50	3.60	2.72	2.78	2.87	2.97	3.07	3.17	3.27	3.36	3.46	3.55	3.64
	1.0	2.88	3.04	3.20	3.36	3.50	3.65	3.78	3.91	4.04	4.16	4.26	3.04	3.15	3.28	3.42	3.56	3.70	3.83	3.95	4.08	4.20	4.31
	1.2	3.26	3.46	3.66	3.86	4.04	4.22	4.38	4.55	4.70	4.85	5.00	3.40	3.56	3.74	3.91	4.09	4.26	4.42	4.58	4.73	4.88	5.03
0.8	0.2	2.29	2.24	2.22	2.21	2.21	2.22	2.22	2.22	2.23	2.23	2.24	3.63	2.49	2.43	2.40	2.38	2.37	2.37	2.36	2.36	2.37	2.37
	0.4	2.37	2.34	2.34	2.36	2.38	2.40	2.43	2.45	2.48	2.51	2.54	2.71	2.59	2.55	2.54	2.54	2.55	2.57	2.59	2.61	2.63	2.65
	0.6	2.52	2.52	2.56	2.61	2.67	2.73	2.79	2.85	2.91	2.96	3.02	2.86	2.76	2.76	2.78	2.82	2.86	2.91	2.96	3.01	3.07	3.12
	0.8	2.74	2.79	2.88	2.98	3.08	3.17	3.27	3.36	3.46	3.55	3.63	3.06	3.02	3.06	3.13	3.20	3.29	3.37	3.46	3.54	3.63	3.71
	1.0	3.04	3.15	3.28	3.42	3.56	3.69	3.82	3.95	4.07	4.19	4.31	3.33	3.35	3.44	3.55	3.67	3.79	3.90	4.03	4.15	4.26	4.37
	1.2	3.39	3.55	3.73	3.91	4.08	4.25	4.42	4.58	4.73	4.88	5.02	3.65	3.73	3.86	4.02	4.18	4.34	4.49	4.64	4.79	4.94	5.08
1.0	0.2	2.69	2.57	2.51	2.48	2.46	2.45	2.45	2.44	2.44	2.44	2.44	3.18	2.95	2.84	2.77	2.73	2.70	2.68	2.67	2.66	2.65	2.65
	0.4	2.75	2.64	2.60	2.59	2.59	2.59	2.60	2.62	2.63	2.65	2.67	3.24	3.03	2.93	2.88	2.85	2.84	2.84	2.84	2.85	2.86	2.87
	0.6	2.86	2.78	2.77	2.79	2.83	2.87	2.91	2.96	3.01	3.06	3.10	3.36	3.16	3.09	3.07	3.08	3.09	3.12	3.15	3.19	3.23	3.27
	0.8	3.04	3.01	3.05	3.11	3.19	3.27	3.35	3.44	3.52	3.61	3.69	3.52	3.37	3.34	3.36	3.41	3.46	3.53	3.60	3.67	3.75	3.82
	1.0	3.29	3.32	3.41	3.52	3.64	3.76	3.89	4.01	4.13	4.24	4.35	3.74	3.64	3.67	3.74	3.83	3.93	4.03	4.14	4.25	4.35	4.46
	1.2	3.60	3.69	3.83	3.99	4.15	4.31	4.47	4.62	4.77	4.92	5.06	4.00	3.97	4.05	4.17	4.31	4.45	4.59	4.73	4.87	5.01	5.14

续表

简图：

I_1, I_2, I_3; H_1, H_2, H_3

$K_1=\frac{I_1}{I_3}\cdot\frac{H_3}{H_1}$

$K_2=\frac{I_2}{I_3}\cdot\frac{H_3}{H_2}$

$\eta_1=\frac{H_1}{H_3}\sqrt{\frac{N_1}{N_3}\cdot\frac{I_3}{I_1}}$

$\eta_2=\frac{H_2}{H_3}\sqrt{\frac{N_2}{N_3}\cdot\frac{I_3}{I_2}}$

N_1——上段柱轴心力

N_2——中段柱轴心力

N_3——下段柱轴心力

η_1	K_1	0.05											0.10										
	η_2 \ K_2	0.2	0.3	0.4	0.5	0.6	0.7	0.8	0.9	1.0	1.1	1.2	0.2	0.3	0.4	0.5	0.6	0.7	0.8	0.9	1.0	1.1	1.2
1.2	0.2	3.16	3.00	2.92	2.87	2.84	2.81	2.80	2.79	2.78	2.77	2.77	3.77	3.47	3.32	3.23	3.17	3.12	3.09	3.07	3.05	3.04	3.03
	0.4	3.21	3.05	2.98	2.94	2.92	2.90	2.90	2.90	2.90	2.91	2.92	3.82	3.53	3.39	3.31	3.26	3.22	3.20	3.19	3.19	3.19	3.19
	0.6	3.30	3.15	3.10	3.08	3.08	3.10	3.12	3.15	3.18	3.22	3.26	3.91	3.64	3.51	3.45	3.42	3.42	3.42	3.43	3.45	3.48	3.50
	0.8	3.43	3.32	3.30	3.33	3.37	3.43	3.49	3.56	3.63	3.71	3.78	4.04	3.80	3.71	3.68	3.69	3.72	3.76	3.81	3.86	3.92	3.98
	1.0	3.62	3.57	3.60	3.68	3.77	3.87	3.98	4.09	4.20	4.31	4.42	4.21	4.02	3.97	3.99	4.05	4.12	4.20	4.29	4.39	4.48	4.58
	1.2	3.88	3.88	3.98	4.11	4.25	4.39	4.54	4.68	4.83	4.97	5.10	4.43	4.30	4.31	4.38	4.48	4.60	4.72	4.85	4.98	5.11	5.24
1.4	0.2	3.66	3.46	3.36	3.29	3.25	3.23	3.20	3.19	3.18	3.17	3.16	4.37	4.01	3.82	3.71	3.63	3.58	3.54	3.51	3.49	3.47	3.45
	0.4	3.70	3.50	3.40	3.35	3.31	3.29	3.27	3.26	3.26	3.26	3.26	4.41	4.06	3.88	3.77	3.70	3.66	3.63	3.60	3.59	3.58	3.57
	0.6	3.77	3.58	3.49	3.45	3.43	3.42	3.42	3.43	3.45	3.47	3.49	4.48	4.15	3.98	3.89	3.83	3.80	3.79	3.78	3.79	3.80	3.81
	0.8	3.87	3.70	3.64	3.63	3.64	3.67	3.70	3.75	3.81	3.86	3.92	4.59	4.28	4.13	4.07	4.04	4.04	4.06	4.08	4.12	4.16	4.21
	1.0	4.02	3.89	3.87	3.90	3.96	4.04	4.12	4.22	4.31	4.41	4.51	4.74	4.45	4.35	4.32	4.43	4.38	4.43	4.50	4.58	4.66	4.74
	1.2	4.23	4.15	4.19	4.27	4.39	4.51	4.64	4.77	4.91	5.04	5.17	4.92	4.69	4.63	4.65	4.72	4.80	4.90	5.10	5.13	5.24	5.36
0.2	0.2	2.04	2.04	2.05	2.06	2.07	2.08	2.08	2.09	2.10	2.11	2.12	2.05	2.05	2.06	2.07	2.08	2.09	2.09	2.10	2.11	2.12	2.13
	0.4	2.10	2.13	2.17	2.20	2.24	2.27	2.30	2.34	2.37	2.40	2.43	2.12	2.15	2.18	2.21	2.25	2.28	2.31	2.35	2.38	2.41	2.44
	0.6	2.23	2.31	2.39	2.47	2.54	2.61	2.68	2.75	2.82	2.88	2.94	2.25	2.33	2.41	2.48	2.56	2.63	2.69	2.76	2.83	2.89	2.95
	0.8	2.46	2.60	2.73	2.85	2.97	3.08	3.18	3.29	3.38	3.48	3.57	2.49	2.62	2.75	2.87	2.98	3.09	3.20	3.30	3.39	3.49	3.58
	1.0	2.79	2.98	3.15	3.32	3.47	3.61	3.75	3.89	4.02	4.14	4.26	2.82	3.00	3.17	3.33	3.48	3.63	3.76	3.90	4.02	4.15	4.27
	1.2	3.18	3.41	3.62	3.82	4.01	4.19	4.36	4.52	4.68	4.83	4.98	3.20	3.43	3.64	3.83	4.02	4.20	4.37	4.53	4.69	4.84	4.99
0.4	0.2	2.15	2.13	2.13	2.14	2.14	2.15	2.15	2.16	2.17	2.17	2.18	2.26	2.21	2.20	2.19	2.19	2.20	2.20	2.21	2.21	2.22	2.23
	0.4	2.24	2.24	2.26	2.29	2.32	2.35	2.38	2.41	2.44	2.47	2.50	2.36	2.33	2.33	2.35	2.38	2.40	2.43	2.46	2.49	2.51	2.54
	0.6	2.40	2.44	2.50	2.56	2.63	2.69	2.76	2.82	2.88	2.94	3.00	2.54	2.54	2.58	2.63	2.69	2.75	2.81	2.87	2.93	2.99	3.04
	0.8	2.66	2.74	2.84	2.95	3.05	3.15	3.25	3.35	3.44	3.53	3.62	2.79	2.83	2.91	3.01	3.10	3.20	3.30	3.39	3.48	3.57	3.66
	1.0	2.98	3.12	3.25	3.40	3.54	3.68	3.81	3.94	4.07	4.19	4.30	3.11	3.20	3.32	3.46	3.59	3.72	3.85	3.98	4.10	4.22	4.33
	1.2	3.35	3.53	3.71	3.90	4.08	4.25	4.41	4.57	4.73	4.87	5.02	3.47	3.60	3.77	3.95	4.12	4.28	4.45	4.60	4.75	4.90	5.04
0.6	0.2	2.57	2.42	2.37	2.34	2.33	2.32	2.32	2.32	2.32	2.32	2.33	2.93	2.68	2.57	2.52	2.49	2.47	2.46	2.45	2.45	2.45	2.45
	0.4	2.67	2.54	2.50	2.50	2.51	2.52	2.54	2.56	2.58	2.61	2.63	3.02	2.79	2.71	2.67	2.66	2.66	2.67	2.69	2.70	2.72	2.74
	0.6	2.83	2.74	2.73	2.76	2.80	2.85	2.90	2.96	3.01	3.06	3.12	3.17	2.98	2.93	2.93	2.95	2.98	3.02	3.07	3.11	3.16	3.21
	0.8	3.06	3.01	3.05	3.12	3.20	3.29	3.38	3.46	3.55	3.63	3.72	4.37	3.24	3.23	3.27	3.33	3.41	3.48	3.56	3.64	3.72	3.80
	1.0	3.34	3.35	3.44	3.56	3.68	3.80	3.92	4.04	4.15	4.27	4.38	3.63	3.56	3.60	3.69	3.79	3.90	4.01	4.12	4.23	4.34	4.45
	1.2	3.67	3.74	3.88	4.03	4.19	4.35	4.50	4.65	4.80	4.94	5.08	3.94	3.92	4.02	4.15	4.29	4.43	4.58	4.72	4.87	5.01	5.14
0.8	0.2	3.25	2.96	2.82	2.74	2.69	2.66	2.64	2.62	2.61	2.61	2.60	3.78	3.38	3.18	3.06	2.98	2.93	2.89	2.86	2.84	2.83	2.82
	0.4	3.33	3.05	2.93	2.87	2.84	2.83	2.83	2.83	2.84	2.85	2.87	3.85	3.47	3.28	3.18	3.12	3.09	3.07	3.06	3.06	3.06	3.06
	0.6	3.45	3.21	3.12	3.10	3.10	3.12	3.14	3.18	3.22	3.26	3.30	3.96	3.61	3.46	3.39	3.36	3.35	3.36	3.38	3.41	3.44	3.47
	0.8	3.63	3.44	3.39	3.41	3.45	3.51	3.57	3.64	3.71	3.79	3.86	4.12	3.82	3.70	3.67	3.68	3.72	3.76	3.82	3.88	3.94	4.01
	1.0	3.86	3.73	3.73	3.80	3.88	3.98	4.08	4.18	4.29	4.39	4.50	4.32	4.07	4.01	4.03	4.08	4.16	4.24	4.33	4.43	4.52	4.62
	1.2	4.13	4.07	4.13	4.24	4.36	4.50	4.64	4.78	4.91	5.05	5.18	4.57	4.38	4.38	4.44	4.54	4.66	4.78	4.90	5.03	5.16	5.29

续表

简图	η_1 \ K_1	η_2 \ K_2	0.05											0.10										
			0.2	0.3	0.4	0.5	0.6	0.7	0.8	0.9	1.0	1.1	1.2	0.2	0.3	0.4	0.5	0.6	0.7	0.8	0.9	1.0	1.1	1.2
I_1, I_2, I_3; H_1, H_2, H_3	1.0	0.2	4.00	3.60	3.39	3.26	3.18	3.13	3.08	3.05	3.03	3.01	3.00	4.68	4.15	3.86	3.69	3.57	3.49	3.43	3.38	3.35	3.32	3.30
		0.4	4.06	3.67	3.48	3.37	3.30	3.26	3.23	3.21	3.21	3.20	3.20	4.73	4.21	3.94	3.78	3.68	3.61	3.57	3.54	3.51	3.50	3.49
		0.6	4.15	3.79	3.63	3.54	3.50	3.48	3.49	3.50	3.51	3.54	3.57	4.82	4.33	4.08	3.95	3.87	3.83	3.80	3.80	3.80	3.81	3.83
		0.8	4.29	3.97	3.84	3.80	3.79	3.81	3.85	3.90	3.95	4.01	4.07	4.94	4.49	4.28	4.18	4.14	4.13	4.14	4.17	4.20	4.25	4.29
		1.0	4.48	4.21	4.13	4.13	4.17	4.23	4.31	4.39	4.48	4.57	4.66	5.10	4.70	4.53	4.48	4.48	4.51	4.56	4.62	4.70	4.77	4.85
		1.2	4.70	4.49	4.47	4.52	4.60	4.71	4.82	4.94	5.07	5.19	5.31	5.30	4.95	4.84	4.83	4.88	4.96	5.05	5.15	5.26	5.37	5.48
	1.2	0.2	4.76	4.26	4.00	3.83	3.72	3.65	3.59	3.54	3.51	3.48	3.46	5.58	4.93	4.57	4.35	4.20	4.10	4.01	3.95	3.90	3.86	3.83
		0.4	4.81	4.32	4.07	3.91	3.82	3.75	3.70	3.67	3.65	3.63	3.62	5.62	4.98	4.64	4.43	4.29	4.19	4.12	4.07	4.03	4.01	3.98
$K_1=\frac{I_1}{I_3}\cdot\frac{H_3}{H_1}$		0.6	4.89	4.43	4.19	4.05	3.98	3.93	3.91	3.89	3.89	3.90	3.91	5.70	5.08	4.75	4.56	4.44	4.37	4.32	4.29	4.27	4.26	4.26
$K_2=\frac{I_2}{I_3}\cdot\frac{H_3}{H_2}$		0.8	5.00	4.57	4.36	4.26	4.21	4.20	4.21	4.23	4.26	4.30	4.34	5.80	5.21	4.91	4.75	4.66	4.61	4.59	4.59	4.60	4.62	4.65
		1.0	5.15	4.76	4.59	4.53	4.53	4.55	4.60	4.66	4.73	4.80	4.88	5.93	5.38	5.12	5.00	4.95	4.94	4.95	4.99	5.03	5.09	5.15
$\eta_1=\frac{H_1}{H_3}\sqrt{\frac{N_1}{N_3}\cdot\frac{I_3}{I_1}}$		1.2	5.34	5.00	4.88	4.87	4.91	4.98	5.07	5.17	5.27	5.38	5.49	6.10	5.59	5.38	5.31	5.30	5.33	5.39	5.46	5.54	5.63	5.73
	1.4	0.2	5.53	4.94	4.62	4.42	4.29	4.19	4.12	4.06	4.02	3.98	3.95	6.49	5.72	5.30	5.03	4.85	4.72	4.62	4.54	4.48	4.43	4.38
$\eta_2=\frac{H_2}{H_3}\sqrt{\frac{N_2}{N_3}\cdot\frac{I_3}{I_2}}$		0.4	5.57	4.99	4.68	4.49	4.36	4.27	4.21	4.16	4.13	4.10	4.08	6.53	5.77	5.35	5.10	4.93	4.80	4.71	4.64	4.59	4.55	4.51
N_1——上段柱轴心力		0.6	5.64	5.07	4.78	4.60	4.49	4.42	4.38	4.35	4.33	4.32	4.32	6.59	5.85	5.45	5.21	5.05	4.95	4.87	4.82	4.78	4.76	4.74
N_2——中段柱轴心力		0.8	5.74	5.19	4.92	4.77	4.69	4.64	4.62	4.62	4.63	4.65	4.67	6.68	5.96	5.59	5.37	5.24	5.15	5.10	5.08	5.06	5.06	5.07
N_3——下段柱轴心力		1.0	5.86	5.35	5.12	5.00	4.95	4.94	4.96	4.99	5.03	5.09	5.15	6.79	6.10	5.76	5.58	5.48	5.43	5.41	5.41	5.44	5.47	5.51
		1.2	6.02	5.55	5.36	5.29	5.28	5.31	5.37	5.44	5.52	5.61	5.71	6.93	6.28	5.98	5.84	5.78	5.76	5.79	5.83	5.89	5.95	6.03

注 附表中的计算长度系数 μ_3 值系按下式算得

$$\frac{\eta_1 K_1}{\eta_2 K_2}\cdot\tan\frac{\pi\eta_1}{\mu_3}\cdot\tan\frac{\pi\eta_2}{\mu_3}+\eta_1 K_1\cdot\tan\frac{\pi\eta_1}{\mu_3}\cdot\tan\frac{\pi}{\mu_3}+\eta_2 K_2\cdot\tan\frac{\pi\eta_2}{\mu_3}\cdot\tan\frac{\pi}{\mu_3}-1=0$$

附表 6.6　　**柱上端可移动但不能转动的双阶柱下段的计算长度系数 μ_3**

简图：双阶柱（上段 I_1、H_1；中段 I_2、H_2；下段 I_3、H_3）

$$K_1 = \frac{I_1}{I_3} \cdot \frac{H_3}{H_1}$$

$$K_2 = \frac{I_2}{I_3} \cdot \frac{H_3}{H_2}$$

$$\eta_1 = \frac{H_1}{H_3}\sqrt{\frac{N_1}{N_3} \cdot \frac{I_3}{I_1}}$$

$$\eta_2 = \frac{H_2}{H_3}\sqrt{\frac{N_2}{N_3} \cdot \frac{I_3}{I_2}}$$

N_1——上段柱轴心力

N_2——中段柱轴心力

N_3——下段柱轴心力

K_1		0.05											0.10										
η_1	η_2 \ K_2	0.2	0.3	0.4	0.5	0.6	0.7	0.8	0.9	1.0	1.1	1.2	0.2	0.3	0.4	0.5	0.6	0.7	0.8	0.9	1.0	1.1	1.2
0.2	0.2	1.99	1.99	2.00	2.00	2.01	2.02	2.02	2.03	2.04	2.05	2.06	1.96	1.96	1.97	1.97	1.98	1.98	1.99	2.00	2.00	2.01	2.02
	0.4	2.03	2.06	2.09	2.12	2.16	2.19	2.22	2.25	2.29	2.32	2.35	2.00	2.02	2.05	2.08	2.11	2.14	2.17	2.20	2.23	2.26	2.29
	0.6	2.12	2.20	2.28	2.36	2.43	2.50	2.57	2.64	2.71	2.77	2.83	2.07	2.14	2.22	2.29	2.36	2.43	2.50	2.56	2.63	2.69	2.75
	0.8	2.28	2.43	2.57	2.70	2.82	2.94	3.04	3.15	3.25	3.34	3.43	2.20	2.35	2.48	2.61	2.73	2.84	2.94	3.05	3.14	3.24	3.33
	1.0	2.53	2.76	2.96	3.13	3.29	3.44	3.59	3.72	3.85	3.98	4.10	2.41	2.64	2.83	3.01	3.17	3.32	3.46	3.59	3.72	3.85	3.97
	1.2	2.86	3.15	3.39	3.61	3.80	3.99	4.16	4.33	4.49	4.64	4.79	2.70	2.99	3.23	3.45	3.65	3.84	4.01	4.18	4.34	4.49	4.64
0.4	0.2	1.99	1.99	2.00	2.01	2.01	2.02	2.03	2.04	2.04	2.05	2.06	1.96	1.97	1.97	1.98	1.98	1.99	2.00	2.00	2.01	2.02	2.03
	0.4	2.03	2.06	2.09	2.13	2.16	2.19	2.23	2.26	2.29	2.32	2.35	2.00	2.03	2.06	2.09	2.12	2.15	2.18	2.21	2.24	2.27	2.30
	0.6	2.12	2.20	2.28	2.36	2.44	2.51	2.58	2.64	2.71	2.77	2.84	2.08	2.15	2.23	2.30	2.37	2.44	2.51	2.57	2.64	2.70	2.76
	0.8	2.29	2.44	2.58	2.71	2.83	2.94	3.05	3.15	3.25	3.35	3.44	2.21	2.36	2.49	2.62	2.73	2.85	2.95	3.05	3.15	3.24	3.34
	1.0	2.54	2.77	2.96	3.14	3.30	3.45	3.59	3.73	3.85	3.98	4.10	2.43	2.65	2.84	3.02	3.18	3.33	3.47	3.60	3.73	3.85	3.97
	1.2	2.87	3.15	3.40	3.61	3.81	3.99	4.17	4.33	4.49	4.65	4.79	2.71	3.00	3.24	3.46	3.66	3.85	4.02	4.19	4.34	4.49	4.64
0.6	0.2	1.99	1.98	2.00	2.01	2.02	2.03	2.04	2.04	2.05	2.06	2.07	1.97	1.98	1.98	1.99	2.00	2.00	2.01	2.02	2.02	2.03	2.04
	0.4	2.04	2.07	2.10	2.14	2.17	2.20	2.23	2.27	2.30	2.33	2.36	2.01	2.04	2.07	2.10	2.13	2.16	2.19	2.22	2.26	2.29	2.32
	0.6	2.13	2.21	2.29	2.37	2.45	2.52	2.59	2.65	2.72	2.78	2.84	2.09	2.17	2.24	2.32	2.39	2.46	2.52	2.59	2.65	2.71	2.77
	0.8	2.30	2.45	2.59	2.72	2.84	2.95	3.06	3.16	3.26	3.35	3.44	2.23	2.38	2.51	2.64	2.75	2.86	2.97	3.07	3.16	3.26	3.35
	1.0	2.56	2.78	2.97	3.15	3.31	3.46	3.60	3.73	3.86	3.99	4.11	2.45	2.68	2.86	3.03	3.19	3.34	3.48	3.61	3.74	3.86	3.98
	1.2	2.89	3.17	3.41	3.62	3.82	4.00	4.17	4.34	4.50	4.65	4.80	2.74	3.02	3.26	3.48	3.67	3.86	4.03	4.20	4.35	4.50	4.65
0.8	0.2	2.00	2.01	2.02	2.02	2.03	2.04	2.05	2.05	2.06	2.07	2.08	1.99	1.99	2.00	2.01	2.01	2.02	2.03	2.04	2.04	2.05	2.06
	0.4	2.05	2.08	2.12	2.15	2.18	2.21	2.25	2.28	2.31	2.34	2.37	2.03	2.06	2.09	2.12	2.15	2.19	2.22	2.25	2.28	2.31	2.34
	0.6	2.15	2.23	2.31	2.39	2.46	2.53	2.60	2.67	2.73	2.79	2.85	2.12	2.19	2.27	2.34	2.41	2.48	2.55	2.61	2.67	2.73	2.79
	0.8	2.32	2.47	2.61	2.73	2.85	2.96	3.07	3.17	3.27	3.36	3.45	2.27	2.41	2.54	2.66	2.78	2.89	2.99	3.09	3.18	3.28	3.37
	1.0	2.59	2.80	2.99	3.16	3.32	3.47	3.61	3.74	3.87	3.99	4.11	2.49	2.70	2.89	3.06	3.21	3.36	3.50	3.63	3.76	3.88	4.00
	1.2	2.92	3.19	3.42	3.63	3.83	4.01	4.18	4.35	4.51	4.66	4.81	2.78	3.05	3.29	3.50	3.69	3.88	4.05	4.21	4.37	4.52	4.66
1.0	0.2	2.02	2.02	2.03	2.04	2.05	2.05	2.06	2.07	2.08	2.09	2.09	2.01	2.02	2.03	2.04	2.04	2.05	2.06	2.07	2.07	2.08	2.09
	0.4	2.07	2.10	2.14	2.17	2.20	2.23	2.26	2.30	2.33	2.36	2.39	2.06	2.10	2.13	2.16	2.19	2.22	2.25	2.28	2.31	2.34	2.37
	0.6	2.17	2.26	2.33	2.41	2.48	2.55	2.62	2.68	2.75	2.81	2.87	2.16	2.24	2.31	2.38	2.45	2.51	2.58	2.64	2.70	2.76	2.82
	0.8	2.36	2.50	2.63	2.76	2.87	2.98	3.08	3.19	3.28	3.38	3.47	2.32	2.46	2.58	2.70	2.81	2.92	3.02	3.12	3.21	3.30	3.39
	1.0	2.62	2.83	3.01	3.18	3.34	3.48	3.62	3.75	3.88	4.01	4.12	2.55	2.75	2.93	3.09	3.25	3.39	3.53	3.66	3.78	3.90	4.02
	1.2	2.95	3.21	3.44	3.65	3.82	4.02	4.20	4.36	4.52	4.67	4.81	2.84	3.10	3.32	3.53	3.72	3.90	4.07	4.23	4.39	4.54	4.68

续表

简图：

I_1, I_2, I_3; H_1, H_2, H_3

$$K_1 = \frac{I_1}{I_3} \cdot \frac{H_3}{H_1}$$

$$K_2 = \frac{I_2}{I_3} \cdot \frac{H_3}{H_2}$$

$$\eta_1 = \frac{H_1}{H_3}\sqrt{\frac{N_1}{N_3} \cdot \frac{I_3}{I_1}}$$

$$\eta_2 = \frac{H_2}{H_3}\sqrt{\frac{N_2}{N_3} \cdot \frac{I_3}{I_2}}$$

N_1——上段柱轴心力

N_2——中段柱轴心力

N_3——下段柱轴心力

η_1	K_1 / K_2 / η_2	0.05											0.10										
		0.2	0.3	0.4	0.5	0.6	0.7	0.8	0.9	1.0	1.1	1.2	0.2	0.3	0.4	0.5	0.6	0.7	0.8	0.9	1.0	1.1	1.2
1.2	0.2	2.04	2.05	2.06	2.06	2.07	2.08	2.09	2.09	2.10	2.11	2.12	2.07	2.08	2.08	2.09	2.09	2.10	2.11	2.11	2.12	2.13	2.13
	0.4	2.10	2.13	2.17	2.20	2.23	2.26	2.29	2.32	2.35	2.38	2.41	2.13	2.16	2.18	2.21	2.24	2.27	2.30	2.33	2.35	2.38	2.41
	0.6	2.22	2.29	2.37	2.44	2.51	2.58	2.64	2.71	2.77	2.83	2.89	2.24	2.30	2.37	2.43	2.50	2.56	2.63	2.68	2.74	2.80	2.86
	0.8	2.41	2.54	2.67	2.78	2.90	3.00	3.11	3.20	3.30	3.39	3.48	2.41	2.53	2.64	2.75	2.86	2.96	3.06	3.15	3.24	3.33	3.42
	1.0	2.68	2.87	3.04	3.21	3.36	3.50	3.64	3.77	3.90	4.02	4.14	2.64	2.82	2.98	3.14	3.29	3.43	3.56	3.69	3.81	3.93	4.04
	1.2	3.00	3.25	3.47	3.67	3.86	4.04	4.21	4.37	4.53	4.68	4.83	2.92	3.16	3.37	3.57	3.76	3.93	4.10	4.26	4.41	4.56	4.70
1.4	0.2	2.10	2.10	2.10	2.11	2.11	2.12	2.13	2.13	2.14	2.15	2.15	2.20	2.18	2.17	2.17	2.17	2.18	2.18	2.19	2.19	2.20	2.20
	0.4	2.17	2.19	2.21	2.24	2.27	2.30	2.33	2.36	2.39	2.41	2.44	2.26	2.26	2.27	2.29	2.32	2.34	2.37	2.39	2.42	2.44	2.47
	0.6	2.29	2.35	2.41	2.48	2.55	2.61	2.67	2.74	2.80	2.86	2.91	2.37	2.41	2.46	2.51	2.57	2.63	2.68	2.74	2.80	2.85	2.91
	0.8	2.48	2.60	2.71	2.82	2.93	3.03	3.13	3.23	3.32	3.41	3.50	2.53	2.62	2.72	2.82	2.92	3.01	3.11	3.20	3.29	3.37	3.46
	1.0	2.74	2.92	3.08	3.24	3.39	3.53	3.66	3.79	3.92	4.04	4.15	2.75	2.90	3.05	3.20	3.34	3.47	3.60	3.72	3.84	3.96	4.07
	1.2	3.06	3.29	3.50	3.70	3.89	4.06	4.23	4.39	4.55	4.70	4.84	3.02	3.23	3.43	3.62	3.80	3.97	4.13	4.29	4.44	4.59	4.73
0.2	0.2	1.94	1.93	1.93	1.93	1.93	1.93	1.94	1.94	1.95	1.95	1.69	1.92	1.91	1.90	1.89	1.89	1.89	1.90	1.90	1.90	1.90	1.91
	0.4	1.96	1.98	1.99	2.02	2.04	2.07	2.09	2.12	2.15	2.17	2.20	1.95	1.95	1.96	1.97	1.99	2.01	2.04	2.06	2.08	2.11	2.13
	0.6	2.02	2.07	2.13	2.19	2.26	2.32	2.38	2.44	2.50	2.56	2.62	1.99	2.03	2.08	2.13	2.18	2.24	2.29	2.35	2.41	2.46	2.52
	0.8	2.12	2.23	2.35	2.47	2.58	2.68	2.78	2.88	2.98	3.07	3.15	2.07	2.16	2.27	2.37	2.47	2.57	2.66	2.75	2.84	2.93	3.01
	1.0	2.28	2.47	2.65	2.82	2.97	3.12	3.26	3.39	3.51	3.63	3.75	2.20	2.37	2.53	2.69	2.83	2.97	3.10	3.23	3.35	3.46	3.57
	1.2	2.50	2.77	3.01	3.22	3.42	3.60	3.77	3.93	4.09	4.23	4.38	2.39	2.63	2.85	3.05	3.24	3.42	3.58	3.74	3.89	4.03	4.17
0.4	0.2	1.93	1.93	1.93	1.93	1.94	1.94	1.95	1.95	1.96	1.96	1.97	1.92	1.91	1.91	1.90	1.90	1.91	1.91	1.91	1.92	1.92	1.92
	0.4	1.97	1.98	2.00	2.03	2.05	2.08	2.11	2.13	2.16	2.19	2.22	1.95	1.96	1.97	1.99	2.01	2.03	2.05	2.08	2.10	2.12	2.15
	0.6	2.03	2.08	2.14	2.21	2.27	2.33	2.40	2.46	2.52	2.58	2.63	2.00	2.04	2.09	2.14	2.20	2.26	2.31	2.37	2.42	2.48	2.53
	0.8	2.13	2.25	2.37	2.48	2.59	2.70	2.80	2.90	2.99	3.08	3.17	2.08	2.18	2.28	2.39	2.49	2.59	2.68	2.77	2.86	2.95	3.03
	1.0	2.29	2.49	2.67	2.83	2.99	3.13	3.27	3.40	3.53	3.64	3.76	2.22	2.39	2.55	2.71	2.58	2.99	3.12	3.24	3.36	3.48	3.59
	1.2	2.52	2.79	3.02	3.23	3.43	3.61	3.78	3.94	4.10	4.24	4.39	2.41	2.65	2.87	3.07	3.26	3.34	3.60	3.75	3.90	4.04	4.18
0.6	0.2	1.95	1.95	1.95	1.95	1.96	1.96	1.97	1.97	1.98	1.98	1.99	1.93	1.93	1.92	1.92	1.93	1.93	1.93	1.94	1.94	1.95	1.95
	0.4	1.98	2.00	2.02	2.05	2.08	2.10	2.13	2.16	2.19	2.21	2.24	1.96	1.97	1.99	2.01	2.03	2.06	2.08	2.11	2.13	2.16	2.18
	0.6	2.04	2.10	2.17	2.23	2.30	2.36	2.42	2.48	2.54	2.60	2.66	2.02	2.06	2.12	2.17	2.23	2.29	2.35	2.40	2.46	2.51	2.57
	0.8	2.15	2.27	2.39	2.51	2.62	2.72	2.82	2.92	3.01	3.10	3.19	2.11	2.21	2.32	2.42	2.52	2.62	2.71	2.80	2.89	2.98	3.06
	1.0	2.32	2.52	2.70	2.86	3.01	3.16	3.29	3.42	3.55	3.66	3.78	2.25	2.42	2.59	2.74	2.88	3.02	3.15	3.27	3.39	3.50	3.61
	1.2	2.55	2.82	3.05	3.26	3.45	3.63	3.80	3.96	4.11	4.26	4.40	2.44	2.69	2.91	3.11	3.29	3.46	3.62	3.78	3.93	4.07	4.20
0.8	0.2	1.97	1.97	1.98	1.98	1.99	1.99	2.00	2.01	2.01	2.02	2.03	1.96	1.95	1.96	1.96	1.97	1.97	1.98	1.98	1.99	1.99	2.00
	0.4	2.00	2.03	2.06	2.08	2.11	2.14	2.17	2.20	2.22	2.25	2.28	1.99	2.01	2.03	2.05	2.08	2.10	2.13	2.15	2.18	2.21	2.23
	0.6	2.08	2.14	2.21	2.27	2.34	2.40	2.46	2.52	2.58	2.64	2.69	2.05	2.10	2.16	2.22	2.28	2.34	2.40	2.45	2.51	2.56	2.81
	0.8	2.19	2.32	2.44	2.55	2.66	2.76	2.86	2.96	3.05	3.13	3.22	2.15	2.26	2.37	2.47	2.57	2.67	2.76	2.85	2.94	3.02	3.10
	1.0	2.37	2.57	2.74	2.90	3.05	3.19	3.33	3.45	3.58	3.69	3.81	2.30	2.48	2.64	2.79	2.93	3.07	3.19	3.31	3.43	3.54	3.65
	1.2	2.61	2.87	3.09	3.30	3.49	3.66	3.83	3.99	4.14	4.29	4.42	2.50	2.74	2.96	3.15	3.33	3.50	3.66	3.81	3.96	4.10	4.23

续表

简图	η_1	K_1 / K_2 / η_2	0.05											0.10										
			0.2	0.3	0.4	0.5	0.6	0.7	0.8	0.9	1.0	1.1	1.2	0.2	0.3	0.4	0.5	0.6	0.7	0.8	0.9	1.0	1.1	1.2
$K_1=\frac{I_1}{I_3}\cdot\frac{H_3}{H_1}$ $K_2=\frac{I_2}{I_3}\cdot\frac{H_3}{H_2}$ $\eta_1=\frac{H_1}{H_3}\sqrt{\frac{N_1}{N_3}\cdot\frac{I_3}{I_1}}$ $\eta_2=\frac{H_2}{H_3}\sqrt{\frac{N_2}{N_3}\cdot\frac{I_3}{I_2}}$ N_1——上段柱轴心力 N_2——中段柱轴心力 N_3——下段柱轴心力	1.0	0.2	2.01	2.02	2.03	2.03	2.04	2.05	2.05	2.06	2.07	2.07	2.08	2.01	2.02	2.02	2.03	2.04	2.04	2.05	2.06	2.06	2.07	2.07
		0.4	2.06	2.09	2.11	2.14	2.17	2.20	2.23	2.25	2.28	2.31	2.33	2.05	2.08	2.10	2.13	2.16	2.18	2.21	2.23	2.26	2.28	2.31
		0.6	2.14	2.21	2.27	2.34	2.40	2.46	2.52	2.58	2.63	2.69	2.74	2.13	2.19	2.25	2.30	2.36	2.42	2.47	2.53	2.58	2.63	2.68
		0.8	2.27	2.39	2.51	2.62	2.72	2.82	2.91	3.00	3.09	3.18	3.26	2.24	2.35	2.45	2.55	2.65	2.74	2.83	2.92	3.00	3.08	3.16
		1.0	2.46	2.64	2.81	2.96	3.10	3.24	3.37	3.50	3.61	3.73	3.84	2.40	2.57	2.72	2.86	3.00	3.13	3.25	3.37	3.48	3.59	3.70
		1.2	2.69	2.94	3.15	3.35	3.53	3.71	3.87	4.02	4.17	4.32	4.46	2.60	2.83	3.03	3.22	3.39	3.56	3.71	3.86	4.01	4.14	4.28
	1.2	0.2	2.13	2.12	2.12	2.13	2.13	2.14	2.14	2.15	2.15	2.16	2.16	2.17	2.16	2.16	2.16	2.16	2.16	2.17	2.17	2.18	2.18	2.19
		0.4	2.18	2.19	2.21	2.24	2.26	2.29	2.31	2.34	2.36	2.38	2.41	2.22	2.22	2.24	2.26	2.28	2.30	2.32	2.34	2.36	2.39	2.41
		0.6	2.27	2.32	2.37	2.43	2.49	2.54	2.60	2.65	2.70	2.76	2.81	2.29	2.33	2.38	2.43	2.48	2.53	2.58	2.62	2.67	2.72	2.77
		0.8	2.41	2.50	2.60	2.70	2.80	2.89	2.98	3.07	3.15	3.23	3.32	2.41	2.49	2.58	2.67	2.75	2.84	2.92	3.00	3.08	3.16	3.23
		1.0	2.59	2.74	2.89	3.04	3.17	3.30	3.43	3.55	3.66	3.78	3.89	2.56	2.69	2.83	2.96	3.09	3.21	3.33	3.44	3.55	3.66	3.76
		1.2	2.81	3.03	3.23	3.42	3.59	3.76	3.92	4.07	4.22	4.36	4.49	2.74	2.94	3.13	3.30	3.47	3.63	3.78	3.92	4.06	4.20	4.33
	1.4	0.2	2.35	2.31	2.29	2.28	2.27	2.27	2.27	2.27	2.27	2.28	2.28	2.45	2.40	2.37	2.35	2.35	2.34	2.34	2.34	2.34	2.34	2.34
		0.4	2.40	2.37	2.37	2.38	2.39	2.41	2.43	2.45	2.47	2.49	2.51	2.48	2.45	2.44	2.44	2.45	2.46	2.48	2.49	2.51	2.53	2.55
		0.6	2.48	2.49	2.52	2.56	2.61	2.65	2.70	2.75	2.80	2.58	2.89	2.55	2.54	2.56	2.60	2.63	2.67	2.71	2.75	2.80	2.84	2.88
		0.8	2.60	2.66	2.73	2.82	2.90	2.98	3.07	3.15	3.23	3.31	3.38	2.64	2.68	2.74	2.81	2.89	2.96	3.04	3.11	3.18	3.25	3.33
		1.0	2.77	2.88	3.01	3.14	3.26	3.38	3.50	3.62	3.73	3.84	3.94	2.77	2.87	2.98	3.09	3.20	3.32	3.43	3.53	3.64	3.74	3.84
		1.2	2.97	3.15	3.33	3.50	3.67	3.83	3.98	4.13	4.27	4.41	4.54	2.94	3.09	3.26	3.41	3.57	3.72	3.86	4.00	4.13	4.26	4.39

注 附表中的计算长度系数μ_3值系按下式算得

$$\frac{\eta_1 K_1}{\eta_2 K_2}\cdot\cot\frac{\pi\eta_1}{\mu_3}\cdot\cot\frac{\pi\eta_2}{\mu_3}+\frac{\eta_1 K_1}{(\eta_2 K_2)^2}\cdot\cot\frac{\pi\eta_1}{\mu_3}\cdot\cot\frac{\pi}{\mu_3}+\frac{1}{\eta_2 K_2}\cdot\cot\frac{\pi\eta_2}{\mu_3}\cdot\cot\frac{\pi}{\mu_3}-1=0$$

附录7　螺栓和螺栓规格

附录 7.1　　螺栓螺纹处的有效截面面积

公称直径/mm	12	14	16	18	20	22	24	27	30
螺栓有效截面面积 A_e/cm^2	0.84	1.15	1.57	1.92	2.45	3.03	3.53	4.59	5.61
公称直径/mm	33	36	39	42	45	48	52	56	60
螺栓有效截面面积 A_e/cm^2	6.94	8.17	9.76	11.2	13.1	14.7	17.6	20.3	23.6
公称直径/mm	64	68	72	76	80	85	90	95	100
螺栓有效截面面积 A_e/cm^2	26.8	30.6	34.6	38.9	43.4	49.5	55.9	62.7	70.0

附录 7.2　　锚　栓　规　格

形式		Ⅰ				Ⅱ				Ⅲ		
锚栓直径 d/mm		20	24	30	36	42	48	56	64	72	80	90
锚栓有效截面面积/cm^2		2.45	3.53	5.61	8.17	11.2	14.7	20.3	26.8	34.6	43.4	55.9
锚栓设计拉力/kN（Q235 钢）		34.3	49.4	78.5	114.1	156.9	206.2	284.2	375.2	484.4	608.2	782.7
Ⅲ型锚栓	锚板宽度/mm					140	200	200	240	280	250	400
	锚板厚度/mm					20	20	20	25	30	40	40

附录8　常用型钢规格及截面特性

附表 8.1　　**热轧等边角钢截面特性表（按 GB 9787—88 计算）**

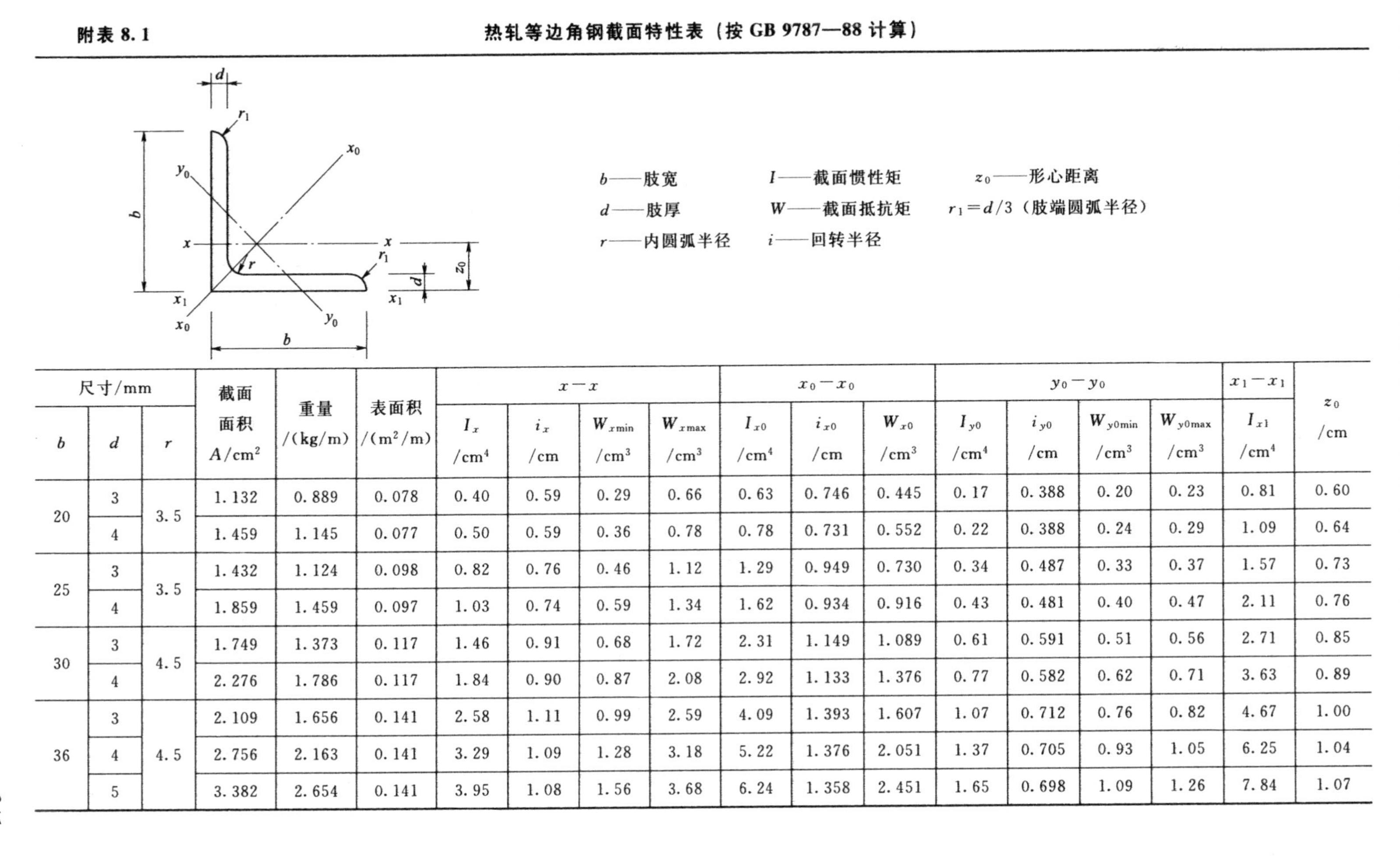

b——肢宽　　I——截面惯性矩　　z_0——形心距离

d——肢厚　　W——截面抵抗矩　　$r_1=d/3$（肢端圆弧半径）

r——内圆弧半径　　i——回转半径

尺寸/mm			截面面积 A/cm²	重量 /(kg/m)	表面积 /(m²/m)	$x-x$				x_0-x_0			y_0-y_0				x_1-x_1	z_0 /cm
b	d	r				I_x /cm⁴	i_x /cm	$W_{x\min}$ /cm³	$W_{x\max}$ /cm³	I_{x0} /cm⁴	i_{x0} /cm	W_{x0} /cm³	I_{y0} /cm⁴	i_{y0} /cm	$W_{y0\min}$ /cm³	$W_{y0\max}$ /cm³	I_{x1} /cm⁴	
20	3	3.5	1.132	0.889	0.078	0.40	0.59	0.29	0.66	0.63	0.746	0.445	0.17	0.388	0.20	0.23	0.81	0.60
	4		1.459	1.145	0.077	0.50	0.59	0.36	0.78	0.78	0.731	0.552	0.22	0.388	0.24	0.29	1.09	0.64
25	3	3.5	1.432	1.124	0.098	0.82	0.76	0.46	1.12	1.29	0.949	0.730	0.34	0.487	0.33	0.37	1.57	0.73
	4		1.859	1.459	0.097	1.03	0.74	0.59	1.34	1.62	0.934	0.916	0.43	0.481	0.40	0.47	2.11	0.76
30	3	4.5	1.749	1.373	0.117	1.46	0.91	0.68	1.72	2.31	1.149	1.089	0.61	0.591	0.51	0.56	2.71	0.85
	4		2.276	1.786	0.117	1.84	0.90	0.87	2.08	2.92	1.133	1.376	0.77	0.582	0.62	0.71	3.63	0.89
36	3	4.5	2.109	1.656	0.141	2.58	1.11	0.99	2.59	4.09	1.393	1.607	1.07	0.712	0.76	0.82	4.67	1.00
	4		2.756	2.163	0.141	3.29	1.09	1.28	3.18	5.22	1.376	2.051	1.37	0.705	0.93	1.05	6.25	1.04
	5		3.382	2.654	0.141	3.95	1.08	1.56	3.68	6.24	1.358	2.451	1.65	0.698	1.09	1.26	7.84	1.07

续表

尺寸/mm			截面面积 A/cm²	重量 /(kg/m)	表面积 /(m²/m)	$x-x$				x_0-x_0			y_0-y_0				x_1-x_1	z_0 /cm
b	d	r				I_x /cm⁴	i_x /cm	$W_{x\min}$ /cm³	$W_{x\max}$ /cm³	I_{x0} /cm⁴	i_{x0} /cm	W_{x0} /cm³	I_{y0} /cm⁴	i_{y0} /cm	$W_{y0\min}$ /cm³	$W_{y0\max}$ /cm³	I_{x1} /cm⁴	
40	3	5	2.359	1.852	0.157	3.59	1.23	1.23	3.28	5.69	1.553	2.012	1.49	0.795	0.96	1.03	6.41	1.09
	4		3.086	2.422	0.157	4.60	1.22	1.60	4.05	7.29	1.537	2.577	1.91	0.787	1.19	1.31	8.56	1.13
	5		3.791	2.976	0.156	5.53	1.21	1.96	4.72	8.76	1.520	3.097	2.30	0.779	1.39	1.58	10.74	1.17
45	3	5	2.659	2.088	0.177	5.17	1.39	1.58	4.25	8.20	1.756	2.577	2.14	0.897	1.24	1.31	9.12	1.22
	4		3.486	2.736	0.177	6.65	1.38	2.05	5.29	10.56	1.740	3.319	2.75	0.888	1.54	1.69	12.18	1.26
	5		4.292	3.369	0.176	8.04	1.37	2.51	6.20	12.74	1.723	4.004	3.33	0.881	1.81	2.04	15.25	1.30
	6		5.076	3.985	0.176	9.33	1.36	2.95	6.99	14.76	1.705	4.639	3.89	0.875	2.06	2.38	18.36	1.33
50	3	5.5	2.971	2.332	0.197	7.18	1.55	1.96	5.36	11.37	1.956	3.216	2.98	1.002	1.57	1.64	12.50	1.34
	4		3.897	3.059	0.197	9.26	1.54	2.56	6.70	14.69	1.942	4.155	3.82	0.990	1.96	2.11	16.69	1.38
	5		4.803	3.770	0.196	11.21	1.53	3.13	7.90	17.79	1.925	5.032	4.63	0.982	2.31	2.56	20.90	1.42
	6		5.688	4.465	0.196	13.05	1.51	3.68	8.95	20.68	1.907	5.849	5.42	0.976	2.63	2.98	25.14	1.46
56	3	6	3.343	2.624	0.221	10.19	1.75	2.48	6.86	16.14	2.197	4.076	4.24	1.126	2.02	2.09	17.56	1.48
	4		4.390	3.446	0.220	13.18	1.73	3.24	8.63	20.92	2.183	5.283	5.45	1.114	2.52	2.69	23.43	1.53
	5		5.415	4.251	0.220	16.02	1.72	3.97	10.22	25.42	2.167	6.419	6.61	1.105	2.98	3.26	29.33	1.57
	8		8.367	6.568	0.219	28.63	1.85	6.03	14.06	37.37	2.113	9.437	9.89	1.087	4.16	4.85	47.24	1.68
63	4	7	4.978	3.907	0.248	19.03	1.96	4.13	11.22	30.17	2.462	6.772	7.89	1.259	3.29	3.45	33.35	1.70
	5		6.143	4.822	0.248	23.17	1.94	5.08	13.33	36.77	2.447	8.254	9.57	1.248	3.90	4.20	41.73	1.74
	6		7.288	5.721	0.247	27.12	1.93	6.00	15.26	43.03	2.430	9.659	11.20	1.240	4.46	4.91	50.14	1.78
	8		9.515	7.469	0.247	34.46	1.90	7.75	18.59	54.56	2.395	12.247	14.33	1.227	5.47	6.26	67.11	1.85
	10		11.657	9.151	0.246	41.09	1.88	9.39	21.34	64.85	2.359	14.557	17.33	1.219	6.37	7.53	84.31	1.93

续表

尺寸/mm			截面面积 A/cm²	重量 /(kg/m)	表面积 /(m²/m)	$x-x$				x_0-x_0			y_0-y_0				x_1-x_1	z_0 /cm
b	d	r				I_x /cm⁴	i_x /cm	$W_{x\min}$ /cm³	$W_{x\max}$ /cm³	I_{x0} /cm⁴	i_{x0} /cm	W_{x0} /cm³	I_{y0} /cm⁴	i_{y0} /cm	$W_{y0\min}$ /cm³	$W_{y0\max}$ /cm³	I_{x1} /cm⁴	
70	4	8	5.570	4.372	0.275	26.39	2.18	5.14	14.16	41.80	2.739	8.445	10.99	1.405	4.17	4.32	45.74	1.86
	5		6.875	5.397	0.275	32.21	2.16	6.32	16.89	51.08	2.726	10.320	13.34	1.393	4.95	5.26	57.21	1.91
	6		8.160	6.406	0.275	37.77	2.15	7.48	19.39	59.93	2.710	12.108	15.61	1.383	5.67	6.16	68.73	1.95
	7		9.424	7.398	0.275	43.09	2.14	8.59	21.68	68.35	2.693	13.809	17.82	1.375	6.34	7.02	80.29	1.99
	8		10.667	8.373	0.274	48.17	2.13	9.68	23.79	76.37	2.676	15.429	19.98	1.369	6.98	7.86	91.92	2.03
75	5	9	7.412	5.818	0.295	39.96	2.32	7.30	19.73	63.30	2.922	11.936	16.61	1.497	5.80	6.10	70.36	2.03
	6		8.797	6.905	0.294	46.91	2.31	8.63	22.69	74.38	2.908	14.025	19.43	1.486	6.65	7.14	84.51	2.07
	7		10.160	7.976	0.294	53.57	2.30	9.93	25.42	84.96	2.892	16.020	22.18	1.478	7.44	8.15	98.71	2.11
	8		11.503	9.030	0.294	59.96	2.28	11.20	27.93	95.07	2.875	17.926	24.86	1.470	8.19	9.13	112.97	2.15
	10		14.126	11.089	0.293	71.98	2.26	13.64	32.40	113.92	2.840	21.481	30.05	1.459	9.56	11.01	141.71	2.22
80	5	9	7.912	6.211	0.315	48.79	2.48	8.34	22.70	77.330	3.126	13.670	20.25	1.600	6.66	6.98	85.36	2.15
	6		9.397	7.376	0.314	57.35	2.47	9.87	26.16	90.980	3.112	16.083	23.72	1.589	7.65	8.18	102.50	2.19
	7		10.860	8.525	0.314	65.58	2.46	11.37	29.38	104.07	3.096	18.397	27.10	1.580	8.58	9.35	119.70	2.23
	8		12.303	9.658	0.314	73.49	2.44	12.83	32.36	116.60	3.079	20.612	30.39	1.572	9.46	10.48	136.97	2.27
	10		15.126	11.874	0.313	88.43	2.42	15.64	37.68	140.09	3.043	24.764	36.77	1.559	11.08	12.65	171.74	2.35
90	6	10	10.637	8.350	0.354	82.77	2.79	12.61	33.99	131.26	3.513	20.625	34.28	1.795	9.95	10.51	145.87	2.44
	7		12.301	9.656	0.354	94.83	2.78	14.54	38.28	150.47	3.497	23.644	39.18	1.785	11.19	12.02	170.30	2.48
	8		13.944	10.946	0.353	106.47	2.76	16.42	42.30	168.97	3.481	26.551	43.97	1.776	12.35	13.49	194.80	2.52
	10		17.167	13.476	0.353	128.58	2.74	20.07	49.57	203.90	3.446	32.039	53.26	1.761	14.52	16.31	244.08	2.59
	12		20.306	15.940	0.352	149.22	2.71	23.57	55.93	236.21	3.411	37.116	62.22	1.750	16.49	19.01	293.77	2.67

续表

尺寸/mm			截面面积 A/cm²	重量 /(kg/m)	表面积 /(m²/m)	$x-x$				x_0-x_0			y_0-y_0				x_1-x_1	z_0 /cm
b	d	r				I_x /cm⁴	i_x /cm	$W_{x\min}$ /cm³	$W_{x\max}$ /cm³	I_{x0} /cm⁴	i_{x0} /cm	W_{x0} /cm³	I_{y0} /cm⁴	i_{y0} /cm	$W_{y0\min}$ /cm³	$W_{y0\max}$ /cm³	I_{x1} /cm⁴	
100	6	12	11.932	9.360	0.393	114.95	3.10	15.68	43.04	181.98	3.905	25.736	47.92	2.004	12.69	13.18	200.07	2.67
	7		13.796	10.830	0.393	131.86	3.09	18.10	48.57	208.97	3.892	29.553	54.74	1.992	14.26	15.08	233.54	2.71
	8		15.638	12.276	0.393	148.24	3.08	20.47	53.78	235.07	3.877	33.244	61.41	1.982	15.75	16.93	267.09	2.76
	10		19.261	15.120	0.392	179.51	3.05	25.06	63.29	284.68	3.844	40.259	74.35	1.965	18.54	20.49	334.48	2.84
	12		22.800	17.898	0.391	208.90	3.03	29.48	71.72	330.95	3.810	46.803	86.84	1.952	21.08	23.89	402.34	2.91
	14		26.256	20.611	0.391	236.53	3.00	33.73	79.19	374.06	3.774	52.900	98.99	1.942	23.44	27.17	470.75	2.99
	16		29.627	23.257	0.390	262.53	2.98	37.82	85.81	414.16	3.739	58.571	110.89	1.935	25.63	30.34	539.80	3.06
110	7	12	15.196	11.928	0.433	177.16	3.41	22.05	59.78	280.94	4.300	36.119	73.28	2.196	17.51	18.41	310.64	2.96
	8		17.238	13.532	0.433	199.46	3.40	24.95	66.36	316.49	4.285	40.689	82.42	2.187	19.39	20.70	355.21	3.01
	10		21.261	16.690	0.432	242.19	3.38	30.60	78.48	384.39	4.252	49.419	99.98	2.169	22.91	25.10	444.65	3.09
	12		25.200	19.782	0.431	282.55	3.35	36.05	89.34	448.17	4.217	57.618	116.93	2.154	26.15	29.32	534.60	3.16
	14		29.056	22.809	0.431	320.71	3.32	41.31	99.07	508.01	4.181	65.312	133.40	2.143	29.14	33.38	625.16	3.24
125	8	14	19.750	15.504	0.492	297.03	3.88	32.52	88.20	470.89	4.883	53.275	123.16	2.497	25.86	27.18	521.01	3.37
	10		24.373	19.133	0.491	361.67	3.85	39.97	104.81	573.89	4.852	64.928	149.46	2.476	30.62	33.01	651.93	3.45
	12		28.912	22.696	0.491	423.16	3.83	41.17	119.88	671.44	4.819	75.964	174.88	2.459	35.03	38.61	783.42	3.53
	14		33.367	26.193	0.490	481.65	3.80	54.16	133.56	763.73	4.784	86.405	199.57	2.446	39.13	44.00	915.61	3.61
140	10	16	27.373	21.488	0.551	514.65	4.34	50.58	134.55	817.27	5.464	82.556	212.04	2.783	39.20	41.91	915.11	3.82
	12		32.512	25.522	0.551	603.68	4.31	59.80	154.62	958.79	5.431	96.851	248.57	2.765	45.02	49.12	1099.28	3.90
	14		37.567	29.490	0.550	688.81	4.28	68.75	173.02	1093.56	5.395	110.465	284.06	2.750	50.45	56.07	1284.22	3.98
	16		42.539	33.393	0.549	770.24	4.26	77.46	189.90	1221.81	5.359	123.420	318.67	2.737	55.55	62.81	1470.07	4.06

续表

尺寸/mm			截面面积 A/cm^2	重量 /(kg/m)	表面积 /(m^2/m)	x－x				x_0-x_0			y_0-y_0				x_1-x_1	z_0 /cm
b	d	r				I_x /cm^4	i_x /cm	$W_{x\min}$ /cm^3	$W_{x\max}$ /cm^3	I_{x0} /cm^4	i_{x0} /cm	W_{x0} /cm^3	I_{y0} /cm^4	i_{y0} /cm	$W_{y0\min}$ /cm^3	$W_{y0\max}$ /cm^3	I_{x1} /cm^4	
160	10	16	31.502	24.729	0.630	779.53	4.97	66.70	180.77	1237.30	6.267	109.362	321.76	3.196	52.75	55.63	1365.33	4.31
	12		37.441	29.391	0.630	916.58	4.95	78.98	208.58	1455.68	6.235	128.664	377.49	3.175	60.74	65.29	1639.57	4.39
	14		43.296	33.987	0.629	1048.36	4.92	90.95	234.37	1665.02	6.201	147.167	431.70	3.158	68.24	74.63	1914.68	4.47
	16		49.067	38.518	0.629	1175.08	4.89	102.63	258.27	1865.57	6.166	164.893	484.59	3.143	75.31	83.70	2190.82	4.55
180	12	16	42.241	33.159	0.710	1321.35	5.59	100.82	270.03	2100.10	7.051	164.998	542.61	3.584	78.41	83.60	2332.80	4.89
	14		48.896	38.383	0.709	1514.48	5.57	116.25	304.57	2407.42	7.020	189.143	621.53	3.570	88.38	95.73	2723.48	4.97
	16		55.467	43.542	0.709	1700.99	5.54	131.13	336.86	2703.37	6.981	212.395	698.60	3.549	97.83	107.52	3115.29	5.05
	18		61.955	48.634	0.708	1881.12	5.51	146.11	367.05	2988.24	6.945	234.776	774.01	3.535	106.79	119.00	3508.42	5.13
200	14	16	54.642	42.894	0.788	2103.55	6.20	144.70	385.08	3343.26	7.822	236.402	863.83	3.976	111.82	119.75	3734.10	5.46
	16		62.013	48.680	0.788	2366.15	6.18	163.65	426.99	3760.88	7.788	265.932	971.41	3.958	123.96	134.62	4270.39	5.54
	18		69.301	54.401	0.787	2620.64	6.15	182.22	466.45	4164.54	7.752	294.473	1076.74	3.942	135.52	149.11	4808.13	5.62
	20		76.505	60.056	0.787	2867.30	6.12	200.42	503.58	4554.55	7.716	322.052	1180.04	3.927	146.55	163.26	5347.51	5.69
	24		90.661	71.168	0.785	3338.20	6.07	235.78	571.45	5294.97	7.642	374.407	1381.43	3.904	167.22	190.63	6431.99	5.84

附表 8.2　　热轧不等边角钢截面特性表（按 GB 9788—88 计算）

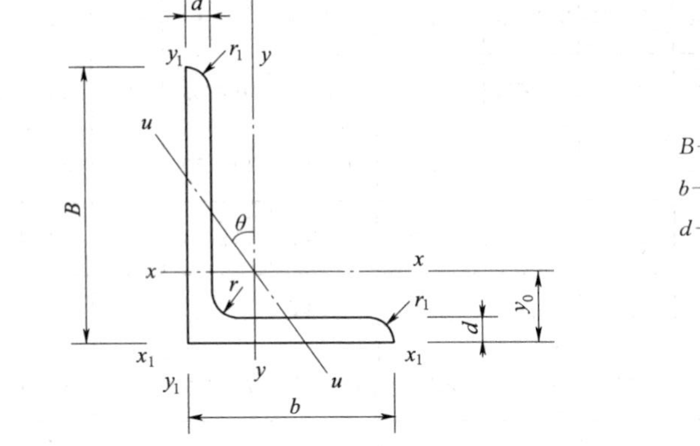

B——长肢宽　　I——截面惯性矩　　x_0、y_0——形心距离

b——短肢宽　　W——截面抵抗矩　　r——内圆弧半径

d——肢厚　　i——回转半径　　$r_1=d/3$（肢端圆弧半径）

尺寸/mm				截面面积 A/cm²	重量 /(kg/m)	表面积 /(m²/m)	$x-x$				$y-y$				x_1-x_1		y_1-y_1		$u-u$			
B	b	d	r				I_x /cm⁴	i_x /cm	$W_{x\min}$ /cm³	$W_{x\max}$ /cm³	I_y /cm⁴	i_y /cm	$W_{y\min}$ /cm³	$W_{y\max}$ /cm³	I_{x1} /cm⁴	y_0 /cm	I_{y1} /cm⁴	x_0 /cm	I_u /cm⁴	i_u cm/	W_u /cm³	$\tan\theta$
25	16	3	3.5	1.162	0.912	0.080	0.70	0.78	0.43	0.82	0.22	0.435	0.19	0.53	1.56	0.86	0.43	0.42	0.13	0.34	0.16	0.392
	16	4		1.499	1.176	0.079	0.88	0.77	0.55	0.98	0.27	0.424	0.24	0.60	2.09	0.90	0.59	0.46	0.17	0.34	0.20	0.381
32	20	3	3.5	1.492	1.171	0.102	1.53	1.01	0.72	1.41	0.46	0.555	0.30	0.93	3.27	1.08	0.82	0.49	0.28	0.43	0.25	0.382
	20	4		1.939	1.522	0.101	1.93	1.00	0.93	1.72	0.57	0.542	0.39	1.08	4.37	1.12	1.12	0.53	0.35	0.42	0.32	0.374
40	25	3	4	1.890	1.484	0.127	3.08	1.28	1.15	2.32	0.93	0.701	0.49	1.59	6.39	1.32	1.59	0.59	0.56	0.54	0.40	0.386
	25	4		2.467	1.936	0.127	3.93	1.26	1.49	2.88	1.18	0.692	0.63	1.88	8.53	1.37	2.14	0.63	0.71	0.54	0.52	0.381
45	28	3	5	2.149	1.687	0.143	4.45	1.44	1.47	3.02	1.34	0.790	0.62	2.08	9.10	1.47	2.23	0.64	0.80	0.61	0.51	0.383
	28	4		2.806	2.203	0.143	5.69	1.42	1.91	3.76	1.70	0.778	0.80	2.49	12.14	1.51	3.00	0.68	1.02	0.60	0.66	0.380
50	32	3	5.5	2.431	1.908	0.161	6.24	1.60	1.84	3.89	2.02	0.912	0.82	2.78	12.49	1.60	3.31	0.73	1.20	0.70	0.68	0.404
	32	4		3.177	2.494	0.160	8.02	1.59	2.39	4.86	2.58	0.901	1.06	3.36	16.65	1.65	4.45	0.77	1.53	0.69	0.87	0.402

续表

尺寸/mm				截面面积	重量	表面积	x—x				y—y				x_1-x_1		y_1-y_1		u—u			
B	b	d	r	A/cm²	/(kg/m)	/(m²/m)	I_x /cm⁴	i_x /cm	$W_{x\min}$ /cm³	$W_{x\max}$ /cm³	I_y /cm⁴	i_y /cm	$W_{y\min}$ /cm³	$W_{y\max}$ /cm³	I_{x1} /cm⁴	y_0 /cm	I_{y1} /cm⁴	x_0 /cm	I_u /cm⁴	i_u cm/	W_u /cm³	tanθ
56	36	3	6	2.743	2.153	0.181	8.88	1.80	2.32	5.00	2.92	1.032	1.05	3.63	17.54	1.78	4.70	0.80	1.73	0.79	0.87	0.408
	36	4		3.590	2.818	0.180	11.45	1.79	3.03	6.28	3.76	1.023	1.37	4.43	23.39	1.82	6.31	0.85	2.21	0.78	1.12	0.407
	36	5		4.415	3.466	0.180	13.86	1.77	3.71	7.43	4.49	1.008	1.65	5.09	29.24	1.87	7.94	0.88	2.67	0.78	1.36	0.404
63	40	4	7	4.058	3.185	0.202	16.49	2.02	3.87	8.10	5.23	1.135	1.70	5.72	33.30	2.04	8.63	0.92	3.12	0.88	1.40	0.398
	40	5		4.993	3.920	0.202	20.02	2.00	4.74	9.62	6.31	1.124	2.07	6.61	41.63	2.08	10.86	0.95	3.76	0.87	1.71	0.396
	40	6		5.908	4.638	0.201	23.36	1.99	5.59	11.01	7.29	1.111	2.43	7.36	49.98	2.12	13.14	0.99	4.38	0.86	2.01	0.393
	40	7		6.802	5.339	0.201	26.53	1.97	6.40	12.27	8.24	1.101	2.78	8.00	58.34	2.16	15.47	1.03	4.97	0.86	2.29	0.389
70	45	4	7.5	4.553	3.574	0.226	22.97	2.25	4.82	10.28	7.55	1.288	2.17	7.43	45.68	2.23	12.26	1.02	4.47	0.99	1.79	0.408
	45	5		5.609	4.403	0.225	27.95	2.23	5.92	12.26	9.13	1.276	2.65	8.64	57.10	2.28	15.39	1.06	5.40	0.98	2.19	0.407
	45	6		6.644	5.215	0.225	32.70	2.22	6.99	14.08	10.62	1.264	3.12	9.69	68.54	2.32	18.59	1.10	6.29	0.97	2.57	0.405
	45	7		7.657	6.011	0.225	37.22	2.20	8.03	15.75	12.01	1.252	3.57	10.60	79.99	2.36	21.84	1.13	7.16	0.97	2.94	0.402
75	50	5	8	6.125	4.808	0.245	34.86	2.39	6.83	14.65	12.61	1.435	3.30	10.75	70.23	2.40	21.04	1.17	7.32	1.09	2.72	0.436
	50	6		7.260	5.699	0.245	41.12	2.38	8.12	16.86	14.70	1.423	3.88	12.12	84.30	2.44	25.37	1.21	8.54	1.08	3.19	0.435
	50	8		9.467	7.431	0.244	52.39	2.35	10.52	20.79	18.53	1.399	4.99	14.39	112.50	2.52	34.23	1.29	10.87	1.07	4.10	0.429
	50	10		11.590	9.098	0.244	62.71	2.33	12.79	24.15	21.96	1.376	6.04	16.14	140.82	2.60	43.43	1.36	13.10	1.06	4.99	0.423
80	50	5	8	6.375	5.005	0.255	41.96	2.57	7.78	16.11	12.82	1.418	3.32	11.28	85.21	2.60	21.06	1.14	7.66	1.10	2.74	0.388
	50	6		7.560	5.935	0.255	49.49	2.56	9.25	18.58	14.95	1.406	3.91	12.71	102.26	2.65	25.41	1.18	8.94	1.09	3.23	0.386
	50	7		8.724	6.848	0.255	56.16	2.54	10.58	20.87	16.96	1.394	4.48	13.96	119.32	2.69	29.82	1.21	10.18	1.08	3.70	0.384
	50	8		9.867	7.745	0.254	62.83	2.52	11.92	23.00	18.85	1.382	5.03	15.06	136.41	2.73	34.32	1.25	11.38	1.07	4.16	0.381
90	56	5	9	7.212	5.661	0.287	60.45	2.90	9.92	20.81	18.32	1.594	4.21	14.70	121.32	2.91	29.53	1.25	10.98	1.23	3.49	0.385
	56	6		8.557	6.717	0.286	71.03	2.88	11.74	24.06	21.42	1.582	4.96	16.65	145.59	2.95	35.58	1.29	12.82	1.22	4.10	0.384
	56	7		9.880	7.756	0.286	81.01	2.86	13.49	27.12	24.36	1.570	5.70	18.38	169.87	3.00	41.71	1.33	14.60	1.22	4.70	0.383
	56	8		11.183	8.799	0.286	91.03	2.85	15.27	29.98	27.15	1.558	6.41	19.91	194.17	3.04	47.93	1.36	16.34	1.21	5.29	0.380

续表

尺寸/mm				截面面积 A/cm²	重量 /(kg/m)	表面积 /(m²/m)	x－x				y－y				x_1-x_1		y_1-y_1		u－u			
B	b	d	r				I_x /cm⁴	i_x /cm	$W_{x\min}$ /cm³	$W_{x\max}$ /cm³	I_y /cm⁴	i_y /cm	$W_{y\min}$ /cm³	$W_{y\max}$ /cm³	I_{x1} /cm⁴	y_0 /cm	I_{y1} /cm⁴	x_0 /cm	I_u /cm⁴	i_u cm/	W_u /cm³	tanθ
100	63	6	10	9.617	7.550	0.320	99.06	3.21	14.64	30.62	30.94	1.794	6.35	21.69	199.71	3.24	50.50	1.43	18.42	1.38	5.25	0.394
	63	7		11.111	8.722	0.320	133.45	3.47	16.88	34.59	35.26	1.781	7.29	24.06	233.00	3.28	59.14	1.47	21.00	1.37	6.02	0.393
	63	8		12.584	9.878	0.319	127.37	3.18	19.08	38.33	39.39	1.769	8.21	26.18	266.32	3.32	67.88	1.50	23.50	1.37	6.78	0.391
	63	10		15.467	12.142	0.319	153.81	3.15	23.32	45.18	47.12	1.745	9.98	29.83	333.06	3.40	85.73	1.58	28.33	1.35	8.24	0.387
100	80	6	10	10.637	8.350	0.354	107.04	3.17	15.19	36.24	61.24	2.399	10.16	31.03	199.83	2.95	102.68	1.97	31.65	1.73	8.37	0.627
	80	7		12.301	9.656	0.354	122.73	3.16	17.52	40.96	70.08	2.387	11.71	34.79	233.20	3.00	119.98	2.01	36.17	1.71	9.60	0.626
	80	8		13.944	10.946	0.353	137.92	3.14	19.81	45.40	78.58	2.374	13.21	38.27	266.61	3.04	137.37	2.05	40.58	1.71	10.80	0.625
	80	10		17.167	13.476	0.353	166.87	3.12	24.24	53.54	94.65	2.348	16.12	44.45	333.63	3.12	172.48	2.13	49.10	1.69	13.12	0.622
110	70	6	10	10.637	8.350	0.354	133.37	3.54	17.85	37.80	42.92	2.009	7.900	27.36	265.78	3.53	69.08	1.57	25.36	1.54	6.53	0.403
	70	7		12.301	9.656	0.354	153.00	3.53	20.60	42.82	49.01	1.996	9.090	30.48	310.07	3.57	80.83	1.61	28.96	1.53	7.50	0.402
	70	8		13.944	10.946	0.353	172.04	3.51	23.30	47.57	54.87	1.984	10.25	33.31	354.39	3.62	92.70	1.65	32.45	1.53	8.45	0.401
	70	10		17.167	13.476	0.353	208.39	3.48	28.54	56.36	65.88	1.959	12.48	38.24	443.13	3.70	116.83	1.72	39.20	1.51	10.29	0.397
125	80	7	11	14.096	11.066	0.403	227.98	4.02	26.86	56.81	74.42	2.298	12.01	41.24	454.99	4.01	120.32	1.80	43.81	1.76	9.92	0.408
	80	8		15.989	12.551	0.403	256.77	4.01	30.41	63.28	83.49	2.285	13.56	45.28	519.99	4.06	137.85	1.84	49.15	1.75	11.18	0.407
	80	10		19.712	15.474	0.402	312.04	3.98	37.33	75.35	100.67	2.260	16.56	52.41	650.09	4.14	173.40	1.92	59.45	1.74	13.64	0.404
	80	12		23.351	18.330	0.402	364.41	3.95	44.01	86.34	116.67	2.235	19.43	58.46	780.39	4.22	209.67	2.00	69.35	1.72	16.01	0.400
140	90	8	12	18.038	14.160	0.453	365.64	4.50	38.48	81.30	120.69	2.587	17.34	59.15	730.53	4.50	195.79	2.04	70.83	1.98	14.31	0.411
	90	10		22.261	17.475	0.452	445.50	4.47	47.31	97.19	146.03	2.561	21.22	68.94	913.20	4.58	245.93	2.12	85.82	1.96	17.48	0.409
	90	12		26.400	20.724	0.451	521.59	4.44	55.87	111.81	169.79	2.536	24.95	77.38	1096.09	4.66	296.89	2.19	100.21	1.95	20.54	0.406
	90	14		30.456	23.908	0.451	594.10	4.42	64.18	125.26	192.10	2.511	28.54	84.68	1279.26	4.74	348.82	2.27	114.13	1.94	23.52	0.403

续表

尺寸/mm				截面面积	重量	表面积	x－x				y－y				x_1-x_1		y_1-y_1		u－u			
B	b	d	r	A/cm²	/(kg/m)	/(m²/m)	I_x /cm⁴	i_x /cm	$W_{x\min}$ /cm³	$W_{x\max}$ /cm³	I_y /cm⁴	i_y /cm	$W_{y\min}$ /cm³	$W_{y\max}$ /cm³	I_{x1} /cm⁴	y_0 /cm	I_{y1} /cm⁴	x_0 /cm	I_u /cm⁴	i_u cm/	W_u /cm³	tanθ
160	100	10	13	25.315	19.872	0.512	668.69	5.14	62.13	127.69	205.03	2.846	26.56	89.94	1362.89	5.24	336.59	2.28	121.74	2.19	21.92	0.390
	100	12		30.054	23.592	0.511	784.91	5.11	73.49	147.54	239.06	2.820	31.28	101.45	1635.56	5.32	405.94	2.36	142.33	2.18	25.79	0.388
	100	14		34.709	27.247	0.510	896.30	5.08	84.56	165.97	271.20	2.795	35.83	111.53	1908.50	5.40	476.42	2.43	162.23	2.16	29.56	0.385
	100	16		39.281	30.835	0.510	1003.04	5.05	95.33	183.11	301.60	2.771	40.24	120.37	2181.79	5.48	548.22	2.51	181.57	2.15	33.25	0.382
180	110	10	14	28.373	22.273	0.571	956.25	5.81	78.96	162.37	278.11	3.131	32.49	113.91	1940.40	5.89	447.22	2.44	166.50	2.42	26.88	0.376
	110	12		33.712	26.464	0.571	1124.72	5.78	93.53	188.23	325.03	3.105	38.32	129.03	2328.38	5.98	538.94	2.52	194.87	2.40	31.66	0.374
	110	14		38.967	30.589	0.570	1286.91	5.75	107.76	212.46	369.55	3.082	43.97	142.41	2716.60	6.06	631.95	2.59	222.30	2.39	36.32	0.372
	110	16		44.139	34.649	0.569	1443.06	5.72	121.64	235.16	411.85	3.055	49.44	154.26	3105.15	6.14	726.46	2.67	248.94	2.37	40.87	0.369
200	125	12	14	37.912	29.761	0.641	1570.90	6.44	116.73	240.10	483.16	3.570	49.99	170.46	3193.85	6.54	787.74	2.83	285.79	2.75	41.23	0.392
	125	14		43.867	34.436	0.640	1800.97	6.41	134.65	271.86	550.83	3.544	57.44	189.24	3726.17	6.62	922.47	2.91	326.58	2.73	47.34	0.390
	125	16		49.739	39.045	0.639	2023.35	6.38	152.18	301.81	615.44	3.518	64.69	206.12	4258.85	6.70	1058.86	2.99	366.21	2.71	53.32	0.388
	125	18		55.526	43.588	0.639	2238.30	6.35	169.33	330.05	677.19	3.492	71.74	221.30	4792.00	6.78	1197.13	3.06	404.83	2.70	59.18	0.385

附表 8.3　**热轧等边角钢组合截面特性表（按 GB 9787—88 计算）**

y—y 轴截面特性

a 为角钢肢背之间的距离（mm）

角钢型号	两个角钢的截面面积/cm^2	两个角钢的重量/(kg/m)	a=0mm		a=4mm		a=6mm		a=8mm		a=10mm		a=12mm		a=14mm		a=16mm	
			W_y/cm^3	i_y/cm	W_y/cm^3	i_y(cm)	W_y/cm^3	i_y/cm	W_y/cm^3	i_y/cm	W_y/cm^3	i_y/cm	W_y/cm^3	i_y/cm	W_y/cm^3	i_y/cm	W_y/cm^3	i_y/cm
2L20×3	2.26	1.78	0.81	0.85	1.03	1.00	1.15	1.08	1.28	1.17	1.42	1.25	1.57	1.34	1.72	1.43	1.88	1.52
4	2.92	2.29	1.09	0.87	1.38	1.02	1.55	1.11	1.73	1.19	1.91	1.28	2.10	1.37	2.30	1.46	2.51	1.55
2L25×3	2.86	2.25	1.26	1.05	1.52	1.20	1.66	1.27	1.82	1.36	1.98	1.44	2.15	1.53	2.33	1.61	2.52	1.70
4	3.72	2.92	1.69	1.07	2.04	1.22	2.21	1.30	2.44	1.38	2.66	1.47	2.89	1.55	3.13	1.64	3.38	1.73
2L30×3	3.50	2.75	1.81	1.25	2.11	1.39	2.28	1.47	2.46	1.55	2.65	1.63	2.84	1.71	3.05	1.80	3.26	1.88
4	4.55	3.57	2.42	1.26	2.83	1.41	3.06	1.49	3.30	1.57	3.55	1.65	3.82	1.74	4.09	1.82	4.38	1.91
2L36×3	4.22	3.31	2.60	1.49	2.95	1.63	3.14	1.70	3.35	1.78	3.56	1.86	3.79	1.94	4.02	2.03	4.27	2.11
4	5.51	4.33	3.47	1.51	3.95	1.65	4.21	1.73	4.49	1.80	4.78	1.89	5.08	1.97	5.39	2.05	5.72	2.14
5	6.76	5.31	4.36	1.52	4.96	1.67	5.30	1.75	5.64	1.83	6.01	1.91	6.39	1.99	6.78	2.08	7.19	2.16
2L40×3	4.72	3.70	3.20	1.65	3.59	1.79	3.80	1.86	4.02	1.94	4.26	2.01	4.50	2.09	4.76	2.18	5.02	2.26
4	6.17	4.85	4.28	1.67	4.80	1.81	5.09	1.88	5.39	1.96	5.70	2.04	6.03	2.12	6.37	2.20	6.72	2.29
5	7.58	5.95	5.37	1.68	6.03	1.83	6.39	1.90	6.77	1.98	7.17	2.06	7.58	2.14	8.01	2.23	8.45	2.31
2L45×3	5.32	4.18	4.05	1.85	4.48	1.99	4.71	2.06	4.95	2.14	5.21	2.21	5.47	2.29	5.75	2.37	6.04	2.45
4	6.97	5.47	5.41	1.87	5.99	2.01	6.30	2.08	6.63	2.16	6.97	2.24	7.33	2.32	7.70	2.40	8.09	2.48
5	8.58	6.74	6.78	1.89	7.51	2.03	7.91	2.10	8.32	2.18	8.76	2.26	9.21	2.34	9.67	2.42	10.15	2.50
6	10.15	7.97	8.16	1.90	9.05	2.05	9.53	2.12	10.04	2.20	10.56	2.28	11.10	2.36	11.66	2.44	12.24	2.53
2L50×3	5.94	4.66	5.00	2.05	5.47	2.19	5.72	2.26	5.98	2.33	6.26	2.41	6.55	2.48	6.85	2.56	7.16	2.64
4	7.79	6.12	6.68	2.07	7.31	2.21	7.65	2.28	8.01	2.36	8.38	2.43	8.77	2.51	9.17	2.59	9.58	2.67
5	9.61	7.54	8.36	2.09	9.16	2.23	9.59	2.30	10.05	2.38	10.52	2.45	11.00	2.53	11.51	2.61	12.03	2.70
6	11.38	8.93	10.06	2.10	11.03	2.25	11.56	2.32	12.10	2.40	12.67	2.48	13.26	2.56	13.87	2.64	14.50	2.72

续表

角钢型号	两个角钢的截面面积/cm²	两个角钢的重量/(kg/m)	y—y 轴截面特性 a 为角钢肢背之间的距离（mm）															
			a=0mm		a=4mm		a=6mm		a=8mm		a=10mm		a=12mm		a=14mm		a=16mm	
			W_y/cm³	i_y/cm	W_y/cm³	i_y(cm)	W_y/cm³	i_y/cm	W_y/cm³	i_y/cm	W_y/cm³	i_y/cm	W_y/cm³	i_y/cm	W_y/cm³	i_y/cm	W_y/cm³	i_y/cm
2L56×3	6.69	5.25	6.27	2.29	6.79	2.43	7.06	2.50	7.35	2.57	7.66	2.64	7.97	2.72	8.30	2.80	8.64	2.88
4	7.78	6.89	8.37	2.31	9.07	2.45	9.44	2.52	9.83	2.59	10.24	2.67	10.66	2.74	11.10	2.82	11.55	2.90
5	10.83	8.50	10.47	2.33	11.36	2.47	11.83	2.54	12.33	2.61	12.84	2.69	13.38	2.77	13.93	2.85	14.49	2.93
8	16.73	13.14	16.87	2.38	18.34	2.52	19.13	2.60	19.94	2.67	20.78	2.75	21.65	2.83	22.55	2.91	23.46	3.00
2L63×4	9.96	7.81	10.59	2.59	11.36	2.72	11.78	2.79	12.21	2.87	12.66	2.94	13.12	3.02	13.60	3.09	14.10	3.17
5	12.29	9.64	13.25	2.61	14.23	2.74	14.75	2.82	15.30	2.89	15.86	2.96	16.45	3.04	17.05	3.12	17.67	3.20
6	14.58	11.44	15.92	2.62	17.11	2.76	17.75	2.83	18.41	2.91	19.09	2.98	19.80	3.06	20.53	3.14	21.28	3.22
8	19.03	14.94	21.31	2.66	22.94	2.80	23.80	2.87	24.70	2.95	25.62	3.03	26.58	3.10	27.56	3.18	28.57	3.26
10	23.31	18.30	26.77	2.69	28.85	2.84	29.95	2.91	31.09	2.99	32.26	3.07	33.46	3.15	34.70	3.23	35.97	3.31
2L70×4	11.14	8.74	13.07	2.87	13.92	3.00	14.37	3.07	14.85	3.14	15.34	3.21	15.84	3.29	16.36	3.36	16.90	3.44
5	13.75	10.79	16.35	2.88	17.43	3.02	18.00	3.09	18.60	3.16	19.21	3.24	19.85	3.31	20.50	3.39	21.18	3.47
6	16.32	12.81	19.64	2.90	20.95	3.04	21.64	3.11	22.36	3.18	23.11	3.26	23.88	3.33	24.67	3.41	25.48	3.49
7	18.85	14.80	22.94	2.92	24.49	3.06	25.31	3.13	26.16	3.20	27.03	3.28	27.94	3.36	28.86	3.43	29.82	3.51
8	21.33	16.75	26.26	2.94	28.05	3.08	29.00	3.15	29.97	3.22	30.98	3.30	32.02	3.38	33.09	3.46	34.18	3.54
2L75×5	14.82	11.64	18.76	3.08	19.91	3.22	20.52	3.29	21.15	3.36	21.81	3.43	22.48	3.50	23.17	3.58	23.89	3.66
6	17.59	13.81	22.54	3.10	23.93	3.24	24.67	3.31	25.43	3.38	26.22	3.45	27.04	3.53	27.87	3.60	28.73	3.68
7	20.32	15.95	26.32	3.12	27.97	3.26	28.84	3.33	29.74	3.40	30.67	3.47	31.62	3.55	32.60	3.63	33.61	3.71
8	23.01	18.06	30.13	3.13	32.03	3.27	33.03	3.35	34.07	3.42	35.13	3.50	36.23	3.57	37.36	3.65	38.52	3.73
10	28.25	22.18	37.79	3.17	40.22	3.31	41.49	3.38	42.81	3.46	44.16	3.54	45.55	3.61	46.97	3.69	48.43	3.77
2L80×5	15.82	12.42	21.34	3.28	22.56	3.42	23.20	3.49	23.86	3.56	24.55	3.63	25.26	3.71	25.99	3.78	26.74	3.86
6	18.79	14.75	25.63	3.30	27.10	3.44	27.88	3.51	28.69	3.58	29.52	3.65	30.37	3.73	31.25	3.80	32.15	3.88
7	21.72	17.05	29.93	3.32	31.67	3.46	32.59	3.53	33.53	3.60	34.51	3.67	35.51	3.75	36.54	3.83	37.60	3.90
8	24.61	19.32	34.24	3.34	36.25	3.48	37.31	3.55	38.40	3.62	39.53	3.70	40.68	3.77	41.87	3.85	43.08	3.93
10	30.25	23.75	42.93	3.37	45.50	3.51	46.84	3.58	48.23	3.66	49.65	3.74	51.11	3.81	52.61	3.89	54.14	3.97

续表

角钢型号	两个角钢的截面面积/cm²	两个角钢的重量/(kg/m)	y—y 轴截面特性 a 为角钢肢背之间的距离（mm）															
			a=0mm		a=4mm		a=6mm		a=8mm		a=10mm		a=12mm		a=14mm		a=16mm	
			W_y /cm³	i_y /cm	W_y /cm³	i_y (cm)	W_y /cm³	i_y /cm	W_y /cm³	i_y /cm	W_y /cm³	i_y /cm	W_y /cm³	i_y /cm	W_y /cm³	i_y /cm	W_y /cm³	i_y /cm
2L90×6	21.27	16.70	32.41	3.70	34.06	3.84	34.92	3.91	35.81	3.98	36.72	4.05	37.66	4.12	38.63	4.20	39.62	4.27
7	24.60	19.31	37.84	3.72	39.78	3.86	40.79	3.93	41.84	4.00	42.91	4.07	44.02	4.14	45.15	4.22	46.31	4.30
8	27.89	21.89	43.29	3.74	45.52	3.88	46.69	3.95	47.90	4.02	49.13	4.09	50.40	4.17	51.71	4.24	53.04	4.32
10	34.33	26.95	54.24	3.77	57.08	3.91	58.57	3.98	60.09	4.06	61.66	4.13	63.27	4.21	64.91	4.28	66.59	4.36
12	40.61	31.88	65.28	3.80	68.75	3.95	70.56	4.02	72.42	4.09	74.32	4.17	76.27	4.25	78.26	4.32	80.30	4.40
2L100×6	23.86	18.73	40.01	4.09	41.82	4.23	42.77	4.30	43.75	4.37	44.75	4.44	45.78	4.51	46.83	4.58	47.91	4.66
7	27.59	21.66	46.71	4.11	48.84	4.25	49.95	4.32	51.10	4.39	52.27	4.46	53.48	4.53	54.72	4.61	55.98	4.68
8	31.28	24.55	53.42	4.13	55.87	4.27	57.16	4.34	58.48	4.41	59.83	4.48	61.22	4.55	62.64	4.63	64.09	4.70
10	38.52	30.24	66.90	4.17	70.02	4.31	71.65	4.38	73.32	4.45	75.03	4.52	76.79	4.60	78.58	4.67	80.41	4.75
12	45.60	35.80	80.47	4.20	84.28	4.34	86.26	4.41	88.29	4.49	90.37	4.56	92.50	4.64	94.67	4.71	96.89	4.79
14	52.51	41.22	94.15	4.23	98.66	4.38	101.00	4.45	103.40	4.53	105.85	4.60	108.36	4.68	110.92	4.75	113.52	4.83
16	59.25	46.51	107.96	4.27	113.16	4.41	115.89	4.49	118.66	4.56	121.49	4.64	124.38	4.72	127.33	4.80	130.33	4.87
2L110×7	30.39	23.86	56.48	4.52	58.80	4.65	60.01	4.72	61.25	4.79	62.52	4.86	63.82	4.94	65.15	5.01	66.51	5.08
8	34.48	27.06	64.58	4.54	67.25	4.67	68.65	4.74	70.07	4.81	71.54	4.88	73.03	4.96	74.56	5.03	76.13	5.10
10	42.52	33.38	80.84	4.57	84.24	4.71	86.00	4.78	87.81	4.85	89.66	4.92	91.56	5.00	93.49	5.07	95.46	5.15
12	50.40	39.56	97.20	4.61	101.34	4.75	103.48	4.82	105.68	4.89	107.93	4.96	110.22	5.04	112.57	5.11	114.96	5.19
14	58.11	45.62	113.67	4.64	118.56	4.78	121.10	4.85	123.69	4.93	126.34	5.00	129.05	5.08	131.81	5.15	134.62	5.23
2L125×8	39.50	31.01	83.36	5.14	86.36	5.27	87.92	5.34	89.52	5.41	91.15	5.48	92.81	5.55	94.52	5.62	96.25	5.69
10	48.75	38.27	104.31	5.17	108.12	5.31	110.09	5.38	112.11	5.45	114.17	5.52	116.28	5.59	118.43	5.66	120.62	5.74
12	57.82	45.39	125.35	5.21	129.98	5.34	132.38	5.41	134.84	5.48	137.34	5.56	139.89	5.63	143.49	5.70	145.15	5.78
14	66.73	52.39	146.50	5.24	151.98	5.38	154.82	5.45	157.71	5.52	160.66	5.59	163.67	5.67	166.73	5.74	169.85	5.82

续表

角钢型号	两个角钢的截面面积/cm^2	两个角钢的重量/(kg/m)	y—y 轴截面特性，a 为角钢肢背之间的距离（mm）															
			$a=0$mm		$a=4$mm		$a=6$mm		$a=8$mm		$a=10$mm		$a=12$mm		$a=14$mm		$a=16$mm	
			W_y/cm^3	i_y/cm	W_y/cm^3	i_y(cm)	W_y/cm^3	i_y/cm	W_y/cm^3	i_y/cm	W_y/cm^3	i_y/cm	W_y/cm^3	i_y/cm	W_y/cm^3	i_y/cm	W_y/cm^3	i_y/cm
2L140×10	54.75	42.98	130.73	5.78	134.94	5.92	137.12	5.98	139.34	6.05	141.61	6.12	143.92	6.20	146.27	6.27	148.67	6.34
12	65.02	51.04	157.04	5.81	162.16	5.95	164.81	6.02	167.50	6.09	170.25	6.16	173.06	6.23	175.91	6.31	178.81	6.38
14	75.13	58.98	183.46	5.85	189.51	5.98	192.63	6.06	195.82	6.13	199.06	6.20	202.36	6.27	205.72	6.34	209.13	6.42
16	85.08	66.79	210.01	5.88	217.01	6.02	220.62	6.09	224.29	6.16	228.03	6.23	231.84	6.31	235.71	6.38	239.64	6.46
2L160×10	63.00	49.46	170.67	6.58	175.42	6.72	177.87	6.78	180.37	6.85	182.91	6.92	185.50	6.99	188.14	7.06	190.81	7.13
12	74.88	58.78	204.95	6.62	210.43	6.75	213.70	6.82	216.73	6.89	219.81	6.96	222.95	7.03	226.14	7.10	229.38	7.17
14	86.59	67.97	239.33	6.65	246.10	6.79	249.67	6.86	253.24	6.93	256.87	7.00	260.56	7.07	264.32	7.14	268.13	7.21
16	98.13	77.04	273.85	6.68	281.74	6.82	285.79	6.89	289.91	6.96	294.10	7.03	298.36	7.10	302.68	7.18	307.07	7.25
2L180×12	84.48	66.32	259.20	7.43	265.62	7.56	268.92	7.63	272.27	7.70	275.68	7.77	279.14	7.84	282.66	7.91	286.23	7.98
14	97.79	76.77	302.61	7.46	310.19	7.60	314.07	7.67	318.02	7.74	322.04	7.81	326.11	7.88	330.25	7.95	334.45	8.02
16	110.93	87.08	346.14	7.49	354.90	7.63	359.38	7.70	363.94	7.77	368.57	7.84	373.27	7.91	378.03	7.98	382.86	8.06
18	123.91	97.27	389.82	7.53	399.77	7.66	404.86	7.73	410.04	7.80	415.29	7.87	420.62	7.95	426.02	8.02	431.50	8.09
2L200×14	109.28	85.79	373.41	8.27	381.75	8.40	386.02	8.47	390.36	8.54	394.76	8.61	399.22	8.67	403.75	8.75	408.33	8.82
16	124.03	97.36	427.04	8.30	436.67	8.43	441.59	8.50	446.59	8.57	451.66	8.64	456.80	8.71	462.02	8.78	467.30	8.85
18	138.60	108.80	480.81	8.33	491.75	8.47	497.34	8.53	503.01	8.60	508.76	8.67	514.59	8.75	520.50	8.82	526.48	8.89
20	153.01	120.11	534.75	8.36	547.01	8.50	553.28	8.57	559.63	8.64	566.07	8.71	572.60	8.78	579.21	8.85	585.91	8.92
24	181.32	142.34	643.20	8.42	658.16	8.56	665.80	8.63	673.55	8.71	681.39	8.78	689.34	8.85	697.38	8.92	705.52	9.00

附表 8.4　　热轧不等边角钢组合截面特性表（按 GB 9788—88 计算）

角钢型号	两个角钢的截面面积/cm^2	两个角钢的重量/(kg/m)	长肢相连相绕 $y-y$ 轴回转半径 i_y（cm）								短肢相连时绕 $y-y$ 轴回转半径 i_y（cm）							
			a=0mm	a=4mm	a=6mm	a=8mm	a=10mm	a=12mm	a=14mm	a=16mm	a=0mm	a=4mm	a=6mm	a=8mm	a=10mm	a=12mm	a=14mm	a=16mm
2L25×16×3	2.32	1.82	0.61	0.76	0.84	0.93	1.02	1.11	1.20	1.30	1.16	1.32	1.40	1.48	1.57	1.66	1.74	1.83
4	3.00	2.35	0.63	0.78	0.87	0.96	1.05	1.14	1.23	1.33	1.18	1.34	1.42	1.51	1.60	1.68	1.77	1.86
2L32×20×3	2.98	2.24	0.74	0.89	0.97	1.05	1.14	1.23	1.32	1.41	1.48	1.63	1.71	1.79	1.88	1.96	2.05	2.14
4	3.88	3.04	0.76	0.91	0.99	1.08	1.16	1.25	1.34	1.44	1.50	1.66	1.74	1.82	1.90	1.99	2.08	2.17
2L40×25×3	3.78	2.97	0.92	1.06	1.13	1.21	1.30	1.38	1.47	1.56	1.84	1.99	2.07	2.14	2.23	2.31	2.39	2.48
4	4.93	3.87	0.93	1.08	1.16	1.24	1.32	1.41	1.50	1.58	1.86	2.01	2.09	2.17	2.25	2.34	2.42	2.51
2L45×28×3	4.30	3.37	1.02	1.15	1.23	1.31	1.39	1.47	1.56	1.64	2.06	2.21	2.28	2.36	2.44	2.52	2.60	2.69
4	5.61	4.41	1.03	1.18	1.25	1.33	1.41	1.50	1.59	1.67	2.08	2.23	2.31	2.39	2.47	2.55	2.63	2.72
2L50×32×3	4.86	3.82	1.17	1.30	1.37	1.45	1.53	1.61	1.69	1.78	2.27	2.41	2.49	2.56	2.64	2.72	2.81	2.89
4	6.35	4.99	1.18	1.32	1.40	1.47	1.55	1.64	1.72	1.81	2.29	2.44	2.51	2.59	2.67	2.75	2.84	2.92
2L56×36×3	5.49	4.31	1.31	1.44	1.51	1.59	1.66	1.74	1.83	1.91	2.53	2.67	2.75	2.82	2.90	2.98	3.06	3.14
4	7.18	5.64	1.33	1.46	1.53	1.61	1.69	1.77	1.85	1.94	2.55	2.70	2.77	2.85	2.93	3.01	3.09	3.17
5	8.83	6.93	1.34	1.48	1.56	1.63	1.71	1.79	1.88	1.96	2.57	2.72	2.80	2.88	2.96	3.04	3.12	3.20
2L63×40×4	8.12	6.37	1.46	1.59	1.66	1.74	1.81	1.89	1.97	2.06	2.86	3.01	3.09	3.16	3.24	3.32	3.40	3.48
5	9.99	7.84	1.47	1.61	1.68	1.76	1.84	1.92	2.00	2.08	2.89	3.03	3.11	3.19	3.27	3.35	3.43	3.51
6	11.82	9.28	1.49	1.63	1.71	1.78	1.86	1.94	2.03	2.11	2.91	3.06	3.13	3.21	3.29	3.37	3.45	3.53
7	13.60	10.68	1.51	1.65	1.73	1.81	1.89	1.97	2.05	2.14	2.93	3.08	3.16	3.24	3.32	3.40	3.48	3.56
2L70×45×4	9.11	7.15	1.64	1.77	1.84	1.91	1.99	2.07	2.15	2.23	3.17	3.31	3.39	3.46	3.54	3.62	3.69	3.77
5	11.22	8.81	1.66	1.79	1.86	1.94	2.01	2.09	2.17	2.25	3.19	3.34	3.41	3.49	3.57	3.64	3.72	3.80
6	13.29	10.43	1.67	1.81	1.88	1.96	2.04	2.11	2.20	2.28	3.21	3.36	3.44	3.51	3.59	3.67	3.75	3.83
7	15.31	12.02	1.69	1.83	1.90	1.98	2.06	2.14	2.22	2.30	3.23	3.38	3.46	3.54	3.61	3.69	3.77	3.86

续表

角钢型号	两个角钢的截面面积/cm²	两个角钢的重量/(kg/m)	长肢相连相绕 $y-y$ 轴回转半径 i_y (cm)								短肢相连时绕 $y-y$ 轴回转半径 i_y (cm)							
			a=0mm	a=4mm	a=6mm	a=8mm	a=10mm	a=12mm	a=14mm	a=16mm	a=0mm	a=4mm	a=6mm	a=8mm	a=10mm	a=12mm	a=14mm	a=16mm
2L75×50×5	12.25	9.62	1.85	1.99	2.06	2.13	2.20	2.28	2.36	2.44	3.39	3.53	3.60	3.68	3.76	3.83	3.91	3.99
6	14.52	11.40	1.87	2.00	2.08	2.15	2.23	2.30	2.38	2.46	3.41	3.55	3.63	3.70	3.78	3.86	3.94	4.02
8	18.93	14.86	1.90	2.04	2.12	2.19	2.27	2.35	2.43	2.51	3.45	3.60	3.67	3.75	3.83	3.91	3.99	4.07
10	23.18	18.20	1.94	2.08	2.16	2.24	2.31	2.40	2.48	2.56	3.49	3.64	3.71	3.79	3.87	3.95	4.03	4.12
2L80×50×5	12.75	10.01	1.82	1.95	2.02	2.09	2.17	2.24	2.32	2.40	3.66	3.80	3.88	3.95	4.03	4.10	4.18	4.26
6	15.12	11.87	1.83	1.97	2.04	2.11	2.19	2.27	2.34	2.43	3.68	3.82	3.90	3.98	4.05	4.13	4.21	4.29
7	17.45	13.70	1.85	1.99	2.06	2.13	2.21	2.29	2.37	2.45	3.70	3.85	3.92	4.00	4.08	4.16	4.23	4.32
8	19.73	15.49	1.86	2.00	2.08	2.15	2.23	2.31	2.39	2.47	3.72	3.87	3.94	4.02	4.10	4.18	4.26	4.34
2L90×56×5	14.42	11.32	2.02	2.15	2.22	2.29	2.36	2.44	2.52	2.59	4.10	4.25	4.32	4.39	4.47	4.55	4.62	4.70
6	17.11	13.43	2.04	2.17	2.24	2.31	2.39	2.46	2.54	2.62	4.12	4.27	4.34	4.42	4.50	4.57	4.65	4.73
7	19.76	15.51	2.05	2.19	2.26	2.33	2.41	2.48	2.56	2.64	4.15	4.29	4.37	4.44	4.52	4.60	4.68	4.76
8	22.37	17.56	2.07	2.21	2.28	2.35	2.43	2.51	2.59	2.67	4.17	4.31	4.39	4.47	4.54	4.62	4.70	4.78
2L100×63×6	19.23	15.10	2.29	2.42	2.49	2.56	2.63	2.71	2.78	2.86	4.56	4.70	4.77	4.85	4.92	5.00	5.08	5.16
7	22.22	17.44	2.31	2.44	2.51	2.58	2.65	2.73	2.80	2.88	4.58	4.72	4.80	4.87	4.95	5.03	5.10	5.18
8	25.17	19.76	2.32	2.46	2.53	2.60	2.67	2.75	2.83	2.91	4.60	4.75	4.82	4.90	4.97	5.05	5.13	5.21
10	30.93	24.28	2.35	2.49	2.57	2.64	2.72	2.79	2.87	2.95	4.64	4.79	4.86	4.94	5.02	5.10	5.18	5.26
2L100×80×6	21.27	16.70	3.11	3.24	3.31	3.38	3.45	3.52	3.59	3.67	4.33	4.47	4.54	4.62	4.69	4.76	4.84	4.91
7	24.60	19.31	3.12	3.26	3.32	3.39	3.47	3.54	3.61	3.69	4.35	4.49	4.57	4.64	4.71	4.79	4.86	4.94
8	27.89	21.89	3.14	3.27	3.34	3.41	3.49	3.56	3.64	3.71	4.37	4.51	4.59	4.66	4.73	4.81	4.88	4.96
10	34.33	26.95	3.17	3.31	3.38	3.45	3.53	3.60	3.68	3.75	4.41	4.55	4.63	4.70	4.78	4.85	4.93	5.01
2L110×70×6	21.27	16.70	2.55	2.68	2.74	2.81	2.88	2.96	3.03	3.11	5.00	5.14	5.21	5.29	5.36	5.44	5.51	5.59
7	24.60	19.31	2.56	2.69	2.76	2.83	2.90	2.98	3.05	3.13	5.02	5.16	5.24	5.31	5.39	5.46	5.53	5.62
8	27.89	21.89	2.58	2.71	2.78	2.85	2.92	3.00	3.07	3.15	5.04	5.19	5.26	5.34	5.41	5.49	5.56	5.64
10	34.33	26.95	2.61	2.74	2.82	2.89	2.96	3.04	3.12	3.19	5.08	5.23	5.30	5.38	5.46	5.53	5.61	5.69

续表

角钢型号	两个角钢的截面面积/cm^2	两个角钢的重量/(kg/m)	长肢相连相绕 $y-y$ 轴回转半径 i_y (cm)								短肢相连时绕 $y-y$ 轴回转半径 i_y (cm)							
			a=0mm	a=4mm	a=6mm	a=8mm	a=10mm	a=12mm	a=14mm	a=16mm	a=0mm	a=4mm	a=6mm	a=8mm	a=10mm	a=12mm	a=14mm	a=16mm
2L125×80×7	28.19	22.13	2.92	3.05	3.13	3.18	3.25	3.33	3.40	3.47	5.68	5.82	5.90	5.97	6.04	6.12	6.20	6.27
8	31.98	25.10	2.94	3.07	3.15	3.20	3.27	3.35	3.42	3.49	5.70	5.85	5.92	5.99	6.07	6.14	6.22	6.30
10	39.42	30.95	2.97	3.10	3.17	3.24	3.31	3.39	3.46	3.54	5.74	5.89	5.96	6.04	6.11	6.19	6.27	6.34
12	46.70	36.66	3.00	3.13	3.20	3.28	3.35	3.43	3.50	3.58	5.78	5.93	6.00	6.08	6.16	6.23	6.31	6.39
2L140×90×8	36.08	28.32	3.29	3.42	3.49	3.56	3.63	3.70	3.77	3.84	6.36	6.51	6.58	6.65	6.73	6.80	6.88	6.95
10	44.52	34.95	3.32	3.45	3.52	3.59	3.66	3.73	3.81	3.88	6.40	6.55	6.62	6.70	6.77	6.85	6.92	7.00
12	52.80	41.45	3.35	3.49	3.56	3.63	3.70	3.77	3.85	3.92	6.44	6.59	6.66	6.74	6.81	6.89	6.97	7.04
14	60.91	47.82	3.38	3.52	3.59	3.66	3.74	3.81	3.89	3.97	6.48	6.63	6.70	6.78	6.86	6.93	7.01	7.09
2L160×100×10	50.63	39.74	3.65	3.77	3.84	3.91	3.98	4.05	4.12	4.19	7.34	7.48	7.55	7.63	7.70	7.78	7.85	7.93
12	60.11	47.18	3.68	3.81	3.87	3.94	4.01	4.09	4.16	4.23	7.38	7.52	7.60	7.67	7.75	7.82	7.90	7.97
14	69.42	54.49	3.70	3.84	3.91	3.98	4.05	4.12	4.20	4.27	7.42	7.56	7.64	7.71	7.79	7.86	7.94	8.02
16	78.56	61.67	3.74	3.87	3.94	4.02	4.09	4.16	4.24	4.31	7.45	7.60	7.68	7.75	7.83	7.90	7.98	8.06
2L180×110×10	56.75	44.55	3.97	4.10	4.16	4.23	4.30	4.36	4.44	4.51	8.27	8.41	8.49	8.56	8.63	8.71	8.78	8.86
12	67.42	52.93	4.00	4.13	4.19	4.26	4.33	4.40	4.47	4.54	8.31	8.46	8.53	8.60	8.68	8.75	8.83	8.90
14	77.93	61.18	4.03	4.16	4.23	4.30	4.37	4.44	4.51	4.58	8.35	8.50	8.57	8.64	8.72	8.79	8.87	8.95
16	88.28	69.30	4.06	4.19	4.26	4.33	4.40	4.47	4.55	4.62	8.39	8.53	8.61	8.68	8.76	8.84	8.91	8.99
2L200×125×12	75.82	59.52	4.56	4.69	4.75	4.82	4.88	4.95	5.02	5.09	9.18	9.32	9.39	9.47	9.54	9.62	9.69	9.76
14	87.73	68.87	4.59	4.72	4.78	4.85	4.92	4.99	5.06	5.13	9.22	9.36	9.43	9.51	9.58	9.66	9.73	9.81
16	99.48	78.09	4.61	4.75	4.81	4.88	4.95	5.02	5.09	5.17	9.25	9.40	9.47	9.55	9.62	9.70	9.77	9.85
18	111.05	87.18	4.64	4.78	4.85	4.92	4.99	5.06	5.13	5.21	9.29	9.44	9.51	9.59	9.66	9.74	9.81	9.89

附表 8.5 普 通 槽 钢

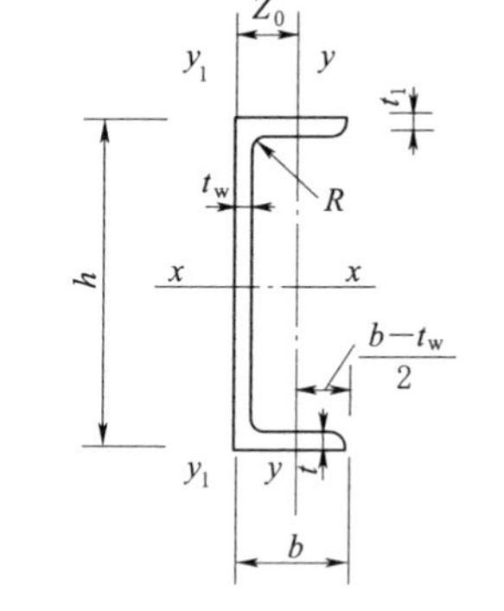

符号：同普通工字型钢，但 W_y 为对应于翼缘肢尖的截面模量。

长度：型号 5～8，长 5～12m；

型号 10～18，长 5～19m；

型号 20～40，长 6～19m。

热轧普通槽钢规格	尺寸/mm						截面信息			X−X				Y−Y				y_1-y_1	
	h	b	t_w	t	R	r_1	截面面积 /cm^2	每米重量 /(kg/m)	外表面积 /m^2/m	I_x /cm^4	W_x cm^3	S_x /cm^3	i_x /cm	I_y /cm^4	W_{ymax} /cm^3	W_{ymin} /cm^3	i_y /cm	I_{y1}/cm^4	Z_0/cm
E5	50	37	4.5	7	7	3.5	6.92	5.44	0.23	26	10.4	6.4	1.94	8.3	6.2	3.5	1.1	20.9	1.35
E6.3	63	40	4.8	7.5	7.5	3.75	8.45	6.63	0.26	51.2	16.3	9.8	2.46	11.9	8.5	4.6	1.19	28.3	1.39
E8	80	43	5	8	8	4	10.24	8.04	0.31	101.3	25.3	15.1	3.14	16.6	11.7	5.8	1.27	37.4	1.42
E10	100	48	5.3	8.5	8.5	4.2	12.74	10	0.36	198.3	39.7	23.5	3.94	25.6	16.9	7.8	1.42	54.9	1.52
E12.6	126	53	5.5	9	9	4.2	15.69	12.31	0.43	388.5	61.7	36.4	4.98	38	23.9	10.3	1.56	77.8	1.59
E14a	140	58	6	9.5	9.5	4.75	18.51	14.53	0.48	563.7	80.5	47.5	5.52	53.2	31.2	13	1.7	107.2	1.71
E14b	140	60	8	9.5	9.5	4.75	21.31	16.73	0.48	609.4	87.1	52.4	5.35	61.2	36.6	14.1	1.69	120.6	1.67
E16a	160	63	6.5	10	10	5	21.95	17.23	0.54	866.2	108.3	63.9	6.28	73.4	40.9	16.3	1.83	144.1	1.79
E16	160	65	8.5	10	10	5	25.15	19.75	0.54	934.5	116.8	70.3	6.1	83.4	47.6	17.6	1.82	160.8	1.75

续表

热轧普通槽钢规格	尺寸/mm						截面信息			X－X				Y－Y				y_1-y_1	
	h	b	t_w	t	R	r_1	截面面积/cm^2	每米重量/(kg/m)	外表面积/m^2/m	I_x/cm^4	W_x cm^3	S_x/cm^3	i_x/cm	I_y/cm^4	W_{ymax}/cm^3	W_{ymin}/cm^3	i_y/cm	I_{y1}/cm^4	Z_0/cm
E18a	180	69	7	10.5	10.5	5.25	25.69	20.17	0.6	1272.7	141.4	83.5	7.04	98.6	52.3	20	1.96	189.7	1.88
E18	180	70	9	10.5	10.5	5.25	29.29	22.99	0.6	1369.9	152.2	91.6	6.84	111	60.4	21.5	1.95	210.1	1.84
E20a	200	73	7	11	11	5.5	28.83	22.63	0.65	1780.4	178	104.7	7.86	128	63.8	24.2	2.11	244	2.01
E20	200	75	9	11	11	5.5	32.83	25.77	0.66	1913.7	191.4	114.7	7.64	143.6	73.7	25.9	2.09	268.4	1.95
E22a	220	77	7	11.5	11.5	5.75	31.84	24.99	0.71	2393.9	217.6	127.6	8.67	157.8	75.1	28.2	2.23	298.2	2.1
E22	220	79	9	11.5	11.5	5.75	36.24	28.45	0.71	2571.3	233.8	139.7	8.42	176.5	86.8	30.1	2.21	326.3	2.03
E25a	250	78	7	12	12	6	34.91	27.4	0.77	3359.1	268.7	157.8	9.81	175.9	85.1	30.7	2.24	324.8	2.07
E25b	250	80	9	12	12	6	39.91	31.33	0.78	3619.5	289.6	173.5	9.52	196.4	98.5	32.7	2.22	355.1	1.99
E25c	250	82	11	12	12	6	44.91	35.25	0.78	3880	310.4	189.1	9.3	215.9	110.1	34.6	2.19	388.6	1.96
E28a	280	82	7.5	12.5	12.5	6.25	40.02	31.42	0.85	4752.5	339.5	200.2	10.9	217.9	104.1	35.7	2.33	393.3	2.09
E28b	280	84	9.5	12.5	12.5	6.25	45.62	35.81	0.85	5118.4	365.6	219.8	10.59	241.5	119.3	37.9	2.3	428.5	2.02
E28c	280	86	11.5	12.5	12.5	6.25	51.22	40.21	0.85	5484.3	391.7	239.4	10.35	264.1	132.6	40	2.27	467.3	1.99
E32a	320	88	8	14	14	7	48.5	38.07	0.95	7510.6	276.9	276.9	12.44	304.7	136.2	46.4	2.51	547.5	2.24
E32b	320	90	10	14	14	7	54.9	43.1	0.95	8056.8	503.5	302.5	12.11	335.6	155	49.1	2.47	592.9	2.16
E32c	320	92	12	14	14	7	61.3	48.12	0.95	8602.9	537.7	328.1	11.85	365	171.5	51.6	2.44	642.7	2.13
E36a	360	96	9	16	16	8	60.89	47.8	1.05	11874.1	659.7	389.9	13.96	455	186.2	63.6	2.73	818.5	2.44
E36b	360	98	11	16	16	8	68.09	53.45	1.06	12651.7	702.9	422.3	13.63	496.7	209.2	66.9	2.7	880.5	2.37
E36c	360	100	13	16	16	8	75.29	59.1	1.06	13429.3	746.1	454.7	13.36	536.6	229.5	70	2.67	948	2.34
E40a	400	100	10.5	18	18	9	75.04	58.91	1.14	17577.7	878.9	524.4	15.3	592	237.6	78.8	2.81	1057.9	2.49
E40b	400	102	12.5	18	18	9	83.04	65.19	1.15	18644.4	932.2	564.4	14.98	640.6	262.4	82.6	2.78	1135.8	2.44
E40c	400	104	14.5	18	18	9	91.04	71.47	1.15	19711	985.6	604.4	14.71	687.8	284.4	86.2	2.75	1220.3	2.42

附表 8.6

H 型 钢

h——截面高度；
B——翼缘宽度；
t_1——腹板厚度；
t_2——翼缘厚度；
r——圆角半径；
HW——宽翼 H 型钢；
HM——中翼缘 H 型钢；
HN——窄翼缘 H 型钢；
HT——薄壁 H 型钢

类别	型号（高×宽）/(mm×mm)	尺寸/mm					截面面积/cm²	理论重量/(kg/m)	惯性矩/cm⁴		惯性半径/cm		截面模数/cm³	
		h	B	t_1	t_2	r			I_x	I_y	i_x	i_y	W_x	W_y
HW	100×100	100	100	6	8	8	21.59	16.9	386	134	4.23	2.49	77.1	26.7
	125×125	125	125	6.5	9	8	30	23.6	843	293	5.3	3.13	135	46.9
	150×150	150	150	7	10	8	39.65	31.1	1620	563	6.39	3.77	216	75.1
	175×175	175	175	7.5	11	13	51.43	40.4	2918	983	7.53	4.37	334	112
	200×200	200	200	8	12	13	63.53	49.9	4717	1601	8.62	5.02	472	160
		200	204	12	12	13	71.53	56.2	4984	1701	8.35	4.88	498	167
	250×250	244	252	11	11	13	81.31	63.8	8573	2937	10.27	6.01	703	233
		250	250	9	14	13	91.43	71.8	10689	3648	10.81	6.32	855	292
		250	255	14	14	13	103.93	81.6	11340	3875	10.45	6.11	907	304
	300×300	294	302	12	12	13	106.33	83.5	16384	5513	12.41	7.2	1115	365
		300	300	10	15	13	118.45	93	20010	6753	13	7.55	1334	450
		300	305	15	15	13	133.45	104.8	21135	7102	12.58	7.29	1409	466
	350×350	338	351	13	13	13	133.27	104.6	27352	9376	14.33	8.39	1618	534
		344	348	10	16	13	144.01	113	32545	11242	15.03	8.84	1892	646
		344	354	16	16	13	164.65	129.3	34581	11841	14.49	8.48	2011	669

续表

类别	型号（高×宽）/(mm×mm)	尺寸/mm					截面面积/cm²	理论重量/(kg/m)	惯性矩/cm⁴		惯性半径/cm		截面模数/cm³	
		h	B	t_1	t_2	r			I_x	I_y	i_x	i_y	W_x	W_y
HW	350×350	350	350	12	19	13	171.89	134.9	39637	13582	15.19	8.89	2265	776
		350	357	19	19	13	196.39	154.2	42138	14427	14.65	8.57	2408	808
	400×400	388	402	15	15	22	178.45	140.1	48040	16255	16.41	9.54	2476	809
		394	398	11	18	22	186.81	146.6	55597	18920	17.25	10.06	2822	951
		394	405	18	18	22	214.39	168.3	59165	19951	16.61	9.65	3003	985
		400	400	13	21	22	218.69	171.7	66455	22410	17.43	10.12	3323	1120
		400	408	21	21	22	250.69	196.8	70722	23804	16.8	9.74	3536	1167
		414	405	18	28	22	295.39	231.9	93518	31022	17.79	10.25	4518	1532
		428	407	20	35	22	360.65	283.1	120892	39357	18.31	10.45	5649	1934
		458	417	30	50	22	528.55	414.9	190939	60516	19.01	10.7	8338	2902
		498	432	45	70	22	770.05	604.5	304730	94346	19.89	11.07	12238	4368
	500×500	492	465	15	20	22	257.95	202.5	115559	33531	21.17	11.4	4698	1442
		502	465	15	25	22	304.45	239	145012	41910	21.82	11.73	5777	1803
		502	470	20	25	22	329.55	258.7	150283	43295	21.35	11.46	5987	1842
HM	150×100	148	100	6	9	8	26.35	20.7	995.3	150.3	6.15	2.39	134.5	30.1
	200×150	194	150	6	9	8	38.11	29.9	2586	506.6	8.24	3.65	266.6	67.6
	250×175	244	175	7	11	13	55.49	43.6	5908	983.5	10.32	4.21	484.3	112.4
	300×200	294	200	8	12	13	71.05	55.8	10858	1602	12.36	4.75	738.6	160.2
	350×250	340	250	9	14	13	99.53	78.1	20867	3648	14.48	6.05	1227	291.9
	400×300	390	300	10	16	13	133.25	104.6	37363	7203	16.75	7.35	1916	480.2
	450×300	440	300	11	18	13	153.89	120.8	54067	8105	18.74	7.26	2458	540.3
	500×300	482	300	11	15	13	141.17	110.8	57212	6756	20.13	6.92	2374	450.4
		488	300	11	18	13	159.17	124.9	67916	8106	20.66	7.14	2783	540.4

续表

类别	型号（高×宽）/(mm×mm)	尺寸/mm					截面面积/cm²	理论重量/(kg/m)	惯性矩/cm⁴		惯性半径/cm		截面模数/cm³	
		h	B	t_1	t_2	r			I_x	I_y	i_x	i_y	W_x	W_y
HM	550×300	544	300	11	15	13	147.99	116.2	74874	6756	22.49	6.76	2753	450.4
		550	300	11	18	13	165.99	130.3	88470	8106	23.09	6.99	3217	540.4
	600×300	582	300	12	17	13	169.21	132.8	97287	7659	23.98	6.73	3343	510.6
		588	300	12	20	13	187.21	147	112827	9009	24.55	6.94	3838	600.6
		594	302	14	23	13	217.09	170.4	132179	10572	24.68	6.98	4450	700.1
HN	100×50	100	50	5	7	8	11.85	9.3	191	14.7	4.02	1.11	38.2	5.9
	125×60	125	60	6	8	8	16.69	13.1	407.7	29.1	4.94	1.32	65.2	9.7
	150×75	150	75	5	7	8	17.85	14	645.7	49.4	6.01	1.66	86.1	13.2
	175×90	175	90	5	8	8	22.9	18	1174	97.4	7.16	2.06	134.2	21.6
	200×100	198	99	4.5	7	8	22.69	17.8	1484	113.4	8.09	2.24	149.9	22.9
		200	100	5.5	8	8	26.67	20.9	1753	133.7	8.11	2.24	175.3	26.7
	250×125	248	124	5	8	8	31.99	25.1	3346	254.5	10.23	2.82	269.8	41.1
		250	125	6	9	8	36.97	29	3868	293.5	10.23	2.82	309.4	47
	300×150	298	149	5.5	8	13	40.8	32	5911	441.7	12.04	3.29	396.7	59.3
		300	150	6.5	9	13	46.78	36.7	6829	507.2	12.08	3.29	455.3	67.6
	350×175	346	174	6	9	13	52.45	41.2	10456	791.1	14.12	3.88	604.4	90.9
		350	175	7	11	13	62.91	49.4	12980	983.8	14.36	3.95	741.7	112.4
	400×150	400	150	8	13	13	70.37	55.2	17906	733.2	15.95	3.23	895.3	97.8
	400×200	396	199	7	11	13	71.41	56.1	19023	1446	16.32	4.5	960.8	145.3
		400	200	8	13	13	83.37	65.4	22775	1735	16.53	4.56	1139	173.5
	450×200	446	199	8	12	13	82.97	65.1	27146	1578	18.09	4.36	1217	158.6
		450	200	9	14	13	95.43	74.9	31973	1870	18.3	4.43	1421	187
	500×200	496	199	9	14	13	99.29	77.9	39628	1842	19.98	4.31	1598	185.1
		500	200	10	16	13	112.25	88.1	45685	2138	20.17	4.36	1827	213.8
		506	201	11	19	13	129.31	101.5	54478	2577	20.53	4.46	2153	256.4
	550×200	546	199	9	14	13	103.79	81.5	49245	1842	21.78	4.21	1804	185.2

续表

类别	型号（高×宽）/(mm×mm)	尺寸/mm					截面面积/cm^2	理论重量/(kg/m)	惯性矩/cm^4		惯性半径/cm		截面模数/cm^3	
		h	B	t_1	t_2	r			I_x	I_y	i_x	i_y	W_x	W_y
HN		550	200	10	16	13	117.25	92	56695	2138	21.99	4.27	2062	213.8
	600×200	596	199	10	15	13	117.75	92.4	64739	1975	23.45	4.1	2172	198.5
		600	200	11	17	13	131.71	103.4	73749	2273	23.66	4.15	2458	227.3
		606	201	12	20	13	149.77	117.6	86656	2716	24.05	4.26	2860	270.2
	650×300	646	299	10	15	13	152.75	119.9	107794	6688	26.56	6.62	3337	447.4
		650	300	11	17	13	171.21	134.4	122739	7657	26.77	6.69	3777	510.5
		656	301	12	20	13	195.77	153.7	144433	9100	27.16	6.82	4403	604.6
	700×300	692	300	13	20	18	207.54	162.9	164101	9014	28.12	6.59	4743	600.9
		700	300	13	24	18	231.54	181.8	193622	10814	28.92	6.83	5532	720.9
	750×300	734	299	12	16	18	182.7	143.4	155539	7140	29.18	6.25	4238	477.6
		742	300	13	20	18	214.04	168	191989	9015	29.95	6.49	5175	601
		750	300	13	24	18	238.04	186.9	225863	10815	30.8	6.74	6023	721
		758	303	16	28	18	284.78	223.6	271350	13008	30.87	6.76	7160	858.6
	800×300	792	300	14	22	18	239.5	188	242399	9919	31.81	6.44	6121	661.3
		800	300	14	26	18	263.5	206.8	280925	11719	32.65	6.67	7023	781.3
	850×300	834	298	14	19	18	227.46	178.6	243858	8400	32.74	6.08	5848	563.8
		842	299	15	23	18	259.72	203.9	291216	10271	33.49	6.29	6917	687
		850	300	16	27	18	292.14	229.3	339670	12179	34.1	6.46	7992	812
		858	301	17	31	18	324.72	254.9	389234	14125	34.62	6.6	9073	938.5
	900×300	890	299	15	23	18	266.92	209.5	330588	10273	35.19	6.2	7429	687.1
		900	300	16	28	18	305.82	240.1	397241	12631	36.04	6.43	8828	842.1
		912	302	18	34	18	360.06	282.6	484615	15652	36.69	6.59	10628	1037
	H1000×300	970	297	16	21	18	276	216.7	382977	9203	37.25	5.77	7896	619.7
		980	298	17	26	18	315.5	247.7	462157	11508	38.27	6.04	9432	772.3
		990	298	17	31	18	345.3	271.1	535201	13713	39.37	6.3	10812	920.3
		1000	300	19	36	18	395.1	310.2	626396	16256	39.82	6.41	12528	1084
		1008	302	21	40	18	439.26	344.8	704572	18437	40.05	6.48	13980	1221

附表 8.7　　T 型钢（按 GB/T 11263—2005）

h——截面高度；B——翼缘宽度；t_1——腹板厚度；t_2——翼缘厚度；r——圆角半径；

C_x——重心；TW——宽翼缘刨分 T 型钢；TM——中翼缘刨分 T 型钢；TN——窄翼缘刨分 T 型钢。

类别	型号（高×宽）/(mm×mm)	尺寸/mm					截面面积 /cm²	理论重量 /(kg/m)	惯性矩/cm⁴		惯性半径/cm		截面模数/cm³		重心 C_x /cm	对应 H 型钢系列型号
		h	B	t_1	t_2	r			I_x	I_y	i_x	i_y	W_x	W_y		
TW	50×100	50	100	6	8	8	10.79	8.47	16.7	67.7	1.23	2.49	4.2	13.5	1	100×100
	62.5×125	62.5	125	6.5	9	8	15	11.8	35.2	147	1.53	3.13	6.9	23.5	1.19	125×125
	75×150	75	150	7	10	8	19.82	15.6	66.6	281	1.83	3.77	10.9	37.6	1.37	150×150
	87.5×175	87.5	175	7.5	11	13	25.71	20.2	115	494	2.12	4.38	16.1	56.5	1.55	175×175
	100×200	100	200	8	12	13	31.77	24.9	185	803	2.42	5.03	22.4	80.3	1.73	200×200
		100	204	12	12	13	35.77	28.1	256	853	2.68	4.89	32.4	83.7	2.09	
	125×250	125	250	9	14	13	45.72	35.9	413	1827	3.01	6.32	39.6	146.1	2.08	250×250
		125	255	14	14	13	51.97	40.8	589	1941	3.37	6.11	59.4	152.2	2.58	
	150×300	147	302	12	12	13	53.17	41.7	855	2760	4.01	7.2	72.2	182.8	2.85	300×300
		150	300	10	15	13	59.23	46.5	798	3379	3.67	7.55	63.8	225.3	2.47	
		150	305	15	15	13	66.73	52.4	1107	3554	4.07	7.3	92.6	233.1	3.04	
	175×350	172	348	10	16	13	72.01	56.5	1231	5624	4.13	8.84	84.7	323.2	2.67	350×350
		175	350	12	19	13	85.95	67.5	1520	6794	4.21	8.89	103	388.2	2.87	

续表

类别	型号（高×宽）/(mm×mm)	尺寸/mm					截面面积/cm²	理论重量/(kg/m)	惯性矩/cm⁴		惯性半径/cm		截面模数/cm³		重心 C_x/cm	对应H型钢系列型号
		h	B	t_1	t_2	r			I_x	I_y	i_x	i_y	W_x	W_y		
TW	200×400	194	402	15	15	22	89.23	70	2479	8150	5.27	9.56	157	405.5	3.7	400×400
		197	398	11	18	22	93.41	73.3	2052	9481	4.69	10	122	476.4	3.01	
		200	400	13	21	22	109.35	85.8	2483	11227	4.77	10.1	147	561.3	3.21	
		200	408	21	21	22	125.35	98.4	3654	11928	5.4	9.75	229	584.7	4.07	
		207	405	18	28	22	147.7	115.9	3634	15535	4.96	10.2	213	767.2	3.68	
		214	407	20	35	22	180.33	141.6	4393	19704	4.94	10.4	251	968.2	3.9	
TM	75×100	74	100	6	9	8	13.17	10.3	51.7	75.6	1.98	2.39	8.9	15.1	1.56	150×100
	100×150	97	150	6	9	8	19.05	15	124	253	2.56	3.65	15.8	33.8	1.8	200×150
	125×175	122	175	7	11	13	27.75	21.8	288	494	3.22	4.22	29.1	56.5	2.28	250×175
	150×200	147	200	8	12	13	35.53	27.9	570	803	4.01	4.76	48.1	80.3	2.85	300×200
	175×250	170	250	9	14	13	49.77	39.1	1016	1827	4.52	6.06	73.1	146.1	3.11	350×250
	200×300	195	300	10	16	13	66.63	52.3	1730	3605	5.1	7.36	107	240.3	3.43	400×300
	225×300	220	300	11	18	13	76.95	60.4	2680	4056	5.9	7.26	149	270.4	4.09	450×300
	250×300	241	300	11	15	13	70.59	55.4	3399	3381	6.94	6.92	178	225.4	5	500×300
		244	300	11	18	13	79.59	62.5	3615	4056	6.74	7.14	183	270.4	4.72	
	275×300	272	300	11	15	13	74	58.1	4789	3381	8.04	6.76	225	225.4	5.96	550×300
		275	300	11	18	13	83	65.2	5093	4056	7.83	6.99	232	270.4	5.59	
	300×300	291	300	12	17	13	84.61	66.4	6324	3832	8.65	6.73	280	255.5	6.51	600×300
		294	300	12	20	13	93.61	73.5	6691	4507	8.45	6.94	288	300.5	6.17	
		297	302	14	23	13	108.55	85.2	7917	5289	8.54	6.98	339	350.3	6.41	

续表

类别	型号（高×宽）/(mm×mm)	尺寸/mm					截面面积/cm^2	理论重量/(kg/m)	惯性矩/cm^4		惯性半径/cm		截面模数/cm^3		重心 C_x/cm	对应 H 型钢系列型号
		h	B	t_1	t_2	r			I_x	I_y	i_x	i_y	W_x	W_y		
TN	50×50	50	50	5	7	8	5.92	4.7	11.9	7.8	1.42	1.14	3.2	3.1	1.28	100×50
	62.5×60	62.5	60	6	8	8	8.34	6.6	27.5	14.9	1.81	1.34	6	5	1.64	125×60
	75×75	75	75	5	7	8	8.92	7	42.4	25.1	2.18	1.68	7.4	6.7	1.79	150×75
	87.5×90	87.5	90	5	8	8	11.45	9	70.5	49.1	2.48	2.07	10.3	10.9	1.93	175×90
	100×100	99	99	4.5	7	8	11.34	8.9	93.1	57.1	2.87	2.24	12	11.5	2.17	200×100
		100	100	5.5	8	8	13.33	10.5	113	67.2	2.92	2.25	14.8	13.4	2.31	
	125×125	124	124	5	8	8	15.99	12.6	206	127	3.59	2.82	21.2	20.6	2.66	250×125
		125	125	6	9	8	18.48	14.5	247	147	3.66	2.82	25.5	23.5	2.81	
	150×150	149	149	5.5	8	13	20.4	16	390	223	4.37	3.31	33.5	30	3.26	300×150
		150	150	6.5	9	13	23.39	18.4	460	256	4.44	3.31	39.7	34.2	3.41	
	175×175	173	174	6	9	13	26.23	20.6	674	398	5.07	3.9	49.7	45.8	3.72	350×175
		175	175	7	11	13	31.46	24.7	811	494	5.08	3.96	59	56.5	3.76	
	200×200	198	199	7	11	13	35.71	28	1188	725	5.77	4.51	76.2	72.9	4.2	400×200
		200	200	8	13	13	41.69	32.7	1392	870	5.78	4.57	88.4	87	4.26	
	225×200	223	199	8	12	13	41.49	32.6	1863	791	6.7	4.37	108	79.6	5.15	450×200
		225	200	9	14	13	47.72	37.5	2148	937	6.71	4.43	124	93.8	5.19	

续表

类别	型号（高×宽）/(mm×mm)	尺寸/mm					截面面积/cm²	理论重量/(kg/m)	惯性矩/cm⁴		惯性半径/cm		截面模数/cm³		重心 C_x/cm	对应H型钢系列型号
		h	B	t_1	t_2	r			I_x	I_y	i_x	i_y	W_x	W_y		
TN	250×200	248	199	9	14	13	49.65	39	2820	923	7.54	4.31	149	92.8	5.97	500×200
		250	200	10	16	13	56.13	44.1	3201	1072	7.55	4.37	168	107.2	6.03	
		253	201	11	19	13	64.66	50.8	3666	1292	7.53	4.47	189	128.5	6	
	275×200	273	199	9	14	13	51.9	40.7	3689	924	8.43	4.22	180	92.9	6.85	550×200
		275	200	10	16	13	58.63	46	4182	1072	8.45	4.28	202	107.2	6.89	
	300×200	298	199	10	15	13	58.88	46.2	5148	990	9.35	4.1	235	99.6	7.92	600×200
		300	200	11	17	13	65.86	51.7	5779	1140	9.37	4.16	262	114	7.95	
		303	201	12	20	13	74.89	58.8	6554	1361	9.36	4.26	292	135.4	7.88	
	325×300	323	299	10	15	12	76.27	59.9	7230	3346	9.74	6.62	289	223.8	7.28	650×300
		325	300	11	17	13	85.61	67.2	8095	3832	9.72	6.69	321	255.4	7.29	
		328	301	12	20	13	97.89	76.8	9139	4553	9.66	6.82	357	302.5	7.2	
	350×300	346	300	13	20	13	103.11	80.9	11263	4510	10.4	6.61	425	300.6	8.12	700×300
		350	300	13	24	13	115.11	90.4	12018	5410	10.2	6.86	439	360.6	7.65	
	400×300	396	300	14	22	18	119.75	94	17660	4970	12.1	6.44	592	331.3	9.77	800×300
		400	300	14	26	18	131.75	103.4	18771	5870	11.9	6.67	610	391.3	9.27	
	450×300	445	299	15	23	18	133.46	104.8	25897	5147	13.9	6.21	790	344.3	11.7	900×300
		450	300	16	28	18	152.91	120	29223	6327	13.8	6.43	868	421.8	11.3	
		456	302	18	34	18	180.03	141.3	34345	7838	13.8	6.6	1002	519	11.3	

附表 8.8 热轧普通工字钢规格及截面特性

符号：h——高度；
b——宽度；
t_w——腹板厚度；
t——翼缘平均厚度；
I——惯性矩；
W——截面模量

i——回转半径；
S_x——半截面的面积矩；
长度：
型号 10～18，长 5～19m；
型号 20～63，长 6～19m。

型号		尺寸/mm					截面面积/cm²	每米重量/(kg/m)	x—x 轴				y—y 轴		
		h	b	t_w	t	R			I_x/cm^4	W_x/cm^3	i_x/cm	$I_x/S_x/cm$	I_y/cm^4	W_y/cm^3	I_y/cm
10		100	68	4.5	7.6	6.5	14.3	11.2	245	49	4.14	8.69	33	9.6	1.51
12.6		126	74	5	8.4	7	18.1	14.2	488	77	5.19	11	47	12.7	1.61
14		140	80	5.5	9.1	7.5	21.5	16.9	712	102	5.75	12.2	64	16.1	1.73
16		160	88	6	9.9	8	26.1	20.5	1127	141	6.57	13.9	93	21.1	1.89
18		180	94	6.5	10.7	8.5	30.7	24.1	1699	185	7.37	15.4	123	26.2	2.00
20	a	200	100	7	11.4	9	35.5	27.9	2369	237	8.16	17.4	158	31.6	2.11
	b		102	9			39.5	31.1	2502	250	7.95	17.1	169	33.1	2.07
22	a	220	110	7.5	12.3	9.5	42.1	33	3406	310	8.99	19.2	226	41.1	2.32
	b		112	9.5			46.5	36.5	3583	326	8.78	18.9	240	42.9	2.27
25	a	250	116	8	13	10	48.5	38.1	5017	401	10.2	21.7	280	48.4	2.4
	b		118	10			53.5	42	5278	422	9.93	21.4	297	50.4	2.36
28	a	280	122	8.5	13.7	10.5	55.4	43.5	7115	508	11.3	24.3	344	56.4	2.49
	b		124	10.5			61	47.9	7481	534	11.1	24	364	58.7	2.44

续表

型号		尺寸/mm					截面面积	每米重量	x—x 轴				y—y 轴		
		h	b	t_w	t	R	/cm^2	/(kg/m)	I_x/cm^4	W_x/cm^3	i_x/cm	I_x/S_x/cm	I_y/cm^4	W_y/cm^3	I_y/cm
32	a	320	130	9.5	15	11.5	67.1	52.7	11080	692	12.8	27.7	459	70.6	2.62
	b		132	11.5			73.5	57.7	11626	727	12.6	27.3	484	73.3	2.57
	c		134	13.5			79.9	62.7	12173	761	12.3	26.9	510	76.1	2.53
36	a	360	136	10	15.8	12	76.4	60	15796	878	14.4	31	555	81.6	2.69
	b		138	12			83.6	65.6	16574	921	14.1	30.6	584	84.6	2.64
	c		140	14			90.8	71.3	17351	964	13.8	30.2	614	87.7	2.6
40	a	400	142	10.5	16.5	12.5	86.1	67.6	21714	1086	15.9	34.4	660	92.9	2.77
	b		144	12.5			94.1	73.8	22781	1139	15.6	33.9	693	96.2	2.71
	c		146	14.5			102	80.1	23847	1192	15.3	33.5	727	99.7	2.67
45	a	450	150	11.5	18	13.5	102	80.4	32241	1433	17.7	38.5	855	114	2.89
	b		152	13.5			111	87.4	33759	1500	17.4	38.1	895	118	2.84
	c		154	15.5			120	94.5	35278	1568	17.1	37.6	938	122	2.79
50	a	500	158	12	20	14	119	93.6	46472	1859	19.7	42.9	1122	142	3.07
	b		160	14			129	101	48556	1942	19.4	42.3	1171	146	3.01
	c		162	16			139	109	50639	2026	19.1	41.9	1224	151	2.96
56	a	560	166	12.5	21	14.5	135	106	65576	2342	22	47.9	1366	165	3.18
	b		168	14.5			147	115	68503	2447	21.6	47.3	1424	170	3.12
	c		170	16.5			158	124	71430	2551	21.3	46.8	1485	175	3.07
63	a	630	176	13	22	15	155	122	94004	2984	24.7	53.8	1702	194	3.32
	b		178	15			167	131	98171	3117	24.2	53.2	1771	199	3.25
	c		780	17			180	141	102339	3249	23.9	52.6	1842	205	3.2

附录 9　钢材和连接的强度设计值

附表 9.1　　四边简支矩形薄板受均布荷载时的挠度与弯矩系数（$\mu=0.3$）

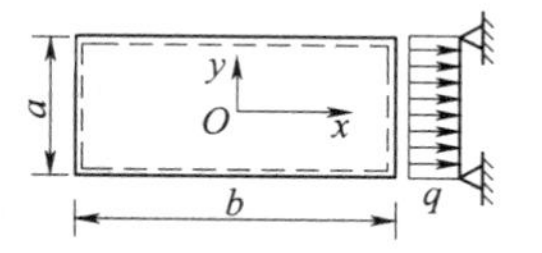

b/a		1.0	1.1	1.2	1.3	1.4	1.5	1.6	1.7	1.8	1.9	2.0	3.0	∞
薄板中心	$\alpha=\frac{\omega D}{qa^4}$	0.00406	0.00485	0.00564	0.00638	0.00705	0.00772	0.00830	0.00883	0.00931	0.00974	0.01013	0.01223	0.01302
	$\beta=\frac{M_x}{qa^2}$	0.0479	0.0554	0.0627	0.0694	0.0755	0.0812	0.0862	0.0908	0.0948	0.0985	0.1017	0.1189	0.1250
	$\beta_1=\frac{M_y}{qa^2}$	0.0479	0.0493	0.0501	0.0503	0.0502	0.0498	0.0492	0.0486	0.0479	0.0471	0.0464	0.0406	0.0375

附表 9.2　　四边固定矩形薄板受均布荷载时的弯矩与弯曲应力系数（$\mu=0.3$）

b/a		1.0	1.1	1.2	1.3	1.4	1.5	1.6
支承长边中点 A	$M_y/(qa^2)$	−0.0513	−0.0581	−0.0639	−0.0687	−0.0726	−0.0757	−0.0780
	k_y	0.308	0.349	0.383	0.412	0.436	0.454	0.468
支承短边中点 B	$M_x/(qa^2)$	−0.0513	−0.0538	−0.0554	−0.0563	−0.0568	−0.0570	−0.0571
	k_x	0.0308	0.323	0.332	0.338	0.341	0.342	0.343
薄板中心	$M_y/(qa^2)$	0.0231	0.0264	0.0299	0.0327	0.0349	0.0368	0.0381
	$M_x/(qa^2)$	0.0231	0.0231	0.0228	0.0222	0.0212	0.0203	0.0193
	$\omega D/(qa^4)$	0.00126	0.00150	0.00172	0.00191	0.00207	0.00220	0.00230

b/a		1.7	1.8	1.9	2.0	2.5	∞
支承长边中点 A	$M_y/(qa^2)$	−0.0799	−0.0812	−0.0822	−0.0829	−0.0833	−0.0833
	k_y	0.479	0.487	0.493	0.497	0.500	0.500
支承短边中点 B	$M_x/(qa^2)$	−0.0571	−0.0571	−0.0571	−0.0571	−0.0571	−0.0571
	k_x	0.343	0.343	0.343	0.343	0.343	0.343
薄板中心	$M_y/(qa^2)$	0.0392	0.0401	0.0407	0.0412	0.0416	0.0417
	$M_x/(qa^2)$	0.0182	0.0174	0.0165	0.0158	0.0134	0.0125
	$\omega D/(qa^4)$	0.00238	0.00246	0.00249	0.00254	0.00259	0.00260

注　板的弯曲应力为 $\sigma=k_xqa^2/t^2$，$\sigma_y=k_yqa^2/t^2$。

附表 9.3　三边固定、一边简支的矩形薄板受均布荷载时的弯矩与弯曲应力系数（$\mu=0.3$）

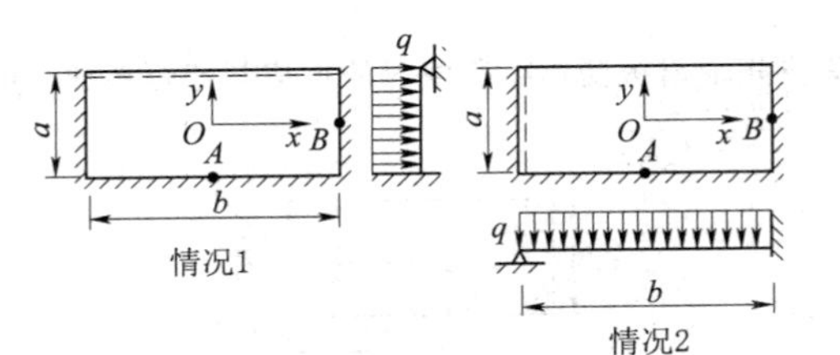

b/a			1.0	1.25	1.5	1.75	2.0	2.5	3.0	∞
情况1	固支长边中点 A	$M_y/(qa^2)$	−0.0547	−0.0787	−0.0942	−0.1053	−0.1139	−0.1220	−0.01233	−0.1250
		k_y	0.328	0.472	0.565	0.632	0.683	0.732	0.740	0.750
	固支短边中点 B	$M_x/(qa^2)$	−0.6000	−0.0709	−0.0758	−0.0775	−0.0783	−0.0784	−0.0785	−0.0786
		k_x	0.360	0.425	0.455	0.465	0.470	0.470	0.471	0.472
	板中心 O	$M_x/(qa^2)$	0.0277	0.0306	0.0301	0.0275	0.0259	0.0222	0.0200	0.0188
		$M_y/(qa^2)$	0.0236	0.0357	0.0452	0.0514	0.0564	0.0610	0.0623	0.0625
情况2	固支长边中点 A	$M_y/(qa^2)$	−0.0600	−0.0747	−0.0788	−0.0815	−0.0833	−0.0833	−0.0833	−0.0833
		k_y	0.360	0.448	0.473	0.489	0.500	0.500	0.500	0.500
	固支短边中点 B	$M_x/(qa^2)$	−0.0547	−0.0569	−0.0569	−0.0569	−0.0570	−0.0570	−0.0570	−0.0570
		k_x	0.328	0.341	0.341	0.341	0.342	0.342	0.342	0.342
	板中心 O	$M_x/(qa^2)$	0.0236	0.0215	0.0190	0.0168	0.0150	0.0133	0.0125	0.0125
		$M_y/(qa^2)$	0.0277	0.0347	0.0387	0.0410	0.0416	0.0417	0.0417	0.0417

附表 9.4　二邻边固定、另两边简支的矩形薄板受均布荷载时的弯矩与弯曲应力系数（$\mu=0.3$）

b/a		1.0	1.1	1.2	1.3	1.4	1.5	1.6	1.7	1.8	1.9	2.0
固支长边中点 A	$M_y/(qa^2)$	−0.0678	−0.0766	−0.0845	−0.0915	−0.0975	−0.1028	−0.1068	−0.1104	−0.1134	−0.1159	−0.1180
	k_y	0.407	0.459	0.507	0.549	0.585	0.616	0.640	0.662	0.680	0.695	0.708
固支短边中点 B	$M_x/(qa^2)$	−0.0678	−0.0709	−0.0736	−0.0754	−0.0765	−0.0772	−0.0778	−0.0782	−0.0785	−0.0786	−0.0787
	k_x	0.407	0.425	0.441	0.452	0.459	0.463	0.467	0.468	0.470	0.471	0.472

附表 9.5　　三边固定、一边简支的矩形薄板受均布荷载时的弯矩与弯曲应力系数（$\mu=0.3$）

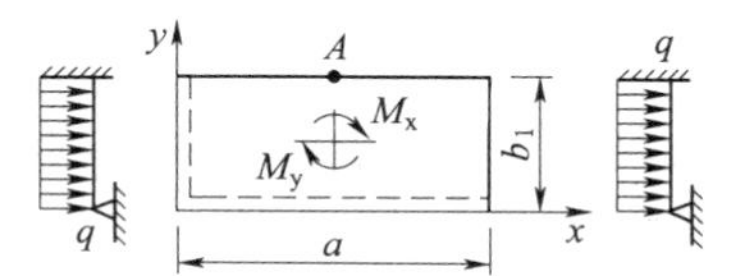

b/a		0.5	0.6	0.7	0.9	1.0	1.1	1.2	1.3	1.4	1.5	2.0	∞
自由边中点 A	$\beta=M_x/(qa^2)$	0.060	0.074	0.088	0.107	0.0112	0.117	0.121	0.124	0.126	0.128	0.132	0.133
板中心	$\beta_1=M_x/(qa^2)$	0.039	0.049	0.058	0.074	0.080	0.085	0.090	0.094	0.098	0.101	0.113	0.125
	$\beta_2=M_y/(qa^2)$	0.022	0.027	0.031	0.037	0.039	0.040	0.041	0.042	0.042	0.042	0.041	0.037

附录 10　钢闸门的自重估算公式

1. 露顶式平面闸门

当 $5\text{m}\leqslant H\leqslant 8\text{m}$ 时

$$G=K_z K_c K_g H^{1.43} B^{0.88}\times 9.8 \qquad (附 10.1)$$

式中　H、B——孔口高度及宽度，m；

K_z——闸门行走支承系数，对于滑动式支承 $K_z=0.81$，对于滚轮式支承 $K_z=1.0$，对于台车式支承 $K_z=1.3$；

K_c——材料系数，闸门用普通碳素钢时 $K=10$，用低合金钢时 $K_c=0.8$；

K_g——孔口高度系数，当 $H<5\text{m}$ 时，$K_g=0.156$，$5\text{m}\leqslant H\leqslant 8\text{m}$ 时 $K_g=0.13$，当 $H>8\text{m}$ 时，按式附（5.2）计算。

$$G=0.012K_z K_c K_g H^{1.56} B^{1.85}\times 9.8 \qquad (附 10.2)$$

式中符号意义同前。

2. 露顶式弧形闸门

当 $B\leqslant 10\text{m}$ 时

$$G=K_c K_b H^{0.42} B^{0.33}\times 9.8 \qquad (附 10.3)$$

当 $B>10\text{m}$ 时

$$G=K_c K_b H^{0.42} B^{0.33}\times 9.8 \qquad (附 10.4)$$

式中　H——设计水头，m；

K_b——孔口宽度系数，当 $B\leqslant 5\text{m}$ 时，$K_b=0.29$，当 $5\text{m}\leqslant B\leqslant 10\text{m}$ 时，$K_b=0.472$，当 $110\text{m}<B<20\text{m}$ 时，$K_b=0.075$，当 $B>20\text{m}$ 时，$K_b=0.105$；

其他符号意义同前。

3. 潜孔式平面滚轮闸门

$$G=0.073K_1K_2K_3A^{0.93}H_s^{0.79}\times 9.8 \quad (附 10.5)$$

式中　A ——孔口面积，m^2；

K_1 ——闸门工作性质系数，对于工作门与事故门 $K_1=1.0$，对于检修门与导流门，$K_1=0.9$；

K_2 ——孔口高宽比修正系数，当 $H/B\geqslant 2$ 时 $K_2=0.93$，当 $H/B<1$ 时，$K_2=1.1$，其他情况 $K_2=1.0$；

K_3 ——水头修正系数，当 $H_s<60m$ 时，$K_3=1.0$，当 $H_s\geqslant 60m$ 时，$K_3=\left(\frac{H_s}{A}\right)^{1/4}$；

其他符号意义同前。

4. 潜孔式平面滑动闸门

$$G=0.022K_1K_2K_3A^{1.34}H_s^{0.63}\times 9.8 \quad (附 10.6)$$

式中　K_1 ——对于工作门与事故门 $K_1=1.1$，对于检修门 $K_1=1.0$；

K_3 ——当 $H_s<70m$ 时，$K_3=1.0$，当 $H_s=70m$ 时，$K_3=\left(\frac{H_s}{A}\right)^{1/4}$；

其他符号意义同前。

5. 潜孔式弧形闸门

$$G=0.012K_2A^{1.27}H_s^{1.06}\times 9.8 \quad (附 10.7)$$

式中　K_2 ——当 $B/H\geqslant 3$ 时，$K_2=1.2$，其他情况 $K_2=1.0$；

其他符号意义同前。

附录11　材料的摩擦系数

附表 11.1　不同材料及工作条件下的摩擦系数

种类	材料及工作条件	系数值	
		最大	最小
滑动摩擦系数	1. 钢对钢（干摩擦）	0.5～0.6	0.15
	2. 钢对铸铁（干摩擦）	0.35	0.16
	3. 钢对木材（有水时）	0.65	0.3
	4. 胶木滑道，胶木对不锈钢在清水中[①][②]		
	压强 $q>2.5kN/mm$	0.10～0.11	0.06
	压强 $q=2.5\sim2.0kN/mm$	0.11～0.13	0.065
	压强 $q=2.0\sim1.5kN/mm$	0.13～0.15	0.075
	压强 $q<1.5kN/mm$	0.17	0.085
	5. 钢基铜塑三层复合材料滑道及填充聚四氟乙烯板滑道对不锈钢，在清水中[①]		

续表

种类	材料及工作条件	系 数 值	
		最大	最小
滑动摩擦系数	压强 $q>2.5$kN/mm	0.09	0.04
	压强 $q=2.5\sim2.0$kN/mm	0.09～0.11	0.05
	压强 $q=2.0\sim1.5$kN/mm	0.11～0.13	0.05
	压强 $q=1.5\sim1.0$kN/mm	0.13～0.15	0.06
	压强 $q<1.0$kN/mm	0.15	0.06
滑动轴承摩擦系数	1. 钢对青铜（干摩擦）	0.30	0.16
	2. 钢对青铜（有润滑）	0.25	0.12
	3. 钢基铜塑复合材料对镀铬钢（不锈钢）	0.12～0.14	0.05
止水摩擦系数	1. 橡皮对钢	0.70	0.35
	2. 橡皮对不锈钢	0.50	0.20
	3. 橡塑复合止水对不锈钢	0.20	0.05
滚动摩擦力臂	1. 钢对钢	1mm	
	2. 钢对铸铁	1mm	

① 工件表面粗糙度：轨道工作面应达到 $R_a=1.6\mu m$，胶木（填充聚四氟乙烯）工作面应达到 $R_a=3.2\mu m$。

② 表中胶木滑道所列数值适用于事故闸门和快速闸门，用于工作闸门时，尚应根据工作条件专门研究。